U0151655

概率论与数理统计案例分析

王蓉华　徐晓岭　顾蓓青　编著

上海交通大学出版社
SHANGHAI JIAO TONG UNIVERSITY PRESS

内容提要

本书以提升学生发现问题、分析问题与解决问题的能力为目的,注重实际应用背景,在收集了大量文献资料,尤其是近十年来新进展的基础上,经过精心加工提炼,以案例的形式详细介绍了概率论与数理统计的基本思想、基本方法以及广泛应用.全书分 10 章,共 111 份案例,内容包括随机事件与概率、随机变量及其分布、多维随机变量及其分布、数字特征、大数定律与中心极限定理、数理统计的基础知识、参数估计、假设检验、方差分析、回归分析和相关分析.

本书既可作为本科生学习概率论与数理统计课程的同步学习指导书,也可作为感兴趣的读者的参考资料,同时对从事概率论与数理统计教学的教师也具有一定的参考价值.

图书在版编目(CIP)数据

概率论与数理统计案例分析/ 王蓉华,徐晓岭,顾蓓青编著. —上海:上海交通大学出版社,2023.8
ISBN 978 - 7 - 313 - 28871 - 4

Ⅰ.①概… Ⅱ.①王… ②徐… ③顾… Ⅲ.①概率论②数理统计 Ⅳ.①O21

中国国家版本馆 CIP 数据核字(2023)第 113286 号

概率论与数理统计案例分析
GAILÜLUN YU SHULI TONGJI ANLI FENXI

编　　著:王蓉华　徐晓岭　顾蓓青
出版发行:上海交通大学出版社　　　　　　　地　　址:上海市番禺路 951 号
邮政编码:200030　　　　　　　　　　　　　电　　话:021 - 64071208
印　　制:常熟市大宏印刷有限公司　　　　　经　　销:全国新华书店
开　　本:787 mm×1092 mm　1/16　　　　　印　　张:21.75
字　　数:709 千字
版　　次:2023 年 8 月第 1 版　　　　　　　印　　次:2023 年 8 月第 1 次印刷
书　　号:ISBN 978 - 7 - 313 - 28871 - 4　　　电子书号:ISBN 978 - 7 - 89424 - 343 - 0
定　　价:69.00 元

版权所有　侵权必究
告读者:如发现本书有印装质量问题请与印刷厂质量科联系
联系电话:0512 - 52621873

前言 | Foreword

　　本书是概率论与数理统计课程的教学辅导书,以提升学生发现问题、分析问题与解决问题的能力为目的,注重实际应用背景与实用性,在收集了大量文献资料,尤其是近十年来的新进展的基础上,经过精心加工提炼,以案例的形式详细介绍了概率论与数理统计的基本思想、基本方法以及广泛应用.全书分10章,共111份案例,内容包括:随机事件与概率、随机变量及其分布、多维随机变量及其分布、数字特征、大数定律与中心极限定理、数理统计的基础知识、参数估计、假设检验、方差分析、回归分析和相关分析.

　　本书由上海师范大学王蓉华、上海对外经贸大学徐晓岭和顾蓓青三位作者合作完成.王蓉华编写了第1~5章,徐晓岭编写了第6~8章,顾蓓青编写了第9~10章,并由王蓉华对全书进行了统稿.

　　本书的撰写得到了上海师范大学数学系郭谦老师,概率论与数理统计2020级硕士研究生李懿媛;上海对外经贸大学国际经贸学院雷平老师、统计与信息学院张澍轶、赵辉、陈洁老师,国际商务2018级硕士研究生关红阳,统计学2020级硕士研究生尹真真、邱珍珠、王璇、刘蕾,应用统计2022级硕士研究生蒋紫璠、黄倩妮,应用统计2020级本科生刘泓铄、颜正开、俞敏亮、李平;多伦多大学徐昕怡;北卡罗来纳大学教堂山分校流行病学张宁博士;格拉斯哥大学硕士佘纪涛;中国化工信息中心张英卓;上海科技大学物理学王庆博士;加拿大卡尔加里大学生物统计卞佳祎博士;密苏里大学统计学黄乙仑博士;江苏恒瑞医药股份有限公司张翼飞博士;伦敦大学国王学院硕士研究生张益硕;上海计算机软件技术开发中心刘晨曦的帮助,在此一并深表感谢!

　　本书的出版得到了上海师范大学2021年度上海市一流课程"概率论与数理统计"项目、上海师范大学骨干教师教学激励计划协同创新教研团队建设项目、上海对外经贸大学应用统计学一流本科建设项目的资助.

　　目前市场上的概率论与数理统计案例分析的参考书中的案例大多类似于习题,缺乏问题的提出、数据的收集、统计方法的运用及结果分析的详细论述.本书从内容上充分考虑实用性与前沿性,将理论、方法与实践有机结合,尽量将案例完整地呈现给读者.由于篇幅所限,同时也是为了读者能更好地学习,我们在书中附上了二维码,其中主要包含了两部分内容,一是部分定理的证明过程,二是部分例题的证明或解答过程,读者可以先自行思考,然后通过扫描二维码查阅相应内容.本书既可以作为本科生学习概率论与数理统计课程同步学习的指导书,也可以作为学生撰写毕业论文的参考资料,对从事概率论与数理统计教学的教师也具有一定的参考价值.同时建议读者将本案例书与《概率论与数理统计(第 2 版)》(徐晓岭、王蓉华、顾蓓青编写,上海交通大学出版社 2021 年出版)、《概率论与数理统计》(徐晓岭、王蓉华编写,人民邮电出版社 2014 年出版,其中有 88 个案例)配套使用,以达事半功倍的效果.

真心希望本书有助于概率论与数理统计课程的教与学.由于编者水平有限,书中若有不妥或谬误之处,恳请广大读者批评指正.

编 者

2023 年 5 月 15 日晚于上海

目录 | Contents

第 1 章 随机事件与概率 1

案例 1.1 频率的稳定性分析 ·· 1

案例 1.2 班级同生日的同学多吗？ ······························· 5

案例 1.3 自然常数 e 的估计 ··· 7

案例 1.4 蒲丰投针实验及 π 趣谈 ································· 8

案例 1.5 患者该如何选择？ ··· 14

案例 1.6 癌症检测 ·· 15

案例 1.7 狼来了 ·· 16

案例 1.8 公司经理的投资决策 ······································· 17

案例 1.9 先下手为强 ·· 18

案例 1.10 比赛如何选择赛制？ ····································· 18

案例 1.11 小概率事件会发生吗？ ································· 19

第 2 章 随机变量及其分布 23

案例 2.1 文献计量学中的洛特卡定律 ·························· 23

案例 2.2 浴盆失效率 ·· 25

案例 2.3 对数正态分布失效率 ······································· 28

案例 2.4 常见离散型分布列的递推关系 ······················ 29

案例 2.5 公共汽车的门应设计多高？ ·························· 31

案例 2.6 预测录取分数线和考生考试名次 ················· 31

案例 2.7 选择哪条路线上班？ ······································· 32

案例 2.8 轧钢工艺中如何调整轧机均值来减少材料浪费？ ············· 33

案例 2.9 概率统计中的级数与积分运算 ······················ 35

第3章 多维随机变量及其分布 44

案例 3.1 随机变量和、差、商、积的背景是什么? ………… 44

案例 3.2 正态分布总体样本函数与 $\bar{X}$ 独立的条件是什么? ………… 45

案例 3.3 正态分布的两种刻画 ………… 45

案例 3.4 [0，1]上均匀分布和的分布 ………… 47

案例 3.5 连续型分布与标准正态分布是如何关联的? ………… 48

案例 3.6 系统可靠性分析 ………… 52

案例 3.7 二元指数分布、二元几何分布以及二元几何-指数混合分布 ………… 61

第4章 数字特征 67

案例 4.1 新冠肺炎的核酸检测 ………… 67

案例 4.2 打仗需要男子 ………… 70

案例 4.3 组织多少货源才能使国家受益最大? ………… 71

案例 4.4 如何估计案犯的身高? ………… 72

案例 4.5 示性函数在概率论中的应用 ………… 72

案例 4.6 密钥序列发生器 ………… 73

案例 4.7 企业的平均利润 ………… 75

案例 4.8 递推法求数学期望 ………… 75

案例 4.9 不被挡住的小朋友人数的数学期望 ………… 79

案例 4.10 离散型寿命分布的可靠度函数 $\bar{F}(k)$ ………… 81

案例 4.11 若$(X，Y)\sim N(\mu_1，\sigma_1^2；\mu_2，\sigma_2^2；\rho)$,则 X^2 与 Y^2 的相关系数是否为 ρ^2? ………… 83

案例 4.12 离散型随机变量高阶原点矩的递推算法 ………… 85

案例 4.13 幂级数分布矩与中心矩的递推算法 ………… 88

案例 4.14 Birnbaum - Saunders 疲劳寿命分布的期望与方差 ………… 90

案例 4.15 常用的矩不等式 ………… 90

案例 4.16 切比雪夫与马尔可夫不等式的拓展分析 ………… 92

案例 4.17 单边切比雪夫不等式 ………… 99

案例 4.18 随机变量与常数的极值分布 ………… 100

案例 4.19 条件分布、条件期望与条件方差 ………… 102

案例 4.20 特征函数若干应用分析 ………… 105

第 5 章　大数定律与中心极限定理　　107

案例 5.1　Birnbaum - Saunders 疲劳寿命分布是如何导出的?　107
案例 5.2　从鸡蛋到种鸡　108
案例 5.3　某药厂的断言可信吗?　109
案例 5.4　多少样本量才算是大样本?　109
案例 5.5　高尔顿钉板试验　112
案例 5.6　魏尔斯特拉斯定理的概率证明　114

第 6 章　数理统计的基础知识　　116

案例 6.1　2020 东京奥运会奖牌分析　116
案例 6.2　连续型总体次序统计量的分布　120
案例 6.3　指数分布总体次序统计量的几个特征性质　122
案例 6.4　离散型总体次序统计量的分布　125
案例 6.5　费歇定理　127
案例 6.6　柯赫伦定理　129
案例 6.7　均匀分布 $U[0, 1]$ 次序统计量与 β 分布的关系　129
案例 6.8　正态分布总体统计量 $\frac{1}{2(n-1)}\sum_{i=1}^{n-1}(X_{i+1}-X_i)^2$ 是否服从 $\chi^2(n-1)$?　132
案例 6.9　指数分布的统计特征　136
案例 6.10　经验分布函数　143

第 7 章　参数估计　　145

案例 7.1　色盲的遗传学模型研究　145
案例 7.2　两参数指数分布的参数估计　146
案例 7.3　两参数威布尔分布的参数估计　150
案例 7.4　两参数对数正态分布的参数估计　164
案例 7.5　极大似然估计是否唯一? 似然方程的解是否一定都是极大似然估计?　167
案例 7.6　正态分布总体标准差的无偏估计　169

案例 7.7　如何估计湖中的鱼？ ……………………………………………… 172

案例 7.8　拉普拉斯分布的参数估计 ………………………………………… 173

案例 7.9　废品率的贝叶斯估计 ……………………………………………… 174

案例 7.10　心理状态数的统计分析 ………………………………………… 175

案例 7.11　江苏省(1961—1990 年)持续性雨日 Pólya 分布的拟合分析 …… 178

案例 7.12　最大期望(EM)算法 …………………………………………… 193

案例 7.13　Bootstrap 方法 ………………………………………………… 195

第 8 章　假设检验

199

案例 8.1　假设检验的过程和逻辑 …………………………………………… 199

案例 8.2　功效函数 …………………………………………………………… 203

案例 8.3　正态分布总体均值、方差的假设检验 …………………………… 208

案例 8.4　正态分布总体两样本 t 检验 …………………………………… 211

案例 8.5　妇女嗜酒是否影响下一代的健康？影响有多大？ ……………… 214

案例 8.6　卡路里的摄入 ……………………………………………………… 215

案例 8.7　孟德尔的遗传定律 ………………………………………………… 217

案例 8.8　某遗传模型的拟合检验 …………………………………………… 218

案例 8.9　啤酒的偏好与性别 ………………………………………………… 219

案例 8.10　经理的营销策略 ………………………………………………… 220

案例 8.11　色盲是否与性别有关？ ………………………………………… 221

案例 8.12　手足口病的负二项分布拟合 …………………………………… 222

案例 8.13　四川地区 5 级以上地震时间间隔分析 ………………………… 224

案例 8.14　基于正态分布的新型冠状病毒肺炎潜伏期的研究 …………… 232

案例 8.15　区间估计与假设检验的关联 …………………………………… 235

案例 8.16　多样本方差齐性检验 …………………………………………… 242

案例 8.17　正态分布的拟合检验 …………………………………………… 245

案例 8.18　位置-刻度参数族分布的似然比检验 ………………………… 250

案例 8.19　柯尔莫哥洛夫检验、斯米尔诺夫检验以及 A^2 与 W^2 检验 …… 265

第 9 章　方差分析

274

案例 9.1　苹果汁的营销策略 ………………………………………………… 274

案例 9.2　如何保证零件镀铬的质量? ································· 276

案例 9.3　小麦种植试验 ·············· 277

案例 9.4　品牌与销售地区对饮料的销售量是否有影响? ··············· 278

案例 9.5　地理位置与患抑郁症之间是否有关系? ··················· 280

案例 9.6　二手手机价格对比分析 ··················· 281

第10章　回归分析和相关分析

284

案例 10.1　两种预测区间 ··················· 284

案例 10.2　黏虫孵化历期平均温度与历期天数的关系 ················· 286

案例 10.3　克孜尔水库总渗流量与库水位的一元回归分析 ··············· 288

案例 10.4　我国数字图书馆文献的洛特卡定律研究 ·················· 292

案例 10.5　布拉德福定律及其近似计算在情报服务中的应用 ············· 297

案例 10.6　"二十大报告"齐普夫定律的拟合分析 ················· 302

案例 10.7　称量设计 ··················· 318

案例 10.8　国内硫黄价格的实证分析 ··················· 320

案例 10.9　四川省住户存款影响因素的实证分析 ··················· 324

案例 10.10　海军航空兵飞行训练油料消耗预测 ·················· 328

参考文献

333

第 1 章
随机事件与概率

案例 1.1　频率的稳定性分析

1. 抛掷硬币的试验

历史上关于抛掷硬币的试验有不少人做过,表 1 – 1 给出了他们试验的结果.从表中的数字可以明显看出,随着试验抛掷次数 n 的增加,事件"出现正面"的频率也越来越接近常数 0.5.

表 1 – 1　历史上抛掷硬币试验的若干结果

试 验 者	抛掷次数 n	出现正面的次数 n_A	出现正面的频率 $\dfrac{n_A}{n}$
德·摩根	2 048	1 061	0.518
蒲丰	4 040	2 048	0.506 9
费勒	10 000	4 979	0.497 9
皮尔逊（Ⅰ）	12 000	6 019	0.501 6
皮尔逊（Ⅱ）	24 000	12 012	0.500 5
维尼	30 000	14 994	0.499 8
罗曼诺夫斯基	80 640	39 699	0.492 3

2. 英文字母的使用频率

人们在生活实践中已经认识到:英文中某些字母的使用频率要高于另外一些字母,但 26 个英文字母各自使用的频率到底是多少? 有人对各类典型的英文书刊中字母使用的频率进行了统计,发现各个字母的使用频率相当稳定,结果如表 1 – 2 所示.这项研究在计算机键盘设计(在方便的地方安排使用频率最高的字母键)、早期的密码破译(替代作业)等方面都是十分有用的.

表 1－2　英文字母的使用频率

字　母	使用频率	字　母	使用频率	字　母	使用频率
E	0.126 8	L	0.039 4	P	0.018 6
T	0.097 8	D	0.038 9	B	0.015 6
A	0.078 8	U	0.028 0	V	0.010 2
O	0.077 6	C	0.026 8	K	0.006 0
I	0.070 7	F	0.025 6	X	0.001 6
N	0.070 6	M	0.024 4	J	0.001 0
S	0.063 4	W	0.021 4	Q	0.000 9
R	0.059 4	Y	0.020 2	Z	0.000 6
H	0.057 3	G	0.018 7		

例 1.1.1　密码破译(替代作业)

密码破译的任务是由密文译出明文.

假设明文如下(不计空格 65 个字符)：

information security is of extreme importance in information based society

该明文的意思是：在信息社会,信息的安全是极其重要的.

对应的密文如下：

HFGKODBQHKFPNIROHQYHPKGNXQONDNHDLOQBFINHFQSNHFGKODB
QHKFEBPNJPQOKI

若不掌握密钥,而采取强行攻击办法,必须对各种可能进行搜索.由英文字母的个数来看,将面临 26 种可能,共 26! ≈ 4×10²⁶ 种.

依照每年 365 天,365×24 h＝8 760 h＝8 760×60×60 s＝3.153 6×10⁷ s,若采用计算机,按每秒搜索 10⁷ 种排列的速度来从事破译工作,则需要的时间如下：

$$T = \frac{4 \times 10^{26}}{3.153\ 6 \times 10^{7} \times 10^{7}} = 1.268 \times 10^{12}\,(a)$$

这说明强行攻击破译密码的方法是无效的.然而事实并非如此悲观,从大量非技术性的英文书籍、报刊、文章中摘取适当长度的章节进行统计,26 个字母出现的概率有其统计规律和惊人的相似之处.这可用来作为破译的突破口.比如字母 e 出现的概率总是最高的,大约为 0.126 8;其他字母(如 t、a、o、i、n、s、r、h)次之,以上 9 个字母为高频字母.而 q、z 为低频字母.介于两者之间的中频部分与这两者频率的差别比较明显.

这些统计规律同样出现在密文中,由于 e 的频率远高于其他字母,故统计密文中字母出现的频数最高的极可能就是 e 的密文;出现频数最小者,则有比较高的可能是 q 与 z 的密文.确定 e 的密文后,搜索空间随之减少,其余 8 个高频字母以某种方式相对应.再考虑到 he 出现的概率也较大,而 eh 极罕见、th 较 ht 多等特点,可以达到各个击破的目的.

3. 女婴出生频率

研究男婴、女婴出生频率对人口统计是很重要的.历史上较早研究这一问题的有拉普拉斯,他对伦敦、圣彼得堡、柏林和全法国的大量人口资料进行研究,发现女婴出生频率总是在 0.488 4 左右波动.统计学家克拉梅研究了瑞典 1935 年的官方统计资料(见表 1 - 3),发现女婴出生频率总是在 0.482 左右波动.

表 1 - 3　瑞典 1935 年各月出生女婴的频率

月　份	婴 儿 数	女 婴 数	频　率
1	7 280	3 537	0.486
2	6 957	3 407	0.490
3	7 883	3 866	0.490
4	7 884	3 711	0.471
5	7 892	3 775	0.478
6	7 609	3 665	0.482
7	7 585	3 621	0.477
8	7 393	3 596	0.486
9	7 203	3 491	0.485
10	6 903	3 391	0.491
11	6 552	3 160	0.482
12	7 132	3 371	0.473
全年	88 273	42 591	0.482

下面简单阐述一下"频率"与"概率"的关系.许多初学概率论的学生对频率与概率的关系认知较为模糊,他们认为频率与概率是极限关系,即当试验次数充分大时,频率趋近于概率.

大量重复进行同一试验时,事件 A 发生的频率总是接近某一常数,并在它附近摆动,这个常数称为事件 A 的概率.这是一般教科书中概率的统计定义.它阐明了频率与概率的关系,即大数次进行同一试验时,频率"总是接近且在其附近摆动的数",这个数称为概率,这里仅仅是接近,并没有趋近的意思,也就是说它们之间不是极限关系.

在某次试验中,事件 A 频繁发生,则有理由认为 A 发生的可能性大,这时 A 发生的频数大,频率也大,故频率在一定程度上反映了随机事件发生的可能性的大小,这说明频率与概率有联系.但是,频率与概率又有着本质的区别,不能把两者混为一谈,更不能认为频率就是概率.因为频率依赖于试验,其不仅依赖于试验的次数,而且依赖于具体的 n 次试验结果.在不同的 n 次试验中,同一事件 A 发生的频率一般也不会完全相同.而概率是客观的,它是随机事件自身的固有属性,不依赖于具体的试验而存在.下面以"种子发芽率"为例给予说明.

例 1.1.2 一批种子的发芽率为 0.9,这是从试验结果得到的.试验结果如表 1-4 所示.

表 1-4 种子的发芽频率

每次试验种子粒数 n	2	5	10	70	130	310	700	1 500	2 000	3 000
每次试验发芽粒数 m	2	4	9	60	116	282	639	1 339	1 806	2 715
频率 $\dfrac{m}{n}$	1	0.8	0.9	0.857	0.892	0.910	0.913	0.893	0.903	0.905

通过试验可以看到,当试验粒数 n 增加时,每批种子的发芽粒数 m 与试验粒数 n 之比,即"种子发芽"这一事件的频率 $\dfrac{m}{n}$,总是接近于确定常数 0.9,并在其附近摆动,按照概率统计定义,可知这批种子的发芽率为 0.9,即"种子发芽"这一事件的概率为 0.9.但这时不能认为"种子发芽"这一事件的频率 $\dfrac{m}{n}$ 趋近 0.9,虽然当试验粒数 n 增加时,$\dfrac{m}{n}$ 总的趋势是越来越接近 0.9 的,但是并不能保证较大的 n 所对应的 $\dfrac{m}{n}$ 一定比较小的 n 所对应的更接近 0.9,这从表 1-4 第七、八列和第十、十一列就可以看出.也就是说"种子发芽"这一事件的频率 $\dfrac{m}{n}$ 有很大的可能性接近 0.9,但也不能排除个别偏差较大的情况.因此它不满足通常的极限的定义,即不能认为频率趋近于概率,它们不是极限关系.

频率和概率是两个不同的概念.频率依赖于试验,并与试验的次数有关,而频率的稳定性又说明了概率是一个客观存在的数(即不依赖于具体试验而存在),是随机事件自身的一个属性,与试验次数无关.虽然在概率统计的计算中,我们一般用事件发生的频率去代替概率,但这与实际并不矛盾,就如测定一根木棒的长度一样,人人皆知木棒有其客观存在的"真实长度",但若用量具去实际测量,总会有误差,测得的数值总是稳定在木棒"真实长度"的附近,而得不到木棒的"真实长度"值.事实上,人们一般就用测量所得的近似值去代替"真实长度",只不过会根据实际要求选择精度不同的量具罢了.这里木棒的"真实长度"与测得数值之间的关系同概率与频率之间的关系一样.

概率与频率的本质联系深刻地反映在"频率稳定性"上,概率论中的"大数定律"已经严格地证明:在大量重复的试验中,随着试验次数的无限增加,在大多数情况下,随机事件出现的频率稳定在其概率的附近而上下波动；或者说，当重复试验次数足够多时，随机事件出现的频率与概率有较大偏差的可能性很小.频率稳定性使我们可以用大量试验中随机事件的频率作为这个事件的概率的估计值.在大多数情况下，这样处理是合理的，但并不能排除在少数情况下频率和概率之间有较大的差异，因此不能保证用频率估计概率时每次都能得到很好的估计值.在不同的 n 次试验中，即使试验次数 n 相同，同一事件发生的频率也可能不相同，因此不能认为试验 1 000 次获得的结果一定比试验 100 次获得的结果更准确.

案例 1.2　班级同生日的同学多吗？

　　一天，美国斯坦福大学商学院的数学教授库珀让同学们把自己的生日写在小纸片上，然后把所有的小纸片都折起来放在讲台上.他拿出一张 5 美元的钞票，问："我用 5 美元打赌，你们中至少有两个人同月同日生.有人敢跟我赌吗？"

　　"我赌！"几个男同学举起手来，另外七八个同学也掏出 5 美元扔在桌子上.有的同学暗想：一年 365 天，我们班只有 50 个同学，同一天生日的可能性也太小了，库珀这不是白送钱吗？

　　库珀教授打开第一张纸，读出上面写的日期，马上就有 3 个同学举起手来，表示那是他们的生日.打赌的同学嘟囔了一句："怎么会这么巧？"周围的同学都大笑起来.接着，库珀用他那明晰的语言，把同学们带入了数学的王国：

　　"解决这个问题的最好方法是先求出其对立事件发生的概率，即先求出 50 个人中没有两个人同一天生日的概率，其值为 $p_{50}=\dfrac{\mathrm{A}_{365}^{50}}{365^{50}}=0.03$，也就是说，你们 50 个人中没有两个人是同一天生日的概率只有 3%，那么至少有两个人同一天生日的概率就是 97%.我赢的把握足足有九成以上."

　　说完，库珀扔下粉笔，扬扬得意地收获了他的战利品."各位，你们来商学院就是为了将来能够赚大钱，数学就是商学院传授给你们的一个制胜法宝."库珀补充道.

　　如果是在一个有 k 个同学的班级里，那么至少有 2 个同学是同一天生日的概率（记为 $P(k)$）有多大？先考虑其对立事件，即先计算"没有 2 个人是同一天生日"的概率（记为 p_k）.在详细分析之前，首先要说明的是，同一天生日指的是同月同日，但未必同年；其次，假设各个同学的出生是互不相关的，即忽略了双胞胎和多胞胎的可能；最后，在此只考虑一年 365 天的情形，生日为 2 月 29 日的被认为是 3 月 1 日，同时假设 $2 \leqslant k \leqslant 365$.在这些假设下，每个同学的生日都等可能地是 365 天中的任何一天，因此样本空间大小为 365^k，k 个人没有 2 个人同一天生日，等价于在 365 天中选 k 个不同的日子作为他们的生日，共有 A_{365}^{k} 种选法.也可以用另外一种解法，第 1 个同学的生日可以是 365 天的任何一天，第 2 个同学只能在剩下的 364 天中选择，依此类推，共有 $365 \times 364 \times \cdots \times (365-k+1)=\mathrm{A}_{365}^{k}=\dfrac{365!}{(365-k)!}$ 种选法，则

$$P(k)=1-p_k=1-\frac{\mathrm{A}_{365}^{k}}{365^k}=1-\frac{365!}{365^k \cdot (365-k)!}$$

表 1-5 给出了不同 k 值对应的 $P(k)$ 值.

表 1-5　k 个人中至少有 2 个人同一天生日的概率数值表

k	5	10	15	20	25	30	40	50	60	100
$P(k)$	0.027	0.117	0.253	0.411	0.569	0.706	0.891	0.970	0.994	0.999 999 7

如果表 1-5 的数据仍让你有所怀疑的话,不妨留意一下以下的例子.

在美国的前 42 位总统中,有两人的生日相同,二组两人的卒日相同.波尔克生于 1795 年 11 月 2 日,哈丁则生于 1865 年 11 月 2 日;门罗卒于 1831 年 7 月 4 日,而亚当斯、杰斐逊都卒于 1826 年 7 月 4 日.还有两位总统都是卒于 3 月 8 日:菲尔莫尔卒于 1874 年,塔夫脱卒于 1930 年,这是巧合吗?

大文豪莎士比亚生于 1564 年 4 月 23 日,卒于 1616 年 4 月 23 日,即生、卒日相同,很多人据此推断莎士比亚是非寻常之人,你认为呢?

英国埃塞克斯郡罗姆福德市福克斯一家祖孙三代人于 2010 年 5 月打破了一项罕见的概率:61 岁的爷爷哈里·福克斯、35 岁的儿子李·福克斯和刚刚出生的孙子本杰明·福克斯的生日竟然碰巧都在同一天——5 月 8 日!据数学家称,一家祖孙三代人的生日都在同一天的概率非常低,大约仅为 1/272 910.

彭雪枫(1907 年 9 月 9 日—1944 年 9 月 11 日),生于河南省南阳市镇平县,中国工农红军和新四军杰出指挥员、军事家,参加过第三、四、五次反围剿作战和二万五千里长征,组织过土成岭战役,两次率军攻占娄山关,直取遵义城,横渡金沙江,飞越大渡河,进军天全城,通过大草原,是抗日战争中新四军牺牲的最高将领之一.他投身革命 20 年,被毛泽东、朱德誉为"共产党人的好榜样".2009 年 9 月 10 日,彭雪枫被评为"100 位为新中国成立作出突出贡献的英雄模范人物".

9 月对于彭雪枫来说是一个十分特别的月份.彭雪枫似乎早就觉察到这个问题.他在给妻子林颖的书信中曾经这样写道:"9 月对我有特别的意义,我的生日在 9 月;1926 年 9 月 2 日是我由青年团转入党的日子;1930 年 9 月,我们从长沙入江西开始建立苏维埃;而 1941 年 9 月,我的终身大事得以决定.难道这叫作巧合?"1944 年,他战死沙场,而他牺牲的时间恰恰就是他早就认为十分特别的 9 月.此外,彭雪枫生前写给林颖的书信也恰好是 90 封,又是"9"这个特别的数字.

下面简单考察一下 p_k 及 $P(k)$ 的近似计算问题.由上述分析可得

$$p_k = \frac{\mathrm{A}_{365}^k}{365^k} = \left(1 - \frac{1}{365}\right) \times \left(1 - \frac{2}{365}\right) \times \cdots \times \left(1 - \frac{k-1}{365}\right)$$

上式看似简单,但若 k 很大时,计算还是比较繁琐的.注意到,当 k 较小时,p_k 右边各因子的第二项的乘积为 $\frac{i}{365} \times \frac{j}{365}$（$i, j = 1, 2, \cdots, k-1, i \neq j$）,其可以忽略不计,此时有

$$p_k \approx 1 - \frac{1+2+\cdots+(k-1)}{365} = 1 - \frac{k(k-1)}{730}$$

当 k 较大时,由于对小的正数 x 有 $\ln(1-x) \approx -x$,则

$$\ln p_k \approx -\frac{1+2+\cdots+(k-1)}{365} = -\frac{k(k-1)}{730}$$

例如,当 $n=2$ 时,即有 p_2 的近似值与精确值相等,都是 0.9972;当 $n=10$ 时,$p_{10} \approx 0.8840$,而精确值为 $p_{10} = 0.8831$;当 $n=30$ 时,$p_{10} \approx 0.3037$,而精确值为 $p_{10} = 0.2937$. 表 1-6 给出了当 k 取定时,其 p_k 的近似值.

表 1-6　不同 k 对应的 p_k 的近似值

k	10	20	23	30	40	50	60
p_k	0.884 0	0.594 2	0.499 1	0.303 7	0.118 0	0.034 9	0.007 8
$1-p_k$	0.116 0	0.405 8	0.500 9	0.696 3	0.882 0	0.965 1	0.992 2

表 1-6 的数据表明,一个班级如果有 23 个人,就会以 0.5 的概率找到两个或两个以上相同生日的人.

需要指出的是,前面我们总是假设这 n 个人是等可能地出生在一年 365 天中的每一天. 事实上,每天出生的人数是不同的,当每个人的生日在 365 天中的分布不均匀时,至少有两个人生日相同的概率会上升.

案例 1.3　自然常数 e 的估计

假设一个人打印了 n 封信,并在 n 个信封上打印了相应的地址,接着随机地把这 n 封信放进 n 个信封中,要求至少有一封信刚好放进正确的信封的概率 p_n.

记 A_i 为把第 $i(i=1, 2, \cdots, n)$ 封信放进正确的信封这一事件,则 $p_n = P\left(\bigcup_{i=1}^{n} A_i\right)$,由于是随机地把信装进信封的,那么把任意一封信放进正确的信封的概率 $P(A_i)$ 是 $\frac{1}{n}$,因此

$$\sum_{i=1}^{n} P(A_i) = n \cdot \frac{1}{n} = 1$$

进而,因为可把第一封信放进 n 个信封中的任意一个,那么第二封信可放进剩下的 $n-1$ 个信封中的任意一个,那么把第一封信和第二封信都放进正确的信封的概率 $P(A_1 A_2)$ 是 $\frac{1}{n(n-1)}$. 类似地,把任意第 i 封信和第 $j(i \neq j)$ 封信都放进正确的信封的概率 $P(A_i A_j)$

是 $\dfrac{1}{n(n-1)}$，因此

$$\sum_{i<j} P(A_i A_j) = \mathrm{C}_n^2 \cdot \frac{1}{n(n-1)} = \frac{1}{2!}$$

用类似的推理方法，可算出把任何三封信 i、j 和 $k(i<j<k)$ 放进正确的信封的概率 $P(A_i A_j A_k)$ 是 $\dfrac{1}{n(n-1)(n-2)}$，因此 $\displaystyle\sum_{i<j<k} P(A_i A_j A_k) = \mathrm{C}_n^3 \cdot \dfrac{1}{n(n-1)(n-2)} = \dfrac{1}{3!}$.

持续这个过程，直到计算把所有 n 封信都正确放进各自信封的概率 $P(A_1 A_2 \cdots A_n)$ 是 $\dfrac{1}{n!}$，从而可得至少把一封信放进正确的信封的概率 p_n 是

$$p_n = 1 - \frac{1}{2!} + \frac{1}{3!} - \frac{1}{4!} + \cdots + (-1)^{n+1} \frac{1}{n!}$$

这个概率有如下有趣的特征. 当 $n \to +\infty$ 的时候，p_n 的值趋向于下式的极限：

$$\lim_{n \to +\infty} p_n = 1 - \frac{1}{2!} + \frac{1}{3!} - \frac{1}{4!} + \cdots = 1 - \mathrm{e}^{-1} \approx 0.632\,12$$

即当 n 充分大时，至少有一封信被放进正确的信封的概率 p_n 的值接近 0.632 12.

注意到 p_n 的值会随着 n 的增加形成一个波动序列. 当 n 以偶数 2，4，6 $\cdots$ 增加时，p_n 的值会逐渐增大到极限值 0.632 12；当 n 以奇数 3，5，7 $\cdots$ 增加时，p_n 的值会逐渐减小到同样的极限值. p_n 的值收敛得很快，事实上，当 $n=7$ 时，p_7 的值已经可以精确到小数点后第 4 位了.

值得一提的是，利用该例的结果，通过实际试验，可以得到 e 的近似值 $\hat{\mathrm{e}}$. 记 $A =$ "至少有一封信刚好放进正确的信封"，$P(A) \approx 1 - \mathrm{e}^{-1}$，得 e 的近似值 $\hat{\mathrm{e}} = \dfrac{1}{1 - P(A)}$. 有位老师曾做过如下试验：他与某班 40 名同学一起，利用扑克进行匹配试验，并对 e 进行了估计. 方法是取扑克中两种花色共 26 张牌，每次随机取两张，若为花色不同的同一数字或字母，则认为成对（或称匹配）. 试验时，先将牌充分洗匀，若出现成对时停止试验，洗匀后再进行下一轮试验，否则摸完 26 张牌. 他们共进行了 2 500 次试验，成对出现 1 578 次，则得 $\hat{\mathrm{e}} = 2.711\,496\,746$，而 $\mathrm{e} \approx 2.718\,281\,828$，其误差为 $|\hat{\mathrm{e}} - \mathrm{e}| < 6.8 \times 10^{-3}$.

案例 1.4　蒲丰投针实验及 π 趣谈

1777 年的一天，法国科学家蒲丰的家里宾客满堂，原来他们是应主人的邀请前来观看一次奇特试验的.

试验开始，只见年已古稀的蒲丰先生兴致勃勃地拿出一张纸来，纸上预先画好了一条条等距离的平行线. 接着他又抓出一大把原先准备好的小针（针长是平行线间隔的一半）. 然

后蒲丰先生宣布:"请诸位把这些小针一根一根地往纸上扔吧! 不过,请大家务必把扔下的针是否与纸上的平行线相交以及相交的次数告诉我."

客人们不知道先生要玩什么把戏,只好客随主便,一个个加入了试验的行列.一把小针扔完了,就把它捡起来再扔.而蒲丰先生本人则不停地在一旁数着、记着,如此这般地忙碌了将近一个钟头.最后,蒲丰先生高声宣布:"先生们,我这里记录了诸位刚才的投针结果,共投针 2 212 次,其中与平行线相交的有 704 次.总次数 2 212 与相交次数 704 的比值为 3.142."说到这里,蒲丰先生故意停了停,并对大家报以神秘的一笑,接着有意提高声调说:"先生们,这就是圆周率 π 的近似值!"

客人们一片哗然,议论纷纷,大家感到莫名其妙:"圆周率 π? 这可跟投针半点也不沾边呀!"

蒲丰先生似乎猜透了大家的心思,扬扬得意地解释道:"诸位,这里用的是概率的原理,如果大家有耐心的话,再增加投针的次数,还能得到更接近 π 的近似值呢."

历史上不少学者用此方法来计算 π 的近似值,如表 1-7 所示.

表 1-7　历史上蒲丰试验计算的结果(平行线距离 $a=1$ cm)

年　份	针长 l/cm	实 验 人	次　　数	π 近似值
1777	0.5	蒲丰(法)	投 2 212 次,相交 704 次	3.142
1860	1	德·摩尔根等(英)	投 600 次,相交 382 次	3.137
1850	0.8	沃尔夫(瑞士)	投 5 000 次,相交 2 532 次	3.159 6
1855	0.6	亨利史密斯(英)	投 3 204 次,相交 1 218 次	3.155 3
1884	0.75	福克斯(英)	投 1 030 次,相交 489 次	3.159 5
1901	0.83	拉兹里尼(意)	投 3 408 次,相交 1 808 次	3.141 592 9

将以上问题转化为数学描述,假设平面上画有等距离为 $d(d>0)$ 的一些平行线,向平面任意投一长为 $l(l<d)$ 的针,如图 1-1 所示,试求针与一平行线相交的概率.

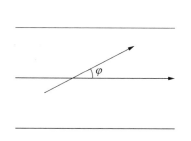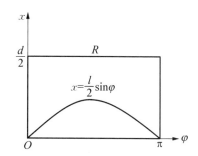

图 1-1　蒲丰投针问题

解法 1 以 M 表示落下后针的中点，x 表示 M 与最近一平行线的距离，φ 表示针与此线的交角，易知 $0 \leqslant x < \dfrac{d}{2}$，$0 \leqslant \varphi \leqslant \pi$. 这两个式子决定了 $xO\varphi$ 平面上一矩形 R，样本空间为

$$\Omega = \left\{ (\varphi, x) \mid 0 \leqslant x < \frac{d}{2}, 0 \leqslant \varphi \leqslant \pi \right\}$$

若使针与一平行线相交（这针必定是与 M 最近的平行线相交），其充分必要条件是 $x \leqslant \dfrac{l}{2} \sin \varphi$. 这个不等式决定了 R 中一子集，因此，问题等价于向 R 中均匀分布地掷点而求点落于 G 中的概率 p，由几何概型的计算公式得

$$p = \frac{1}{\dfrac{d\pi}{2}} \int_0^\pi \frac{l}{2} \sin \varphi \mathrm{d}\varphi = \frac{2}{\pi} \cdot \frac{l}{d}$$

解法 2 针与平行线相交的概率还可以通过两维随机变量计算得到. 设 X 为此针下端与其下面最近的平行线之间的距离，显然 $X \sim U(0, d)$；又设 α 为此针与平行线之间的夹角，易见 $\alpha \sim U(0, \pi)$，且由于投掷的随机性知 X，α 相互独立，记事件 $D =$（此针与某一平行线相交）

$$P(D) = P(l \sin \alpha > d - X) = \iint\limits_{l \sin \theta > d - x} \frac{1}{\pi d} \mathrm{d}x \mathrm{d}\theta = \frac{1}{\pi d} \int_0^\pi \mathrm{d}\theta \int_{d - l \sin \theta}^d \mathrm{d}\theta$$

$$= \frac{l}{\pi d} \int_0^\pi \sin \theta \mathrm{d}\theta = \frac{2}{\pi} \cdot \frac{l}{d}$$

解法 3 针心（针的中点）位于两条平行线之间，设平行线是水平的，垂直方向为 x 轴（纵轴）方向. 如图 1-2 所示，设上、下两条平行线的纵轴坐标分别为 $x = 0$ 和 $x = d$. 针心的纵轴坐标在 $[0, d]$ 区间内等概率分布（均匀分布），在 $x = \dfrac{d}{2}$ 的两侧对称，因此可以只分析一侧 $\left[0, \dfrac{d}{2}\right]$ 的情况. 如图 1-3 所示，当针心坐标为 $\left[0, \dfrac{l}{2}\right]$ 时，设 θ 为针与平行线相交的临界夹角，则相交的概率为

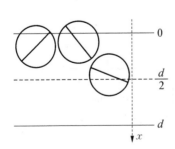

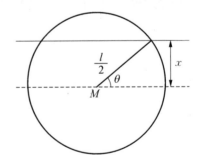

图 1-2 针与平行线的相交情况   图 1-3 针心坐标为 $\left[0, \dfrac{l}{2}\right]$ 时的相交情况

$$p_1(x) = \frac{\pi - 2\theta}{\pi} = 1 - \frac{2}{\pi}\arcsin\frac{x}{\frac{l}{2}}$$

当针心坐标为 $\left(\frac{l}{2}, \frac{d}{2}\right]$ 时，不论夹角是多少，针都不可能和平行线相交，即此时的相交概率 $p_2(x)=0$. 图 1-2 画出了以针长为直径的三个圆周，最右边的圆周对应 $p_2(x)=0$，最左边的圆周放大后即为图 1-3. 注意，这里横坐标不同、纵坐标相同的点视为同一点. 针心落在任一点的概率都为 $\frac{dx}{\frac{d}{2}}$，以 $p(x)$ 表示针心落在任意一点后与平行线相交的概率，

其密度函数为 $\frac{2p(x)}{d}$. 针与平行线相交的概率为

$$\int_0^{\frac{d}{2}} \frac{2p(x)}{d}\mathrm{d}x = \int_0^{\frac{l}{2}} \frac{2p_1(x)}{d}\mathrm{d}x + \int_{\frac{l}{2}}^{\frac{d}{2}} \frac{2p_2(x)}{d}\mathrm{d}x$$

$$= \int_0^{\frac{l}{2}} \frac{2}{d}\left(1 - \frac{2}{\pi}\arcsin\frac{x}{\frac{l}{2}}\right)\mathrm{d}x$$

$$= \frac{2}{\pi} \cdot \frac{l}{d}$$

特别地，现假定 $l \geqslant d$，此时无论针心坐标在哪里，针都存在与线平行的可能. 可以依旧只分析一侧，针心坐标在整个 $\left[0, \frac{d}{2}\right]$ 区间内都满足上述 $p_1(x)$，针心落在任意一点的概率仍然是 $\frac{dx}{\frac{d}{2}}$，所以，该情形下针与平行线相交的概率为

$$\int_0^{\frac{d}{2}} \frac{2p_1(x)}{d}\mathrm{d}x = \int_0^{\frac{d}{2}} \frac{2}{d}\left(1 - \frac{2}{\pi}\arcsin\frac{x}{\frac{l}{2}}\right)\mathrm{d}x$$

$$= 1 - \frac{2l}{\pi d}\left[\frac{d}{l}\arcsin\frac{d}{l} + \sqrt{1 - \left(\frac{d}{l}\right)^2} - 1\right]$$

注意本例概率 p 只依赖于比值 $\frac{l}{d}$，因此当 l、d 成比例变化时，概率 p 的值不发生变化. 同时，计算此概率的公式也提供了一个求 π 值的方法：如果能事先求得概率 p 值，则可以求得 π 值. 若投针 N 次，其中针与平行线相交 n 次，则相交的频率为 $\frac{n}{N}$，用频率 $\frac{n}{N}$ 近似估计概率值 p，于是可得 π 的近似计算方法：$\hat{\pi} \approx \frac{2l}{d} \cdot \frac{N}{n}$. 该结果的意义深远，它指出了一种很有用的近似计算方法，即现在应用广泛的蒙特卡罗（Monte Carlo）模拟.

  "蒲丰投针问题"是找矿脉的一个重要概型.设在给定区域内的某处有一矿脉(相当于针)长为 l,用间隔为 d 的一组平行线进行探测,假定 $l<d$,要求"找到这个矿脉"(相当于针与平行线相交)的概率有多大就可借鉴投针问题的结果.

  另外,还可以考虑投掷凸形、凹形甚至弯针等,其与一平行线相交的概率为 $\frac{2}{\pi}\cdot\frac{L}{a}$,其中 L 为图形的周长,a 为图形的边长.扫本章二维码可查看投掷的是凸多边形时的求解过程.另外,大家还可以再思考一下,蒲丰为何要画一些平行线呢? 若平行线不等距又会如何?

  一提到圆周率,大家立即会想到 $\pi=3.1415926\cdots$,这是一个无限不循环小数.圆周率是一个极其著名的数,从有文字记载的历史开始,这个数就吸引着众多学者的兴趣.几千年来,古今中外一代又一代的数学家为此献出了自己的智慧和劳动.

  圆周率是指平面上圆的周长与直径之比,用 π 来表示圆周率是英国学者琼斯在1706年首先提出的.作为一个非常重要的常数,圆周率最早用于解决有关圆的计算问题.19世纪前,圆周率的计算进展相当缓慢;19世纪后,计算圆周率的世界纪录频频刷新.整个19世纪,可以说是圆周率的手工计算量最大的世纪.

  古希腊数学家阿基米德最早用割圆术计算圆周率,他以外切或内接正 n 边形周长作为圆周长的近似值,以此近似计算圆周率,n 越大,近似效果越好.

  我国古代数学家刘徽则提出了以外切或内接正 n 边形面积近似圆的面积的割圆术,计算得到圆周率近似值为3.1416.公元460年,我国古代数学家祖冲之用刘徽割圆术算得圆周率为3.1415929,第一次把圆周率精确地算到小数点后第七位,这个纪录保持了一千多年.以后不断有人把它算得更为精确.1596年,荷兰数学家鲁道夫算得有35位小数的圆周率.

  值得一提的是,英国学者沈克士整整花了二十年的时间,在1873年把 π 的值从小数点后500位推进到707位之多! 在没有电子计算机的当时,沈克士花了毕生的精力才创造了这个轰动一时的纪录.人们对他的计算结果深信不疑,并在他的墓碑上刻下其一生心血的结晶:带有707位小数的 π 值.直到1937年,巴黎博展会发现馆的天井里依然显赫地刻着沈克士求出的 π 值.但是20世纪40年代,曼彻斯特大学的费林生对它产生了怀疑.他认为 π 是一个没有规则的无理数(有的无理数的数字出现是有规律的,例如 $2.02002000200002\cdots$),也就是说 $0,1,2,\cdots,9$ 这十个数字的出现是带有偶然性的.这些偶然出现的数字有什么规律呢? 他统计了 π 的608位小数,得到了如下结果:

数 字	0	1	2	3	4	5	6	7	8	9
出现的次数 n_i	60	62	67	68	64	56	62	44	58	67

  可以发现:多数的数字出现的频率(即在608个数字中所占的比例)都与 $\frac{1}{10}$ 的偏差不大,而数字7却出现得特别少.他想这种偶然出现的情况不会对某一两个数字持有"偏见",各个数字出现的可能性大约应当相等才对(且不说这个猜想是否真有道理).因此他决定自己重算一

次.从 1944 年 5 月到 1945 年 5 月,他用了整整一年时间,终于发现沈克士计算的 π 值只有前 527 位是正确的,也就是沈克士在第 528 位之后发生了计算的错误.可惜,沈克士二十年的心血几乎全部付诸东流.后来,美国人伦奇发表了 π 的 808 位小数,但费林生也很快发现其中第 723 位小数以后是错误的.至此,人工计算 π 值的最高纪录是算到小数点后 808 位.

当然,需要指出的是,基于上表的数据,可以通过拟合优度 χ^2 检验的方法来检验 0,1, 2,…,9 这十个数字出现的概率都是 $\frac{1}{10}$,如给定显著性水平 $\alpha=005$,其 χ^2 检验统计量为

$$\chi^2 = \sum_{i=0}^{9} \frac{(n_i - 60.8)^2}{60.8}$$

$$= \frac{0.8^2 + 1.2^2 + 6.2^2 + 7.2^2 + 3.2^2 + 4.8^2 + 1.2^2 + 16.8^2 + 2.8^2 + 6.2^2}{60.8}$$

$$= \frac{455.6}{60.8} = 7.49$$

由于 $7.49 < \chi^2_{005}(9) = 16.919$,所以在置信水平 0.95 下,可以认为 0,1,2,…,9 这十个数字在 608 个数字中是均匀出现的.

进入 20 世纪后,圆周率的计算有了较大进展.在 1910 年左右,印度数学家拉马努金发现了一个新的无穷级数恒等式,称为拉马努金级数公式:

$$\frac{1}{\pi} = \frac{2\sqrt{2}}{9\,801} \sum_{k=0}^{\infty} \frac{(4k)!(1\,103 + 26\,390k)}{(k!)^4\,396^{4k}}$$

由于拉马努金没有给出推导的过程,因此没有人知道拉马努金是如何发现这个公式的. 后来 Borwein 兄弟利用椭圆积分证明了拉马努金级数.1985 年,Gosper 利用拉马努金级数计算出了圆周率 1 700 万位正确数字,当时有人声称该公式是计算圆周率速度最快的公式.

1987 年,Borwein 兄弟给出如下级数,其可以计算 10 亿位正确数字:

$$\frac{1}{\pi} = \sum_{k=0}^{\infty} \left(\frac{C_{2k}^k}{16^k}\right)^3 \frac{42k + 5}{16}$$

1994 年,丘德诺夫斯基给出如下级数,其可以计算 40 亿位正确数字,称为丘德诺夫斯基级数:

$$\frac{1}{\pi} = 12 \sum_{k=0}^{\infty} \frac{(-1)^k (6k)!(13\,591\,409 + 545\,140\,134k)}{(3k)!(k!)^3\,640\,320^{3k+\frac{3}{2}}}$$

2018 年,汤涛先生将阿基米德割圆术演绎推理,得到如下计算圆周率的迭代算法,称为阿基米德迭代算法:

令 $a_0 = 2\sqrt{3}$,$b_0 = 3$,对于 $k = 1,2,3,\cdots$,$a_k = \frac{2a_{k-1}b_{k-1}}{a_{k-1} + b_{k-1}}$,$b_k = \sqrt{a_k b_{k-1}}$,则当 $k \to \infty$ 时,$a_k \to \pi$,$b_k \to \pi$.

1976 年，Salamin 和 Brent 基于算术几何平均和高斯的想法，两人独立给出一个比其他任何圆周率经典公式收敛快得多的如下的迭代算法，称为 Gauss‑Salamin‑Brent 迭代算法，其中 p_k 二次收敛于圆周率：

令 $a_0 = 1$, $b_0 = \dfrac{1}{\sqrt{2}}$, $s_0 = \dfrac{1}{2}$，对于 $k = 1, 2, 3, \cdots$，有

$$a_k = \frac{a_{k-1} + b_{k-1}}{2}, \quad b_k = \sqrt{a_{k-1} b_{k-1}}, \quad c_k = a_k^2 - b_k^2, \quad s_k = s_{k-1} - 2^k c_k, \quad p_k = \frac{2a_k^2}{s_k}$$

随着计算机的发明，圆周率的计算效率突飞猛进.20 世纪 50 年代，人们用计算机算得了 10 万位小数的圆周率，70 年代又刷新到 150 万位.1987 年 1 月 13 日，日本的金田康正算出了 133 544 000 位小数的圆周率，印出的数字占两万页！如今，借助超级计算机，人们已经将圆周率的精度推进到 2 061 亿位小数.

关于圆周率，历史上还发生了不少轶事，例如，55 岁的日本横滨人友良获秋在 1987 年 3 月 9—10 日，用 17 h 21 min(包括 4 h 15 min 的休息时间)背出了四万位小数的圆周率.

案例 1.5　患者该如何选择？

某市对一种严重的疾病进行统计，统计数据如下：在得病的 2 000 人中有 300 人存活，存活者中有 240 人是经过手术后活下来的，其余 60 人是没有经过手术存活的，并且患者中有 600 人做过手术.现有一名患者对自己是否进行手术犹豫不决，请利用所学的概率论知识，帮助他做出选择(即求一名患者得以存活是因为动了手术的概率有多大).

先将数据表示成如下阵列：

	存 活 数	死 亡 数
动手术的人数	240	360
未动手术的人数	60	1 340

记事件 A 表示"患者存活下来"，事件 B 表示"患者动手术".对动过手术的患者而言，可计算频率

$$f(A) = \frac{240}{600} = \frac{2}{5}, \quad f(\bar{A}) = \frac{3}{5}$$

对未动过手术的患者而言，可计算频率

$$f(A) = \frac{60}{1\,400} = \frac{3}{70}, \quad f(\bar{A}) = \frac{67}{70}$$

由于频率具有稳定性,因此可将事件的频率作为概率的估计,即有

$$P(A \mid B) = \frac{2}{5}, \quad P(\bar{A} \mid B) = \frac{3}{5}, \quad P(A \mid \bar{B}) = \frac{3}{70}, \quad P(\bar{A} \mid \bar{B}) = \frac{67}{70}$$

所求概率

$$P(B \mid A) = \frac{P(A \mid B)P(B)}{P(A \mid B)P(B) + P(A \mid \bar{B})P(\bar{B})}$$

$$= \frac{\frac{2}{5} \times \frac{600}{2\,000}}{\frac{2}{5} \times \frac{600}{2\,000} + \frac{3}{70} \times \frac{1\,400}{2\,000}}$$

$$= 0.8$$

可见,存活下来的患者大概率是做过手术的.对生存欲望强烈的患者而言,动手术是最佳的选择.

案例 1.6　癌症检测

某一地区患有某种癌症的人占该地区总人数的 0.005,该种癌症患者对一种试验反应是阳性的概率为 0.95,正常人对这种试验反应是阳性的概率为 0.04.现抽查了一个人,试验反应是阳性,问此人是癌症患者的概率有多大?

记事件 A 表示"试验的结果是阳性",事件 B 表示"抽查的人患有该种癌症",事件 $\bar{B}$ 表示"抽查的人不患该种癌症",所求概率为 $P(B \mid A)$,有

$$P(B) = 0.005, \ P(\bar{B}) = 0.995, \ P(A \mid B) = 0.95, \ P(A \mid \bar{B}) = 0.04$$

$$P(B \mid A) = \frac{P(B)P(A \mid B)}{P(B)P(A \mid B) + P(\bar{B})P(A \mid \bar{B})}$$

$$= \frac{0.005 \times 0.95}{0.005 \times 0.95 + 0.995 \times 0.04} = 0.106\,6$$

即此人患癌症的概率为 0.106 6,下面来进一步分析该结果的实际意义.

（1）这种试验对于诊断一个人是否患有该种癌症有无意义? 如果不做试验,抽查一人,他是患者的概率 $P(B) = 0.005$,患者阳性反应的概率是 0.95,若试验后得阳性反应,则根据试验得来的信息,此人是患者的概率为 $P(B \mid A) = 0.106\,6$,即从 0.005 增加到 0.106 6,将近增加约 21 倍,说明这种试验对于诊断一个人是否患有该种癌症是有意义的.

（2）检出阳性是否一定患有该种癌症? 试验结果为阳性,此人确患该种癌症的概率为 $P(B \mid A) = 0.106\,6$,即使试验呈阳性,尚可不必过早下结论患有该种癌症,这种可能性只有 10.66%（平均来说,1 000 个阳性者中大约只有 107 人确患该种癌症）,此时医生要通过再试验或其他试验来确认.

案例 1.7　狼来了

《伊索寓言》中有一个大家耳熟能详的故事——《狼来了》.故事讲的是一个小孩每天到山上牧羊,山里经常有狼群出没,十分危险.有一日,他突然在山上大喊"狼来了! 狼来了!"山下的村民听闻,纷纷举起锄头上山打狼,可是来到山上,发现狼没有来,一切只是小孩子的一个玩笑;第二天仍是如此;第三天,狼真的来了,可是无论小孩子怎么喊叫,也没有人来救他.原来,因为他前两次说了谎,人们便不再相信他了.

这个故事不仅教人诚信,而且它更深刻地蕴含着"事不过三"的哲理,而"事不过三"刚好可以用贝叶斯公式来证明,实在是妙不可言.下面用贝叶斯公式来分析寓言中村民对这个孩子的可信度在三次喊"狼来了"的过程中是如何下降的.

记事件 A 为"小孩说谎",记事件 B 为"小孩可信".不妨假设村民起初对这个小孩的可信度印象为

$$P(B)=0.8, \quad P(\bar{B})=0.2$$

在贝叶斯公式中用到两个概率 $P(A \mid B)$ 和 $P(A \mid \bar{B})$,其分别表示可信的孩子说谎的可能性和不可信的孩子说谎的可能性. 不妨假设 $P(A \mid B)=0.1$, $P(A \mid \bar{B})=0.5$. 而 $P(B \mid A)$ 有着鲜明的意义,它是指这个小孩子说了一次谎之后,村民对他保有的可信度.

第一次村民上山打狼,发现狼没有来,即小孩子说了谎(事件 A 发生),于是村民根据这个信息对小孩子的可信度进行调整,此时,小孩子的可信度调整为 $P(B \mid A)$,根据贝叶斯公式计算得

$$P(B \mid A)=\frac{P(B)P(A \mid B)}{P(B)P(A \mid B)+P(\bar{B})P(A \mid \bar{B})}=\frac{0.8 \times 0.1}{0.8 \times 0.1+0.2 \times 0.5}=0.444$$

这表明,村民上了一次当之后,对这个小孩子保有的信任程度由原来的 0.8 调整为 0.444,也就是此时,村民对这个小孩子的可信度印象调整为 $P(B)=0.444$, $P(\bar{B})=0.556$.

在此基础上,再次应用贝叶斯公式计算 $P(B \mid A)$,也就是这个小孩子第二次说谎后,村民对他的信任程度,于是有

$$P(B \mid A)=\frac{P(B)P(A \mid B)}{P(B)P(A \mid B)+P(\bar{B})P(A \mid \bar{B})}=\frac{0.444 \times 0.1}{0.444 \times 0.1+0.556 \times 0.5}=0.138$$

这表明,村民经过两次上当后,对这个小孩子的信任程度已经从 0.8 降低到了 0.138,如此低的可信度,无怪乎村民听到第三次"狼来了"无动于衷,如此一来他们自然不会再上山打狼了.

案例 1.8　公司经理的投资决策

为了提高某产品的质量,公司经理考虑增加投资来改进生产设备,预计需投资 90 万,但从投资效果看,下属部门有两种意见. A:改进生产设备后,高质量产品可占 90%; B:改进生产设备后,高质量产品可占 70%.

经理当然希望 A 发生,公司效益可得到很大提高,投资改进设备也是合算的.但根据下属两个部门过去建议被采纳的情况,经理认为 A 的可信度只有 40%, B 的可信度只有 60%,即 $P(A)=0.4$, $P(B)=0.6$.

这两个都是经理的主观概率.经理不想仅用过去的经验来做决策,想慎重一些,通过小规模试验后观察其结果再做定夺.为此,经理做了一项试验,试验结果为试制五个产品,全部是高质量的产品(记为事件 C).

经理对这次试验的结果很高兴,希望用此试验结果来修改他原先对 A 和 B 的看法,即要求后验概率 $P(A\mid C)$ 和 $P(B\mid C)$.

因为做了五次试验,则

$$P(C\mid A)=0.9^5=0.590, \quad P(C\mid B)=0.7^5=0.168$$

由全概率公式　　$P(C)=P(A)P(C\mid A)+P(B)P(C\mid B)=0.337$

由贝叶斯公式

$$P(A\mid C)=\frac{P(A)P(C\mid A)}{P(C)}=\frac{0.236}{0.337}=0.7,$$

$$P(B\mid C)=\frac{P(B)P(C\mid B)}{P(C)}=\frac{0.101}{0.337}=0.3$$

这表明经理通过事件 C 的信息把对 A 和 B 的可信程度由 0.4 和 0.6 调整到 0.7 和 0.3.后者是综合了主观概率和试验结果而获得的,比主观概率更可靠,更有吸引力,更贴近实际,这就是贝叶斯公式的价值.

经过事件 C 后,经理对增加投资改进质量的兴趣更大,但因投资额度大,为了更保险一点,还想再做一次小规模试验,观察其结果再做决策.为此,经理又做了一次实验,试验结果为试制 10 个产品,有 9 个是高质量产品(记为事件 D).

经理对此结果更为高兴,希望用此试验结果对 A 和 B 再做一次调整,为此,把上次后验概率看作这次的先验概率,即 $P(A)=0.7$, $P(B)=0.3$.

于是　　$P(D\mid A)=10\times0.9^9\times0.1=0.387, \quad P(D\mid B)=10\times0.7^9\times0.3=0.121$

$$P(D)=0.397, P(A\mid D)=0.883, P(B\mid D)=0.119$$

很显然,经过二次实验,事件 A (高质量产品可占 90%)的概率已上升到 0.833,到了可以下决心的时候了,他能以 83.3% 的把握保证此项投资取得较大效益.

案例 1.9　先下手为强

甲、乙两人的射击水平相当,于是约定比赛规则:双方对同一目标轮流射击,若一方未命中,另一方可以继续射击,直到有人命中目标为止,命中一方为该轮比赛的获胜者.你认为先射击者是否一定沾光? 为什么?

设甲、乙两人每次命中的概率均为 p,失利的概率为 $q=1-p$,记事件 A_i 表示第 i 次射击命中目标 $(i=1,2,\cdots)$.假设甲先发第一枪,则

$$
\begin{aligned}
P(甲胜) &= P(A_1 \bigcup \bar{A}_1\bar{A}_2 A_3 \bigcup \bar{A}_1\bar{A}_2\bar{A}_3\bar{A}_4 A_5 \bigcup \cdots) \\
&= P(A_1) + P(\bar{A}_1\bar{A}_2 A_3) + P(\bar{A}_1\bar{A}_2\bar{A}_3\bar{A}_4 A_5) + \cdots \\
&= p + q^2 p + q^4 p + \cdots = \frac{1}{1+q}
\end{aligned}
$$

又可得 $P(乙胜)=1-P(甲胜)=\dfrac{q}{1+q}$,因为 $0<q<1$,所以 $P(甲胜)>P(乙胜)$.

案例 1.10　比赛如何选择赛制?

在一场斯诺克比赛中,运动员 M 与 N 相遇,其中每赛一局 M 胜的概率为 0.45,N 胜的概率为 0.55,若比赛既可采用三局两胜制,也可采用五局三胜制,问采用哪种赛制对 M 更有利? 试说明理由.

设每局中 M 赢记为事件 A,N 赢记为事件 $\bar{A}$,如果采用三局两胜制,M 赢的情况有 AA,$A\bar{A}A$,$\bar{A}AA$,所以 M 赢的概率为

$$
p_1 = 0.45^2 + 2 \times 0.45 \times 0.55 = 0.425\,25
$$

如果采用五局三胜制,M 赢的情况如下.比赛三局共 1 种:AAA;比赛四局共 3 种:$A\bar{A}AA$,$\bar{A}AAA$,$AA\bar{A}A$;比赛五局共 6 种:$AA\bar{A}\bar{A}A$,$A\bar{A}A\bar{A}A$,$A\bar{A}\bar{A}AA$,$\bar{A}AA\bar{A}A$,$\bar{A}A\bar{A}AA$,$\bar{A}\bar{A}AAA$.

于是 M 赢的概率为

$$
p_2 = 0.45^3 + 3 \times 0.45^3 \times 0.55 + 6 \times 0.45^3 \times 0.55^2 = 0.406\,9
$$

由于 $p_1 > p_2$,即对 M 来说,三局两胜制比五局三胜制更有利.

另外,考察体育赛事的局数,可以看到对水平高的选手,比赛局数越多越有利;对水平低的选手,比赛局数越少,随机性越强,对其越有利.

案例 1.11　小概率事件会发生吗？

设在每次试验中,事件 A 发生的概率均为 p,且很小,则称事件 A 为小概率事件.试问在 n 次独立试验中,事件 A 发生的概率.

记事件 B_n 表示"在 n 次试验中事件 A 发生",事件 A_i 表示"在第 i 次试验中事件 A 发生",$i=1, 2, \cdots, n$,且 $P(A_i)=p$,易知

$$B_n = \bigcup_{i=1}^{n} A_i$$

$$P(B_n)=P\left(\bigcup_{i=1}^{n} A_i\right)=1-P\left(\overline{\bigcup_{i=1}^{n} A_i}\right)=1-P(\bar{A}_1 \bar{A}_2 \cdots \bar{A}_n)$$

$$=1-\prod_{i=1}^{n} P(\bar{A}_i)=1-(1-p)^n$$

则 $\lim\limits_{n \to +\infty} P(B_n)=1$,也即当重复次数 n 很大时,事件 A 必然发生.

小概率事件 A 虽然在一次试验当中几乎不发生,但重复次数很大时,事件 A 的发生几乎是必然的.我们知道通常做决策要依赖大样本,但小概率事件还是应该引起足够的重视.在制定重大决策的时候,不能只是考虑问题的主要方面,还要充分考虑到不利的小概率事件存在和发生的可能性,不然的话,后果将不堪设想.由此,我们要非常重视小概率事件.

一个最简单的例子就是,如果一个女孩子坐火车旅行,要是有一个你刚刚认识的人告诉你,他可以给你介绍一份好工作,那么,你可得当心了——那个人是人贩子的概率极大,大到可以超过 99%.因为在目前的社会里,我们完全有理由把这种天上掉馅饼的事视为小概率事件,并且可以把它发生的概率近似看作 0.中国有句老话"不怕一万,就怕万一",说的就是小概率事件.当我们知道那件事是大概率事件时,我们可以从容地去应对它.可是当它是小概率事件时,就有些麻烦了.学习概率论能让我们科学地选择好的小概率事件,避开不好的小概率事件.这就是概率论的魅力所在——它能让那些飘忽不定的事在我们的掌握之中.对于小概率事件,人们有这样一种选择心理:对于诱惑力极高的小概率事件,哪怕它的概率小到几乎为 0,人们也还是固执地去选择它,这就是为什么那么多人会买彩票.而对于有害的小概率事件,哪怕它发生或再次发生的概率极小,人们也不会去选择它.

如果某公司宣称其生产的某零件不良率仅 2%,你买了 200 个,并取出 3 个使用.若其中坏了一个尚可忍受,因可算出此概率约为 0.058 2.若坏了两个,可能便要找公司退货了(因为此概率约为 0.000 859,小于千分之一).若三个皆坏,大概就不会相信不良率只有 2% 而已.有些事件在我们原先的认知中是不太会发生的,偶尔发生一次只会觉得运气不好;发生第二次时,心里便可能觉得怪怪的;若再多发生几次,便很可能觉得要么有人搞鬼,要么这件事发生的可能性并不是那么低.小概率事件就是在这类发生的概率很低的情况中显现出

了其影响力.

"曾参杀人"的典故就非常典型.《战国策》中提到,昔者曾子处费,费人有与曾子同名族者而杀人,人告曾子母曰:"曾参杀人."曾子之母曰:"吾子不杀人."织自若.有顷焉,人又曰:"曾参杀人."其母尚织自若也.顷之,一人又告之曰:"曾参杀人."其母惧,投杼逾墙而走.夫以曾参之贤,与母之信也,而三人疑之,则慈母不能信也.曾子是孔子的弟子,《战国策》记载,即便以他的贤能及其母对他的信任,接连三个人告诉其母曾子杀人,其母对他的信心也会动摇.

历史上非常有名的"赤壁之战"也充分说明了重视小概率事件的重要性.我国湖北省赤壁市历史上曾经发生过一场以少胜多的经典战役——赤壁之战.当时东吴的周瑜在江南,只有 3 万兵力,而曹操在江北,有 80 万兵力.鉴于当时江中风浪大,不便于单个船只独立作战,曹操下令将所有战船相连,以减弱风浪颠簸的影响.当时曹操手下的一个谋士进言:"铁索连舟,万一火攻,岂不难以进退."曹操听后大笑说:"若用火攻必借风力,如今隆冬,只有西北风.我军在北岸,他(周瑜)若用火,岂不反烧了自己."然而,令曹操想不到的是,交战那天居然刮起了东南风(小概率事件).周瑜趁机用火,将曹操的所有船只烧毁.可见,这个小概率事件瞬间改变了双方的交战结果.凭曹操的军事指挥才能和绝对的兵力优势,取胜应该是情理之中的事.然而,这个极其意外的小概率事件的发生,使曹操顿时失去了兵力上的优势,大败于周瑜.

诸葛亮的确上知天文,下知地理,所以他也知道冬季江边一般没有东风.但诸葛亮真的能借东风吗? 其实不然,冬天刮东风是当地的一个特殊天气现象.有文史专家研究表明:诸葛亮在备战前到处寻访江边的渔民,留意当地气候,最终在一位老渔民口中得知:"夏天蚂蟥水面浮,天变不会过中午;冬天泥鳅翻肚皮,不等鸡叫东风起;傍晚天空出现豆腐块云彩,两三天定有东风起."赤壁地处江南,江南多暖冬,冬至后起东南风较为常见,故有"九里不怕南风多,只怕南风送九歌"之谚.后来诸葛亮就是通过几条泥鳅结合自己所学的天文地理知识,推算出东风到来的时间.所以借东风是假,推测东风来的时间是真,倒腾泥鳅竟然成了借东风的关键.

洛伦兹曾有这样一句名言"巴西境内一只蝴蝶扇动翅膀,可能引起得克萨斯州的一场龙卷风."由此可见,小概率事件是不可以轻视的."水滴石穿""铁杵磨成针""不积跬步无以至千里,不积小流无以成江海"说的就是这个道理,量变可以引起质变.也许你现在的努力微不足道,但只要你坚持下去,不断地积累,你的成功将是必然的!

下面通过手足口病(EV71)的发现来说明重视小概率事件的必要性.

2008 年 3 月 28 日下午,阜阳市人民医院儿科主任刘晓琳医生像往常一样走进病房值夜班.这时,重症监护室里已同时住了两个患儿,病情一模一样,都是呼吸困难、吐粉红色痰,有肺炎症状,也表现出急性肺水肿症状,但是在另外一些症状上,却又与肺炎相矛盾.当晚,这两个患儿的病情突然恶化,因肺出血而抢救无效死亡.这时护士过来,告诉她 3 月 27 日也有一名相同症状的患儿死亡.刘医生立即将这 3 个病例的资料调出,发现患儿都是死于肺炎.常规的肺炎大多是左心衰竭导致死亡,而这 3 个患儿都是右心衰竭导致死亡,这很不正常.职业的敏感和强烈的责任心让刘医生警觉起来.3 月 29 日零点多,在劝走了情绪激动的两个死亡患儿的家长后,她连夜把情况向领导进行了汇报.刘医生的预警起到了作用.4 月 23 日,经卫生部、省、市专家诊断,确定该病为手足口病(EV71 病毒感染).人们都说,没有她的敏感和汇报,病毒还不知道要害死多少儿童.不仅是手足口病,2004 年上半年引起社会公众高度关注的阜阳"大头娃娃"事件也是刘医生最早揭示的,是她首先想到"大头娃娃"吃的奶粉出了问题,由此揭开了国内劣质奶粉的生产和销售的罪恶,挽救了无数婴儿的生命.2008 年 4 月 26 日,时任卫生部部长的陈竺对刘医生的行动给予了高度赞扬:"一个好的临床医生,面对的应该不仅仅是个体病人的症状,还要想到症状后面的病因,要对临床情况的特殊性产生警觉,意识到其中的不同寻常之处,并且有报告意识.刘主任对这次疫情的控制是有贡献的."

常规的肺炎大多是左心衰竭导致死亡,也就是说肺炎因右心衰竭而死是有可能的,只不过概率不大,而连续 3 位患儿都因右心衰竭而死这个概率就更小了.由此刘医生怀疑这些患儿得的不是肺炎是合理的.这个推断方法像是反证法.大家熟悉的反证法是寻找矛盾(不可能发生的事情),而我们这里的反证法是寻找几乎矛盾(几乎不大可能发生的事情).我们用图 1-4 说明刘医生的"反证法"的推断过程.

观察到的情况:连续 3 位患儿都因右心衰竭而死

↓

经估算:倘若是常规的肺炎,这个概率非常小

↓

判断:怀疑他们患的不是常规的肺炎

图 1-4　刘医生的推断过程

这样的推断方法对于我们发现问题是非常有帮助的.事实上,很多人在实践中都有这样的推断过程,只不过没有自觉地意识到.

如图 1-4 所示的推断过程自然有理,但在解统计检验问题时需要对该推断方法做些改进.第 2 步说的其实是"经估算:倘若是常规的肺炎,连续 3 位患儿都因右心衰竭而死的概率非常小".现将这句话修改为"经估算:倘若是常规的肺炎,连续 3 位、4 位和更多位患儿都因右心衰竭而死的概率非常小".为什么做这样的修改呢? 我们有以下两个方面的考虑.

(1) 既然刘医生在连续 3 位患儿都因右心衰竭而死时怀疑他们患的不是常规的肺炎,那么如果连续有 4 位、5 位或更多位患儿都因右心衰竭而死时,刘医生更应怀疑他们患的不是常规的肺炎.因而计算的应该是更大一些的概率,也就是倘若是常规的肺炎,连续 3 位、4 位和更多位患儿都因右心衰竭而死的概率.

(2) 我们什么时候会怀疑他们患的不是常规的肺炎? 大家当然会说,我们是在有连续比较多的患儿都因右心衰竭而死时,才说他们患的不是常规的肺炎.这一句话是这个推断过程的基本原则.不同的问题有不同的推断原则,需具体问题具体分析.现在刘医生看到连续 3 位患儿都因右心衰竭而死,则根据这个推断原则,需要回答一个问题:是否能认为连续 3 位患儿是连续比较多的患儿? 这个问题可以类比看某人长得高不高,就是看周围比他高的人

多不多,也就是看比他高的人的比例有多大.如果周围有比较大的比例的人比他高,那他自然不能被认为长得偏高.只有当比他高的人的比例比较小的时候,我们才认为他长得偏高.由此可见,连续3位患儿能否算是连续比较多的患儿,关键就在于连续3位、4位和更多位患儿都因右心衰竭而死的概率有多大.由于这个概率很小,因而我们认为连续3位患儿就能算是连续比较多的患儿了,并据此怀疑他们患的不是常规的肺炎.

正是出于包括上面两个方面的多个方面考虑,我们对如图1-4所示的推断方法进行改进,改进后的推断过程如图1-5所示:

推断原则:在有连续比较多的患儿都因右心衰竭而死时,才说他们患的不是常规的肺炎

↓

观察到的情况:连续3位患儿都因右心衰竭而死

↓

经估算:倘若是常规的肺炎,连续3位、4位和更多位患儿都因右心衰竭而死的概率非常小

↓

判断:怀疑他们患的不是常规的肺炎

图1-5 改进后的推断过程

第 2 章
随机变量及其分布

案例 2.1 文献计量学中的洛特卡定律

常见的《概率论与数理统计》教科书中都有如下习题：设离散型随机变量 X 的分布列为 $P(X=k)=\dfrac{C}{k^2}(k=1, 2, \cdots)$，求常数 C 的值.

注意到恒等式 $\displaystyle\sum_{k=1}^{+\infty}\frac{1}{k^2}=\frac{\pi^2}{6}$，又 $\displaystyle\sum_{k=1}^{+\infty}P(X=k)=1$，$C\displaystyle\sum_{k=1}^{+\infty}\frac{1}{k^2}=1$，$C=\dfrac{6}{\pi^2}\approx 0.606\,7$，此时分布列为 $P(X=k)=\dfrac{6}{\pi^2}\cdot\dfrac{1}{k^2}(k=1, 2, \cdots)$，将其称为洛特卡分布.

在文献计量学中,布拉德福定律、齐普夫定律和洛特卡定律是三个最基本的定律,是文献计量学重要的理论基础,被人们喻为文献计量学的"三大定律".洛特卡定律(或称倒数平方定律、洛特卡分布)描述了作者数量与其所著文献量之间的关系,体现了科学技术工作者在某个学科领域的科技生产率.在某个学科和技术领域中,定量地研究作者与其所写论文的数量关系反映了科学劳动成果的规律,所以研究这方面的问题具有十分重要的意义.研究作者与其论文的数量关系,即作者与论文频率,在情报科学中可以用来预测作者的活动规律.

1926 年,在美国一家人寿保险公司供职的统计学家洛特卡经过大量统计和研究,在美国著名的学术刊物《华盛顿科学院学报》上发表了一篇题名为《科学生产率的频率分布》的论文,旨在通过对发表论著的统计来探明科技工作者的生产能力及其对科技进步和社会发展所做出的贡献.这篇论文发表后并未引起多大反响,直到 1949 年才引起学术界的关注.

洛特卡定律的具体内容如下：写两篇论文的作者数量约为写一篇论文的作者数量的 $\dfrac{1}{4}$；写三篇论文的作者数量约为写一篇论文作者数量的 $\dfrac{1}{9}$；写 k 篇论文的作者数量约为写一篇论文作者数量的 $\dfrac{1}{k^2}$ ……而写一篇论文作者的数量约占所有作者数量的 60%.该定律被认为第一次揭示了作者与数量之间的关系.

再观察 $P(X=k)=\dfrac{C}{k^2}(k=1, 2, \cdots)$，其中 k^2 中的指数 2 是洛特卡根据他对物理和化学学科的一些统计得出的.实际上,如果考虑不同的学科,该指数在 $1.2\sim 3.8$ 之间,也有学者认

为在 $1.5 \sim 4.0$ 之间. 如果用 α 表示 k 的指数, 则可得到广义洛特卡定律(或称广义洛特卡分布):

$$P(X=k)=\frac{C}{k^{\alpha}}, \quad k=1,2,\cdots, \alpha>1, C>0$$

参数 α 取的数值直接反映了论文所在学科的作者量按论文量分布的情况. α 值较大时, 论文主要来自低产作者, 而 α 值较小时, 论文主要来自高产作者. 这种分布显然与学科的性质、发展阶段、研究范围的宽窄、合著规模和论文计数的方法有关系, 所以随着不同学科有不同取值应当是合理的.

由 $\sum_{k=1}^{+\infty} P(X=k)=1$ 知 $\qquad C=\dfrac{1}{\displaystyle\sum_{k=1}^{+\infty}\dfrac{1}{k^{\alpha}}}$

为计算 $\displaystyle\sum_{k=1}^{+\infty}\frac{1}{k^{\alpha}}$, 帕欧在 1985 年提出如下近似计算公式:

$$\sum_{k=1}^{+\infty}\frac{1}{k^{\alpha}}=\sum_{k=1}^{N-1}\frac{1}{k^{\alpha}}+\frac{1}{(\alpha-1)N^{\alpha-1}}+\frac{1}{2N^{\alpha}}+\frac{\alpha}{24(N-1)^{\alpha+1}}+\varepsilon$$

ε 为误差项, 当 $N=20$ 时, 误差项 ε 可忽略不计, 即

$$\sum_{k=1}^{+\infty}\frac{1}{k^{\alpha}}\approx\sum_{k=1}^{19}\frac{1}{k^{\alpha}}+\frac{1}{(\alpha-1)20^{\alpha-1}}+\frac{1}{2\times20^{\alpha}}+\frac{\alpha}{24\times19^{\alpha+1}}$$

例如, 当 $\alpha=2$, $N=20$ 时, $\displaystyle\sum_{k=1}^{19}\frac{1}{k^{\alpha}}+\frac{1}{(\alpha-1)20^{\alpha-1}}+\frac{1}{2\times20^{\alpha}}+\frac{\alpha}{24\times19^{\alpha+1}}=1.644\,925\,393$, 而 $\dfrac{\pi^2}{6}=1.644\,934\,406\,7$, 误差小于 $\dfrac{1}{110\,000}$.

请扫本章二维码获取恒等式 $\displaystyle\sum_{k=1}^{+\infty}\frac{1}{k^2}=\frac{\pi^2}{6}$ 成立的三种证法.

最后需要指出的是, 上述洛特卡分布其实就是 ζ 分布. 在行为科学中有一个"越高越少"法则. 例如, 在某个单位里, 工资越高, 拿这种工资的人越少; 在保险公司里, 保险金越高, 持这种保险金的人越少. 如用 X 表示上述拿这种高工资的人, 则反映这种"越高越少"法则的概率分布为

$$P(X=k)=\frac{C}{k^{\alpha+1}}, \quad k=1,2,\cdots$$

式中, 参数 $\alpha>0$, 而 $C=\left(\displaystyle\sum_{k=1}^{+\infty}\frac{1}{k^{\alpha+1}}\right)^{-1}$.

ζ 分布的名字来源于函数 $\zeta(s)=\displaystyle\sum_{k=1}^{+\infty}\frac{1}{k^s}(s>1)$, 它是由德国著名数学家黎曼首先定义和研究的, 称为黎曼函数. 利用 ζ 函数, $C=\dfrac{1}{\zeta(\alpha+1)}$, 这就是该分布称作 ζ 分布的原因.

ζ分布曾被意大利经济学家帕雷托用来描述某个给定国家的家庭收入的分布,发现非常符合实际情况.

不难看出,ζ分布不一定有矩存在.当 $0 < \alpha \leqslant 1$ 时,矩不存在;当 $\alpha > 1$ 时,存在数学期望;当 $\alpha > 2$ 时,存在方差.

案例 2.2　浴盆失效率

失效率函数是刻画产品寿命分布的一个重要特征.失效率曲线反映了产品总体在整个寿命周期失效率的情况.很多产品的失效率函数都呈现"浴盆"形,"浴盆"形失效率函数在大科学工程、产品可靠性分析、经济运行分析、管理决策、安全生产、海事预防等领域都有着广泛的应用.其实就我们人类而言,小孩的时候抵抗力弱容易生病,中年抵抗力较强,而老了也容易生病,完全呈现为一个"浴盆"形曲线.

如图 2-1 所示为产品的失效率曲线的典型情况,人们形象地称其为"浴盆"曲线."浴盆"形失效率函数随时间变化可分为三段时期.

（1）早期失效期,失效率曲线为递减形.产品使用的早期,失效率较高而下降很快.这主要是因为设计、制造、贮存、运输等形成的缺陷,以及调试、跑合、起动不当等人为因素所造成的失效.当经过这些所谓先天不良的失效之后,运转逐渐正常,即产品工作一段时

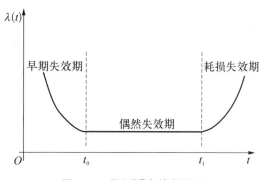

图 2-1　"浴盆"失效率图形

间后失效率就趋于稳定,到 t_0 后失效率曲线已开始变得平稳. t_0 之前的时间段称为早期失效期,针对早期失效期的失效原因,应该尽量设法避免,争取失效率低且 t_0 短.

（2）偶然失效期,失效率低而稳定. t_0 到 t_1 间的失效率近似为常数.此期间的失效主要由非预期的过载、误操作、天灾以及一些尚不清楚的偶然因素所造成.由于失效原因多属偶然,故称为偶然失效期.偶然失效期是能有效工作的时期,这段有效工作时间称为有效寿命.为降低偶然失效期的失效率而增长有效寿命,应注意提高产品的质量,精心使用和维护产品.

（3）耗损失效期,失效率是递增形. t_1 以后失效率上升较快,这是由产品老化、疲劳、磨损、蠕变、腐蚀等所谓有耗损的原因引起的,故称为耗损失效期.针对引起耗损失效的原因,应该注意检查、监控、预测耗损开始的时间,提前维修.

应该指出的是,"浴盆"失效率曲线并不是描述单件产品的失效,而是一个批次产品整体的相对失效率状况.上述三个阶段可用失效分布模式进行近似,比较常用的工具是威布尔（Weibull）分布.对于常规的产品,尤其是电子产品,人们更多地关心前两个阶段,讨论耗损阶段意义不大,因为很多产品在其生命期结束前就已经被更新换代了.

产品在"浴盆"失效率曲线三个阶段的失效机理是不同的,其应对策略也是不一样的.下

面简单阐述一下早期失效的应对策略.

大量实践证明,对于产品来讲,无论在设计阶段还是批量生产阶段,老化是一种减少早期失效的有效手段.根据美国军用标准"微电子器件试验方法和程序"(MIL-STD-833C),老化的定义如下:老化是一种试验,用来筛选或排除少量因制造失常而导致存在固有缺陷或缺陷的设备,而这些缺陷会引发与时间和应力相关的失效.应该强调的是,老化并非是产品改进技术,不能改善每个单元单独的可靠性,却能提高整体的可靠性,使单元总体更加可靠和均匀.

(1) 适合老化的产品.并不是所有的产品都适合采用老化技术.只有在被老化产品的早期失效率呈现明显下降趋势的情况下,老化才能发挥作用.对于服从威布尔分布的案例中,这就意味着形状参数应该小于 1.正态分布中一般失效率是增加的,因此,遵循正态分布的部件是不能进行老化的.同样,遵循指数分布的部件,失效率认为是恒定的,也不适用老化试验.

(2) 老化的时间.老化是有代价的,需要花费大量的人力、物力和时间,这就涉及一个最佳老化方案问题.首先要明确所要达到的目标.从产品生产的角度看,通常老化目标包括如下几个方面:① 老化后达到既定的失效率目标;② 老化后达到既定的可靠性目标;③ 成本最小;④ 老化后消除异常失效;⑤ 老化后的产品达到规定的寿命期望.

通常,在产品设计没有问题的前提下,消除异常失效是老化的目标,达到这一目标的老化时间越短越好.

大量的统计试验表明,产品在浴盆曲线前期老化后,其受试样本失效又可分成以下几类:① 初期失效产品;② 异常失效产品;③ 设计或生产工艺缺陷导致的失效产品;④ 未失效产品.初期失效主要由生产制造工艺过程问题引起,比如生产工艺不完善或有些工艺过程被忽略了.这将会对产品质量造成不利影响,这类缺陷一般在产品老化初期的很短时间内就会暴露出来,在掌握了失效数据后,经过查找并分析原因,改进生产工艺过程,可将这类缺陷减少或清除掉.异常失效主要是由构成产品的元器件或部件的缺陷造成的.这类缺陷在老化过程中经过一定的时间、施加一定的应力就会暴露出来.通过对失效的原因进行分析,改进元器件的质量即可加以解决.由于设计或生产工艺缺陷导致的失效产品,在老化过程中通过施加一定的应力,一般经过一个较长的时间才会暴露出来.解决这类问题的唯一办法就是改进设计和工艺.未失效产品指通过老化过程后依然能够正常工作的产品,是具有良好生命周期特性的产品,一般工作比较稳定,会持续工作较长时间,直到进入耗损阶段.

产品的失效率随时间的变化大致可划分为三个阶段:早期失效期、偶然失效期、耗损失效期.某些有大量元件、部件构成的设备,如飞机的机体、飞机上的电子设备、无线电设备等,其失效率曲线具有早期失效期、偶然失效期和耗损失效期三个时期.值得指出的是,也有不少设备只有其中的一个或两个失效期,有些质量低劣的设备的偶然失效期很短,甚至在早期失效期后,立刻就进入耗损失效期.

美国民航在过去的 50 多年里做了大量关于设备可靠性的研究,发现在设备从使用到淘汰的过程中(包括无形磨损造成的设备报废),其失效特征曲线呈六种不同形状,如图 2-2

所示[图中的纵坐标为失效率,横坐标为使用时间(从新出厂或翻修出厂时算起)].从图中可以看出,模式 A 为典型的浴盆曲线;模式 B 开始为恒定或逐渐略增的失效率,最后进入耗损期;模式 C 显示了缓慢增长的失效率,但没有明显的耗损期;模式 D 显示了新设备刚出厂时的低失效率现象,很快增长为一个恒定的失效率;模式 E 在整个寿命周期都保持恒定的失效率;模式 F 在开始时有较高的初期失效率,很快降低为恒定或增长极为缓慢的失效率.

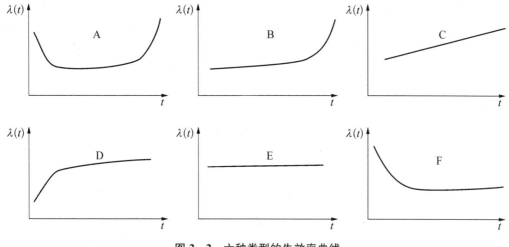

图 2－2　六种类型的失效率曲线

研究结果表明,模式 A、B、C、D、E、F 的发生概率分别为 4％、2％、5％、7％、14％和 68％.显然,在设备越来越复杂的情况下,更多的设备遵循 E 和 F 所代表的模式.这一研究表明,原来认为设备使用时间越长磨损越严重,从而会使失效率迅速上升,这样一种观点不一定正确.对于某种失效模式起主导作用的设备,失效率可能与使用时间长短有关.而对于大多数设备而言,使用时间长短对于设备可靠性的影响不大.也就是说,经常修理设备或定期大修,不一定能防止失效发生,反之可能将初期的高失效率引入稳定的系统中,增加设备总失效率.也就是说,设备的定期大修只有在失效后果严重且无法准确预测的情况下才有必要进行.有条件的则应尽可能采取预测维修,一般情况下则可采用日常维护保养及润滑等措施.

随着电子电气自动化水平的不断提高,许多设备的失效曲线不再呈现"浴盆"形,而是其他五种曲线或其中几种曲线的组合,预防性维修不能提高设备的可靠度.

以航空技术装备为例.航空技术装备的失效率曲线大致可以分为六种基本类型(见图 2－2).从图中可以看出,A 曲线为典型的浴盆曲线,有明显的耗损期.B 曲线也有明显的耗损期.具有明显耗损期的设备,如飞机的轮胎、机轮的刹车片、活塞式发动机的气缸、涡轮喷气发动机的压缩叶片以及飞机结构上的所有元件等,通常具有机械磨损、材料老化、金属疲劳等特点.C 曲线没有明确的耗损期,但是当使用时间增加时,它的失效率也在增加.涡轮喷气发动机属于这一种类型.D、E、F 曲线没有耗损期.没有耗损期的设备有飞机液压系统,空调系统等的附件,发动机的部件、附件,包括涡轮压缩器以及电子设备等.

具有耗损特性的航空技术装备(A、B 曲线)仅占全部装备的 6％,其中具有典型浴盆曲线（A 曲线）的仅占 4%.没有明确耗损期的（C 曲线）占 5%.以上共占 11%,而剩余 89% 的设备则没有耗损期（D、E、F 曲线）.有一半以上的航空技术装备显示有早期失效期,即刚安装以后的失效率往往相当高的,随后保持平稳.只有 11% 的设备需要规定寿命,而 89% 的设备不需要规定寿命.在许多情况下,定时翻修给本来稳定的系统带来了高的失效率,从而实际上增大了总的失效率.航空技术装备在正常使用期间内的失效率基本上是常数.

以数控机床为例.数控机床若出现早期失效,会影响数控机床的可靠性和声誉,如何排除早期失效,提高产品可靠性,是当前机床厂商急切需求并密切关注的重要课题之一.数控机床是典型的可修系统,大量实践研究表明,若采用合理的维修和定期备件更换,数控机床失效过程没有明显的耗损期,故其失效率曲线是早期失效期与偶然失效期相衔接的 F 曲线,即浴盆曲线的前两段,因此数控机床失效过程可用浴盆曲线来描述.

案例 2.3　对数正态分布失效率

对数正态分布是可靠性工程中非常重要的分布之一,关于其统计推断方法,许多文献都做了较为详细的总结.对数正态分布可以通过考虑一个失效是由于疲劳断裂引起的物理过程推出.例如某些材料发生疲劳破坏,由于暴露而产生腐蚀,其疲劳裂纹的增长及腐蚀的深度随着时间的增加而逐渐增大,这些现象引起的疲劳寿命服从对数正态分布.对数正态分布在工程技术、生物学、医学、经济学、金融学等领域有重要应用.例如,在医学、生物学中,对数正态分布用于分析不同药物的作用、针刺麻醉的镇痛效果,拟合流行病蔓延时间的长短;在工程技术中,它广泛应用于疲劳试验结果的统计分析;金融学中,它可用来描述债券的收益;在维修领域中,它可用来拟合维修时间;在英语语言研究中,对数正态分布可用来拟合英语单词的长度等.

设非负连续型随机变量 X 服从对数均值为 μ、对数方差为 σ^2（$\sigma > 0$）的对数正态分布,记为 $X \sim LN(\mu, \sigma^2)$,其密度函数 $f(x)$、分布函数 $F(x)$、可靠度函数 $R(x)$ 与失效率函数 $\lambda(x)$ 分别为

$$f(x) = \frac{1}{\sqrt{2\pi}\sigma x} \exp\left[-\frac{(\ln x - \mu)^2}{2\sigma^2}\right] = \frac{1}{\sigma x}\varphi\left(\frac{\ln x - \mu}{\sigma}\right)$$

$$F(x) = \int_0^x \frac{1}{\sigma t}\varphi\left(\frac{\ln t - \mu}{\sigma}\right)\mathrm{d}t = \int_{-\infty}^{\frac{\ln x - \mu}{\sigma}} \varphi(y)\mathrm{d}y = \Phi\left(\frac{\ln x - \mu}{\sigma}\right)$$

$$R(x) = 1 - F(x) = 1 - \Phi\left(\frac{\ln x - \mu}{\sigma}\right)$$

$$\lambda(x) = \frac{f(x)}{1 - F(x)} = \frac{\frac{1}{\sigma x}\varphi\left(\frac{\ln x - \mu}{\sigma}\right)}{1 - \Phi\left(\frac{\ln x - \mu}{\sigma}\right)}$$

式中,$\varphi(y)$ 和 $\Phi(y)$ 分别为标准正态分布 $N(0, 1)$ 的密度函数和分布函数:

$$\varphi(y) = \frac{1}{\sqrt{2\pi}} e^{-\frac{y^2}{2}}, \ \Phi(y) = \int_{-\infty}^{y} \varphi(t)\mathrm{d}t$$

引理 2.1 设随机变量 X 的分布函数 $F(x)$，如果 $E(X)$ 存在，则有如下极限成立：

$$\lim_{x \to -\infty} xF(x) = \lim_{x \to +\infty} x[1 - F(x)] = 0$$

Glaser 在 1980 年证明了如下引理：

引理 2.2 记非负随机变量 X 的密度函数、分布函数及失效率函数分别为 $f(x)$、$F(x)$ 和 $\lambda(x)$，密度函数 $f(x)$ 存在二阶导数，记为 $\eta(x) = -\dfrac{f'(x)}{f(x)}$。① 若 $\eta'(x) > 0$，即 $\eta(x)$ 是"严格单调增函数"，则 $\lambda(x)$ "严格单调上升"；② 若 $\eta'(x) < 0$，即 $\eta(x)$ 是"严格单调减函数"，则 $\lambda(x)$ "严格单调下降"；③ 若存在 x_0，$x_0 > 0$，$\eta'(x_0) = 0$，且 $\eta(x)$ 呈"先严格单调增加后严格单调减少"，即呈倒"浴盆"形，则 $\lambda(x)$ 有可能呈倒"浴盆"形，也有可能"严格单调下降"；④ 若存在 x_0，$x_0 > 0$，$\eta'(x_0) = 0$，且 $\eta(x)$ 呈"先严格单调减少后严格单调增加"，即呈"浴盆"形，则 $\lambda(x)$ 有可能呈"浴盆"形，也有可能"严格单调上升"。

引理 2.2 的证明可扫描本章二维码查看。

定理 2.1 对数正态分布的失效率函数的图像呈倒"浴盆"形，其从 0 开始单调增加至最大值，后单调下降至 0。

定理 2.1 的证明可扫描本章二维码查看。

案例 2.4 常见离散型分布列的递推关系

在常见的离散型随机变量中，经常要计算其分布列，这是件比较麻烦的事，其实如果已知随机变量取某一固定值的概率，就可以通过分布列之间的递推关系式得到随机变量取其他值的概率。

设非负离散型随机变量 X 的分布列 $p_k = P(X = k)$ 具有如下递推关系式：

$$p_k = \left(a + \frac{b}{k}\right) p_{k-1}$$

式中，a，b 的取值依赖于随机变量 X 的分布，但仅与参数有关而与 X 的取值无关。

（1）设随机变量 X 服从两点分布 $B(1, p)$，其分布列 $p_k = P(X = k) = p^k q^{1-k}$（$k = 0, 1$，$q = 1 - p$），若令 $a = \dfrac{p}{q}$，$b = 0$，或 $a = 0$，$b = \dfrac{p}{q}$，并记 $p_0 = q$，则

$$p_k = \left(a + \frac{b}{k}\right) p_{k-1}, \quad k = 1$$

事实上，对 $k = 1$，有
$$p_1 = \frac{p}{q} q = \left(a + \frac{b}{k}\right) p_0$$

(2) 设随机变量 X 服从二项分布 $B(n, p)$，其分布列 $p_k = P(X=k) = C_n^k p^k q^{1-k}$ $(k=0, 1, \cdots, n, q=1-p)$，若令 $a=-\dfrac{p}{q}$，$b=\dfrac{(n+1)p}{q}$，并记 $p_0 = q^n$，则

$$p_k = \left(a + \frac{b}{k}\right) p_{k-1}, \quad k=1, 2, \cdots, n$$

事实上，对 $k=1, 2, \cdots, n$，有

$$p_k = P(X=k) = C_n^k p^k q^{1-k} = \frac{n!}{k!(n-k)!} p^k q^{n-k}$$

$$= \left(-\frac{p}{q} + \frac{n+1}{k} \cdot \frac{p}{q}\right) \frac{n!}{(k-1)!(n-k+1)!} p^{k-1} q^{n-k+1}$$

$$= \left(-\frac{p}{q} + \frac{n+1}{k} \cdot \frac{p}{q}\right) p_{k-1} = \left(a + \frac{b}{k}\right) p_{k-1}$$

(3) 设随机变量 X 服从几何分布 $G(p)$，其分布列 $p_k = P(X=k) = pq^k$ $(k=0, 1, 2, \cdots, q=1-p)$，若令 $a=q$，$b=0$，并记 $p_0=p$，则

$$p_k = \left(a + \frac{b}{k}\right) p_{k-1}, \quad k=1, 2, \cdots$$

事实上，对 $k=1, 2, \cdots$，有

$$p_k = pq^k = qpq^{k-1} = qp_{k-1} = \left(a + \frac{b}{k}\right) p_{k-1}$$

(4) 设随机变量 X 服从负二项分布 $NB(r, p)$，其分布列 $p_k = P(X=k) = C_{r+k-1}^k p^r q^k$ $(k=0, 1, 2, \cdots, q=1-p)$，若令 $a=q$，$b=(1-r)q$，并记 $p_0=p^r$，则

$$p_k = \left(a + \frac{b}{k}\right) p_{k-1}, \quad k=1, 2, \cdots$$

事实上，对 $k=1, 2, \cdots$，有

$$p_k = C_{r+k-1}^k p^r q^k = \frac{(r+k-1)!}{k!(r-1)!} qp^r q^{k-1} = \frac{r+k-1}{k} qp_{k-1} = \left(a + \frac{b}{k}\right) p_{k-1}$$

(5) 设随机变量 X 服从泊松分布 $P(\lambda)$，其分布列 $p_k = P(X=k) = \dfrac{\lambda^k}{k!} e^{-\lambda}$ $(k=0, 1, 2, \cdots)$，若令 $a=0$，$b=\lambda$，并记 $p_0=e^{-\lambda}$，则

$$p_k = \left(a + \frac{b}{k}\right) p_{k-1}, \quad k=1, 2, \cdots$$

事实上，对 $k=1, 2, \cdots$，有

$$p_k = \frac{\lambda^k}{k!} e^{-\lambda} = \frac{\lambda}{k} \cdot \frac{\lambda^{k-1}}{(k-1)!} e^{-\lambda} = \frac{\lambda}{k} p_{k-1} = \left(a + \frac{b}{k}\right) p_{k-1}$$

（6）设随机变量 X 服从对数级数分布，其分布列为 $p_k = P(X=k) = \dfrac{1}{-\ln p} \dfrac{q^k}{k}$（$k$
$=1, 2, \cdots$），$q = 1 - p$，若令 $a = q$，$b = -q$，并记 $p_1 = \dfrac{q}{-\ln p}$，则

$$p_k = \left(a + \frac{b}{k}\right) p_{k-1}, \quad k = 2, 3, \cdots$$

事实上，对 $k = 2, 3, \cdots$，有

$$p_k = \frac{1}{-\ln p} \frac{q^k}{k} = \left(q - \frac{q}{k}\right) \frac{1}{-\ln p} \frac{q^{k-1}}{k-1} = \left(q - \frac{q}{k}\right) p_{k-1} = \left(a + \frac{b}{k}\right) p_{k-1}$$

注　超几何分布不满足该递推关系式.

案例 2.5　公共汽车的门应设计多高？

某汽车设计手册中指出，人的身高服从正态分布 $N(\mu, \sigma^2)$，根据各个国家的统计资料，可得其民众身高的 μ 和 σ^2. 对于中国人，有 $\mu = 1.75$，$\sigma = 0.05$，试问：公共汽车的门至少需要多少米，才能使上下车时需要低头的人不超过 0.5%？

解　设公共汽车的门高为 h 米，X 表示乘客的身高，则

$$X \sim N(1.75, 0.05^2), \qquad \frac{X - 1.75}{0.05} \sim N(0, 1)$$

又 $P(X > h) \leqslant 0.5\%$，即 $P(X \leqslant h) \geqslant 99.5\%$，由 $P(X \leqslant h) = \Phi\left(\dfrac{h - 1.75}{0.05}\right) \geqslant 0.995$，得
$\dfrac{h - 1.75}{0.05} \geqslant 2.58$，故 $h \geqslant 1.879\,0$. 所以车门高度至少需要 1.9 米.

案例 2.6　预测录取分数线和考生考试名次

当今社会，考试作为一种选拔人才的有效途径被广泛采用. 每次考试后，考生最关心的两个问题多半是自己能否达到最低录取分数线？自己的考试名次如何？假定某大型企业在某次招工考试中准备招工 300 名（其中 280 名正式工，20 名临时工），而报考的人数是 1 657 名，考试满分为 400 分. 考试后不久，通过当地新闻媒体得到如下信息：考试总评成绩是 166 分，360 分以上的高分考生 31 名. 某考生 A 的成绩是 256 分，问他能否被录取？如被录取是否为正式工？

解　（1）先来预测一下最低录取分数线，记该最低录取分数线为 x_0，设考生考试成绩为 X，则 X 是随机变量. 对于一次设计合理的考试来说，X 应服从正态分布，即 $X \sim N(166, \sigma^2)$，

而 $Y = \dfrac{X-166}{\sigma} \sim N(0, 1)$，由于考试成绩高于 360 分的频率是 $\dfrac{31}{1\,657}$，所以有

$$P(X > 360) = P\left(Y > \frac{360-166}{\sigma}\right) \approx \frac{31}{1\,657} = 0.02, \quad \frac{360-166}{\sigma} \approx 2.08$$

求得 $\sigma \approx 93$，则有 $X \sim N(166, 93^2)$。

因为最低录取分数线 x_0 的确定应使高于此线的考生的频率等于 $\dfrac{300}{1\,657}$，即

$$P(X > x_0) = P\left(Y > \frac{x_0-166}{93}\right) \approx \frac{300}{1\,657} = 0.819, \quad \frac{x_0-166}{93} \approx 0.91$$

求得 $x_0 = 251$，即最低录取分数线是 251。

（2）下面预测考生 A 的考试名次。他的考分 $x = 256$，有

$$P(X > 256) = P\left(Y > \frac{256-166}{93}\right) \approx P(Y > 0.967\,7) \approx 0.169$$

这说明，考试成绩高于 256 分的频率是 0.169，也就是说成绩高于考生 A 的人数大约占总人数的 16.9%，则可知，考试名次排在 A 之前的人数大约有 $1\,657 \times 16.9\% = 282$ 人，即考生 A 大约排在第 283 名。

从以上分析得出，最低录取分数线（251 分）低于考生 A 的分数，所以，考生 A 能被录取。但因其考试名次大约是 283 名，排在 280 名之后，所以，被录取为正式工的可能性不大。

案例 2.7　选择哪条路线上班？

某人由于工作的原因，需要从上海的浦东乘车去松江上班，现在有两条路线供他选择：第一条线路是直接穿过市区，虽路程较短但交通较为拥挤，其所需时间服从正态分布 $N(50, 100)$；而第二条路线是沿着外环高速走，虽路程较长但交通很少堵塞，其所需时间服从正态分布 $N(60, 16)$。现问：（1）假设他有 70 min 的时间可用，他应该选择走哪一条路线？（2）假设他有 65 min 的时间可用，他又应该选择走哪一条路线？

解　由于他到达松江的时间服从正态分布，所以在有限的时间内他必须选择较大概率及时赶到松江的路线。记 T_1 和 T_2 分别表示他通过第一条和第二条路线到达松江所用的时间。

（1）他走第一条路线在 70 min 内赶到松江的概率为

$$P(T_1 \leqslant 70) = \Phi\left(\frac{70-50}{10}\right) = \Phi(2) = 0.977\,2$$

他走第二条路线在 70 min 内赶到松江的概率为

$$P(T_2 \leqslant 70) = \Phi\left(\frac{70-60}{4}\right) = \Phi(2.5) = 0.993\,8$$

因为 $0.977\,2 < 0.993\,8$，所以他应该选择第二条路线.

（2）他走第一条路线在 65 min 内赶到松江的概率为

$$P(T_1 \leqslant 65) = \Phi\left(\frac{65-50}{10}\right) = \Phi(1.5) = 0.933\,2$$

他走第二条路线在 65 min 内赶到松江的概率为

$$P(T_2 \leqslant 65) = \Phi\left(\frac{65-60}{4}\right) = \Phi(1.25) = 0.894\,4$$

因为 $0.933\,2 > 0.894\,4$，所以他应该选择第一条路线.

案例 2.8　轧钢工艺中如何调整轧机均值来减少材料浪费？

　　轧钢工艺由两道工序组成：第一道是粗轧，轧出的钢材参差不齐，可认为服从正态分布，其均值可由轧机调整，其方差则由设备的精度决定，不能随意改变；第二道是精轧，精轧时，首先测量粗轧出的钢材长度，若短于规定长度，则将其报废，若长于规定长度，则切掉多余部分即可.那么粗轧时，怎样调整轧机出材长度的均值最经济？

（1）分析问题.

设成品钢材的规定长度是 l，粗轧后的钢材长度为 X，X 是随机变量，它服从均值为 m、标准差为 σ 的正态分布（其中 σ 已知，m 待定），X 的密度函数为

$$f(x) = \frac{1}{\sqrt{2\pi}\,\sigma} \exp\left[-\frac{(x-m)^2}{2\sigma^2}\right]$$

　　轧制过程的浪费由两部分组成：一是当 $x \geqslant l$ 时，精轧要切掉长为 $x-l$ 的钢材；二是当 $x < l$ 时，长为 x 的整根钢材报废.显然这是一个优化模型，建模的关键是选择合适的目标函数.考虑到轧钢的最终目的是获得成品钢，故经济的轧钢要求不应以每粗轧一根钢材的平均浪费量最小为标准，而应以每获得一根成品钢的平均浪费量最少为标准，或等价于每次轧制（包括粗轧、精轧）的平均浪费量与每次轧制获得成品钢的平均长度之比最小为标准.

（2）建立模型.

记 W 为每次轧制的平均浪费量，L 为每次轧制获得成品钢的平均长度，则

$$W = \int_l^{+\infty}(x-l)f(x)\mathrm{d}x + \int_0^l xf(x)\mathrm{d}x = m - lP$$

式中，$P = \int_l^{+\infty}f(x)\mathrm{d}x$ 表示 $X \geqslant l$ 的概率.

而
$$L = \int_l^{+\infty} lf(x)\mathrm{d}x = lP$$

因此目标函数为
$$J_1 = \frac{W}{L} = \frac{m - lP}{lP} = \frac{1}{l}\left(\frac{m}{P} - l\right)$$

（3）求解模型.

由于 l 是常数，故等价的目标函数为
$$J = \frac{m}{P} = \frac{m}{\int_l^{+\infty} f(x)\mathrm{d}x} = \frac{m}{1 - \Phi\left(\dfrac{l-m}{\sigma}\right)}$$

记 $\lambda = \dfrac{l}{\sigma}$，$z = \lambda - \dfrac{m}{\sigma}$，$\Phi(x) = \int_{-\infty}^x \varphi(t)\mathrm{d}t$，$\varphi(x) = \dfrac{1}{\sqrt{2\pi}}\mathrm{e}^{-\frac{x^2}{2}}$，则有 $J = J(z) = \dfrac{\sigma(\lambda - z)}{1 - \Phi(z)}$.

用微分法求 $J(z)$ 的极小值点，即 z 的最优值 z^* 应满足如下方程：
$$\frac{1 - \Phi(z)}{\varphi(z)} + z = \lambda$$

记函数
$$g(z) = \frac{1 - \Phi(z)}{\varphi(z)} + z, \quad -\infty < z < +\infty$$

易见
$$\lim_{z \to -\infty} g(z) = +\infty, \quad g(0) = \sqrt{\frac{\pi}{2}}, \quad \lim_{z \to +\infty} g(z) = +\infty$$

$$g'(z) = \frac{-\varphi^2(z) - \varphi'(z)[1 - \Phi(z)]}{\varphi^2(z)} + 1 = \frac{z[1 - \Phi(z)]}{\varphi(z)}$$

即当 $z < 0$ 时，函数 $g(z)$ 严格单调下降；当 $z > 0$ 时，函数 $g(z)$ 严格单调上升；函数 $g(z)$ 在点 $z = 0$ 处取最小值 $g(0) = \sqrt{\dfrac{\pi}{2}} \approx 1.253\,31$. 函数 $g(z)$ 的图像如图 2-3 所示.

由此当 $\lambda > \sqrt{\dfrac{\pi}{2}}$ 时，方程 $g(z) = \lambda$ 存在一个小于 0 与一个大于 0 的实根，通常取小于 0 的那个根作为最优值 z^*.

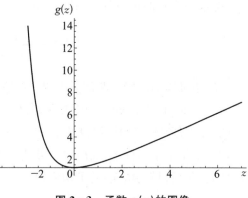

图 2-3 函数 $g(z)$ 的图像

（4）具体计算实例.

设要轧制长为 5.0 m 的成品钢材，由粗轧设备等因素组成的方差精度 $\sigma = 0.2$ m，需要将钢材长度的均值调整到多少才使浪费最少？

由于 $\lambda = \dfrac{l}{\sigma} = 25$，通过牛顿迭代法可解得最优值 $z^* = -2.19$，从而 $m = \sigma(\lambda - z^*) = 0.2 \times (25 + 2.19) = 5.438$，即将钢材长度的均值调整到 5.438 m 时浪费最少. 此时 $P = 0.985\,7$，每次轧制得到 1 根成品钢材平均浪费量为 $W = m - lP = 5.438 - 5 \times 0.985\,7 = 0.509\,5\,(\mathrm{m})$，为了减少该数值，只能提高粗轧设备的精度，即减少 σ.

案例 2.9　概率统计中的级数与积分运算

随机变量主要分为离散型和连续型随机变量两类,当然也存在既非离散也非连续的随机变量.针对离散型随机变量(尤其是非负离散型随机变量),通常涉及级数运算;而针对连续型随机变量(尤其是非负连续型随机变量),通常涉及导数与积分运算.下面将对概率论与数理统计中一些常用的级数运算公式以及积分运算公式进行详细分析.

1. 涉及泊松分布的级数运算

1) 级数一

$$e^x = 1 + \frac{x}{1!} + \frac{x^2}{2!} + \cdots + \frac{x^n}{n!} + \cdots = \sum_{k=0}^{+\infty} \frac{x^k}{k!}$$

"级数一"对应的是概率论与数理统计中著名的泊松分布.我们知道函数 $g(x)$ 在 $x=0$ 点处的泰勒展开(即麦克劳林公式)为

$$g(x) = g(0) + \frac{g'(0)}{1!}x + \frac{g''(0)}{2!}x^2 + \frac{g^{(3)}(0)}{3!}x^3 + \cdots + \frac{g^{(n)}(0)}{n!}x^n + \cdots$$

如果取 $g(x) = e^x$,即为"级数一".

2) 级数二

$$\sum_{k=i}^{+\infty} k(k-1)\cdots(k-i+1)\frac{x^k}{k!} = x^i e^x, \quad i = 1, 2, \cdots$$

特别地

$$\sum_{k=1}^{+\infty} k\frac{x^k}{k!} = x e^x, \quad \sum_{k=2}^{+\infty} k(k-1)\frac{x^k}{k!} = x^2 e^x$$

$$\sum_{k=3}^{+\infty} k(k-1)(k-2)\frac{x^k}{k!} = x^3 e^x, \quad \sum_{k=4}^{+\infty} k(k-1)(k-2)(k-3)\frac{x^k}{k!} = x^4 e^x$$

运用"级数二"可以求得泊松分布的高阶矩.

> **例 2.9.1**　设 $X \sim P(\lambda)$,求证:(1) $E(X) = \lambda$,$E(X^2) = \lambda + \lambda^2$,$D(X) = \lambda$;(2) $E(X^3) = \lambda + 3\lambda^2 + \lambda^3$;(3) $E(X^4) = \lambda^4 + 6\lambda^3 + 7\lambda^2 + \lambda$.(证明过程可扫描本章二维码查看.)

2. 涉及几何分布的级数运算

1) 级数三

$$\sum_{k=1}^{+\infty} x^{k-1} = \frac{1}{1-x}, \quad 0 < x < 1$$

"级数三"对应的是概率论与数理统计中的著名的几何分布.我们只要将 $g(x)=\dfrac{1}{1-x}$ 在 $x=0$ 点处泰勒展开即可得"级数三".

2）级数四

$$\sum_{k=1}^{+\infty} kx^{k-i}=\frac{1}{x^{i-1}(1-x)^2}, \quad 0<x<1$$

特别地

$$\sum_{k=1}^{+\infty} kx^{k-1}=\frac{1}{(1-x)^2}, \quad \sum_{k=1}^{+\infty} kx^{k-2}=\frac{1}{x(1-x)^2}$$

$$\sum_{k=1}^{+\infty} kx^{k-3}=\frac{1}{x^2(1-x)^2}, \quad \sum_{k=1}^{+\infty} kx^{k-4}=\frac{1}{x^3(1-x)^2}$$

3）级数五

$$\sum_{k=i}^{+\infty} k(k-1)\cdots(k-i+1)x^{k-1}=\frac{i!\ x^{i-1}}{(1-x)^{i+1}}, \quad i=1, 2, \cdots, 0<x<1$$

特别地

$$\sum_{k=1}^{+\infty} kx^{k-1}=\frac{1}{(1-x)^2}, \quad \sum_{k=2}^{+\infty} k(k-1)x^{k-1}=\frac{2x}{(1-x)^3}$$

$$\sum_{k=3}^{+\infty} k(k-1)(k-2)x^{k-1}=\frac{6x^2}{(1-x)^4}, \quad \sum_{k=4}^{+\infty} k(k-1)(k-2)(k-3)x^{k-1}=\frac{24x^3}{(1-x)^5}$$

例 2.9.2 设 $X \sim G(p)$，其分布列 $P(X=k)=pq^{k-1}$（$k=1, 2, \cdots$），求证：
(1) $E(X)=\dfrac{1}{p}$，$E(X^2)=\dfrac{1+q}{p^2}$，$D(X)=\dfrac{q}{p^2}$；(2) $E(X^3)=\dfrac{1+4q+q^2}{p^3}$；
(3) $E(X^4)=\dfrac{1+11q+11q^2+q^3}{p^3}$.（证明过程可扫描本章二维码查看.）

3. 涉及二项分布的级数运算公式

1）级数六

$$\sum_{k=0}^{n} C_n^k p^k(1-p)^{n-k}=1$$

"级数六"对应的是概率论与数理统计中著名的二项分布.

2）级数七

$$\sum_{k=i+1}^{n} k(k-1)\cdots(k-i)C_n^k p^k(1-p)^{n-k}=n(n-1)\cdots(n-i)p^{i+1}, \quad i=0, 1, \cdots, n-1$$

特别地

$$\sum_{k=1}^{n} kC_n^k p^k(1-p)^{n-k}=np$$

$$\sum_{k=2}^{n} k(k-1)C_n^k p^k (1-p)^{n-k} = n(n-1)p^2$$

$$\sum_{k=3}^{n} k(k-1)(k-2)C_n^k p^k (1-p)^{n-k} = n(n-1)(n-2)p^3$$

$$\sum_{k=4}^{n} k(k-1)(k-2)(k-3)C_n^k p^k (1-p)^{n-k} = n(n-1)(n-2)(n-3)p^4$$

例 2.9.3 设 $X \sim B(n, p)$，求证：(1) $E(X)=np$，$E(X^2)=n(n-1)p^2+np$，$D(X)=npq$；(2) $E(X^3)=np[(n-1)(n-2)p^2+3(n-1)p+1]$；(3) $E(X^4)=np[(n-1)(n-2)(n-3)p^3+6(n-1)(n-2)p^2+7(n-1)p+1]$.（证明过程可扫描本章二维码查看.）

4. 涉及洛特卡分布的级数运算公式

1）级数八

$$1 + \frac{1}{2^2} + \frac{1}{3^2} + \frac{1}{4^2} + \cdots = \sum_{k=1}^{+\infty} \frac{1}{k^2} = \frac{\pi^2}{6}$$

"级数八"对应的是概率论与数理统计中著名的洛特卡分布.
在非负离散型随机变量的研究中，还有许许多多的级数运算公式，简单罗列如下.
2）级数九

$$\sum_{k=1}^{n} kx^{k-i} = \frac{1-(n+1)x^n+nx^{n+1}}{x^{i-1}(1-x)^2}$$

3）级数十

$$\frac{1}{1+x} = 1-x+x^2-x^3+x^4-\cdots = \sum_{k=0}^{+\infty} (-1)^{k+2}x^k, \quad |x|<1$$

4）级数十一

$$\ln(1+x) = x - \frac{x^2}{2} + \frac{x^3}{3} - \frac{x^4}{4} + \cdots + (-1)^{n+1}\frac{x^n}{n} + \cdots$$

$$= \sum_{k=1}^{+\infty} (-1)^{k+1}\frac{x^k}{k}, \quad -1<x\leqslant 1$$

5）级数十二

$$\ln(1-x) = -\left(x + \frac{x^2}{2} + \frac{x^3}{3} + \frac{x^4}{4} + \cdots + \frac{x^n}{n} + \cdots\right) = -\sum_{k=1}^{+\infty} \frac{x^k}{k}, \quad -1\leqslant x<1$$

6）级数十三

$$\sum_{k=1}^{n} k = \frac{1}{2}n(n+1), \quad \sum_{k=1}^{n} k^2 = \frac{1}{6}n(n+1)(2n+1), \quad \sum_{k=1}^{n} k^3 = \frac{1}{4}n^2(n+1)^2$$

$$\sum_{k=1}^{n}(2k-1)=n^2, \quad \sum_{k=1}^{n}(2k-1)^2=\frac{1}{3}n(4n^2-1), \quad \sum_{k=1}^{n}(2k-1)^3=n^2(2n^2-1)$$

7) 级数十四

$$1+\frac{1}{3^2}+\frac{1}{5^2}+\frac{1}{7^2}+\frac{1}{9^2}+\cdots=\sum_{k=0}^{+\infty}\frac{1}{(2k+1)^2}=\frac{\pi^2}{8}$$

8) 级数十五

$$1+\frac{1}{2^4}+\frac{1}{3^4}+\frac{1}{4^4}+\cdots=\sum_{k=1}^{+\infty}\frac{1}{k^4}=\frac{\pi^4}{90}$$

5. 涉及 $\Gamma(\alpha,\lambda)$ 分布的积分运算公式

积分一

$$\Gamma(\alpha)=\int_0^{+\infty}x^{\alpha-1}\mathrm{e}^{-x}\mathrm{d}x$$

伽马函数 $\Gamma(\alpha)=\int_0^{+\infty}x^{\alpha-1}\mathrm{e}^{-x}\mathrm{d}x$ 有许多重要的关系式,比如 $\Gamma(\alpha+1)=\alpha\Gamma(\alpha)$,$\Gamma(1)=1$,$\Gamma(n+1)=n!$($n$ 为正整数),$\Gamma\left(\frac{1}{2}\right)=\sqrt{\pi}$. 利用递推关系式易得

$$\Gamma\left(\frac{3}{2}\right)=\frac{\sqrt{\pi}}{2}, \quad \Gamma\left(\frac{5}{2}\right)=\frac{3\sqrt{\pi}}{4}, \quad \Gamma\left(\frac{7}{2}\right)=\frac{15\sqrt{\pi}}{8}, \quad \Gamma\left(\frac{9}{2}\right)=\frac{105\sqrt{\pi}}{16}$$

"积分一"对应的是概率论与数理统计中的 $\Gamma(\alpha,\lambda)$ 分布,其包括指数分布 $\mathrm{Exp}(\lambda)$[或记为 $\Gamma(1,\lambda)$]、$\chi^2(n)$,另外还涉及 $t(n)$ 和 $F(m,n)$ 分布等.

当 $\alpha=1$ 时,$\Gamma(1,\lambda)$ 就是参数为 λ 的指数分布 $\mathrm{Exp}(\lambda)$. 当 $\alpha=\frac{n}{2}$,$\lambda=\frac{1}{2}$ 时,$\Gamma\left(\frac{n}{2},\frac{1}{2}\right)$ 就是自由度为 n 的 χ^2 分布,即 $\chi^2(n)$.

例 2.9.4 设 $X\sim\Gamma(\alpha,\lambda)$,求证:$E(X^k)=\dfrac{\Gamma(k+\alpha)}{\lambda^k\Gamma(\alpha)}$.(证明过程可扫描本章二维码查看.)

特别地

$$E(X)=\frac{\Gamma(1+\alpha)}{\lambda\Gamma(\alpha)}=\frac{\alpha}{\lambda}$$

$$E(X^2)=\frac{\Gamma(2+\alpha)}{\lambda^2\Gamma(\alpha)}=\frac{(1+\alpha)\Gamma(1+\alpha)}{\lambda^2\Gamma(\alpha)}=\frac{\alpha(1+\alpha)}{\lambda^2}$$

$$D(X)=E(X^2)-[E(X)]^2=\frac{\alpha(1+\alpha)}{\lambda^2}-\left(\frac{\alpha}{\lambda}\right)^2=\frac{\alpha}{\lambda^2}$$

若 $X \sim \mathrm{Exp}(\lambda)$，则

$$E(X)=\frac{1}{\lambda}, \quad E(X^2)=\frac{2}{\lambda^2}, \quad D(X)=\frac{1}{\lambda^2}, \quad E(X^k)=\frac{k!}{\lambda^k}$$

若 $X \sim \chi^2(n)$，则

$$E(X)=n, \quad E(X^2)=2n+n^2, \quad D(X)=2n, \quad E(X^k)=2^k\frac{\Gamma\left(\frac{n}{2}+k\right)}{\Gamma\left(\frac{n}{2}\right)}$$

例2.9.5　设随机变量 $X \sim \chi^2(n)$，对正常数 $s>0$，求证：(1) $E(X^s)=2^s\dfrac{\Gamma\left(\frac{n}{2}+s\right)}{\Gamma\left(\frac{n}{2}\right)}$；

(2) 当 $n>2s$ 时，$E(X^{-s})=\dfrac{\Gamma\left(\frac{n}{2}-s\right)}{2^s\Gamma\left(\frac{n}{2}\right)}$.（证明过程可扫描本章二维码查看.）

特别地，(1) 设随机变量 $X \sim \chi^2(n)$，对正整数 k，有

$$E(X^{\frac{k}{2}})=2^{\frac{k}{2}}\frac{\Gamma\left(\frac{n+k}{2}\right)}{\Gamma\left(\frac{n}{2}\right)}$$

$$E(X^k)=2^k\frac{\Gamma\left(\frac{n}{2}+k\right)}{\Gamma\left(\frac{n}{2}\right)}=[n+2(k-1)][n+2(k-2)]\cdots(n+2)n$$

易见　$E(X)=n, \quad E(X^2)=(n+2)n, \quad D(X)=2n, \quad E(X^3)=(n+4)(n+2)n$

$$E(X^4)=(n+6)(n+4)(n+2)n, \quad D(X^2)=8n(n+2)(n+3)$$

(2) 设随机变量 $X \sim \chi^2(n)$，对正整数 k，有

当 $n>2k$ 时

$$E(X^{-k})=\frac{\Gamma\left(\frac{n}{2}-k\right)}{2^k\Gamma\left(\frac{n}{2}\right)}=\frac{1}{(n-2)(n-4)\cdots[n-2(k-1)](n-2k)}$$

当 $n>k$ 时　　　　　$E(X^{-\frac{k}{2}})=\dfrac{\Gamma\left(\frac{n-k}{2}\right)}{2^{\frac{k}{2}}\Gamma\left(\frac{n}{2}\right)}$

易见
$$E(X^{-1}) = \frac{1}{n-2}, \quad n > 2$$

$$E(X^{-2}) = \frac{1}{(n-2)(n-4)}, \quad n > 4$$

$$D(X^{-1}) = \frac{2}{(n-2)^2(n-4)}, \quad n > 4$$

$$E(X^{-3}) = \frac{1}{(n-2)(n-4)(n-6)}, \quad n > 6$$

$$E(X^{-4}) = \frac{1}{(n-2)(n-4)(n-6)(n-8)}$$

$$D(X^{-2}) = \frac{8(n-5)}{(n-2)^2(n-4)^2(n-6)(n-8)}, \quad n > 8$$

6. 涉及正态分布的积分运算公式

积分二
$$\int_{-\infty}^{+\infty} \frac{1}{\sqrt{2\pi}\sigma} e^{-\frac{(x-\mu)^2}{2\sigma^2}} dx = 1, \quad \int_{-\infty}^{+\infty} \frac{x}{\sqrt{2\pi}\sigma} e^{-\frac{(x-\mu)^2}{2\sigma^2}} dx = \mu$$

$$\int_{-\infty}^{+\infty} \frac{x^2}{\sqrt{2\pi}\sigma} e^{-\frac{(x-\mu)^2}{2\sigma^2}} dx = \mu^2 + \sigma^2$$

特别地,若 $\mu = 0$, $\sigma = 1$,"积分二"变为
$$\int_{-\infty}^{+\infty} e^{-\frac{x^2}{2}} dx = \sqrt{2\pi}, \quad \int_{-\infty}^{+\infty} x^2 e^{-\frac{x^2}{2}} dx = \sqrt{2\pi}$$

$$\int_{-\infty}^{+\infty} x^k e^{-\frac{x^2}{2}} dx = 2^{\frac{k+1}{2}} \int_0^{+\infty} y^{\frac{k-1}{2}} e^{-y} dy = 2^{\frac{k+1}{2}} \Gamma\left(\frac{k+1}{2}\right), \quad k \text{ 为偶数}$$

进而可得
$$\int_0^{+\infty} e^{-\frac{x^2}{2}} dx = \sqrt{\frac{\pi}{2}}, \quad \int_0^{+\infty} e^{-x^2} dx = \frac{\sqrt{\pi}}{2}, \quad \int_0^{+\infty} x e^{-\frac{x^2}{2}} dx = 1, \quad \int_0^{+\infty} x e^{-x^2} dx = \frac{1}{2}$$

$$\int_0^{+\infty} x^2 e^{-\frac{x^2}{2}} dx = \sqrt{2}\,\Gamma\left(\frac{3}{2}\right) = \sqrt{\frac{\pi}{2}}, \quad \int_0^{+\infty} x^2 e^{-x^2} dx = \frac{\sqrt{\pi}}{4}$$

$$\int_0^{+\infty} x^3 e^{-\frac{x^2}{2}} dx = 2\Gamma(2) = 2, \quad \int_0^{+\infty} x^3 e^{-x^2} dx = \frac{1}{2}$$

$$\int_0^{+\infty} x^4 e^{-\frac{x^2}{2}} dx = 2^{\frac{3}{2}} \Gamma\left(\frac{5}{2}\right) = 3\sqrt{\frac{\pi}{2}}, \quad \int_0^{+\infty} x^4 e^{-x^2} dx = \frac{3}{8}\sqrt{\pi},$$

$$\int_0^{+\infty} x^k \mathrm{e}^{-\frac{x^2}{2}} \mathrm{d}x = 2^{\frac{k-1}{2}} \Gamma\left(\frac{k+1}{2}\right)$$

"积分二"对应的是概率论与数理统计中最著名的正态分布.

例 2.9.6　设随机变量 $X \sim N(0,1)$，k 为正整数.求证：(1) 若 k 为奇数，则 $E(X^k)=0$；(2) 若 $k=2i$ 为偶数，i 为正整数，则 $E(X^k) = \dfrac{2^{\frac{k}{2}}}{\sqrt{\pi}}\Gamma\left(\dfrac{k+1}{2}\right) = \dfrac{2^i}{\sqrt{\pi}}\Gamma\left(i+\dfrac{1}{2}\right)$.（证明过程可扫描本章二维码查看.）

特别地　$E(X)=E(X^3)=E(X^5)=E(X^7)=0$，　$E(X^2)=D(X)=1$

$$E(X^4)=3, \quad D(X^2)=2, \quad E(X^6)=15, \quad E(X^8)=105$$

不少产品寿命的取值很分散，往往可以跨越几个数量级，将其寿命 X 取对数 $\ln X$ 后，取值就集中了，而且寿命取对数后的数据 $\ln X$ 是服从正态分布的，这时产品寿命 X 就服从对数正态分布.可见对数正态分布的概率计算亦可转化为标准正态分布的计算.实际上，如果 $X \sim LN(\mu, \sigma^2)$，则 $\ln X \sim N(\mu, \sigma^2)$.

例 2.9.7　设随机变量 X 服从对数正态分布，即 $X \sim LN(\mu, \sigma^2)$，求 $E(X^k)$.（求解过程可扫描本章二维码查看.）

7. 涉及 $t(n)$，$F(m, n)$ 分布的积分运算公式

1）积分三

对 $a>-1$，$b>0$，$m>0$，$c>\dfrac{a+1}{b}$，有

$$\int_0^{+\infty} \frac{x^a}{(m+x^b)^c}\mathrm{d}x = \frac{m^{\frac{a+1}{b}-c}}{b} \cdot \frac{\Gamma\left(\dfrac{a+1}{b}\right)\Gamma\left(c-\dfrac{a+1}{b}\right)}{\Gamma(c)}$$

例 2.9.8　设随机变量 X 服从 $t(n)$，$X \sim t(n)$，求 $D(X)$.（求解过程可扫描本章二维码查看.）

例 2.9.9　设随机变量 X 服从 $F(m,n)$，$X \sim F(m,n)$.(1) 当 $n>2$ 时，求 $E(X)$；(2) 当 $n>4$ 时，求 $E(X^2)$，$D(X)$.（求解过程可扫描本章二维码查看.）

再次观察例 2.9.8 和例 2.9.9 可以发现，利用"积分三"求解虽然比较简单，但"积分三"本身比较复杂，不便于记忆，如果要求 $t(n)$、$F(m,n)$ 的高阶矩，则更为复杂.那么有没有较为简单的方法呢？其实利用例 2.9.5 和例 2.9.6 的结论可以方便地求出其高阶矩.

例 2.9.10 设随机变量 $X \sim t(n)$, k 为正整数.求证: (1) 若 k 为奇数,则 $E(X^k) = 0$;

(2) 若 $k = 2l$ 为偶数, l 为正整数,则 $E(X^k) = n^l \cdot \dfrac{(2l-1)(2l-3) \cdots 3 \times 1}{(n-2)(n-4) \cdots [n-2(l-1)](n-2l)}$,

$n > k$.(证明过程可扫描本章二维码查看.)

特别地 $\qquad\qquad E(X^2) = \dfrac{n}{n-2}, \quad D(X) = \dfrac{n}{n-2}, \quad n > 2$

$$E(X^4) = \frac{3n^2}{(n-2)(n-4)}, \quad D(X^2) = \frac{2n^2(n-1)}{(n-2)^2(n-4)}, \quad n > 4$$

例 2.9.11 设随机变量 $X \sim F(m, n)$, k 为正整数,求证:

$$E(X^k) = \frac{n^k}{m^k} \cdot \frac{[m+2(k-1)][m+2(k-2)] \cdots (m+2)m}{(n-2)(n-4) \cdots [n-2(k-1)](n-2k)}, \quad n > 2k$$

(证明过程可扫描本章二维码查看.)

特别地 $\qquad\qquad\qquad E(X) = \dfrac{n}{n-2}, \quad n > 2$

$$E(X^2) = \frac{n^2(m+2)}{m(n-2)(n-4)}, \quad D(X) = \frac{2n^2(m+n-2)}{m(n-2)^2(n-4)}, \quad n > 4$$

$$E(X^3) = \frac{n^3(m+4)(m+2)}{m^2(n-2)(n-4)(n-6)}, \quad n > 6$$

$$E(X^4) = \frac{n^4(m+6)(m+4)(m+2)}{m^3(n-2)(n-4)(n-6)(n-8)}, \quad n > 8$$

$$D(X^2) = \frac{8n^4(m+2)(m+n-2)(mn-5m+3n-12)}{m^3(n-2)^2(n-4)^2(n-6)(n-8)}, \quad n > 8$$

在概率论与数理统计中还有如下几个常用的积分公式.

2) 积分四

$$\int_a^b e^{-x} \, dx = (-e^x) \Big|_a^b = e^{-a} - e^{-b}$$

$$\int_a^b x e^{-x} \, dx = e^{-x}(-x-1) \Big|_a^b = (a+1)e^{-a} - (b+1)e^{-b}$$

$$\int_a^b x^2 e^{-x} \, dx = \left[-e^{-x}(x^2+2x+2)\right] \Big|_a^b = (a^2+2a+2)e^{-a} - (b^2+2a+2)e^{-b}$$

$$\int_a^b x^n e^{-x} \, dx = \left\{(-1)^{n+1} e^{-x}\left[(-x)^n - n(-x)^{n-1} + n(n-1)(-x)^{n-2} - \cdots + (-1)^n n!\right]\right\} \Big|_a^b$$

8. 概率统计中的级数运算与积分运算的关系

1) 公式一

若 k 为正整数,则有

$$\sum_{i=0}^{k-1} \frac{\lambda^i}{i!} e^{-\lambda} = \frac{1}{(k-1)!} \int_{\lambda}^{+\infty} x^{k-1} e^{-x} dx$$

利用"公式一"可以得到离散型的泊松分布与连续型的 χ^2 分布的关系.

例 2.9.12　设随机变量 X 服从参数 λ 泊松分布,而 k 为正整数.求证:(1) 若随机变量 Y 服从 $\chi^2(2k)$,则 $P(X \geqslant k) = 1 - P(Y \geqslant 2\lambda)$;(2) 若随机变量 Y 服从 $\chi^2(2k)$,随机变量 Z 服从 $\chi^2[2(k+1)]$,则 $P(X=k) = P(Z \geqslant 2\lambda) - P(Y \geqslant 2\lambda)$.(证明过程可扫描本章二维码查看.)

2) 公式二

$$\sum_{i=k+1}^{n} C_n^i p^i (1-p)^{n-i} = (k+1) C_n^{k+1} \int_0^p t^k (1-t)^{n-k-1} dt$$

利用"公式二"容易得到二项分布的概率的积分表示.

例 2.9.13　设 $X \sim B(n, p)$,而 $k = 0, 1, \cdots, n$,则

$$P(X \leqslant k) = \sum_{i=0}^{k} C_n^i p^i (1-p)^{n-i} = 1 - (k+1) C_n^{k+1} \int_0^p t^k (1-t)^{n-k-1} dt$$

9. 贝塔函数与伽马函数的关系

称函数 $B(\alpha, \beta) = \int_0^1 x^{\alpha-1} (1-x)^{\beta-1} dx$ 为贝塔函数,其中,参数 $\alpha > 0$, $\beta > 0$,贝塔函数具有如下性质:(1) $B(\alpha, \beta) = B(\beta, \alpha)$;(2) 贝塔函数与伽马函数之间的关系为

$$B(\alpha, \beta) = \frac{\Gamma(\alpha)\Gamma(\beta)}{\Gamma(\alpha+\beta)}$$

上述贝塔函数性质的证明过程可扫描本章二维码查看.

第 3 章
多维随机变量及其分布

案例 3.1　随机变量和、差、商、积的背景是什么？

在系统可靠性统计中的贮备系统如图 3-1 所示,如果两个单元的寿命分别记为 X 和 Y,则系统的寿命即为 $X+Y$. 又比如在数理统计中经常要用到的样本均值 $\bar{X}=\dfrac{1}{n}\sum\limits_{i=1}^{n}X_i$,其实质上是由多维随机变量的和所构成的函数.

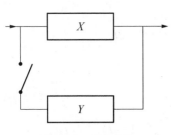

图 3-1　贮备系统

在概率论中,如要研究相邻事件发生的时间间隔,就会涉及随机变量的差,在生物统计研究中,经常要考察某种生物在两个不同阶段繁殖的时间间隔之比,这就涉及随机变量的商.

另外,随机变量之差与商通常是为了消除未知参数,或者说通过差与商的变换,使得其分布不含未知参数.例如,随机变量 X_1,X_2 独立同服从正态分布 $N(\mu,\sigma^2)$,那么其差 $X_1-X_2=(X_1-\mu)-(X_2-\mu)$ 的分布就不再涉及参数 μ. 再如随机变量 X_1,X_2,$\cdots$,X_n 独立同分布于 $N(\mu,\sigma^2)$,将其从小到大排序记为 $X_{(1)}$,$X_{(2)}$,$\cdots$,$X_{(n)}$,$\dfrac{X_{(2)}-X_{(1)}}{X_{(n)}-X_{(1)}}$,就涉及随机变量的差与商,又 $\dfrac{X_{(2)}-X_{(1)}}{X_{(n)}-X_{(1)}}=\dfrac{\dfrac{X_{(2)}-\mu}{\sigma}-\dfrac{X_{(1)}-\mu}{\sigma}}{\dfrac{X_{(n)}-\mu}{\sigma}-\dfrac{X_{(1)}-\mu}{\sigma}}$,且其分布与参数 μ,σ^2 无关.而随机变量之积也在多个领域中有应用.例如,合成孔径雷达(synthetic aperture radar,SAR)是一种高分辨率成像雷达,可以全天候、在任意气候条件下获取感兴趣区域的高分辨率图像,因而在遥感、测绘、侦察等民用和军事领域有着重要的应用价值.SAR 图像的观测信号可以表示为地物目标的真实后向散射强度(纹理分量)和相干斑噪声分量相乘的形式.通常假设纹理分量和相干斑噪声分量均服从伽马分布,此时 SAR 图像的观测信号就服从 κ 分布.

案例 3.2　正态分布总体样本函数与 $\bar{X}$ 独立的条件是什么?

在统计学当中,假设总体 $X \sim N(\mu, \sigma^2)$, X_1, X_2, $\cdots$, X_n 是来自总体 X 的一个简单随机样本,而 $\bar{X} = \dfrac{1}{n} \sum\limits_{i=1}^{n} X_i$ 在统计推断中具有独特的地位.由费歇定理可知 $\bar{X}$ 与 $S^2 = \dfrac{1}{n-1} \sum\limits_{i=1}^{n} (X_i - \bar{X})^2$ 是相互独立的,分析 S^2 的特点可以看到,对每个 X_i 加上一个常数 c, S^2 的值并不发生改变.于是不禁要问 $\bar{X}$ 与类似于具有 S^2 这样性质的函数 $g(X_1, X_2, \cdots, X_n)$ 是否独立? 例如 $\bar{X}$ 与 $\sum\limits_{i=1}^{n} |X_i - \bar{X}|$ 是否独立,等等.

设 X_1, X_2, $\cdots$, X_n 独立同分布,且 $X_i \sim N(\mu, \sigma^2)$ ($-\infty < \mu < +\infty$, $\sigma^2 > 0$),而 $g(x_1, x_2, \cdots, x_n)$ 满足条件: 对任何的 c, 有 $g(x_1+c, x_2+c, \cdots, x_n+c) = g(x_1, x_2, \cdots, x_n)$, 则 $\bar{X}$ 与 $g(X_1, X_2, \cdots, X_n)$ 相互独立.(证明过程可扫描本章二维码查看.)

案例 3.3　正态分布的两种刻画

由于中心极限定理,使得正态分布在概率论与数理统计中占有极其重要的应用地位.有一些学者致力于研究正态分布的刻画,得到了许多很好的结论,下面仅通过两例说明正态分布的刻画.

1) 刻画 1

设 X 与 Y 是相互独立同分布的随机变量,其密度函数为 $f(x) > 0$,且有二阶导数,若 $X+Y$ 与 $X-Y$ 相互独立,则随机变量 X, Y, $X+Y$, $X-Y$ 均服从正态分布.

证明　设 (X, Y) 的联合密度函数为 $f(x)f(y)$, 记 $X+Y$ 的密度函数为 $g(u)$, $X-Y$ 的密度函数为 $h(v)$, 由于 $X+Y$ 与 $X-Y$ 相互独立,则 $(X+Y, X-Y)$ 的联合密度为 $g(u)h(v)$. 令 $u = x+y$, $v = x-y$, 得 $x = \dfrac{u+v}{2}$, $y = \dfrac{u-v}{2}$, $|J| = \dfrac{1}{2}$, 则

$$\frac{1}{2} f\left(\frac{u+v}{2}\right) f\left(\frac{u-v}{2}\right) = g(u)h(v)$$

记 $m(x) = \ln f(x)$, 则

$$m\left(\frac{u+v}{2}\right) + m\left(\frac{u-v}{2}\right) = \ln g(u) + \ln[2h(v)]$$

上式两边对 u 求偏导得

$$\frac{1}{2}m'\left(\frac{u+v}{2}\right)+\frac{1}{2}m'\left(\frac{u-v}{2}\right)=\frac{\partial\ln g(u)}{\partial u}$$

上式两边对 v 求偏导得

$$\frac{1}{4}m''\left(\frac{u+v}{2}\right)-\frac{1}{4}m'''\left(\frac{u-v}{2}\right)=0$$

由 u，v 的任意性知 $\qquad\qquad m''(x)=m''(y)=$ 常数

因而 $m(x)=ax^2+bx+c$，从而 $f(x)=e^{ax^2+bx+c}$。

注意到如下结论：$f(x)=Ke^{-(ax^2+bx+c)}$ 为密度函数的充要条件是 $a>0$ 及 $K=\sqrt{\dfrac{a}{\pi}}e^{\frac{ac-b^2}{a}}$。由此 $f(x)$ 为正态分布密度函数，进而作为独立正态变量的和、差 $(X+Y, X-Y)$ 也都是正态分布。

2）刻画 2

设 X 和 Y 分别表示子弹的弹着点与靶心目标的水平和竖直偏差，且假设① X 和 Y 为具有可微密度函数的独立的连续随机变量；② X 和 Y 的联合密度 $f(x, y)=f_X(x)f_Y(y)$ 作为 (x, y) 的函数只依赖 x^2+y^2 的值。则 X 和 Y 服从正态分布。

更直观地说，假设②说明了子弹落在 xOy 平面的概率取决于弹着点与目标点的距离，而与弹着点相对于目标的方位无关。假设②的另一个等价的说法是联合密度函数相对于旋转是不变的。

由上述两个假设可推得 X 和 Y 为正态随机变量。事实上，由 $f(x, y)=f_X(x)f_Y(y)$ $=g(x^2+y^2)$，两边对 x 求导得

$$f'_X(x)f_Y(y)=2xg'(x^2+y^2)$$

两式相除得

$$\frac{f'_X(x)}{f_X(x)}=\frac{2xg'(x^2+y^2)}{g(x^2+y^2)}, \quad \frac{f'_X(x)}{2xf_X(x)}=\frac{g'(x^2+y^2)}{g(x^2+y^2)}$$

上式左边仅与 x 有关，而右边仅与 x^2+y^2 有关。由此可以推出左边对任意 x 来说都是等值的。事实上，考虑任意 x_1，x_2，取 y_1，y_2 使其满足条件 $x_1^2+y_1^2=x_2^2+y_2^2$，则由上式可得

$$\frac{f'_X(x_1)}{2x_1f_X(x_1)}=\frac{g'(x_1^2+y_1^2)}{g(x_1^2+y_1^2)}=\frac{g'(x_2^2+y_2^2)}{g(x_2^2+y_2^2)}=\frac{f'_X(x_2)}{2x_2f_X(x_2)}$$

因此 $\dfrac{f'_X(x)}{2xf_X(x)}=c$，即 $\qquad\qquad \dfrac{\mathrm{d}}{\mathrm{d}x}\big[\ln f_X(x)\big]=cx$

两边积分得 $\qquad\qquad \ln f_X(x)=a+\dfrac{cx^2}{2}$，即 $f_X(x)=ke^{\frac{cx^2}{2}}$

又由于 $\displaystyle\int_{-\infty}^{+\infty}f_X(x)\mathrm{d}x=1$，$c$ 必然为负数，可将 c 写成 $c=-\dfrac{1}{\sigma^2}$，即

$$f_X(x) = k \mathrm{e}^{-\frac{x^2}{2\sigma^2}}$$

也即 X 为一正态随机变量,参数为 $\mu = 0$ 和 σ^2

$$f_X(x) = \frac{1}{\sqrt{2\pi}\,\sigma} \mathrm{e}^{-\frac{x^2}{2\sigma^2}}$$

类似可得

$$f_Y(y) = \frac{1}{\sqrt{2\pi}\,\sigma} \mathrm{e}^{-\frac{y^2}{2\sigma^2}}$$

且 X 与 Y 相互独立.

案例 3.4　[0，1]上均匀分布和的分布

　　均匀分布是概率论与数理统计中非常重要的分布,具有广泛的应用价值.关于两个独立同服从均匀分布之和的分布,大多概率论与数理统计教科书中都有涉及,但三个及以上和的分布的研究并不多.

　　Irwin‐Hall 分布是以 Joseph Oscar Irwi 和 Philip Hall 命名的连续性随机变量分布,它描述了有限个独立同分布的标准均匀随机变量和服从的分布.其推导的方法通常有离散逼近法、特征函数法、体积法等.下面通过数学归纳法给出相应的证明(证明过程可扫描本章二维码查看).

　　定理 3.1　设 X_1，X_2 独立同分布于均匀分布 $U[0, 1]$,则 $Z_2 = X_1 + X_2$ 的密度函数 $f_{Z_2}(z)$ 与分布函数 $F_{Z_2}(z)$ 分别为

$$f_{Z_2}(z) = \begin{cases} z, & 0 \leqslant z < 1 \\ z - \mathrm{C}_2^1(z-1), & 1 \leqslant z < 2, \\ 0, & \text{其他} \end{cases} \quad F_{Z_2}(z) = \begin{cases} 0, & z < 0 \\ \dfrac{z^2}{2}, & 0 \leqslant z < 1 \\ \dfrac{z^2 - \mathrm{C}_2^1(z-1)^2}{2}, & 1 \leqslant z < 2 \\ 1, & z \geqslant 2 \end{cases}$$

　　定理 3.2　设 X_1，X_2，X_3 独立同分布于均匀分布 $U[0, 1]$,则 $Z_3 = \sum\limits_{i=1}^{3} X_i$ 的密度函数 $f_{Z_3}(z)$ 与分布函数 $F_{Z_3}(z)$ 分别为

$$f_{Z_3}(z) = \begin{cases} \dfrac{z^2}{2!}, & 0 \leqslant z < 1 \\ \dfrac{z^2 - \mathrm{C}_3^1(z-1)^2}{2!}, & 1 \leqslant z < 2 \\ \dfrac{(z-3)^2}{2!}, & 2 \leqslant z < 3 \\ 0, & \text{其他} \end{cases}$$

$$F_{Z_3}(z)=\begin{cases}0, & z<0\\[2mm] \dfrac{z^3}{3!}, & 0\leqslant z<1\\[3mm] \dfrac{z^3-C_3^1(z-1)^3}{3!}, & 1\leqslant z<2\\[3mm] \dfrac{z^3-C_3^1(z-1)^3+C_3^2(z-2)^3}{3!}, & 2\leqslant z<3\\[2mm] 1, & z\geqslant 3\end{cases}$$

容易通过数学归纳法得到如下引理.

引理 (1) 对正整数 n 以及 $n\leqslant z<n+1$ 有

$$\sum_{i=0}^{n-1}(-1)^i C_n^i[(n-i)^n-(z-i-1)^n]=\sum_{i=0}^n(-1)^i C_{n+1}^i(z-i)^n=(n+1-z)^n$$

(2) 对正整数 $n\geqslant 2\,(k=1,2,\cdots,n-1)$ 以及 $k\leqslant z<k+1$ 有

$$\sum_{j=0}^{k-1}\sum_{i=0}^j(-1)^i C_n^i[(j+1-i)^n-(j-i)^n]=\sum_{i=0}^k(-1)^i C_n^i(k-i)^n$$

定理 3.3 设 $X_1,X_2,\cdots,X_n$ 独立同分布于均匀分布 $U[0,1]$,则 $Z_n=\sum_{i=1}^n X_i$ 的密度函数 $f_{Z_n}(z)$ 与分布函数 $F_{Z_n}(z)$ 分别如下:对正整数 n,$k=0,1,2,\cdots,n-1$,$k\leqslant z<k+1$ 有

$$f_{Z_n}(z)=\frac{1}{(n-1)!}\sum_{i=0}^k(-1)^i C_n^i(z-i)^{n-1},\quad F_{Z_n}(z)=\frac{1}{n!}\sum_{i=0}^k(-1)^i C_n^i(z-i)^n$$

案例 3.5　连续型分布与标准正态分布是如何关联的？

要掌握概率论与数理统计的基本理论与方法,厘清统计分布之间的关系是很重要的一环.例如,针对连续型随机变量 X,其分布函数记为 $F(x)$,则 $F(X)\sim U(0,1)$,这样连续型统计分布与 $(0,1)$ 上的均匀分布就有了关联.鉴于正态分布在概率论与数理统计中独特的应用地位,人们不禁要问,连续型统计分布与正态分布是如何关联的？首先想到的是中心极限定理,但这要求样本容量比较大.下面探讨常用的连续型统计分布与独立标准正态分布的关联性.相关证明过程可扫描本章二维码查看.

定理 3.4 设连续型随机变量 $X\sim\mathrm{Exp}(1)$,而 X_1,X_2 相互独立且同服从标准正态分布 $N(0,1)$,则

$$\frac{1}{2}(X_1^2+X_2^2)\sim\mathrm{Exp}(1)$$

推论 3.1　设连续型随机变量 $X \sim \mathrm{Exp}(\lambda)$，而 X_1，X_2 相互独立且同服从标准正态分布 $N(0,1)$，则

$$\frac{1}{2\lambda}(X_1^2+X_2^2) \sim \mathrm{Exp}(\lambda)$$

定理 3.4 及其推论说明，指数分布可以通过两个独立标准正态分布的函数得到.

定理 3.5　设 X_1，X_2 相互独立且同服从标准正态分布 $N(0,1)$，则

$$\exp\left[-\frac{1}{2}(X_1^2+X_2^2)\right] \sim U(0,1)$$

推论 3.2　设 X_1，X_2 相互独立且同服从标准正态分布 $N(0,1)$，$b>a$，则

$$a+(b-a)\exp\left[-\frac{1}{2}(X_1^2+X_2^2)\right] \sim U(a,b)$$

定理 3.5 说明，均匀分布 $U(0,1)$ 可以通过两个独立的标准正态分布得到.

定理 3.6　设连续型随机变量 X 具有严格单调的分布函数 $F(x)$，其反函数记为 F^{-1}，而 X_1，X_2 相互独立且同服从标准正态分布 $N(0,1)$，记 $Y_1=F^{-1}\left\{\exp\left[-\frac{1}{2}(X_1^2+X_2^2)\right]\right\}$，$Y_2=F^{-1}\left\{1-\exp\left[-\frac{1}{2}(X_1^2+X_2^2)\right]\right\}$，则随机变量 Y_1，Y_2 与 X 同分布.

定理 3.6 说明，常见的连续型分布都可以通过两个独立的标准正态分布得到.

例 3.5.1　设 X_1，X_2 相互独立且同服从标准正态分布 $N(0,1)$，而随机变量 $X \sim \mathrm{Exp}(\mu,\theta)$，其分布函数为

$$F(x)=1-\exp\left(-\frac{x-\mu}{\theta}\right), \quad x\geqslant\mu, \mu,\theta>0$$

易见　　　　$1-\exp\left(-\dfrac{X-\mu}{\theta}\right) \sim U(0,1)$，　$\exp\left(-\dfrac{X-\mu}{\theta}\right) \sim U(0,1)$

则　　　　$\mu+\theta\left\{-\ln\left\{1-\exp\left[-\dfrac{1}{2}(X_1^2+X_2^2)\right]\right\}\right\} \sim \mathrm{Exp}(\mu,\theta)$

$$\mu+\theta\left\{-\ln\left\{\exp\left[-\frac{1}{2}(X_1^2+X_2^2)\right]\right\}\right\} \sim \mathrm{Exp}(\mu,\theta)$$

即　　　　$$\mu+\frac{\theta}{2}(X_1^2+X_2^2) \sim \mathrm{Exp}(\mu,\theta)$$

或者，由于 $\dfrac{X-\mu}{\theta} \sim \mathrm{Exp}(1)$，$2\dfrac{X-\mu}{\theta} \sim \mathrm{Exp}\left(\dfrac{1}{2}\right)$，也即 $2\dfrac{X-\mu}{\theta} \sim \chi^2(2)$，于是可知

$$\mu+\frac{\theta}{2}(X_1^2+X_2^2) \sim \mathrm{Exp}(\mu,\theta)$$

例 3.5.2 设 X_1，X_2 相互独立且同服从标准正态分布 $N(0,1)$，而随机变量 X 服从极小值分布，其分布函数为

$$F(x) = 1 - \exp\left[-\exp\left(\frac{x-\mu}{\theta}\right)\right], \quad -\infty < x < +\infty, \, -\infty < \mu < +\infty, \, \theta > 0$$

由于 $\exp\left(\dfrac{X-\mu}{\theta}\right) \sim \mathrm{Exp}(1)$，则 $\mu + \theta \ln\left[\dfrac{1}{2}(X_1^2 + X_2^2)\right]$ 与 X 同分布.

例 3.5.3 设 X_1，X_2 相互独立且同服从标准正态分布 $N(0,1)$，而随机变量 X 服从两参数逻辑斯谛分布，其分布函数为

$$F(x) = \left[1 + \exp\left(-\frac{x-\mu}{\theta}\right)\right]^{-1}, \quad -\infty < x < +\infty, \, -\infty < \mu < +\infty, \, \theta > 0$$

易见

$$\left[1 + \exp\left(-\frac{X-\mu}{\theta}\right)\right]^{-1} \sim U(0,1)$$

则 $\mu + \theta\left\{-\ln\left\{\exp\left[\dfrac{1}{2}(X_1^2 + X_2^2)\right] - 1\right\}\right\}$ 与 X 同分布.

例 3.5.4 设 X_1，X_2 相互独立且同服从标准正态分布 $N(0,1)$，而随机变量 X 服从两参数威布尔分布，其分布函数为 $F(x) = 1 - \exp\left[-\left(\dfrac{x}{\eta}\right)^m\right]$，$x > 0$，$m$，$\eta > 0$

由于 $\left(\dfrac{X}{\eta}\right)^m \sim \mathrm{Exp}(1)$，则 $\eta\left[\dfrac{1}{2}(X_1^2 + X_2^2)\right]^{\frac{1}{m}}$ 与 X 同分布.

例 3.5.5 设 X_1，X_2 相互独立且同服从标准正态分布 $N(0,1)$，而随机变量 X 服从两参数拉普拉斯分布，其分布函数为 $F(x) = \begin{cases} \dfrac{1}{2}\exp\left\{-\dfrac{\mu-x}{\lambda}\right\}, & x < \mu \\ 1 - \dfrac{1}{2}\exp\left\{-\dfrac{x-\mu}{\lambda}\right\}, & x \geqslant \mu \end{cases}$，$-\infty < \mu < +\infty$，$\lambda > 0$

由于 $\dfrac{|X-\mu|}{\lambda} \sim \mathrm{Exp}(1)$，则可建立如下关系式：

$$\frac{|X-\mu|}{\lambda} = \frac{1}{2}(X_1^2 + X_2^2)$$

值得注意的是，定理 3.6 的结论虽然形式比较一般，但其中的关键问题是涉及求分布函数 $F(x)$ 的反函数，但有些较为复杂的分布函数的反函数并不容易求得，所以可从另外的一些途径得到这些分布也是可以通过标准正态分布的函数得来的.

例 3.5.6 设 X_1，X_2，$\cdots$，X_n 相互独立且同服从于标准正态分布 $N(0,1)$，$\lambda > 0$，则

$$\frac{1}{2\lambda}\sum_{i=1}^{n} X_i^2 \sim \Gamma\left(\frac{n}{2}, \lambda\right)$$

式中,$\Gamma(\alpha,\lambda)$ 是参数为 α, λ 的 Γ 分布,其密度函数为

$$f(x)=\frac{\lambda^{\alpha}}{\Gamma(\alpha)}x^{\alpha-1}\mathrm{e}^{-\lambda x},\quad x>0,\lambda>0,\alpha>0$$

特别地,当 $\lambda=\dfrac{1}{2}$ 时,$\displaystyle\sum_{i=1}^{n}X_i^2\sim\Gamma\left(\dfrac{n}{2},\dfrac{1}{2}\right)$,也即 $\displaystyle\sum_{i=1}^{n}X_i^2\sim\chi^2(n)$.

例 3.5.7 设 X_1, X_2 相互独立且同服从标准正态分布 $N(0,1)$,则

$$\mu+\lambda\,\frac{X_1}{X_2}\sim C(\lambda,\mu)$$

式中,$C(\lambda,\mu)$ 为参数为 λ, μ 的柯西分布,其密度函数为

$$f(x)=\left\{\pi\lambda\left[1+\left(\frac{x-\mu}{\lambda}\right)^2\right]\right\}^{-1},\quad -\infty<x<+\infty,\lambda>0,-\infty<\mu<+\infty$$

特别地,当 $\mu=0$, $\lambda=1$ 时,则有 $\dfrac{X_1}{X_2}\sim C(1,0)$,也即 $\dfrac{X_1}{X_2}\sim t(1)$.

例 3.5.8 设 X_1, X_2, $\cdots$, X_{2n}, X_{2n+1}, $\cdots X_{2n+2m}$ 相互独立且同服从标准正态分布 $N(0,1)$,则

$$\frac{\displaystyle\sum_{i=1}^{2n}X_i^2}{\displaystyle\sum_{i=1}^{2n+2m}X_i^2}\sim\beta(n,m)$$

式中,$\beta(n,m)$ 为 β 分布,其密度函数为

$$f(x)=\frac{\Gamma(n+m)}{\Gamma(n)\Gamma(m)}x^{n-1}(1-x)^{m-1},\quad 0<x<1$$

例 3.5.9 设 X_1, X_2 相互独立且同服从标准正态分布 $N(0,1)$,而 X 服从两参数帕累托分布 $PR(\alpha,\theta)$,则

$$\theta\exp\left[\frac{1}{2\alpha}(X_1^2+X_2^2)\right]\sim PR(\alpha,\theta)$$

式中,$PR(\alpha,\theta)$ 是参数为 α, θ 的帕累托分布,其密度函数与分布函数分别为

$$f(x)=\frac{\alpha\theta^{\alpha}}{x^{\alpha+1}},\ F(x)=1-\left(\frac{\theta}{x}\right)^{\alpha},\quad x>\theta,\alpha,\theta>0$$

易见 $\qquad\qquad 1-\left(\dfrac{\theta}{X}\right)^{\alpha}\sim U(0,1),\left(\dfrac{\theta}{X}\right)^{\alpha}\sim U(0,1)$

则 $\theta\left\{1-\exp\left[-\dfrac{1}{2}(X_1^2+X_2^2)\right]\right\}^{-\frac{1}{\alpha}}$, $\theta\left\{\exp\left[-\dfrac{1}{2}(X_1^2+X_2^2)\right]\right\}^{-\frac{1}{\alpha}}$ 与 X 同分布.

最后,通过如下定理说明如何通过两个独立的标准正态分布函数来构造两个独立的标

准正态分布.

定理 3.7 设 X_1，X_2 相互独立且同服从 $U(0，1)$，则 U，V 相互独立且同服从标准正态分布 $N(0，1)$. 其中，$U = \sqrt{-2\ln X_1}\cos(2\pi X_2)$，$V = \sqrt{-2\ln X_1}\sin(2\pi X_2)$.

案例 3.6 系统可靠性分析

简单来说，系统是由一些基本部件（或称单元）构成，用来完成某种特定功能的整体. 例如，一个发电厂的电气部分是一个系统，发电机、变压器、断路器等是它的部件. 但是，当单独研究发电机时，又可以把它看作一个系统，它由定子、转子、励磁机等部件构成. 所以系统这一概念具有相对性. 一个设备，当把它放在整体中时，它是一个部件；当把它看成由若干更基本的部件构成时，它就是一个系统. 有的系统失效之后即报废，这种系统称为不可修复系统. 有的系统失效之后经修理，又可恢复其原有功能投入使用，这种系统称为可修复系统，简称可修系统. 如果不考虑系统运行的环境和系统的操作人员对系统可靠性的影响，则系统的可靠性主要由构成系统的"部件可靠性"和"系统的结构形式"所确定. 部件和系统不能完成其预定功能时称其失效. 特别对于可修部件和可修系统，通常把失效称为故障. 系统可靠性的研究主要涉及以下四个方面：系统的可靠性指标、若干典型的系统结构模型、大系统，以及研究系统可靠性的各种方法.

根据部件在系统中所处的状态及其对系统的影响，通常系统的分类如图 3-2 所示.

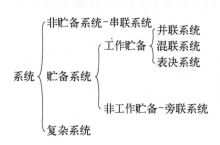

图 3-2 系统的分类

1. 串联系统

设系统由 n 个部件串联而成，即任一部件失效就会引起系统失效. 令第 i 个部件的寿命为 X_i，可靠度为 $R_i(t) = P(X_i > t)$ $(i = 1，2，\cdots，n)$. 假定 X_1，X_2，$\cdots$，X_n 相互独立. 若初始时刻 $t = 0$，所有部件都是新的，且同时开始工作. 易知串联系统的寿命 X 为 $X = \min\{X_1，X_2，\cdots，X_n\}$，系统的可靠度 $R(t)$ 和平均寿命分别为

$$R(t) = \prod_{i=1}^{n} R_i(t)，\quad \mathrm{MTTF} = \int_0^{+\infty} R(t)\mathrm{d}t$$

当 $R_i(t) = \exp(-\lambda_i t)$ $(i = 1，2，\cdots，n)$，即当第 i 个部件的寿命服从参数 λ_i 的指数分布，系统的可靠度与平均寿命为

$$R(t) = \exp\left(-\sum_{i=1}^{n} \lambda_i t\right)，\quad \mathrm{MTTF} = \frac{1}{\sum_{i=1}^{n} \lambda_i}.$$

2. 并联系统

设系统由 n 个部件并联而成,即只有当这 n 个部件都失效时系统才失效.令第 i 个部件的寿命为 X_i,可靠度为 $R_i(t)=P(X_i>t)$ $(i=1,2,\cdots,n)$.假定 $X_1,X_2,\cdots,X_n$ 相互独立.设初始时刻 $t=0$,所有部件都是新的,且同时开始工作.易知并联系统的寿命 X 为 $X=\max\{X_1,X_2,\cdots,X_n\}$,系统的可靠度 $R(t)$ 和平均寿命分别为

$$R(t)=1-\prod_{i=1}^{n}[1-R_i(t)],\quad \mathrm{MTTF}=\int_0^{+\infty}R(t)\mathrm{d}t$$

当 $R_i(t)=\exp(-\lambda_i t)$ $(i=1,2,\cdots,n)$,即当第 i 个部件的寿命服从参数 λ_i 的指数分布,系统的可靠度与平均寿命为

$$R(t)=\sum_{i=1}^{n}\mathrm{e}^{-\lambda_i t}-\sum_{1\leqslant i<j\leqslant n}\mathrm{e}^{-(\lambda_i+\lambda_j)t}+\cdots+(-1)^{i-1}\sum_{1\leqslant j_1<\cdots<j_i\leqslant n}\mathrm{e}^{-(\lambda_{j_1}+\lambda_{j_2}+\cdots+\lambda_{j_i})t}$$
$$+\cdots+(-1)^{n-1}\mathrm{e}^{-(\lambda_1+\cdots+\lambda_n)t}$$

$$\mathrm{MTTF}=\sum_{i=1}^{n}\frac{1}{\lambda_i}-\sum_{1\leqslant i<j\leqslant n}\frac{1}{\lambda_i+\lambda_j}+\cdots+(-1)^{n-1}\frac{1}{\lambda_1+\lambda_2+\cdots+\lambda_n}$$

特别地,当 $n=2$ 时,有

$$R(t)=\mathrm{e}^{-\lambda_1 t}+\mathrm{e}^{-\lambda_2 t}-\mathrm{e}^{-(\lambda_1+\lambda_2)t},\quad \mathrm{MTTF}=\frac{1}{\lambda_1}+\frac{1}{\lambda_2}-\frac{1}{\lambda_1+\lambda_2}$$

3. 表决系统

n 中取 k 的表决系统由 n 个部件组成,当 n 个部件中有 k 个或 k 个以上部件正常工作时,系统才正常工作 $(1\leqslant k\leqslant n)$,即当失效的部件数大于或等于 $n-k+1$ 时,系统失效,简记为 $k/n(G)$ 系统.假定 $X_1,X_2,\cdots,X_n$ 是这 n 个部件的寿命,它们相互独立,且每个部件的可靠度均为 $R_0(t)$.当初始时刻 $t=0$,所有部件都是新的,且同时开始工作,则系统的可靠度为

$$R(t)=\sum_{j=k}^{n}\mathrm{C}_n^j P\{X_{j+1},\cdots,X_n\leqslant t<X_1,\cdots,X_j\}=\sum_{j=k}^{n}\mathrm{C}_n^j R_0^j(t)[1-R_0(t)]^{n-j}$$
$$=\frac{n!}{(n-k)!(k-1)!}\int_0^{R_0(t)}x^{k-1}(1-x)^{n-k}\mathrm{d}x$$

当 $R_0(t)=\exp(-\lambda t)$ 时,则有

$$R(t)=\sum_{i=k}^{n}\mathrm{C}_n^i \mathrm{e}^{-i\lambda t}(1-\mathrm{e}^{-\lambda t})^{n-i},\quad \mathrm{MTTF}=\int_0^{+\infty}\sum_{i=k}^{n}\mathrm{C}_n^i \mathrm{e}^{-i\lambda t}(1-\mathrm{e}^{-\lambda t})^{n-i}\mathrm{d}t=\frac{1}{\lambda}\sum_{i=k}^{n}\frac{1}{i}$$

表决系统有以下的特殊情形:① $n/n(G)$ 系统等价于 n 个部件的串联系统;② $1/n(G)$

系统等价于 n 个部件的并联系统;③ $(n+1)/(2n+1)(G)$ 系统是多数表决系统.

4. 串-并联系统

若各部件的可靠度分别为 $R_{ij}(t)$ ($i=1, 2, \cdots, n$, $j=1, 2, \cdots, m_i$),且所有部件的寿命都相互独立,则系统的可靠度为

$$R(t) = \prod_{i=1}^{n} \left\{ 1 - \prod_{j=1}^{m_i} \left[1 - R_{ij}(t) \right] \right\}$$

当所有 $R_{ij}(t) = R_0(t)$,所有 $m_i = m$ 时,有

$$R(t) = \left\{ 1 - \left[1 - R_0(t) \right]^m \right\}^n$$

特别地,当 $R_0(t) = \mathrm{e}^{-\lambda t}$ 时,有

$$R(t) = \left\{ 1 - \left[1 - \mathrm{e}^{-\lambda t} \right]^m \right\}^n, \quad \mathrm{MTTF} = \frac{1}{\lambda} \sum_{j=1}^{n} (-1)^j C_n^j \sum_{k=1}^{m_j} (-1)^k C_{m_j}^k \frac{1}{k}$$

5. 并-串联系统

若各部件的可靠度分别为 $R_{ij}(t)$ ($i=1, 2, \cdots, n$, $j=1, 2, \cdots, m_i$),且所有部件相互独立.此时系统的可靠度为

$$R(t) = 1 - \prod_{i=1}^{n} \left[1 - \prod_{j=1}^{m_i} R_{ij}(t) \right]$$

当所有 $R_{ij}(t) = R_0(t)$,所有 $m_i = m$ 时,有

$$R(t) = 1 - \left[1 - R_0^m(t) \right]^n$$

特别地,当 $R_0(t) = \mathrm{e}^{-\lambda t}$ 时,有

$$R(t) = 1 - (1 - \mathrm{e}^{-m\lambda t})^n, \quad \mathrm{MTTF} = \frac{1}{m\lambda} \sum_{i=1}^{n} \frac{1}{i}$$

6. 冷贮备系统

1) 转换开关完全可靠的情形

设系统由 n 个部件组成.在初始时刻,一个部件开始工作,其余 $n-1$ 个部件做冷贮备.当工作部件失效时,贮备部件逐个地去替换失效部件,直到所有部件都失效时,系统就失效.

所谓冷贮备是指贮备的部件不失效也不劣化,贮备期的长短对以后使用时的工作寿命没有影响.这里假定贮备部件替换失效部件时,转换开关 K 是完全可靠的,而且转换是瞬时完成的.

假设这 n 个部件的寿命分别为 X_1, X_2, $\cdots$, X_n,且它们相互独立.易见,冷贮备系统的寿命为

$$X = X_1 + X_2 + \cdots + X_n$$

当 $F_i(t) = 1 - \mathrm{e}^{-\lambda t}(i = 1, 2, \cdots, n)$ 时,则 $\lambda X_i(i = 1, 2, \cdots, n)$ 独立同服从标准指数分布,进而 $2\lambda X_i(i = 1, 2, \cdots, n)$ 独立同服从 $\chi^2(2)$,于是

$$2\lambda X = 2\lambda \sum_{i=1}^{n} X_i \sim \chi^2(2n)$$

则系统的可靠度和平均寿命分别为

$$R(t) = P\left(\sum_{i=1}^{n} X_i > t\right) = P\left(2\lambda \sum_{i=1}^{n} X_i > 2\lambda t\right) = \int_{2\lambda t}^{+\infty} \frac{1}{2^n \Gamma(n)} x^{n-1} \mathrm{e}^{-\frac{x}{2}} \mathrm{d}x = \mathrm{e}^{-\lambda t} \sum_{k=0}^{n-1} \frac{(\lambda t)^k}{k!}$$

$$\mathrm{MTTF} = E(X) = \frac{1}{2\lambda} E(2\lambda X) = \frac{n}{\lambda}$$

当 $F_i(t) = 1 - \mathrm{e}^{-\lambda_i t}(i = 1, 2, \cdots, n)$,且 $\lambda_1, \lambda_2, \cdots, \lambda_n$ 都两两不相等时,可以证明(见例 6.3.1)系统的可靠度为

$$R(t) = \sum_{i=1}^{n} \left(\prod_{\substack{k=1 \\ k \neq i}}^{n} \frac{\lambda_k}{\lambda_k - \lambda_i}\right) \mathrm{e}^{-\lambda_i t}$$

其平均寿命为

$$\mathrm{MTTF} = \sum_{i=1}^{n} E(X_i) = \sum_{i=1}^{n} \frac{1}{\lambda_i} E(\lambda_i X_i) = \sum_{i=1}^{n} \frac{1}{\lambda_i}$$

特别地,当系统由两个部件组成时,则有

$$R(t) = \frac{\lambda_2}{\lambda_2 - \lambda_1} \mathrm{e}^{-\lambda_1 t} + \frac{\lambda_1}{\lambda_1 - \lambda_2} \mathrm{e}^{-\lambda_2 t}, \quad \mathrm{MTTF} = \frac{1}{\lambda_1} + \frac{1}{\lambda_2}$$

2) 转换开关不完全可靠的情形

在实际问题中,冷贮备系统的转换开关也可能失效,因而转换开关的好坏是影响系统可靠度的一个重要因素.在实践中,转换开关的好坏及其对系统的影响可能有各种不同的类型.下面将讨论两种不同的类型:开关寿命 0-1 型和开关寿命指数型.

(1) 开关寿命 0-1 型.

假设系统由 n 个部件和一个转换开关组成.在初始时刻,一个部件开始工作,其余部件做冷贮备.当工作部件失效时,转换开关立即从刚失效的部件转向下一个贮备部件.这里转换开关不完全可靠,其寿命是 0-1 型的,即每次使用开关时,开关正常的概率为 p,开关失效的概率为 $q = 1 - p$.有以下两种情形之一,系统就失效:① 当正在工作的部件失效,使用转换开关时开关失效,此时系统失效;② 所有 $n-1$ 次使用开关时,开关都正常,在这种情形下,n 个部件都失效时系统失效.

进一步假设,n 个部件的寿命 $X_1, X_2, \cdots, X_n$ 独立同指数分布 $1 - \mathrm{e}^{-\lambda t}$,且与开关的好坏也是独立的.为求得系统的可靠度,引进一个随机变量

$$v = \begin{cases} j, & \text{若第 } j \text{ 次使用开关时,开关首次失效} \\ n, & \text{若 } n-1 \text{ 次使用开关,开关都正常} \end{cases}, \quad j = 1, 2, \cdots, n-1$$

易见
$$P(v=j)=p^{j-1}q, \quad j=1,2,\cdots,n-1,$$
$$P(v=n)=p^{n-1}$$

$$E(v)=\sum_{j=1}^{n-1}jp^{j-1}q+np^{n-1}=\frac{1-p^n}{q}$$

则系统寿命为
$$X=X_1+X_2+\cdots+X_v$$

由于 $X_1,X_2,\cdots,X_n$ 与开关好坏相互独立,因此它们与 v 相互独立,则系统的可靠度为

$$R(t)=P(X_1+X_2+\cdots+X_v>t)=\sum_{j=1}^{n}P(X_1+X_2+\cdots+X_v>t\mid v=j)P(v=j)$$

$$=\sum_{j=1}^{n-1}P(X_1+X_2+\cdots+X_j>t)p^{j-q}q+P(X_1+X_2+\cdots+X_n>t)p^{n-1}$$

$$=\sum_{j=1}^{n-1}p^{j-1}q\sum_{i=0}^{j-1}\frac{(\lambda t)^i}{i!}e^{-\lambda t}+p^{n-1}\sum_{i=0}^{n-1}\frac{(\lambda t)^i}{i!}e^{-\lambda t}=\sum_{i=0}^{n-1}\frac{(\lambda pt)^i}{i!}e^{-\lambda t}$$

系统的平均寿命
$$MTTF=E(X_1+X_2+\cdots+X_v)$$

$$=\sum_{j=1}^{n}E(X_1+X_2+\cdots+X_v\mid v=j)P(v=j)$$

$$=\sum_{j=1}^{n}jE(X_1)P(v=j)=\frac{1}{\lambda}E(v)=\frac{1-p^n}{\lambda q}$$

当每个部件的失效率都两两不相同时,可类似地求得 $R(t)$ 和 MTTF,但是表达式比较复杂,在此仅列出如下两个部件的情形:

$$P(v=j)=\begin{cases}q, & \text{当}j=1\text{时}\\p, & \text{当}j=2\text{时}\end{cases}$$

$$R(t)=P\left(\sum_{j=1}^{v}X_j>t\right)=qP(X_1>t)+pP(X_1+X_2>t)$$

$$=qe^{-\lambda_1 t}+p\left(\frac{\lambda_2}{\lambda_2-\lambda_1}e^{-\lambda_1 t}+\frac{\lambda_1}{\lambda_1-\lambda_2}e^{-\lambda_2 t}\right)$$

$$=e^{-\lambda_1 t}+\frac{p\lambda_1}{\lambda_1-\lambda_2}(e^{-\lambda_2 t}-e^{-\lambda_1 t})$$

$$MTTF=q\frac{1}{\lambda_1}+p\left(\frac{1}{\lambda_1}+\frac{1}{\lambda_2}\right)=\frac{1}{\lambda_1}+p\frac{1}{\lambda_2}$$

当 $p=1$ 时,即为转换开关完全可靠的情形,与第 1)小节的结果完全一致.

(2) 开关寿命指数型.

这里假定开关的寿命 X_K 遵从参数 λ_K 的指数分布,并与各部件的寿命相互独立.其余假定与上节相同.此时,开关对系统的影响还可能有如下两种不同的形式.

① 当开关失效时，系统立即失效. 显然，该系统的寿命 X 为

$$X = \min(X_1 + X_2 + \cdots + X_n, \ X_K)$$

则系统可靠度为
$$\begin{aligned} R(t) &= P[\min(X_1 + X_2 + \cdots + X_n, \ X_K) > t] \\ &= P(X_K > t)P(X_1 + X_2 + \cdots + X_n > t) \\ &= e^{-\lambda_K t}\sum_{k=0}^{n-1}\frac{(\lambda t)^k}{k!}e^{-\lambda t} = e^{-(\lambda + \lambda_K)t}\sum_{k=0}^{n-1}\frac{(\lambda t)^k}{k!} \end{aligned}$$

系统的平均寿命为
$$\begin{aligned} \text{MTTF} &= \int_0^{+\infty} R(t)\,\mathrm{d}t = \sum_{k=0}^{n-1}\frac{\lambda^k}{k!}\int_0^{+\infty} t^k e^{-(\lambda + \lambda_K)t}\,\mathrm{d}t \\ &= \sum_{k=0}^{n-1}\frac{\lambda^k}{k!(\lambda + \lambda_K)^{k+1}}\int_0^{+\infty} x^k e^{-x}\,\mathrm{d}x \\ &= \frac{1}{\lambda + \lambda_K}\sum_{k=0}^{n-1}\left(\frac{\lambda}{\lambda + \lambda_K}\right)^k = \frac{1}{\lambda_K}\left[1 - \left(\frac{\lambda}{\lambda + \lambda_K}\right)^n\right] \end{aligned}$$

② 开关失效时，系统并不立即失效，当工作部件失效需要开关转换时，由于开关失效而使系统失效.

为简单起见，在此只考虑两个部件的情形. 假设两个部件的寿命 X_1、X_2 和开关寿命 X_K 分别遵从参数 λ_1、λ_2 和 λ_K 的指数分布，且它们都相互独立. 在初始时刻，部件 1 进入工作状态，部件 2 做冷贮备. 当部件 1 失效时，需要使用转换开关，若此时开关已经失效 ($X_K < X_1$)，则系统失效，因此系统的寿命就是部件 1 的寿命 X_1；当部件 1 失效时，若转换开关正常 ($X_K > X_1$)，则部件 2 替换部件 1 进入工作状态，直到部件 2 失效，系统就失效，这时系统的寿命是 $X_1 + X_2$. 根据以上系统的描述，易见系统寿命 X 为

$$X = X_1 + X_2 I_{\{X_K > X_1\}}$$

式中，$I_{\{X_K > X_1\}}$ 是随机事件 $\{X_K > X_1\}$ 的示性函数

$$I_{\{X_K > X_1\}} = \begin{cases} 1, & \text{当 } X_K > X_1 \\ 0, & \text{当 } X_K \leqslant X_1 \end{cases}$$

则系统的可靠度为

$$\begin{aligned} R(t) &= 1 - F(t) = 1 - P(X \leqslant t) \\ &= 1 - P(X_1 \leqslant t, \ X_K \leqslant X_1) - P(X_1 + X_2 \leqslant t, \ X_K > X_1) \\ &= 1 - \int_0^t P(X_K \leqslant u)\mathrm{d}P(X_1 \leqslant u) - \int_0^t P(X_2 \leqslant t - u, \ X_K > u)\mathrm{d}P(X_1 \leqslant u) \\ &= 1 - \int_0^t (1 - e^{-\lambda_K u})\lambda_1 e^{-\lambda_1 u}\mathrm{d}u - \int_0^t [1 - e^{-\lambda_2(t-u)}]e^{-\lambda_K u}\lambda_1 e^{-\lambda_1 u}\mathrm{d}u \\ &= e^{-\lambda_1 t} + \frac{\lambda_1}{\lambda_K + \lambda_1 - \lambda_2}[e^{-\lambda_2 t} - e^{-(\lambda_1 + \lambda_K)t}] \end{aligned}$$

系统的平均寿命为

$$\text{MTTF} = \int_0^{+\infty} R(t)\,\mathrm{d}t = \frac{1}{\lambda_1} + \frac{\lambda_1}{\lambda_2(\lambda_1 + \lambda_K)}$$

特别地,当 $\lambda_K = 0$ 时,即为转换开关完全可靠的情形,与第 1)小节的结果完全一致.

7. 温贮备系统

1) 转换开关完全可靠的情形

温贮备系统与冷贮备系统的不同在于,温贮备系统中贮备部件在贮备期内也可能失效,部件的贮备寿命分布和工作寿命分布一般不同.

假设系统由 n 个同型部件组成,部件的工作寿命和贮备寿命分别遵从参数 λ 和 μ 的指数分布.在初始时刻,一个部件工作,其余部件做温贮备.所有部件均可能失效.当工作部件失效时,由尚未失效的贮备部件去替换.直到所有部件都失效,则系统失效.在此假定:① 转换开关是完全可靠的,且转换是瞬时的;② 部件的工作寿命与其曾经贮备了多长时间无关,都服从分布 $1 - \mathrm{e}^{-\lambda t}(t \geqslant 0)$;③ 所有部件的寿命均相互独立.

为求系统的可靠度和平均寿命,用 S_i 表示第 i 个失效部件的失效时刻 $(i = 1, 2, \cdots, n)$,并且令 $S_n = 0$,则 $S_n = \sum_{i=1}^{n}(S_i - S_{i-1})$ 是系统的失效时刻.

在时间区间 (S_{i-1}, S_i) 中,系统已有 $i-1$ 个部件失效,还有 $n-i+1$ 个部件是正常的,其中一个部件工作,$n-i$ 个部件做温贮备.由于指数分布的无记忆性,$S_i - S_{i-1}$ 服从参数 $\lambda + (n-i)\mu$ 的指数分布 $(i = 1, 2, \cdots, n)$,且它们都相互独立.故该系统等价于 n 个独立部件组成的冷贮备系统,其中第 i 个部件的寿命服从参数 $\lambda_i = \lambda + (n-i)\mu$ 的指数分布.

当 $\mu > 0$ 时

$$R(t) = P(S_n > t) = P\left[\sum_{i=1}^{n}(S_i - S_{i-1}) > t\right] = \sum_{i=1}^{n}\left[\prod_{\substack{k=1 \\ k \neq i}}^{n} \frac{\lambda_k}{\lambda_k - \lambda_i}\right]\mathrm{e}^{-\lambda_i t}$$

$$= \sum_{i=1}^{n}\left[\prod_{\substack{k=1 \\ k \neq i}}^{n} \frac{\lambda + (n-k)\mu}{(i-k)\mu}\right]\mathrm{e}^{-[\lambda + (n-i)\mu]t}$$

$$= \sum_{i=0}^{n-1}\left[\prod_{\substack{k=0 \\ k \neq i}}^{n-1} \frac{\lambda + k\mu}{(k-i)\mu}\right]\mathrm{e}^{-(\lambda + i\mu)t}$$

$$\text{MTTF} = \sum_{i=1}^{n} \frac{1}{\lambda_i} = \sum_{i=1}^{n} \frac{1}{\lambda + (n-i)\mu} = \sum_{i=0}^{n-1} \frac{1}{\lambda + i\mu}$$

当 $\mu = \lambda$ 时,此系统归结为 n 个同型部件的并联系统.

当部件寿命分布的参数不相同时,求温贮备系统可靠度相当烦琐.在这里,仅讨论两个部件的情形.在初始时刻,部件 1 工作,部件 2 做温贮备.部件 1、2 的工作寿命为 X_1、X_2,部件 2 的贮备寿命 Y_2 分别服从参数 λ_1、λ_2 和 μ 的指数分布.此时系统的寿命为

$$X = X_1 + X_2 I_{\{Y_2 > X_1\}}$$

因此,易见系统的可靠度和平均寿命为

$$R(t) = \mathrm{e}^{-\lambda_1 t} + \frac{\lambda_1}{\lambda_1 - \lambda_2 + \mu}\left[\mathrm{e}^{-\lambda_2 t} - \mathrm{e}^{-(\lambda_1 + \mu)t}\right], \quad \mathrm{MTTF} = \frac{1}{\lambda_1} + \frac{1}{\lambda_2}\frac{\lambda_1}{\lambda_1 + \mu}$$

2) 转换开关不完全可靠的情形

(1) 开关寿命 0 - 1 型.

假定使用开关时,开关正常的概率是 p. 为简单起见,在此只考虑两个不同型部件的情形,其余假设同第 1) 小节.

令 $X_{\mathrm{K}} = \begin{cases} 1, & \text{使用开关时开关正常} \\ 0, & \text{使用开关时开关失效} \end{cases}$,于是系统的寿命可表示为

$$X = X_1 + X_2 \cdot I_{\{Y_2 > X_1\}} \cdot I_{\{X_{\mathrm{K}} = 1\}}$$

此时分两种情况,一种是使用开关时开关失效,系统的寿命等于部件 1 的工作寿命;另一种情况是使用开关时开关正常,系统的寿命等于部件 1 的工作寿命加部件 2 的工作寿命.故由全概率公式和独立性有

$$
\begin{aligned}
R(t) &= P(X > t) = P(X_1 > t, X_{\mathrm{K}} = 0) + P(X_1 + X_2 \cdot I_{\{Y_2 > X_1\}} > t, X_{\mathrm{K}} = 1) \\
&= qP(X_1 > t) + pP(X_1 + X_2 \cdot I_{\{Y_2 > X_1\}} > t) \\
&= q\mathrm{e}^{-\lambda_1 t} + p\left\{\mathrm{e}^{-\lambda_1 t} + \frac{\lambda_1}{\lambda_1 - \lambda_2 + \mu}\left[\mathrm{e}^{-\lambda_2 t} - \mathrm{e}^{-(\lambda_1 + \mu)t}\right]\right\} \\
&= \mathrm{e}^{-\lambda_1 t} + p\frac{\lambda_1}{\lambda_1 - \lambda_2 + \mu}\left[\mathrm{e}^{-\lambda_2 t} - \mathrm{e}^{-(\lambda_1 + \mu)t}\right]
\end{aligned}
$$

系统的平均寿命为

$$\mathrm{MTTF} = \frac{1}{\lambda_1} + p\frac{\lambda_1}{\lambda_1 + \mu - \lambda_2}\left(\frac{1}{\lambda_2} - \frac{1}{\lambda_1 + \mu}\right) = \frac{1}{\lambda_1} + p\frac{\lambda_1}{\lambda_2(\lambda_1 + \mu)}$$

(2) 开关寿命指数型.

这里假定开关的寿命 X_{K} 遵从参数 λ_{K} 的指数分布,并与部件的寿命相互独立,其余假设同上节.此时,开关对系统的影响有如下两种不同的形式.

① 当开关失效时,系统立即失效.此时,系统的寿命为

$$X = \min\{X_1 + I_{\{Y_2 > X_1\}} \cdot X_2, X_{\mathrm{K}}\}$$

于是,系统的可靠度

$$
\begin{aligned}
R(t) &= P(\min\{X_1 + I_{\{Y_2 > X_1\}} \cdot X_2, X_{\mathrm{K}}\} > t) \\
&= P(X_{\mathrm{K}} > t)P(X_1 + I_{\{Y_2 > X_1\}} \cdot X_2 > t) \\
&= \mathrm{e}^{-\lambda_{\mathrm{K}} t}\left\{\mathrm{e}^{-\lambda_1 t} + \frac{\lambda_1}{\lambda_1 - \lambda_2 + \mu}\left[\mathrm{e}^{-\lambda_2 t} - \mathrm{e}^{-(\lambda_1 + \mu)t}\right]\right\} \\
&= \mathrm{e}^{-(\lambda_1 + \lambda_{\mathrm{K}})t} + \frac{\lambda_1}{\lambda_1 - \lambda_2 + \mu}\left[\mathrm{e}^{-(\lambda_2 + \lambda_{\mathrm{K}})t} - \mathrm{e}^{-(\lambda_1 + \mu + \lambda_{\mathrm{K}})t}\right]
\end{aligned}
$$

系统的平均寿命

$$\mathrm{MTTF} = \frac{1}{\lambda_1 + \lambda_K} + \frac{\lambda_1}{\lambda_1 + \mu - \lambda_2}\left(\frac{1}{\lambda_K + \lambda_2} - \frac{1}{\lambda_1 + \mu + \lambda_K}\right)$$

$$= \frac{1}{\lambda_1 + \lambda_K} + \frac{\lambda_1}{(\lambda_K + \lambda_2)(\lambda_1 + \mu + \lambda_K)}$$

② 当开关失效时,系统并不立即失效,当工作部件失效需要开关转换时,由于开关失效而使系统失效.若记开关寿命为 X_K,则系统寿命为

$$X = X_1 + X_2 \cdot I_{\{Y_2 > X_1\}} \cdot I_{\{X_K > X_1\}}$$

于是,系统的可靠度

$$\begin{aligned}
R(t) &= 1 - P(X \leqslant t) \\
&= 1 - P(X \leqslant t, Y_2 < X_1) - P(X \leqslant t, Y_2 > X_1, X_K < X_1) \\
&\quad - P(X \leqslant t, Y_2 > X_1, X_K > X_1) \\
&= 1 - P(X_1 \leqslant t, Y_2 < X_1) - P(X_1 \leqslant t, Y_2 > X_1, X_K < X_1) \\
&\quad - P(X_1 + X_2 \leqslant t, Y_2 > X_1, X_K > X_1) \\
&= 1 - \int_0^t (1 - e^{-\mu u})\lambda_1 e^{-\lambda_1 u}\,\mathrm{d}u - \int_0^t e^{-\mu u}(1 - e^{-\lambda_K u})\lambda_1 e^{-\lambda_1 u}\,\mathrm{d}u \\
&\quad - \int_0^t [1 - e^{-\lambda_2(t-u)}]e^{-\mu u}e^{-\lambda_K u}\lambda_1 e^{-\lambda_1 u}\,\mathrm{d}u \\
&= 1 - \int_0^t [\lambda_1 e^{-\lambda_1 u} - \lambda_1 e^{-\mu u}e^{-\lambda_K u}e^{-\lambda_1 u}e^{-\lambda_2(t-u)}]\,\mathrm{d}u \\
&= 1 - \int_0^t \lambda_1 e^{-\lambda_1 u}\,\mathrm{d}u + \lambda_1 e^{-\lambda_2 t}\int_0^t e^{-\mu u}e^{-\lambda_K u}e^{-\lambda_1 u}e^{\lambda_2 u}\,\mathrm{d}u \\
&= e^{-\lambda_1 t} + \frac{\lambda_1 e^{-\lambda_2 t}}{\lambda_1 + \lambda_K + \mu - \lambda_2}\int_0^t e^{-(\lambda_1 + \lambda_K + \mu - \lambda_2)u}\,\mathrm{d}u \\
&= e^{-\lambda_1 t} + \frac{\lambda_1}{\lambda_1 + \lambda_K + \mu - \lambda_2}[e^{-\lambda_2 t} - e^{-(\lambda_1 + \lambda_K + \mu)t}]
\end{aligned}$$

系统的平均寿命为

$$\mathrm{MTTF} = \frac{1}{\lambda_1} + \frac{\lambda_1}{\lambda_1 + \lambda_K + \mu - \lambda_2}\left(\frac{1}{\lambda_2} - \frac{1}{\lambda_1 + \lambda_K + \mu}\right) = \frac{1}{\lambda_1} + \frac{\lambda_1}{\lambda_2(\lambda_1 + \lambda_K + \mu)}$$

8. 两个相依部件的并联系统

当系统由两个部件并联而成,这两个部件的寿命 X_1 和 X_2 遵从二维指数分布,其联合生存概率为

$$P\{X_1 > x_1,\, X_2 > x_2\} = \exp[-\lambda_1 x_1 - \lambda_2 x_2 - \lambda_{12}\max(x_1,\, x_2)], \quad x_1,\, x_2 \geqslant 0$$

式中，$\lambda_1,\,\lambda_2,\,\lambda_{12} > 0$. 此时系统的寿命为 $X = \max(X_1,\, X_2)$，因此系统可靠度和平均寿命为

$$R(t) = \mathrm{e}^{-\lambda_{12}t}\left[\mathrm{e}^{-\lambda_1 t} + \mathrm{e}^{-\lambda_2 t} - \mathrm{e}^{-(\lambda_1+\lambda_2)t}\right]$$

$$\mathrm{MTTF} = \frac{1}{\lambda_1 + \lambda_{12}} + \frac{1}{\lambda_2 + \lambda_{12}} - \frac{1}{\lambda_1 + \lambda_2 + \lambda_{12}}$$

这个系统可以理解为引起这两个部件失效的有其各自的、相互独立的原因，它们出现的时间分别遵从参数 λ_1 和 λ_2 的指数分布. 此外还有一个共同的原因，其出现的时间遵从参数 λ_{12} 的指数分布.

9. 有冷贮备部件的串联系统

系统由 $n+l$ 个同型部件组成，其中系统需有 l 个部件串联工作，其他部件做冷贮备. 当 l 个工作部件中有一个失效时，若还有贮备部件，则贮备部件之一立即去替换，系统继续工作；当 l 个工作部件中有一个失效时，若贮备部件已用完，则系统失效. 假定所有部件的工作寿命均遵从参数 λ 的指数分布，且相互独立.

在一个 l 个部件的串联系统中，直到只有一个部件工作，失效的时间（即串联系统的寿命）分布是 $1 - \mathrm{e}^{-l\lambda t}$. 当其中一个部件失效后，贮备部件之一去替换，替换后仍是 l 个部件串联工作. 由于指数分布的无记忆性，可认为这 l 个部件都是在新的条件下同时开始工作. 因此，直到只有一个部件工作，失效的时间分布仍为 $1 - \mathrm{e}^{-l\lambda t}$. 由于有 n 个贮备部件，可做 n 次替换，因此系统的寿命是 $n+1$ 个独立的随机变量之和，每个随机变量的分布均为 $1 - \mathrm{e}^{-l\lambda t}$. 所以，该系统等价于 $n+1$ 个独立部件的冷贮备系统，其中每个部件的失效率是 $l\lambda$. 因而，系统的可靠度和平均寿命为

$$R(t) = \mathrm{e}^{-l\lambda t}\sum_{k=0}^{n}\frac{(l\lambda t)^k}{k!}, \quad \mathrm{MTTF} = \frac{n+1}{l\lambda}$$

案例 3.7　二元指数分布、二元几何分布以及二元几何-指数混合分布

一般教科书中的二元分布大多较为详细地介绍了二元正态分布与二元均匀分布，其实二元分布远远不止这些，不仅包含二元连续型分布与二元离散型分布，还有连续与离散相混合的二元分布. 下面介绍在可靠性领域有着广泛应用的二元寿命分布.

早在 1967 年，Marshall 和 Olkin 首次提出了指数分布的二元推广——称为 Marshall-Olkin(M-O)型二元指数分布，该分布是具有指数边缘分布和无记忆性的唯一连续型二元分布. 后有学者提出了多种二元指数分布. 近年来，有学者针对离散型分布提出了二元几何分

布的定义并研究了其主要性质,也有学者提出二元几何-指数混合分布并研究了其主要性质.

1. 二元指数分布

M-O 型二元指数分布的联合生存函数为

$$\bar{F}(x,y)=\exp[-\lambda_1 x-\lambda_2 y-\lambda_{12}\max(x,y)], \quad x>0, y>0$$

其联合密度函数为

$$f(x,y)=\begin{cases}\lambda_1(\lambda_2+\lambda_{12})\exp[-\lambda_1 x-(\lambda_2+\lambda_{12})y], & y>x>0 \\ \lambda_2(\lambda_1+\lambda_{12})\exp[-(\lambda_1+\lambda_{12})x-\lambda_2 y], & x>y>0 \\ \lambda_{12}\exp[-(\lambda_1+\lambda_2+\lambda_{12})x], & x=y>0\end{cases}$$

例 3.7.1(致命冲击模型与 M-O 型二元指数分布) 假设一由两个单元组成的系统受到如下三个相互独立的冲击源的影响.

(1) 第一个冲击源的冲击只损坏单元1,其出现在随机时间 U_1, $P(U_1>x)=e^{-\lambda_1 x}$,即 U_1 服从失效率为 λ_1 的指数分布 $U_1 \sim \text{Exp}(\lambda_1)$,其分布函数为 $P(U_1 \leqslant x)=1-e^{-\lambda_1 x}$.

(2) 第二个冲击源的冲击只损坏单元2,其出现在随机时间 U_2, $P(U_2>y)=e^{-\lambda_2 y}$,即 U_2 服从失效率为 λ_2 的指数分布 $U_2 \sim \text{Exp}(\lambda_2)$,其分布函数为 $P(U_2 \leqslant y)=1-e^{-\lambda_2 y}$.

(3) 第三个冲击源的冲击同时损坏单元 1 和单元 2,其出现在随机时间 U_{12}, $P(U_{12}>z)=e^{-\lambda_{12} z}$,即 U_{12} 服从失效率为 λ_{12} 的指数分布 $U_{12} \sim \text{Exp}(\lambda_{12})$,其分布函数为 $P(U_{12} \leqslant z)=1-e^{-\lambda_{12} z}$.

此时,若用 X, Y 分别表示单元 1 和单元 2 的寿命,则

$$X=\min(U_1,U_{12}), \quad Y=\min(U_2,U_{12})$$

由此 (X,Y) 的联合生存概率:对于 $x,y \geqslant 0$,且 $x \neq y$ 时

$$\begin{aligned}P(X>x,Y>y)&=P[\min(U_1,U_{12})>x,\min(U_2,U_{12})>y]\\&=P(U_1>x,U_{12}>x,U_2>y,U_{12}>y)\\&=P[U_1>x,U_2>y,U_{12}>\max(x,y)]\\&=P(U_1>x)P(U_2>y)P[U_{12}>\max(x,y)]\\&=e^{-\lambda_1 x}e^{-\lambda_2 y}e^{-\lambda_{12}\max(x,y)}\end{aligned}$$

即得 (X,Y) 连续不混合部分的密度为

$$f(x,y)=\begin{cases}\lambda_2(\lambda_1+\lambda_{12})e^{-(\lambda_1+\lambda_{12})x-\lambda_2 y}, & x>y \\ \lambda_1(\lambda_2+\lambda_{12})e^{-(\lambda_2+\lambda_{12})y-\lambda_1 x}, & x<y\end{cases}$$

而 (X,Y) 连续混合部分的密度为 $f(x,y)=\lambda_{12}e^{-(\lambda_1+\lambda_2+\lambda_{12})x}$ $(x=y)$.

另外,许多学者提出了多种二元指数分布,如下面的 Freund 型、Weinman 型、Block-

Basu 型、Proschan - Sullo 型等二元指数分布.

1961 年,Freund 首次提出了 Freund 型二元指数分布,其联合密度函数为

$$f(x,y)=\begin{cases}\alpha'\beta\exp[-\alpha'x-(\alpha+\beta-\alpha')y], & x>y>0\\ \alpha\beta'\exp[-\beta'y-(\alpha+\beta-\beta')x], & y>x>0\end{cases}, \quad \alpha,\beta,\alpha',\beta'>0$$

Weinman 于 1966 年提出了 Weinman 型二元指数分布,其联合密度函数为

$$f(x,y)=\begin{cases}\dfrac{1}{\theta_0}\cdot\dfrac{1}{\theta_1}\exp\left[-\left(\dfrac{2}{\theta_0}-\dfrac{1}{\theta_1}\right)x-\dfrac{1}{\theta_1}y\right], & x\leqslant y\\[3mm] \dfrac{1}{\theta_0}\cdot\dfrac{1}{\theta_1}\exp\left[-\left(\dfrac{2}{\theta_0}-\dfrac{1}{\theta_1}\right)y-\dfrac{1}{\theta_1}x\right], & y\leqslant x\end{cases}$$

Block 和 Basu 于 1974 年提出了 Block - Basu 型二元指数分布,其联合生存函数为

$$\bar{F}(x,y)=\frac{\lambda}{\lambda_1+\lambda_2}\exp[-\lambda_1 x-\lambda_2 y-\lambda_{12}\max(x,y)]-\frac{\lambda_{12}}{\lambda_1+\lambda_2}\exp[-\lambda\max(x,y)]$$

其联合密度函数为

$$f(x,y)=\begin{cases}\dfrac{\lambda\lambda_2(\lambda_1+\lambda_{12})}{\lambda_1+\lambda_2}\exp[-(\lambda_1+\lambda_{12})x-\lambda_2 y], & x>y>0\\[3mm] \dfrac{\lambda\lambda_1(\lambda_2+\lambda_{12})}{\lambda_1+\lambda_2}\exp[-\lambda_1 x-(\lambda_2+\lambda_{12})y], & y\geqslant x>0\end{cases}$$

式中,$\lambda_1,\lambda_2,\lambda_{12}>0$.

Proschan 和 Sullo 于 1974 年提出了 Proschan - Sullo 型二元指数分布,其联合生存函数为

$$\bar{F}(x,y)=\alpha_0\bar{F}_A(x,y)+(1-\alpha_0)\bar{F}_S(x,y), \quad x>0, y>0$$

式中,$\bar{F}_A$ 是 $\bar{F}$ 的绝对连续部分,其密度函数为

$$f_A(x,y)=\begin{cases}\dfrac{\lambda_2(\lambda_1'+\lambda_{12})}{\alpha_0}\exp[-(\lambda_1'+\lambda_{12})x-(\lambda-\lambda_1'-\lambda_{12})y], & x>y>0\\[3mm] \dfrac{\lambda_1(\lambda_2'+\lambda_{12})}{\alpha_0}\exp[-(\lambda_2'+\lambda_{12})y-(\lambda-\lambda_2'-\lambda_{12})x], & y>x>0\end{cases}$$

$\bar{F}_S$ 是 $\bar{F}$ 的奇异部分,有

$$\bar{F}_S(x,y)=\exp[-\lambda\max(x,y)], \quad x>0, y>0$$

其联合密度函数为

$$f(x,y)=\begin{cases}\lambda_2(\lambda_1'+\lambda_{12})\exp[-(\lambda_1'+\lambda_{12})x-(\lambda-\lambda_1'-\lambda_{12})y], & x>y>0\\ \lambda_1(\lambda_2'+\lambda_{12})\exp[-(\lambda_2'+\lambda_{12})y-(\lambda-\lambda_2'-\lambda_{12})x], & y\geqslant x>0\end{cases}$$

式中,$\lambda_1,\lambda_2,\lambda_1',\lambda_2'\geqslant 0$,$\alpha_0=\dfrac{\lambda_1+\lambda_2}{\lambda}$,$\lambda=\lambda_1+\lambda_2+\lambda_{12}$.

2. 二元几何分布

1) 二元几何 I 型分布

若离散型随机变量 (X, Y) 有联合生存概率,对 k_1, $k_2 = 0, 1, 2, \cdots$,有

$$P(X > k_1, Y > k_2) = q_1^{k_1} q_2^{k_2} q_{12}^{\max(k_1, k_2)}$$

式中 $0 < q_1 < 1$, $0 < q_2 < 1$, $0 < q_{12} < 1$ 均为参数,则称 (X, Y) 服从参数为 q_1, q_2, q_{12} 的二元几何 I 型分布,记作 $(X, Y) \sim \mathrm{BVG\,I}(q_1, q_2, q_{12})$.

例 3.7.2(致命冲击模型与二元几何 I 型分布) 假设一由两个单元组成的系统受到如下三个相互独立的冲击源的影响.

(1) 第一个冲击源的冲击只损坏单元 1,其出现冲击的次数为 U_1

$$P(U_1 > k) = q_1^k, \quad 0 < q_1 < 1, k = 0, 1, 2, \cdots$$

即 U_1 服从参数为 q_1 的几何分布 $U_1 \sim G(p_1)$,其分布列为

$$P(U_1 = k) = p_1 q_1^{k-1}, \quad k = 1, 2, \cdots$$

(2) 第二个冲击源的冲击只损坏单元 2,其出现冲击的次数为 U_2

$$P(U_2 > k) = q_2^k, \quad 0 < q_2 < 1, k = 0, 1, 2, \cdots$$

即 U_2 服从参数为 q_2 的几何分布 $U_2 \sim G(p_2)$,其分布列为

$$P(U_2 = k) = p_2 q_2^{k-1}, \quad k = 1, 2, \cdots$$

(3) 第三个冲击源的冲击同时损坏单元 1 和单元 2,其出现冲击的次数为 U_{12}

$$P(U_{12} > k) = q_{12}^k, \quad 0 < q_{12} < 1, k = 0, 1, 2, \cdots$$

即 U_{12} 服从参数为 q_{12} 的几何分布 $U_{12} \sim G(p_{12})$,其分布列为

$$P(U_{12} = k) = p_{12} q_{12}^{k-1}, \quad k = 1, 2, \cdots$$

此时,若用 X, Y 分别表示单元 1 和单元 2 的寿命,则

$$X = \min(U_1, U_{12}), \quad Y = \min(U_2, U_{12})$$

并且 (X, Y) 的联合生存概率:对 k_1, $k_2 = 0, 1, 2, \cdots$,有

$$
\begin{aligned}
P(X > k_1, Y > k_2) &= P[\min(U_1, U_{12}) > k_1, \min(U_2, U_{12}) > k_2] \\
&= P(U_1 > k_1, U_{12} > k_1, U_2 > k_2, U_{12} > k_2) \\
&= P[U_1 > k_1, U_2 > k_2, U_{12} > \max(k_1, k_2)] \\
&= P(U_1 > k_1) P(U_2 > k_2) P[U_{12} > \max(k_1, k_2)] \\
&= q_1^{k_1} q_2^{k_2} q_{12}^{\max(k_1, k_2)}
\end{aligned}
$$

2) 二元几何Ⅱ型分布

若离散型随机变量 (X, Y) 有联合生存概率,对 k_1, $k_2 = 0, 1, 2, \cdots$,有

$$P(X > k_1, Y > k_2) = q_1^{k_1} q_2^{k_2} q_{12}^{\min(k_1, k_2)}$$

式中,$0 < q_1 < 1$,$0 < q_2 < 1$,$0 < q_{12} < 1$ 均为参数,且满足 $1 - q_1 - q_2 + q_1 q_2 q_{12} \geqslant 0$,则称 (X, Y) 服从参数为 q_1,q_2,q_{12} 的二元几何Ⅲ型分布,记作 $(X, Y) \sim \text{BVG}\,\text{Ⅱ}(q_1, q_2, q_{12})$.

3) 二元几何Ⅲ型分布

若离散型随机变量 (X, Y) 有联合生存概率,对 k_1, $k_2 = 0, 1, 2, \cdots$,有

$$P(X > k_1, Y > k_2) = q_1^{k_1} q_2^{k_2} q_{12}^{k_1 k_2}$$

式中,$0 < q_1 < 1$,$0 < q_2 < 1$,$0 < q_{12} < 1$ 均为参数,且满足 $1 - q_1 - q_2 + q_1 q_2 q_{12} \geqslant 0$,则称 (X, Y) 服从参数为 q_1,q_2,q_{12} 的二元几何Ⅲ型分布,记作 $(X, Y) \sim \text{BVG}\,\text{Ⅲ}(q_1, q_2, q_{12})$.

3. 二元几何－指数混合分布

设 (X, Y) 为二元随机变量,当 X,Y 中一个是连续型另一个是离散型随机变量时,则称 (X, Y) 为混合二元随机变量.Morris 和 Mark 也曾提到混合二元分布,例如,令 Y 是到达交换台的呼叫频率(次数/小时),X 是两个小时内总的呼叫次数,此时 (X, Y) 用混合二元分布来拟合是一个不错的选择,其还认为"在实际问题中,混合二元分布的情况会相当复杂".

若 X 是取非负整数值的离散型随机变量,Y 是非负连续型随机变量,如果 (X, Y) 的联合生存概率有如下形式:

$$P(X > k, Y > y) = q^k \mathrm{e}^{-\lambda y} \mathrm{e}^{-\max(k, y)\theta}, \quad k = 0, 1, 2, \cdots, y \geqslant 0$$

式中,$0 < q < 1$,$\lambda > 0$,$\theta > 0$ 均为参数,则称 (X, Y) 服从参数为 q,λ,θ 的二元几何-指数混合二元寿命分布,记作 $(X, Y) \sim \text{GEMIX}(q, \lambda, \theta)$.

易见,如果有二元几何-指数混合分布 $(X, Y) \sim \text{GEMIX}(q, \lambda, \theta)$,对任意的 $k = 0, 1, 2, \cdots, y \geqslant 0$,则 (X, Y) 的联合分布函数为

$$
\begin{aligned}
F(k, y) &= P(X \leqslant k, Y \leqslant y) \\
&= 1 - P(X > k, Y > 0) - P(X > 0, Y > y) + P(X > k, Y > y) \\
&= 1 - (q\mathrm{e}^{-\theta})^k - \mathrm{e}^{-(\lambda+\theta)y} + q^k \mathrm{e}^{-\lambda y} \mathrm{e}^{-\max(k, y)\theta}
\end{aligned}
$$

例 3.7.3(致命冲击模型与二元几何-指数分布) 假设一由两个单元组成的系统受到如下三个相互独立的冲击源的影响.

(1) 第一个冲击源的冲击只损坏单元 1,其出现在随机时间 U_1

$$P(U_1 > k) = q^k, \quad 0 < q < 1, k = 0, 1, 2, \cdots$$

即 U_1 服从参数为 q 的几何分布 $U_1 \sim G(p)$，其分布列为

$$P(U_1 = k) = pq^{k-1}, \quad k = 1, 2, \cdots$$

（2）第二个冲击源的冲击只损坏单元 2，其出现在随机时间 U_2

$$P(U_2 > y) = \mathrm{e}^{-\lambda y}, \quad \lambda > 0, \ y \geqslant 0$$

即 U_2 服从参数为 λ 的指数分布 $U_2 \sim \mathrm{Exp}(\lambda)$，其分布函数为

$$P(U_2 \leqslant y) = 1 - \mathrm{e}^{-\lambda y}, \ y \geqslant 0$$

（3）第三个冲击源的冲击同时损坏单元 1 和单元 2，其出现在随机时间 U_{12}

$$P(U_{12} > u) = \mathrm{e}^{-\theta u}, \ \theta > 0, \ u \geqslant 0$$

即 U_{12} 服从参数为 θ 的指数分布 $U_{12} \sim \mathrm{Exp}(\theta)$，其分布函数为

$$P(U_{12} \leqslant u) = 1 - \mathrm{e}^{-\theta u}, \ u \geqslant 0$$

此时，若用 X，Y 分别表示单元 1 和单元 2 的寿命，则有

$$X = \min(U_1, U_{12}^*), \quad Y = \min(U_2, U_{12})$$

式中，若 U_{12} 为正整数 k，$U_{12}^* = k$；若 $[U_{12}] = k - 1$，$U_{12}^* = k$. 事件 $\{U_{12} > k\}$ 与事件 $\{U_{12}^* > k\}$ 等价.

(X, Y) 的联合生存概率：对 $k = 0, 1, 2, \cdots, y \geqslant 0$，有

$$
\begin{aligned}
P(X > k, Y > y) &= P[\min(U_1, U_{12}^*) > k, \min(U_2, U_{12}) > y] \\
&= P(U_1 > k, U_{12}^* > k, U_2 > y, U_{12} > y) \\
&= P(U_1 > k, U_{12} > k, U_2 > y, U_{12} > y) \\
&= P[U_1 > k, U_2 > y, U_{12} > \max(k, y)] \\
&= P(U_1 > k)P(U_2 > y)P[U_{12} > \max(k, y)] \\
&= q^k \mathrm{e}^{-\lambda y} \mathrm{e}^{-\max(k, y)\theta}
\end{aligned}
$$

也即

$$(X, Y) \sim \mathrm{GEMIX}(q, \lambda, \theta)$$

第 4 章
数字特征

案例 4.1　新冠肺炎的核酸检测

　　在医学疾病筛查检测中,通常有两种检测方法,即"单样本检测"与"混检"."单样本检测"(简称"单检")是逐人依次检测,其主要针对样本量比较小的情况,可以保证检测结果及时有效.而"混检"主要针对量大(如百万级以上样本),且患病率很低的疾病样本,能够保证检测的时效性,也就是提高检测效率,真正做到早发现、早报告、早隔离、早治疗.如果采用"单样本检测"进行筛查,不仅需要大量的人力、物力和财力,而且比较费时,同时也可能因为耗时较多,影响检测速度,不利于相关单位及时制定措施.

　　2020 年冬季,新冠疫情多点爆发,河北、黑龙江、吉林等多地开展多轮全员核酸检测.其中,在某县的第二轮全员核酸检测中出现第三方核酸检测机构先谎报该县全员阴性结果,但在两天后发现送检样本中有一管"1∶10"的"混检"样本呈阳性,最终发现该县的这轮全员核酸检测中有三名核酸阳性人员.那么什么是"1∶10"的"混检"样本?

　　严格来说,"1∶10 混检"其实分为两种情况.一种情况是对 10 个待检人员的每个人都进行单独采样,这样就会有 10 个样本送到实验室,检测的时候把 10 个样本混在一起当成一个样本去检测;另一种情况是采样的时候 10 个人一组,这 10 个人分别对应的 10 根拭子都放到一个样本保存液里后送到实验室检测,这种"混检"也称为"混采".现在大部分地方进行全员核酸检测都是采用"混采"的方式.

　　"混检"是一种常用的提高检测效率的检测方法.由于样本量很大,通常会依据某个原则将检测样本分成很多组,在具体实施时,"1∶k"的"混检"是对每组的 k 个样本进行混合检测,根据检测结果判断这组样本的检测结果.如果"混检"结果呈阴性,则说明这 k 个样本都呈阴性;如果"混检"结果呈阳性,这说明这 k 个样本中至少有一个样本检测呈阳性,由此需对这 k 个样本逐一进行检测.假设有一批需要检测的样本,每个样本可能呈阳性的概率为 p,呈阴性的概率为 $q=1-p$.在给定 p 的情形下,该如何决定 k? 也就是说选择一个 k,使每个人的平均检测次数最小.

　　设离散型随机变量 X 表示一组样本所需要检测的次数,易见

$$X=\begin{cases}1, & \text{该组样本检测呈阴性} \\ k+1, & \text{该组样本检测呈阳性}\end{cases}$$

则
$$P(X=1)=q^k, \quad P(X=k+1)=1-q^k$$
其数学期望为
$$E(X)=q^k+(k+1)(1-q^k)=k+1-kq^k=k\left(1+\frac{1}{k}-q^k\right)$$
则每个人的平均检测次数为
$$\frac{E(X)}{k}=1+\frac{1}{k}-q^k$$
于是给定 p，寻找 k_0，使 $1+\dfrac{1}{k_0}-q^{k_0}=\min\left\{1+\dfrac{1}{k}-q^k, \ k=1, \ 2, \ \cdots\right\}.$

定理 4.1 记 $q_0=\mathrm{e}^{-4\mathrm{e}^{-2}}\approx 0.581\,967$，$q_1=\mathrm{e}^{-2\mathrm{e}^{-2}}\approx 0.762\,868$，函数 $g(x)=1+\dfrac{1}{x}-q^x$ $(x>0)$，则 $g(x)$ 有如下特性：① 若 $q<q_0$ 时，$g(x)$ 从 $+\infty$ 严格单调下降至 1；② 若 $q>q_0$ 时，$g(x)$ 先从 $+\infty$ 严格单调下降，后严格单调上升，再严格单调下降至 1；③ 若 $q>q_1$ 时，$g(x)$ 存在极小值，且极小值小于 1.（证明过程可扫描本章二维码查看.）

从国内新冠肺炎疫情的实际情况可以知道每个样本可能呈阳性的概率 p 很小，q 值很大，总是满足 $q>q_1$，因此定理 4.1 的特性③总是成立的.或者说函数 $g(x)$ 在 $x=x_{11}$ 处取极小值，且极小值小于 1，进而 $k=\begin{cases}[x_{11}], & \text{若 } g([x_{11}])\leqslant g([x_{11}]+1)\\ [x_{11}]+1, & \text{若 } g([x_{11}])>g([x_{11}]+1)\end{cases}.$

给定 $q=0.1, 0.5, 0.6, 0.65, 0.7, 0.75, 0.8, 0.9, 0.99, 0.999$ 时，函数 $g(x)$ 的图像如图 4-1 至图 4-10 所示.

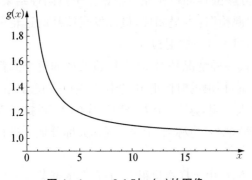

图 4-1　$q=0.1$ 时 $g(x)$ 的图像

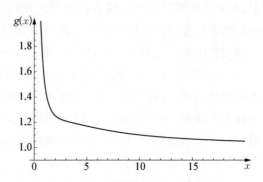

图 4-2　$q=0.5$ 时 $g(x)$ 的图像

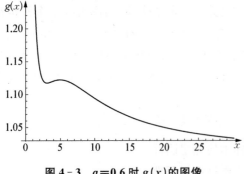

图 4-3　$q=0.6$ 时 $g(x)$ 的图像

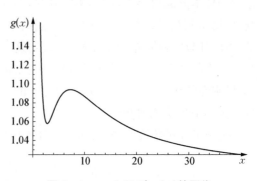

图 4-4　$q=0.65$ 时 $g(x)$ 的图像

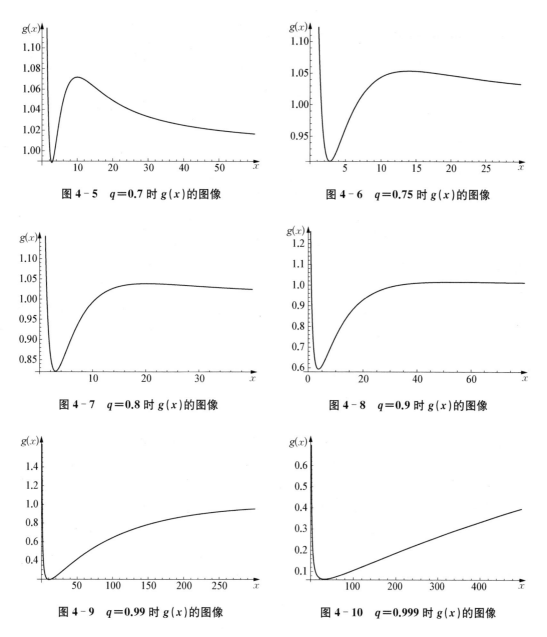

图 4 - 5 $q=0.7$ 时 $g(x)$ 的图像

图 4 - 6 $q=0.75$ 时 $g(x)$ 的图像

图 4 - 7 $q=0.8$ 时 $g(x)$ 的图像

图 4 - 8 $q=0.9$ 时 $g(x)$ 的图像

图 4 - 9 $q=0.99$ 时 $g(x)$ 的图像

图 4 - 10 $q=0.999$ 时 $g(x)$ 的图像

给定 q 值,可以计算最优的 k 值,其值如表 4 - 1 所示,从中可以看到,最优的 k 取为 $[x_{11}]+1$.

表 4 - 1 不同 p 值对应的最优 k 值

p	q	x_{11}	$g(x_{11})$	$g([x_{11}])$	$g([x_{11}]+1)$	最优 k 值	对应的 $E(X)$
0.3	0.7	2.719 53	0.988 623	1.01	0.990 333	3	2.971
0.2	0.8	2.938 17	0.821 235	0.86	0.821 333	3	2.464

续　表

p	q	x_{11}	$g(x_{11})$	$g([x_{11}])$	$g([x_{11}]+1)$	最优 k 值	对应的 $E(X)$
0.1	0.9	3.754 58	0.593 055	0.604 333	0.593 900	4	2.375 60
0.01	0.99	10.516 2	0.195 389	0.195 618	0.195 571	11	2.151 28
0.001	0.999	32.127 1	0.062 758 4	0.062 758 9	0.062 780 4	32	2.008 29
0.000 1	0.999 9	100.501	0.019 950 4	0.019 950 661	0.019 950 656	101	2.015 02

　　以上海 2022 年 3 月开始的疫情为例,截至 2022 年 5 月 26 日,上海累计新冠肺炎病例(含确诊病例和无症状感染者)为 648 936 例,占上海市常住人口的 2.609 22%(据第七次人口普查结果,上海市常住人口为 2 487.09 万人),此时 k 值为 6.721 55,也就是采用"1∶7"的混检方式.

　　国内多地结合本地核酸检测能力以及确保核酸检测的准确与时效性,通常采用"1∶10"的"混检"方式进行核酸检测.

案例 4.2　打仗需要男子

　　古代有一个国家的国王喜欢打仗,为了国内有更多的男子可以征兵,他下了一条命令:每个家庭最多只许有 1 个女孩,否则全家处死.这条命令实行几十年后,这个国家的情况十分有趣:不少家庭只有 1 个女孩,有 2 个孩子的家庭都是 1 男 1 女,有 3 个孩子的家庭都是 2 男 1 女,有 4 个孩子的家庭都是 3 男 1 女……无论前面有几个男孩,最后一个肯定是女孩.这是因为妇女生了一个女孩后,再也不敢生育了,怕万一下一胎还生女孩招来杀身之祸.这样看来,似乎男孩比女孩多,但国王发现可以征召的青年男子与同龄少女的比例还是差不多,也就是男子并没因他的命令而多起来,他十分不解,又无可奈何,感叹这是天意.

　　真的是"天意"吗? 现在简单分析一下这个问题.生男生女的可能性大约都是 $\frac{1}{2}$,如果有 N 个家庭开始生育,那么大约有 $\frac{N}{2}$ 个家庭生男孩,$\frac{N}{2}$ 个家庭生女孩.在国王的命令威胁下,已生女孩的家庭再也不敢生孩子了,只有已生男孩的家庭可以再生孩子.第 2 胎同样有一半是男孩,一半是女孩,所以有 $\frac{N}{4}$ 个家庭第 2 胎生了女孩后不再生了,还剩 $\frac{N}{4}$ 个家庭敢于生第 3 胎.同样的规律,第 3 胎还有 $\frac{N}{8}$ 个家庭敢于生第 4 胎……但是只就头胎的孩子而言,男女比例不会失调;只就第 2 胎的孩子来看,男女比例也不会失调……无论哪一胎的孩子,男女比例都不会失调,所以整个国家并不因国王那条严酷的命令而使女孩少出生.

下面通过数学期望进一步说明该问题.

设随机变量 X，Y 分别表示一个家庭生育的男孩数与孩子数，注意到，事件" $X=i$（$i=0$，1，2，$\cdots$）"表示第 1，2，$\cdots$，i 胎是男孩，第 $i+1$ 胎是女孩，并终止生育. 事件" $Y=j$（$j=1$，2，$\cdots$）"表示第 $j-1$ 胎是男孩，第 j 胎是女孩，并终止生育. $E(X)$，$E(Y)$ 则分别表示一个家庭平均生育的男孩数与孩子数. 有

$$P(X=i)=\frac{1}{2^{i+1}}, \quad i=0,1,2,\cdots$$

$$P(Y=j)=\frac{1}{2^j}, \quad j=1,2,\cdots$$

有级数

$$\sum_{k=1}^{+\infty} kx^{k-1}=\frac{1}{(1-x)^2}, \quad \sum_{k=1}^{+\infty}\frac{k}{2^{k-1}}=4$$

$$E(X)=\sum_{i=0}^{+\infty}iP(X=i)=\sum_{i=1}^{+\infty}\frac{i}{2^{i+1}}=\frac{1}{4}\sum_{i=1}^{+\infty}\frac{i}{2^{i-1}}=1$$

$$E(Y)=\sum_{j=1}^{+\infty}jP(Y=j)=\sum_{j=1}^{+\infty}\frac{j}{2^j}=\frac{1}{2}\sum_{j=1}^{+\infty}\frac{j}{2^{j-1}}=2$$

$E(X)=1$ 表示一个家庭平均生育的男孩数为 1，而女孩总是一个，所以男女比例不会失调. 可见男孩不会多，果然是"天意"啊.

案例 4.3　组织多少货源才能使国家受益最大？

假定在国际市场上每年对我国某种出口商品的需求量是随机变量 X（单位：t），它服从 $[2\,000,4\,000]$ 上的均匀分布. 设每售出这种商品 1 t，可为国家挣得外汇 3 万元；但假如销售不出而囤积于仓库，则每吨需花费保管费 1 万元. 问需要组织多少该商品，才能使国家的收益最大.

每年需要出口的商品数量是一随机变量 X，若以 y 记某年预备出口的该种商品量，只要考虑 $2\,000 \leqslant y \leqslant 4\,000$ 的情况，则国家的收益（单位：万元）是随机变量 X 的函数，仍是一个随机变量，记为 Y，则有 $Y=H(X)=\begin{cases} 3y, & X \geqslant y \\ 3X-(y-X), & X < y \end{cases}$.

由于 Y 是一随机变量，因此，题中所指的国家收益最大可理解为收益的均值最大，因此求 Y 的均值，即

$$E(Y)=\int_{-\infty}^{+\infty}H(x)f(x)\mathrm{d}x=\frac{1}{2\,000}\int_{2\,000}^{4\,000}H(x)\mathrm{d}x$$

$$=\frac{1}{2\,000}\int_{2\,000}^{y}[3x-(y-x)]\mathrm{d}x+\frac{1}{2\,000}\int_{y}^{4\,000}3y\mathrm{d}x$$

$$=\frac{1}{1\,000}(-y^2+7\,000y-4\times10^6)$$

由于 $-y^2+7\,000y-4\times10^6=-(y-3\,500)^2+(3\,500^2-4\times10^6)$，此式在 $y=3\,500$ 时取得最大值，因此组织 $3\,500$ t 该商品，能使国家所得的收益均值最大.

案例 4.4 如何估计案犯的身高？

条件期望公式在实际应用中很有用，有时利用此公式能达到事半功倍的效果.例如，某夜凌晨，某工厂的绝密技术资料被窃，厂方发现后立刻报告了警方，警方随即派人跟进调查.据警方分析，案犯身高 1.73 m 左右.那么警方是怎么知道案犯身高的呢？

原来案犯在保险柜前留下了鞋印，鞋印的长度为 25.12 cm，警方根据如下公式推断出了案犯的身高：

$$身高 = 鞋印长度 \times 6.876$$

其实上式的推导并不复杂，一般认为人的身高和足长是一组二维正态随机变量 (X,Y)，即 (X,Y) 服从二维正态分布 $N(\mu_1,\sigma_1^2;\mu_2,\sigma_2^2;\rho)$，则在给定 $Y=y$ 的条件下，X 服从一维正态分布 $N\left(\mu_1+\rho\dfrac{\sigma_1}{\sigma_2}(y-\mu_2),\sigma_1^2(1-\rho^2)\right)$，由此得

$$E(X\mid Y=y)=\mu_1+\rho\frac{\sigma_1}{\sigma_2}(y-\mu_2)$$

以 $E(X\mid Y=y)$ 作为身高 X 的估计量，它是 y 的线性函数.使用统计方法从大量的实际数据中得出 $\mu_1,\mu_2,\sigma_1^2,\sigma_2^2,\rho$ 的估计后（通常因区域、民族、生活习惯的不同而有所差异），就可以得到上述公式.从而本案例中，该犯罪分子的身高估计为

$$25.12\times6.876\approx172.7(\text{cm})$$

在刑侦学里，在没有其他信息的条件下，一般都假定成年人身高与脚印长度的比例是 7∶1.

案例 4.5 示性函数在概率论中的应用

示性函数（也称示性随机变量）是概率论中的一个常用概念，其定义如下：设 Ω 是给定的非空集合，$A\in\Omega$，称函数 $I_A(w)=\begin{cases}1,&x\in A\\0,&x\notin A\end{cases}$ 为集合 A 的示性函数，由于其形式和分布都简单，因此具有良好的性质.利用示性函数的特点和性质可以解决概率论中的很多问题，如以下例题，相关证明过程可扫描本章二维码查看.

例 4.5.1(切比雪夫不等式)　求证：设 X 为随机变量，方差 $D(X)$ 存在，则对任意给定的 $\varepsilon>0$，有

$$P(\mid X - E(X) \mid \geqslant \varepsilon) \leqslant \frac{D(X)}{\varepsilon^2}$$

例 4.5.2　设 $X \geqslant 0$ 为随机变量,对常数 $0 < \lambda < 1$,求证:$P[X > \lambda E(X)]$ $\geqslant (1 - \lambda)^2 \dfrac{[E(X)]^2}{E(X^2)}$.

例 4.5.3　设 A_i $(i = 1, 2, \cdots, n)$ 为 n 个事件,求证:$P\left(\bigcup_{i=1}^{n} A_i\right)$

$$\geqslant \frac{\left[\sum_{i=1}^{n} P(A_i)\right]^2}{2\sum_{i<j} P(A_i A_j) + \sum_{i=1}^{n} P(A_i)}.$$

例 4.5.4　设 A,B 是某随机试验的两个事件,求证:$\mid P(AB) - P(A)P(B) \mid \leqslant \dfrac{1}{4}$.

案例 4.6　密钥序列发生器

在设计密钥序列发生器时,有人从 $1, 2, \cdots, 256$ 中随机地选取 512 个数作为密钥,经过多次试验发现,每次选取出的不同的数字个数总在 222 左右,这种现象是偶然的还是必然的? 若想得到 256 个不同的密钥,应选取多少个数才有可能得到呢?

将上述问题转换为如下两个问题.

问题 1　在一个袋子中装有标号为 $1, 2, \cdots, N$ 的 N 个球,我们用有放回的方式一个一个地摸球,并且摸到每个球的可能性均为 $\dfrac{1}{N}$,每次摸球是相互独立的.若共摸了 M 次,问在这 M 次摸球中,所得到的不同球的个数 X 的期望值 $E(X)$ 是多少?

问题 2　在一个袋子中装有标号为 $1, 2, \cdots, N$ 的 N 个球,我们用有放回的方式一个一个地摸球,并且摸到每个球的可能性均为 $\dfrac{1}{N}$,每次摸球是相互独立的.假设想摸到 r $(1 \leqslant r \leqslant N)$ 个不同的球,问所需摸的次数 Y 的期望值 $E(Y)$ 是多少?

针对问题 1,设 X 表示在这 M 次摸球中所含的不同球的个数,$X_i (i = 1, 2, \cdots, N)$ 表示在这 M 次摸球中至少有一次摸到第 i 个球,且

$$X_i = \begin{cases} 1, & \text{在这 } M \text{ 次摸球中,至少有一次摸到第 } i \text{ 个球} \\ 0, & \text{在这 } M \text{ 次摸球中,没有一次摸到第 } i \text{ 个球} \end{cases}$$

则

$$P(X_i = 0) = \left(1 - \frac{1}{N}\right)^N, \quad P(X_i = 1) = 1 - \left(1 - \frac{1}{N}\right)^N, \quad E(X_i) = 1 - \left(1 - \frac{1}{N}\right)^N$$

又 $X = \sum_{i=1}^{N} X_i$,即有 $\qquad E(X) = N\left[1 - \left(1 - \dfrac{1}{N}\right)^N\right]$

问题 2 可以看成一种等待问题,即等待第 r 个新球的到来.设 Y_1 表示等待第一个球的个数,Y_2 表示等待与第一个球不同的球的个数……Y_r 表示等待与前 $r-1$ 个球不同的球的个数.则 $\sum_{i=1}^{r} Y_i$ 表示摸到 r 个不同的球所需要摸球的次数 Y.

由于第一个球总是新的,即 $Y_1 = 1$,$E(Y_1) = 1$;又 Y_2 是摸任一球与第一次摸的球不同所等待球的个数,此时每次摸球都有 N 个球,其中 $N-1$ 个球与第一个球不同,故 Y_2 服从几何分布.

即 $\qquad P(Y_2 = k) = \dfrac{N-1}{N}\left(\dfrac{1}{N}\right)^{k-1}, \quad k = 1, 2, \cdots$

$$E(Y_2) = \dfrac{N}{N-1}$$

在摸到这两个不同的球后,第三个新球所等待的球的个数 Y_3 也符合类似的结论:

$$P(Y_3 = k) = \dfrac{N-2}{N}\left(\dfrac{2}{N}\right)^{k-1}, \quad k = 1, 2, \cdots$$

$$E(Y_3) = \dfrac{N}{N-2}$$

一般地,对 $1 \leqslant r \leqslant N$

$$P(Y_r = k) = \dfrac{N-r+1}{N}\left(\dfrac{r-1}{N}\right)^{k-1}, \quad k = 1, 2, \cdots$$

$$E(Y_r) = \dfrac{N}{N-r+1}$$

则 $\qquad E(Y) = \sum_{i=1}^{r} E(Y_i) = N \sum_{i=N-r+1}^{N} \dfrac{1}{i}$

特别地,当 $r = N$ 时 $\qquad E(Y) = N \sum_{i=1}^{N} \dfrac{1}{i}$

当 $N = 256$,$M = 512$ 时,$N\left[1 - \left(1 - \dfrac{1}{N}\right)^M\right] = 256\left[1 - \left(1 - \dfrac{1}{256}\right)^{512}\right] \approx 221.5$,这与试验结果吻合.

若想得到 256 个不同的数,需要随机数个数的期望值为 $256 \sum_{i=1}^{256} \dfrac{1}{i} \approx 1\,568$.

有趣的是,若求满足 $256 \sum_{i=256-r+1}^{256} \dfrac{1}{i} = 512$ 的 r $(r = 1, 2, \cdots)$,计算发现当 r 为 222 时,上式左右两边近似相等.

一般地,当 N 较大 $(N \geqslant 200)$ 时,$N \sum\limits_{i=N-r+1}^{N} \dfrac{1}{i} = M$,满足上式的 r 与 $E(X)$ 很接近.

案例 4.7　企业的平均利润

设电力公司每月可以供应某企业的电力 $X \sim U[10, 30]$(单位:$\times 10^4$ kW),而该企业每月实际需要的电力 $Y \sim U[10, 20]$(单位:$\times 10^4$ kW).如果企业能从电力公司得到足够的电力,则每 10^4 kW 电可以创造 30 万元的利润,若企业从电力公司得不到足够的电力,则不足部分由企业通过其他途径解决,由其他途径得到的电力每 10^4 kW 电只有 10 万元的利润.试求该企业每个月的平均利润.

解　设企业每月的利润为 Z 万元,则有

$$Z = \begin{cases} 30Y, & Y \leqslant X \\ 30X + 10(Y-X), & Y > X \end{cases}$$

在给定 $X = x$ 时,Z 仅是 Y 的函数,则当 $10 \leqslant x < 20$ 时,Z 的条件期望为

$$\begin{aligned} E(Z \mid X = x) &= \int_{10}^{x} 30y f_Y(y) \mathrm{d}y + \int_{x}^{20} (10y + 20x) f_Y(y) \mathrm{d}y \\ &= \int_{10}^{x} 30y \frac{1}{10} \mathrm{d}y + \int_{x}^{20} (10y + 20x) \frac{1}{10} \mathrm{d}y \\ &= 50 + 40x - x^2 \end{aligned}$$

当 $20 \leqslant x \leqslant 30$ 时,Z 的条件期望为

$$E(Z \mid X = x) = \int_{10}^{20} 30y f_Y(y) \mathrm{d}y = \int_{10}^{20} 30y \frac{1}{10} \mathrm{d}y = 450$$

用 X 的分布对条件期望 $E(Z \mid X = x)$ 再做一次平均,即得

$$\begin{aligned} E(Z) = E(E(Z \mid X)) &= \int_{10}^{20} E(Z \mid X = x) f_X(x) \mathrm{d}x + \int_{20}^{30} E(Z \mid X = x) f_X(x) \mathrm{d}x \\ &= \frac{1}{20} \int_{10}^{20} (50 + 40x - x^2) \mathrm{d}x + \frac{1}{20} \int_{20}^{30} 450 \mathrm{d}x \approx 433 \end{aligned}$$

所以该企业每个月的平均利润约为 433 万元.

案例 4.8　递推法求数学期望

求数学期望的方法很多,可以通过先求概率分布然后再利用数学期望的定义得到,也可以直接利用随机变量函数的数学期望求取.当然,上述方法仅针对较为简单的问题,如果

问题比较复杂,那可能要考虑其他方法,例如递推法就是非常有效的方法之一.

1. 试验的期望次数 I

设一个试验有 m 个等可能的结局,求至少一个结局接连发生 k 次的独立试验的期望次数.

解 设 X 表示至少一个结局接连发生 k 次所需的独立试验次数,它的可能取值为 k, $k+1$, …. 设 $E_k = E(X)$,那么 E_{k-1} 就是表示至少有一个结局接连发生 $k-1$ 次所需试验次数的数学期望.注意到至少一个结局接连发生 k 次这一事件与至少有一个结局接连发生 $k-1$ 次的关系:在至少一个结局接连发生 $k-1$ 次的条件下,或者继续试验一次,该结局又发生了,这样便导致了该结局接连发生了 k 次,其概率为 $\frac{1}{m}$;或者继续试验一次,该结局不发生$\left($其概率为 $1-\frac{1}{m}\right)$,而是另外结局发生了,这样要做到至少一个结局连续发生 k 次,就等于从头做起,它的期望为 E_k. 由此

$$E_k = E_{k-1} + 1 \cdot \frac{1}{m} + \left(1 - \frac{1}{m}\right) E_k$$

即

$$E_k = m E_{k-1} + 1$$

又 $E_1 = 1$,则

$$E_k = 1 + m + m^2 + \cdots + m^{k-1} = m^k - \frac{1}{m-1}$$

2. 不相识顾客的座位排列问题

在小餐馆中有一条 n 个座位的长凳子,一批互不相识的顾客在某一时刻随机地坐下一个人.因为这批人互不相识,所以他们都不愿紧挨着另一个人坐下(即两个人中间至少空一个位置),问坐在此条座位上的人的期望个数是多少?

解 设所求的期望人数是 E_n,座位编号从左至右,第一个人坐在第 i 个座位,$i=1$, 2, …, n,据试验要求:第二个人只能在第一个人左边第 $1, 2, \cdots, i-2$ 的位置,或在右边 $i+2, \cdots, n$ 的位置中任选一个座位坐下.注意到,在第一个人左边的情况等于对一排有 $i-2$(如 $i-2<0$,则用 0 代替)个位置的座位提同样的问题.于是在第一个人左边的期望人数为 E_{i-2};同理,第一个人右边的期望人数为 $E_{n-(i+1)}$. 由此,在第一个人取第 i 个座位时的条件期望人数为

$$E_{n \cdot i} = E_{i-2} + E_{n-i-1} + 1$$

而第一个人以等概率 $\frac{1}{n}$ 坐入任一座位.由重期望公式

$$E_n = \sum_{i=1}^{n} \frac{1}{n} E_{n \cdot i} = \sum_{i=1}^{n} \frac{1}{n}(E_{i-2} + 1 + E_{n-i-1}) = 1 + \frac{1}{n}\sum_{i=1}^{n}(E_{i-2} + E_{n-i-1})$$

再注意到对称性 $\qquad E_{i-2} = E_{n-i-1}$

则 $E_n = 1 + \dfrac{2}{n} \sum\limits_{i=1}^{n} E_{i-2}$，且 $E_{-1} = E_0 = 0$，$E_1 = 1$，$E_2 = 1$，用数学归纳法得

$$E_n = \sum_{i=0}^{n-1} \frac{(n-i)(-2)^i}{(i+1)!}$$

3. 试验的期望次数 II

设一个试验有 N 种等可能结果，重复该试验直至某一种结果接连发生 n 次为止，求所需进行的独立试验次数的数学期望.

解　将该种结果发生记为事件 A，令 X_n 表示事件 A 接连发生 n 次所需进行的独立试验次数，易见 X_{n-1} 表示事件 A 接连发生 $n-1$ 次所需进行的独立试验次数.

记 $Y = \begin{cases} 1, & X_{n-1} \text{ 次的下一次试验结果 } A \text{ 发生} \\ 0, & X_{n-1} \text{ 次的下一次试验结果 } \bar{A} \text{ 发生} \end{cases}$，则

$$P(Y=1) = \frac{1}{N}, \quad P(Y=0) = 1 - \frac{1}{N}$$

在 $Y=1$ 的条件下，结果 A 接连发生 n 次，即

$$E(X_n \mid Y=1) = E(X_{n-1}) + 1$$

而在 $Y=0$ 的条件下，其表明要使结果 A 能接连发生 n 次，就等于新的一轮试验已经从头开始，即还需另行试验 X_n 次，此时总的试验次数为 $X_{n-1} + X_n$，从而

$$E(X_n \mid Y=0) = E(X_{n-1} + X_n)$$

由全概率公式得

$$E(X_n) = E(X_n \mid Y=1)P(Y=1) + E(X_n \mid Y=0)P(Y=0)$$

$$= [E(X_{n-1}) + 1] \cdot \frac{1}{N} + [E(X_{n-1}) + E(X_n)] \cdot \left(1 - \frac{1}{N}\right)$$

$$= \frac{1}{N} + E(X_{n-1}) + \left(1 - \frac{1}{N}\right) E(X_n)$$

即 $\qquad E(X_n) = NE(X_{n-1}) + 1$

又 $E(X_1) = 1$，则

$$E(X_n) = NE(X_{n-1}) + 1 = 1 + N + \cdots + N^{n-2} + N^{n-1} E(X_1) = \frac{N^n - 1}{N - 1}$$

4. 几何分布的期望与方差

设伯努利试验中结果 A 出现的概率 $P(A) = p\ (0 < p < 1)$，将此试验独立重复下去，

X 表示结果 A 首次出现时的试验次数,求 $E(X)$,$D(X)$.

解 引入随机变量 $Y=\begin{cases}1, & \text{第一次试验结果 } A \text{ 发生} \\ 0, & \text{第一次试验结果 } \bar{A} \text{ 发生}\end{cases}$

由全概率公式 $E(X)=E(X\mid Y=1)P(Y=1)+E(X\mid Y=0)P(Y=0)$

由于 $\qquad P(Y=1)=p, \quad P(Y=0)=1-p, \quad E(X\mid Y=1)=1$

当 $Y=0$ 时,表示第一次试验结果 A 没有出现,相当于重新开始,即 $E(X\mid Y=0)=1+E(X)$

则 $\qquad E(X)=1\cdot p+[E(X)+1]\cdot(1-p)=(1-p)E(X)+1$

即有 $\qquad E(X)=\dfrac{1}{p}$

类似地 $\qquad E(X^2\mid Y=1)=1, \quad E(X^2\mid Y=0)=E[(X+1)^2]$

$$E(X^2)=E(X^2\mid Y=1)P(Y=1)+E(X^2\mid Y=0)P(Y=0)$$
$$=1\cdot p+E[(X+1)^2]\cdot(1-p)$$

即 $\qquad E(X^2)=\dfrac{2-p}{p^2}, \quad D(X)=\dfrac{1-p}{p^2}$

5. 一类条件数学期望

设每次试验有 k 个可能的结果,分别记为 A_1,A_2,$\cdots$,A_k,记 $p_i=P(A_i)$ $(i=1,2,\cdots,k)$,$\sum\limits_{i=1}^{k}p_i=1$. 将此试验独立重复 n 次,令 X_i 表示 n 次试验中结果 A_i 出现的次数,对于 $i\neq j$,求 $E(X_j\mid X_i>0)$,$E(X_j\mid X_i>1)$.

解 由全概率公式

$$E(X_j)=E(X_j\mid X_i=0)P(X_i=0)+E(X_j\mid X_i>0)P(X_i>0)$$

又 $(X_1,X_2,\cdots,X_k)$ 中 X_i 服从二项分布

$$X_j\sim B(n,p_j), \quad j=1,2,\cdots,k$$

即有

$$E(X_j)=np_j, \quad P(X_i=0)=(1-p_i)^n, \quad P(X_i>0)=1-(1-p_i)^n$$

又 $\qquad (X_j\mid X_i=r)\sim B\left(n-r,\dfrac{p_j}{1-p_i}\right)$

从而 $\qquad E(X_j\mid X_i=0)=n\dfrac{p_j}{1-p_i}$

则 $\qquad np_j=n\dfrac{p_j}{1-p_i}\cdot(1-p_i)^n+E(X_j\mid X_i>0)\cdot[1-(1-p_i)^n]$

即
$$E(X_j \mid X_i > 0) = np_j \frac{1 - (1 - p_i)^{n-1}}{1 - (1 - p_i)^n}$$

$$E(X_j) = E(X_j \mid X_i = 0)P(X_i = 0) + E(X_j \mid X_i = 1)P(X_i = 1)$$
$$+ E(X_j \mid X_i > 1)P(X_i > 1)$$

类似可得

$$E(X_j \mid X_i > 1) = np_j \frac{1 - (1 - p_i)^{n-1} - (n-1)p_i(1 - p_i)^{n-2}}{1 - (1 - p_i)^n - np_i(1 - p_i)^{n-1}}, \quad i \neq j$$

案例 4.9　不被挡住的小朋友人数的数学期望

假设 5 位高矮各不同的小朋友随机地站成一列,较矮的会被较高的小朋友挡住,问不被挡住的小朋友人数的数学期望?

解　(1) 先考察 4 个小朋友的情况.

设 X 表示不被挡住的小朋友的人数,其取值为 1,2,3,4.

事件 $(X = 1)$ 共有 6 种可能性,即 $(4, 1, 2, 3)$,$(4, 1, 3, 2)$,$(4, 2, 3, 1)$,$(4, 2, 1, 3)$,$(4, 3, 1, 2)$,$(4, 3, 2, 1)$,$P(X = 1) = \dfrac{6}{24}$.

事件 $(X = 2)$ 共有 11 种可能性,即 $(1, 4, 2, 3)$,$(1, 4, 3, 2)$,$(2, 4, 3, 1)$,$(2, 4, 1, 3)$,$(3, 4, 1, 2)$,$(3, 4, 2, 1)$,$(2, 1, 4, 3)$,$(3, 1, 4, 2)$,$(3, 2, 4, 1)$,$(3, 1, 2, 4)$,$(3, 2, 1, 4)$,$P(X = 2) = \dfrac{11}{24}$.

事件 $(X = 3)$ 共有 6 种可能性,即 $(1, 2, 4, 3)$,$(1, 3, 4, 2)$,$(2, 3, 4, 1)$,$(1, 3, 2, 4)$,$(2, 3, 1, 4)$,$(2, 1, 3, 4)$,$P(X = 3) = \dfrac{6}{24}$.

事件 $(X = 4)$ 只有 1 种可能性,即 $(1, 2, 3, 4)$,$P(X = 4) = \dfrac{1}{24}$.

由此
$$E(X) = 1 \times \frac{6}{24} + 2 \times \frac{11}{24} + 3 \times \frac{6}{24} + 4 \times \frac{1}{24} = \frac{50}{24} = \sum_{i=1}^{4} \frac{1}{i}$$

(2) 设 X 表示不被挡住的小朋友的人数,其取值为 1,2,3,4,5.为统计方便,用数字 1,2,3,4,5 分别指代身高由矮到高的 5 个小朋友.

当 $X = 1$ 时,即 5 必须在第一位,剩下的 4 个数字进行全排列,即 $P(X = 1) = \dfrac{A_4^4}{A_5^5} = \dfrac{1}{5}$.

当 $X = 2$ 时,按照 5 的前后数字个数进行分类:

① 前 1 个后 3 个,即需要从 1~4 数字中选 1 个放至 5 的前面,剩下 3 个数字放至 5 的

后面进行全排列,其排法数为 $C_4^1 A_3^3 = 24$.

② 前 2 个后 2 个,即需要从 1~4 数字中选 2 个放至 5 的前面(前大后小),剩下 2 个数字放至 5 的后面进行全排列,其排法数为 $C_4^2 A_2^2 = 12$.

③ 前 3 个后 1 个,即需要从 1~4 数字中选 3 个放至 5 的前面(3 个数中最大的数字在前,剩下 2 个数进行全排列),剩下 1 个数字放至 5 的后面进行全排列,其排法数为 $C_4^3 A_2^2 = 8$.

④ 前 4 个后 0 个,即 5 在最后一位,必有 4 在第一位,剩下 3 个数进行全排列,其排法数为 $A_3^3 = 6$.

则
$$P(X=2) = \frac{24+12+8+6}{A_5^5} = \frac{5}{12}$$

当 $X=3$ 时,按照 5 的前后数字个数进行分类:

① 前 2 个后 2 个,即需要从 1~4 数字中选 2 个放至 5 的前面(前小后大),剩下 2 个数字放至 5 的后面进行全排列,其排法数为 $C_4^2 A_2^2 = 12$.

② 前 3 个后 1 个,即需要从 1~4 数字中选 3 个放至 5 的前面(3 个数中有 1 个数字被挡住,有 3 种排法),剩下 1 个数字放至 5 的后面进行全排列,其排法数为 $C_4^3 \times 3 = 12$.

③ 前 4 个后 0 个,即 1~4 数字放至 5 的前面,这 4 个数中有 2 个数字被挡住.若 4 在第 2 位,则对应的排法数为 $C_3^1 A_2^2 = 6$;若 4 在第 3 位,则对应的排法数为 $C_3^2 = 3$;若 4 在第 4 位,则对应的排法数为 $A_2^2 = 2$,即这 4 个数满足的排列数为 $6+3+2 = 11$.

则
$$P(X=3) = \frac{12+12+11}{A_5^5} = \frac{7}{24}$$

当 $X=4$ 时,按照 5 的前后数字个数进行分类:

① 前 3 个后 1 个,即需要从 1~4 数字中选 3 个放至 5 的前面(前小后大),剩下 1 个数字至 5 的后面进行全排列,其排法数为 $C_4^3 = 4$.

② 前 4 个后 0 个,即 1~4 数字放至 5 的前面,这 4 个数中有 1 个数字被挡住,若 4 在第 3 位,则对应的排列数为 $C_3^2 = 3$;若 4 在第 4 位,则对应的排法数为 $A_2^2 + 1 = 3$,即这 4 个数满足的排法数为 $3+3 = 6$.

则
$$P(X=4) = \frac{4+6}{A_5^5} = \frac{1}{12}$$

当 $X=5$ 时,即按照 1,2,3,4,5 的顺序进行排列,排列数为 1,则 $P(X=5) = \frac{1}{A_5^5} = \frac{1}{120}$

由此
$$E(X) = 1 \times \frac{1}{5} + 2 \times \frac{5}{12} + 3 \times \frac{7}{24} + 4 \times \frac{1}{12} + 5 \times \frac{1}{120} = \frac{137}{60} = \sum_{i=1}^{5} \frac{1}{i}$$

进一步推广:大小不同的 n 个数排列成数列 $a_1, a_2, \cdots, a_n$,令 $b_k = \max(a_1, a_2, \cdots, a_k)$ $(k=1, 2, \cdots, n)$,以 b_k 的不同取值作为元素组成集合 A,如数列 1,3,2,4,5 中,b_k

为 $1,3,3,4,5$, 对应的集合 A 为 $\{1,3,4,5\}$, 求集合 A 元素个数的数学期望.

解 找出期望的递推关系.

增加一个数字, 相当于在 n 个数字中再插入一个数字. 为了简便起见, 不妨设插入的这个数字比之前 n 个数都要小, 注意到 n 个数产生 $n+1$ 个空, 则 X_{n+1} 的值可能为 X_n 或 X_n+1.

若 $X_{n+1}=X_n$, 则相当于插入的最小数字放至第 1 位数字后的 n 个空中的一个, 对应的概率为 $\dfrac{n}{n+1}$.

若 $X_{n+1}=X_n+1$, 则相当于插入的最小数字放至第 1 位数字前的空里, 对应的概率为 $\dfrac{1}{n+1}$. 即

$$P(X_{n+1}=X_n)=\frac{n}{n+1}, \quad P(X_{n+1}=X_n+1)=\frac{1}{n+1}$$

由此

$$E(X_{n+1})=X_n\frac{n}{n+1}+(X_n+1)\frac{1}{n+1}=X_n+\frac{1}{n+1}$$

$$E[E(X_{n+1})]=E(X_n)+\frac{1}{n+1}$$

即

$$E(X_{n+1})=E(X_n)+\frac{1}{n+1}$$

又

$$E(X_0)=0, \quad E(X_{n+1})-E(X_n)=\frac{1}{n+1}$$

即

$$E(X_1)-E(X_0)=1, \ E(X_2)-E(X_1)=\frac{1}{2}, \ \cdots, \ E(X_n)-E(X_{n-1})=\frac{1}{n}$$

于是有

$$E(X_n)=E(X_0)+\sum_{i=1}^{n}\frac{1}{i}=\sum_{i=1}^{n}\frac{1}{i}$$

案例 4.10 离散型寿命分布的可靠度函数 $\bar{F}(k)$

离散型寿命分布在可靠性领域中有着重要应用, 由于涉及级数运算, 使得其相对于连续型寿命分布的研究更为困难. 下面研究离散型寿命分布的可靠度函数 $\bar{F}(k)$, 其在可靠性的贴近性理论研究中有着重要应用.

设 X 为取非负整数值的离散型随机变量, 其取值范围为 $N=\{0,1,2,\cdots\}$, 记 $p(k)=P(X=k)$, $F(k)=P(X<k)$ $(k=0,1,2,\cdots)$. 易见:

(1) $F(k)=\displaystyle\sum_{i=0}^{k-1}p(i)\left(\text{在此约定}\sum_{i=0}^{-1}=0\right)$, 类似于连续分布的寿命分布函数.

(2) $\bar{F}(k)=1-F(k)=P(X\geqslant k)=\displaystyle\sum_{i=k}^{+\infty}p(i)$, 类似于连续分布的可靠度函数.

(3) $\lambda(k) = P(X = k \mid X \geqslant k) = \dfrac{p(k)}{\bar{F}(k)}$，类似于连续分布的失效率函数.

(4) X 的均值 $\mu = E(X) = \displaystyle\sum_{k=0}^{+\infty} kP(X=k) = \sum_{k=0}^{+\infty} kp(k) = \sum_{k=1}^{+\infty} \bar{F}(k) \leqslant +\infty$.

(5) X 的平均剩余寿命为 $m(k) = E(X - k \mid X \geqslant k) + 1 = \dfrac{1}{\bar{F}(k)} \displaystyle\sum_{j=0}^{+\infty} \bar{F}(k+j)$.

(6) 若 $\mu < \infty$，记 $\bar{G}(k) = \dfrac{1}{1+\mu} \displaystyle\sum_{j=k}^{+\infty} \bar{F}(j)$，$\bar{G}(k)$ 可以看作某个非负整数值的随机变量的可靠度函数.

通常的概率论教材中都有如下结论.

引理 4.1 设 X 为取非负整数值的随机变量，则

$$E(X) = \sum_{i=1}^{+\infty} iP(X=i) = \sum_{i=1}^{+\infty} P(X \geqslant i) = \sum_{i=1}^{+\infty} \bar{F}(i)$$

$$E(X^2) = \sum_{i=1}^{+\infty} i^2 P(X=i) = \sum_{i=1}^{+\infty} (2i-1)P(X \geqslant i) = \sum_{i=1}^{+\infty} (2i-1)\bar{F}(i)$$

由引理 4.1 易知（证明可见定理 4.2）

$$\sum_{i=1}^{+\infty} \bar{F}(i) = E(X), \quad \sum_{i=1}^{+\infty} i\bar{F}(i) = \frac{1}{2}[E(X^2) + E(X)]$$

这说明了 $\displaystyle\sum_{i=1}^{+\infty} \bar{F}(i)$ 与均值 $E(X)$，$\displaystyle\sum_{i=1}^{+\infty} i\bar{F}(i)$ 与均值 $E(X)$、二阶矩 $E(X^2)$ 的数值关系，那么 $\displaystyle\sum_{i=1}^{+\infty} i^k \bar{F}(i)$ $(k=2, 3, \cdots)$ 与 $E(X)$，$E(X^2)$，$\cdots$，$E(X^{k+1})$ 有何数值关系？

定理 4.2 设 X 为取非负整数值的随机变量，则

(1) $\displaystyle\sum_{i=1}^{+\infty} \bar{F}(i) = E(X)$.

(2) $\displaystyle\sum_{i=1}^{+\infty} i\bar{F}(i) = \frac{1}{2}[E(X^2) + E(X)]$.

(3) $\displaystyle\sum_{i=1}^{+\infty} i^2 \bar{F}(i) = \frac{1}{3}E(X^3) + \frac{1}{2}E(X^2) + \frac{1}{6}E(X)$.

(4) $\displaystyle\sum_{i=1}^{+\infty} i^3 \bar{F}(i) = \frac{1}{4}E(X^4) + \frac{1}{2}E(X^3) + \frac{1}{4}E(X^2)$.

(5) $\displaystyle\sum_{i=1}^{+\infty} i^4 \bar{F}(i) = \frac{1}{5}E(X^5) + \frac{1}{2}E(X^4) + \frac{1}{3}E(X^3) - \frac{1}{30}E(X)$.

(6) 更一般地，对 $k = 2, 3, \cdots$，有

$$\sum_{i=1}^{+\infty} i^{k-1} \bar{F}(i) = \frac{1}{k} \left[E(X^k) - \sum_{l=2}^{k} (-1)^{1-l} C_k^l \sum_{i=1}^{+\infty} i^{k-l} \bar{F}(i) \right].$$

证明过程可扫描本章二维码查看.以上结论可应用于离散寿命分布类的贴近性研究.

案例 4.11　若$(X，Y)\sim N(\mu_1，\sigma_1^2；\mu_2，\sigma_2^2；\rho)$，则 X^2 与 Y^2 的相关系数是否为 ρ^2? ....

例 4.11.1　设 $(X，Y)\sim N(0，1；0，1；\rho)$，求 X^2 与 Y^2 的相关系数.

解　由于 $(X，Y)\sim N(0，1；0，1；\rho)$，其密度函数为

$$f(x，y)=\frac{1}{2\pi\sqrt{1-\rho^2}}\exp\left[-\frac{1}{2(1-\rho^2)}(x^2-2\rho xy+y^2)\right]$$

又由于
$$X\sim N(0，1)，Y\sim N(0，1)$$

则
$$E(X)=0，D(X)=1，E(X^2)=1，E(Y)=0，D(Y)=1，E(Y^2)=1$$

又 $X^2\sim\chi^2(1)$，则

$$E(X^2)=1，D(X^2)=2，E(X^4)=D(X^2)+[E(X^2)]^2=3$$

同理
$$E(Y^2)=1，D(Y^2)=2，E(Y^4)=D(Y^2)+[E(Y^2)]^2=3$$

而
$$\mathrm{cov}(X^2，Y^2)=E(X^2Y^2)-E(X^2)E(Y^2)=E(X^2Y^2)-1$$

$$E(X^2Y^2)=\int_{-\infty}^{+\infty}\mathrm{d}x\int_{-\infty}^{+\infty}x^2y^2\frac{1}{2\pi\sqrt{1-\rho^2}}\exp\left[-\frac{1}{2(1-\rho^2)}(x^2-2\rho xy+y^2)\right]\mathrm{d}y$$

$$=\int_{-\infty}^{+\infty}x^2\frac{1}{\sqrt{2\pi}}\mathrm{d}x\int_{-\infty}^{+\infty}y^2\frac{1}{\sqrt{2\pi}\sqrt{1-\rho^2}}\exp\left\{-\frac{1}{2(1-\rho^2)}\left[(y-\rho x)^2+(1-\rho^2)x^2\right]\right\}\mathrm{d}y$$

$$=\int_{-\infty}^{+\infty}x^2\frac{1}{\sqrt{2\pi}}\mathrm{e}^{-\frac{x^2}{2}}\mathrm{d}x\int_{-\infty}^{+\infty}y^2\frac{1}{\sqrt{2\pi}\sqrt{1-\rho^2}}\exp\left\{-\frac{(y-\rho x)^2}{2(1-\rho^2)}\right\}\mathrm{d}y$$

$$=\int_{-\infty}^{+\infty}x^2\left[(1-\rho^2)+\rho^2x^2\right]\frac{1}{\sqrt{2\pi}}\mathrm{e}^{-\frac{x^2}{2}}\mathrm{d}x$$

$$=(1-\rho^2)\int_{-\infty}^{+\infty}x^2\frac{1}{\sqrt{2\pi}}\mathrm{e}^{-\frac{x^2}{2}}\mathrm{d}x+\rho^2\int_{-\infty}^{+\infty}x^4\frac{1}{\sqrt{2\pi}}\mathrm{e}^{-\frac{x^2}{2}}\mathrm{d}x$$

$$=(1-\rho^2)+3\rho^2=1+2\rho^2$$

则
$$\mathrm{cov}(X^2，Y^2)=2\rho^2$$

由此 X^2 与 Y^2 的相关系数为

$$\frac{\mathrm{cov}(X^2，Y^2)}{\sqrt{D(X^2)}\cdot\sqrt{D(Y^2)}}=\frac{2\rho^2}{\sqrt{2}\times\sqrt{2}}=\rho^2$$

例4.11.2 设 $(X, Y) \sim N(\mu_1, \sigma_1^2; \mu_2, \sigma_2^2; \rho)$，求 X^2 与 Y^2 的相关系数.

解 由于 $(X, Y) \sim N(\mu_1, \sigma_1^2; \mu_2, \sigma_2^2; \rho)$，则 $X \sim N(\mu_1, \sigma_1^2)$，$Y \sim N(\mu_2, \sigma_2^2)$.

令 $Z_1 = \dfrac{X - \mu_1}{\sigma_1}$，$Z_2 = \dfrac{Y - \mu_2}{\sigma_2}$，则

$$Z_1 \sim N(0, 1),\ Z_2 \sim N(0, 1).$$

而

$$\text{cov}(Z_1, Z_2) = \text{cov}\left(\frac{X - \mu_1}{\sigma_1}, \frac{Y - \mu_2}{\sigma_2}\right)$$

$$= \frac{\text{cov}(X - \mu_1, Y - \mu_2)}{\sigma_1 \sigma_2} = \frac{E[(X - \mu_1)(Y - \mu_2)]}{\sigma_1 \sigma_2}$$

$$= \frac{E(XY) - \mu_1 \mu_2}{\sigma_1 \sigma_2} = \frac{\text{cov}(X, Y)}{\sigma_1 \sigma_2} = \rho$$

即

$$(Z_1, Z_2) \sim N(0, 1; 0, 1; \rho)$$

而 (Z_1, Z_2) 的联合密度为

$$f_{Z_1, Z_2}(z_1, z_2) = \frac{1}{2\pi\sqrt{1 - \rho^2}} \exp\left[-\frac{1}{2(1 - \rho^2)}(z_1^2 - 2\rho z_1 z_2 + z_2^2)\right]$$

$$E(Z_1 Z_2) = \int_{-\infty}^{+\infty} \mathrm{d}z_1 \int_{-\infty}^{+\infty} z_1 z_2 \frac{1}{2\pi\sqrt{1 - \rho^2}} \exp\left[-\frac{1}{2(1 - \rho^2)}(z_1^2 - 2\rho z_1 z_2 + z_2^2)\right] \mathrm{d}z_2$$

$$= \int_{-\infty}^{+\infty} z_1 \frac{1}{\sqrt{2\pi}} \mathrm{d}z_1 \int_{-\infty}^{+\infty} z_2 \frac{1}{\sqrt{2\pi}\sqrt{1 - \rho^2}} \exp\left\{-\frac{1}{2(1 - \rho^2)}\left[(z_2 - \rho z_1)^2 + (1 - \rho^2)z_1^2\right]\right\} \mathrm{d}z_2$$

$$= \int_{-\infty}^{+\infty} z_1 \frac{1}{\sqrt{2\pi}} \mathrm{e}^{-\frac{z_1^2}{2}} \mathrm{d}z_1 \int_{-\infty}^{+\infty} z_2 \frac{1}{\sqrt{2\pi}\sqrt{1 - \rho^2}} \exp\left[-\frac{(z_2 - \rho z_1)^2}{2(1 - \rho^2)}\right] \mathrm{d}z_2$$

$$= \rho \int_{-\infty}^{+\infty} z_1^2 \frac{1}{\sqrt{2\pi}} \mathrm{e}^{-\frac{z_1^2}{2}} \mathrm{d}z_1 = \rho$$

$$E(Z_1 Z_2^2) = \int_{-\infty}^{+\infty} \mathrm{d}z_1 \int_{-\infty}^{+\infty} z_1 z_2^2 \frac{1}{2\pi\sqrt{1 - \rho^2}} \exp\left[-\frac{1}{2(1 - \rho^2)}(z_1^2 - 2\rho z_1 z_2 + z_2^2)\right] \mathrm{d}z_2$$

$$= \int_{-\infty}^{+\infty} z_1 \frac{1}{\sqrt{2\pi}} \mathrm{d}z_1 \int_{-\infty}^{+\infty} z_2^2 \frac{1}{\sqrt{2\pi}\sqrt{1 - \rho^2}} \exp\left\{-\frac{1}{2(1 - \rho^2)}\left[(z_2 - \rho z_1)^2 + (1 - \rho^2)z_1^2\right]\right\} \mathrm{d}z_2$$

$$= \int_{-\infty}^{+\infty} z_1 \frac{1}{\sqrt{2\pi}} \mathrm{e}^{-\frac{z_1^2}{2}} \mathrm{d}z_1 \int_{-\infty}^{+\infty} z_2^2 \frac{1}{\sqrt{2\pi}\sqrt{1 - \rho^2}} \exp\left[-\frac{(z_2 - \rho z_1)^2}{2(1 - \rho^2)}\right] \mathrm{d}z_2$$

$$= \int_{-\infty}^{+\infty} z_1 \left[(1 - \rho^2) + \rho^2 z_1^2\right] \frac{1}{\sqrt{2\pi}} \mathrm{e}^{-\frac{z_1^2}{2}} \mathrm{d}z_1$$

$$= (1 - \rho^2) \int_{-\infty}^{+\infty} z_1 \frac{1}{\sqrt{2\pi}} \mathrm{e}^{-\frac{z_1^2}{2}} \mathrm{d}z_1 + \rho^2 \int_{-\infty}^{+\infty} z_1^3 \frac{1}{\sqrt{2\pi}} \mathrm{e}^{-\frac{z_1^2}{2}} \mathrm{d}z_1 = 0$$

由此　　　$E(Z_1Z_2)=\rho, \quad E(Z_1^2Z_2)=E(Z_1Z_2^2)=0, \quad E(Z_1^2Z_2^2)=1+2\rho^2$

考虑到　　　　　　　　　　$X=\mu_1+\sigma_1Z_1, \quad Y=\mu_2+\sigma_2Z_2$

$$D(X^2)=D[(\mu_1+\sigma_1Z_1)^2]=D(\mu_1^2+2\mu_1\sigma_1Z_1+\sigma_1^2Z_1^2)=D(2\mu_1\sigma_1Z_1+\sigma_1^2Z_1^2)$$

$$=D(2\mu_1\sigma_1Z_1)+D(\sigma_1^2Z_1^2)+2\mathrm{cov}(2\mu_1\sigma_1Z_1, \sigma_1^2Z_1^2)$$

$$=4\mu_1^2\sigma_1^2D(Z_1)+\sigma_1^4D(Z_1^2)+4\mu_1\sigma_1^3\mathrm{cov}(Z_1, Z_1^2)$$

$$D(Z_1)=1, D(Z_1^2)=2, \mathrm{cov}(Z_1, Z_1^2)=E(Z_1^3)-E(Z_1)E(Z_1^2)=0$$

$$D(X^2)=4\mu_1^2\sigma_1^2+2\sigma_1^4, D(Y^2)=4\mu_2^2\sigma_2^2+2\sigma_2^4$$

$$E(X^2Y^2)=E[(\mu_1^2+2\mu_1\sigma_1Z_1+\sigma_1^2Z_1^2)(\mu_2^2+2\mu_2\sigma_2Z_2+\sigma_2^2Z_2^2)]$$

$$=E[\mu_1^2\mu_2^2+2\mu_1^2\mu_2\sigma_2Z_2+\mu_1^2\sigma_2^2Z_2^2+2\mu_1\mu_2^2\sigma_1Z_1+4\mu_1\mu_2\sigma_1\sigma_2Z_1Z_2$$

$$+2\mu_1\sigma_1\sigma_2^2Z_1Z_2^2+\mu_2^2\sigma_1^2Z_1^2+2\mu_2\sigma_1^2\sigma_2Z_1^2Z_2+\sigma_1^2\sigma_2^2Z_1^2Z_2^2]$$

$$=\mu_1^2\mu_2^2+2\mu_1^2\mu_2\sigma_2E(Z_2)+\mu_1^2\sigma_2^2E(Z_2^2)+2\mu_1\mu_2^2\sigma_1E(Z_1)+4\mu_1\mu_2\sigma_1\sigma_2E(Z_1Z_2)$$

$$+2\mu_1\sigma_1\sigma_2^2E(Z_1Z_2^2)+\mu_2^2\sigma_1^2E(Z_1^2)+2\mu_2\sigma_1^2\sigma_2E(Z_1^2Z_2)+\sigma_1^2\sigma_2^2E(Z_1^2Z_2^2)$$

$$=\mu_1^2\mu_2^2+\mu_1^2\sigma_2^2+4\mu_1\mu_2\sigma_1\sigma_2\rho+\mu_2^2\sigma_1^2+\sigma_1^2\sigma_2^2(1+2\rho^2)$$

$$\mathrm{cov}(X^2, Y^2)=E(X^2Y^2)-E(X^2)E(Y^2)$$

$$=\mu_1^2\mu_2^2+\mu_1^2\sigma_2^2+4\mu_1\mu_2\sigma_1\sigma_2\rho+\mu_2^2\sigma_1^2+\sigma_1^2\sigma_2^2(1+2\rho^2)-(\mu_1^2+\sigma_1^2)(\mu_2^2+\sigma_2^2)$$

$$=4\mu_1\mu_2\sigma_1\sigma_2\rho+2\sigma_1^2\sigma_2^2\rho^2$$

由此，X^2, Y^2 的相关系数为

$$\rho_{X^2, Y^2}=\frac{\mathrm{cov}(X^2, Y^2)}{\sqrt{D(X^2)}\cdot\sqrt{D(Y^2)}}=\frac{4\mu_1\mu_2\sigma_1\sigma_2\rho+2\sigma_1^2\sigma_2^2\rho^2}{\sqrt{4\mu_1^2\sigma_1^2+2\sigma_1^4}\cdot\sqrt{4\mu_2^2\sigma_2^2+2\sigma_2^4}}=\frac{2\mu_1\mu_2\rho+\sigma_1\sigma_2\rho^2}{\sqrt{2\mu_1^2+\sigma_1^2}\cdot\sqrt{2\mu_2^2+\sigma_2^2}}$$

特别地，① 当 $\mu_1=\mu_2=0$, $\sigma_1^2=\sigma_2^2=1$ 时，则 $\rho_{X^2, Y^2}=\rho^2$；② 当 $\mu_1=\mu_2=\mu$, $\sigma_1^2=\sigma_2^2=\sigma^2$ 时，则 $\rho_{X^2, Y^2}=\dfrac{2\mu^2\rho+\sigma^2\rho^2}{2\mu^2+\sigma^2}$.

案例 4.12　离散型随机变量高阶原点矩的递推算法

关于求离散型随机变量的高阶矩主要方法有三类，一是利用阶乘矩；二是寻找相应的递推关系式（通常比较复杂）；三是将所求的离散型随机变量表示成独立或不独立但同分布的随机变量的和，从而简化运算，如二项分布可表示成独立的两点分布之和，负二项分布可表示成独立的几何分布之和.但就前两类而言，这些方法仍显复杂，所用的高等数学知识较

多,学生不易理解;第三类也不适用于其他离散型随机变量.下面针对服从二项、泊松、几何、负二项、超几何、负超几何分布以及对数级数分布等离散型随机变量,给出求其高阶原点矩的一个较为简单的递推计算方法.不仅可以非常容易地求出这些离散型随机变量的高阶原点矩,避免了计算阶乘矩或求导等复杂的运算,而且便于学生理解.基于偏度与峰度的运算,还给出了这些离散型随机变量的 3 阶和 4 阶原点矩的表达式.定理的证明过程可扫描本章二维码查看.

定理 4.3 设离散型随机变量 X_n 服从参数为 p 的二项分布,即 $X_n \sim B(n, p)$ ($n = 2$, 3, $\cdots$),对正整数 k,则

(1) $E(X_n^k) = np E[(X_{n-1} + 1)^{k-1}]$.

(2) $E(X_n) = np$,

$$E(X_n^2) = np[(n-1)p + 1], \quad E(X_n^3) = np[(n-1)(n-2)p^2 + 3(n-1)p + 1],$$

$$E(X_n^4) = np[(n-1)(n-2)(n-3)p^3 + 6(n-1)(n-2)p^2 + 7(n-1)p + 1].$$

定理 4.4 设离散型随机变量 X 服从参数 λ 的泊松分布,即 $X \sim P(\lambda)$,对正整数 k,则

(1) $E(X^k) = \lambda E[(X+1)^{k-1}]$.

(2) $E(X) = \lambda$, $E(X^2) = \lambda(\lambda + 1)$, $E(X^3) = \lambda(\lambda^2 + 3\lambda + 1)$, $E(X^4) = \lambda(\lambda^3 + 6\lambda^2 + 7\lambda + 1)$.

定理 4.5 设离散型随机变量 X 服从参数 p 的几何分布,即 $X \sim G(p)$,其分布列为 $P(X = i) = pq^i$ ($i = 0, 1, 2, \cdots, q = 1 - p$),对正整数 k,则

(1) $E(X^k) = \dfrac{q}{p} \sum_{i=0}^{k-1} C_k^i E(X^i)$.

(2) $E(X) = \dfrac{q}{p}$, $E(X^2) = \dfrac{q}{p}\left(2\dfrac{q}{p} + 1\right)$, $E(X^3) = \dfrac{q}{p}\left[6\left(\dfrac{q}{p}\right)^2 + 6\dfrac{q}{p} + 1\right]$,

$$E(X^4) = \frac{q}{p}\left[24\left(\frac{q}{p}\right)^3 + 36\left(\frac{q}{p}\right)^2 + 14\frac{q}{p} + 1\right].$$

注 若 X 服从几何分布 $\mathrm{Ge}(p)$,分布列为 $P(X = i) = pq^{i-1}$ ($i = 1, 2, \cdots$),类似地容易得到

$$E(X^k) = 1 + \frac{q}{p}\sum_{i=0}^{k-1} C_k^i E(X^i)$$

定理 4.6 设离散型随机变量 X_r 服从参数为 p 的负二项分布,即 $X_r \sim \mathrm{NB}(r, p)$ ($r = 1, 2, \cdots$),其分布列为 $P(X_r = i) = C_{r+i-1}^i p^r q^i$ ($i = 0, 1, 2, \cdots$),对正整数 k,则

(1) $E(X_r^k) = r\dfrac{q}{p} E[(X_{r+1} + 1)^{k-1}]$.

(2) $E(X_r) = r\dfrac{q}{p}$, $E(X_r^2) = r\dfrac{q}{p}\left[(r+1)\dfrac{q}{p} + 1\right]$,

$$E(X_r^3) = r\frac{q}{p}\left[(r+1)(r+2)\left(\frac{q}{p}\right)^2 + 3(r+1)\frac{q}{p} + 1\right],$$

$$E(X_r^4) = r\frac{q}{p}\left[(r+1)(r+2)(r+3)\left(\frac{q}{p}\right)^3 + 6(r+1)(r+2)\left(\frac{q}{p}\right)^2 + 7(r+1)\frac{q}{p} + 1\right].$$

定理 4.7　设离散型随机变量 $X_{N,M,n}$ 服从超几何分布,其分布列为 $P(X_{N,M,n}=i)$ $=\dfrac{C_M^i C_{N-M}^{n-i}}{C_N^n}\ (i=0,\,1,\,2,\,\cdots,\,n,\,n\leqslant M)$,对正整数 k,则

(1) $E(X_{N,M,n}^k) = n\dfrac{M}{N}E[(X_{N-1,M-1,n-1}+1)^{k-1}].$

(2) $E(X_{N,M,n}) = n\dfrac{M}{N},$

$$E(X_{N,M,n}^2) = n\frac{M}{N}\left[(n-1)\frac{M-1}{N-1}+1\right],$$

$$E(X_{N,M,n}^3) = n\frac{M}{N}\left[(n-1)\frac{M-1}{N-1}(n-2)\frac{M-2}{N-2}+3(n-1)\frac{M-1}{N-1}+1\right],$$

$$E(X_{N,M,n}^4) = n\frac{M}{N}\left[(n-1)\frac{M-1}{N-1}(n-2)\frac{M-2}{N-2}(n-3)\frac{M-3}{N-3}\right.$$
$$\left. + 6(n-1)\frac{M-1}{N-1}(n-2)\frac{M-2}{N-2}+7(n-1)\frac{M-1}{N-1}+1\right].$$

定理 4.8　设有 N 件产品,其中有 M 件次品,其余 $N-M$ 件为正品.今从中任意一次一个不放回地取出,直到取出 $r(r\leqslant M\leqslant N)$ 个次品时,记总取出的产品数为 Y,则

(1) Y 的分布列为

$$P(Y=k) = \frac{C_M^{r-1}C_{N-M}^{k-r}}{C_N^{k-1}}\cdot\frac{M-r+1}{N-k+1} = \frac{C_{k-1}^{r-1}C_{N-k}^{M-r}}{C_N^M},\quad k=r,\,r+1,\,\cdots,\,r+N-M$$

(2) 记 $X=Y-r$,称 X 服从"负超几何分布",记为 $X\sim HP(N,M,r)$,此时 X 的分布列为

$$P(X=k) = P(Y=r+k) = \frac{C_{r+k-1}^{r-1}C_{N-r-k}^{M-r}}{C_N^M},\quad k=0,\,1,\,2,\,\cdots,\,N-M$$

(3) 对正整数 k,有

$$E(X_{N,M,r}^k) = r\frac{N-M}{M+1}E[(X_{N,M+1,r+1}+1)^{k-1}]$$

$$E(X_{N,M,r}) = r\frac{N-M}{M+1},\quad E(X_{N,M,r}^2) = r\frac{N-M}{M+1}\left[(r+1)\frac{N-(M+1)}{(M+1)+1}+1\right]$$

$$E(X_{N,M,r}^3) = r\frac{N-M}{M+1}\left[(r+1)(r+2)\frac{N-M-1}{M+2}\cdot\frac{N-M-2}{M+3}\right.$$
$$\left. + 3(r+1)\frac{N-M-1}{M+2}+1\right]$$

$$E(X^4_{N,M,r}) = r\frac{N-M}{M+1}\Big[(r+1)(r+2)(r+3)\frac{N-M-1}{M+2} \cdot \frac{N-M-2}{M+3} \cdot \frac{N-M-3}{M+4}$$

$$+6(r+1)(r+2)\frac{N-M-1}{M+2} \cdot \frac{N-M-2}{M+3}+7(r+1)\frac{N-M-1}{M+2}+1\Big]$$

定理 4.9 设离散型随机变量 X 服从参数 p 的对数级数分布,其分布列为 $P(X=i)$ $=\dfrac{1}{-\ln(1-p)} \cdot \dfrac{p^i}{i}$ $(0 < p < 1, i=1, 2, \cdots)$,对正整数 k,则

(1) $E(X^k)=\dfrac{1}{1-p}\Big[p\sum\limits_{i=0}^{k-2}C_{k-1}^i E(X^{i+1})+\dfrac{p}{-\ln(1-p)}\Big]$,在此约定 $\sum\limits_{i=0}^{-1}=0$.

(2) $E(X)=\dfrac{1}{-\ln(1-p)} \cdot \dfrac{p}{1-p}$,$E(X^2)=\dfrac{1}{-\ln(1-p)} \cdot \dfrac{p}{(1-p)^2}$,

$E(X^3)=\dfrac{1}{-\ln(1-p)} \cdot \dfrac{p(1+p)}{(1-p)^3}$,$E(X^4)=\dfrac{1}{-\ln(1-p)} \cdot \dfrac{p(p^2+4p+1)}{(1-p)^4}$.

案例 4.13 幂级数分布矩与中心矩的递推算法

由案例 4.12 可以得到一些离散型分布的高阶矩,但要求得分布的偏度与峰度,就涉及三阶中心矩 $E[X-E(X)]^3$ 与四阶中心矩 $E[X-E(X)]^4$ 的计算问题,这也是一项很复杂的工作.下面针对一类特殊的离散型分布——幂级数分布,通过一种递推算法较为简单地得到相应的矩与中心矩.

设随机变量 X 为幂级数型分布,其分布列为 $P(X=x)=a(x)\dfrac{[g(\theta)]^x}{h(\theta)}$ $(x \in T)$,其中 T 是非负整数集的一个子集,$a(x) > 0$ 且不含参数,$g(\theta)$,$h(\theta)$ 是含参数 θ 的有限可微正值函数.如二项分布、泊松分布、几何分布、负二项分布等都属幂级数分布.

例 4.13.1 (1) 若 $X \sim B(n, p)$,$P(X=x)=C_n^x p^x(1-p)^{n-x}$ $(x=0, 1, 2, \cdots, n)$ 变形为

$$P(X=x)=C_n^x \frac{\left(\dfrac{p}{1-p}\right)^x}{\left(\dfrac{1}{1-p}\right)^n}, \quad a(x)=C_n^x, \quad g(p)=\frac{p}{1-p}, \quad h(p)=\left(\frac{1}{1-p}\right)^n$$

(2) 若 $X \sim P(\lambda)$,$P(X=x)=\dfrac{\lambda^x}{x!}e^{-\lambda}$ $(x=0, 1, 2, \cdots)$ 变形为

$$P(X=x)=\frac{1}{x!} \cdot \frac{\lambda^x}{e^\lambda}, \quad a(x)=\frac{1}{x!}, \quad g(\lambda)=\lambda, \quad h(\lambda)=e^\lambda$$

定理 4.10 若随机变量 X 的分布为幂级数型分布,记 $\mu_k=E(X^k)$ 为 X 的 k 阶原点矩,

$v_k = E(X - \mu_1)^k$ 为 X 的 k 阶中心矩.则有

(1) $\mu_{k+1} = \dfrac{g(\theta)}{g'(\theta)} \cdot \dfrac{\mathrm{d}\mu_k}{\mathrm{d}\theta} + \mu_k \mu_1$.

(2) $v_{k+1} = \dfrac{g(\theta)}{g'(\theta)} \cdot \dfrac{\mathrm{d}v_k}{\mathrm{d}\theta} + k v_2 v_{k-1}$.

特别地，$\mu_1 = E(X) = \dfrac{g(\theta)}{g'(\theta)} \cdot \dfrac{\mathrm{d}}{\mathrm{d}\theta} \ln h(\theta)$，$v_2 = D(X) = \dfrac{g(\theta)}{g'(\theta)} \cdot \dfrac{\mathrm{d}\mu_1}{\mathrm{d}\theta}$.（证明过程可扫描本章二维码查看.）

例 4.13.2　若 $X \sim B(n, p)$，此时 $a(x) = \mathrm{C}_n^x$，$g(p) = \dfrac{p}{1-p}$，$h(p) = \left(\dfrac{1}{1-p}\right)^n$.

$$g'(p) = \frac{1}{(1-p)^2}, \quad \ln h(p) = -n\ln(1-p), \quad \frac{\mathrm{d}\ln h(p)}{\mathrm{d}p} = \frac{n}{1-p}$$

$$\mu_1 = E(X) = \frac{p}{1-p}(1-p)^2 \frac{n}{1-p} = np, \quad \frac{\mathrm{d}\mu_1}{\mathrm{d}p} = n$$

$$v_2 = D(X) = \frac{p}{1-p}(1-p)^2 n = np(1-p)$$

$$v_3 = p(1-p)\frac{\mathrm{d}[np(1-p)]}{\mathrm{d}p} + 2v_2 v_1 = np(1-p)(1-2p)$$

$$v_4 = p(1-p)\frac{\mathrm{d}[np(1-p)(1-2p)]}{\mathrm{d}p} + 3v_2 v_2 = np(1-p)[1-3p(1-p)(2-n)]$$

例 4.13.3　若 X 服从广义泊松分布

$$P(X = x) = (1 + \alpha x)^{x-1} \mathrm{e}^{-\alpha\lambda x} \frac{\lambda^x}{x!} \mathrm{e}^{-\lambda}, \quad x = 0, 1, 2, \cdots$$

其中

$$a(x) = \frac{(1+\alpha x)^{x-1}}{x!}, \quad g(\lambda) = \lambda \mathrm{e}^{-\alpha\lambda}, \quad h(\lambda) = \mathrm{e}^{\lambda}, \quad \ln h(\lambda) = \lambda$$

$$\mu_1 = E(X) = \frac{\lambda \mathrm{e}^{-\alpha\lambda}}{\mathrm{e}^{-\alpha\lambda} - \alpha\lambda \mathrm{e}^{-\alpha\lambda}} \cdot \frac{\mathrm{d}\ln h(\lambda)}{\mathrm{d}\lambda} = \frac{\lambda}{1 - \alpha\lambda}$$

$$v_2 = D(X) = \frac{\lambda}{1-\alpha\lambda} \cdot \frac{\mathrm{d}}{\mathrm{d}\lambda}\left(\frac{\lambda}{1-\alpha\lambda}\right) = \frac{\lambda}{(1-\alpha\lambda)^3}$$

而

$$v_{k+1} = \frac{\lambda}{1-\alpha\lambda} \cdot \frac{\mathrm{d}v_k}{\mathrm{d}\lambda} + k v_2 v_{k-1}$$

$$v_3 = \frac{\lambda}{1-\alpha\lambda} \cdot \frac{\mathrm{d}}{\mathrm{d}\lambda}\left(\frac{\lambda}{(1-\alpha\lambda)^3}\right) = \frac{\lambda(1+2\alpha\lambda)}{(1-\alpha\lambda)^5}$$

$$v_3 = \frac{\lambda}{1-\alpha\lambda} \cdot \frac{\mathrm{d}}{\mathrm{d}\lambda}\left[\frac{\lambda(1+2\alpha\lambda)}{(1-\alpha\lambda)^5}\right] + \frac{3\lambda^2}{(1-\alpha\lambda)^6} = \frac{\lambda + 8\alpha\lambda^2 + 6\alpha^2\lambda^3}{(1-\alpha\lambda)^7} + \frac{3\lambda^2}{(1-\alpha\lambda)^6}$$

由此,变异系数 $C=\sqrt{\dfrac{1}{\lambda(1-\alpha\lambda)}}$,偏度 $\beta_s=\dfrac{1+2\alpha\lambda}{\sqrt{\lambda(1-\alpha\lambda)}}$,峰度 $\beta_k=\dfrac{1+8\alpha\lambda+6\alpha^2\lambda^2}{\lambda(1-\alpha\lambda)}$.

案例 4.14 Birnbaum-Saunders 疲劳寿命分布的期望与方差

Birnbaum-Saunders 模型是概率物理方法中一个重要的失效分布模型,这个模型是 Birnbaum 和 Sauders 于 1969 年研究主要因为裂纹扩展导致的材料失效过程中推导出来的,这一模型在机械产品的可靠性研究中应用广泛,主要应用于疲劳失效研究,在电子产品性能退化失效分析中也有重要应用.

设随机变量 X 服从两参数 Birnbaum-Saunders 疲劳寿命分布 $BS(\alpha,\beta)$,其分布函数为

$$F(x)=\Phi\left[\frac{1}{\alpha}\left(\sqrt{\frac{x}{\beta}}-\sqrt{\frac{\beta}{x}}\right)\right],\quad x>0,\alpha,\beta>0$$

式中,α 称为形状参数,β 称为尺度参数,$\Phi(x)$ 为标准正态分布 $N(0,1)$ 的分布函数.

令 $Z=\dfrac{1}{\alpha}\left(\sqrt{\dfrac{X}{\beta}}-\sqrt{\dfrac{\beta}{X}}\right)$,则 $Z\sim N(0,1)$.

又

$$\alpha\sqrt{\beta}Z\sqrt{X}=X-\beta,\quad X-\alpha\sqrt{\beta}Z\sqrt{X}-\beta=0,\quad \sqrt{X}=\frac{\sqrt{\beta}}{2}(\alpha Z+\sqrt{\alpha^2Z^2+4})$$

进而

$$X=\frac{\beta}{2}(\alpha^2Z^2+2+\alpha Z\sqrt{\alpha^2Z^2+4})$$

$$X^2=\frac{\beta^2}{2}(\alpha^4Z^4+2+4\alpha^2Z^2+\alpha^3Z^3\sqrt{\alpha^2Z^2+4}+2\alpha Z\sqrt{\alpha^2Z^2+4})$$

又由于 $E(Z^2)=1$,$E(Z^4)=3$,同时考虑到被积函数是奇函数,则有

$$E(\alpha Z\sqrt{\alpha^2Z^2+4})=E(\alpha^3Z^3\sqrt{\alpha^2Z^2+4})=0$$

则

$$E(X)=\frac{\beta}{2}E(\alpha^2Z^2+2)=\frac{\beta}{2}(\alpha^2+2)$$

$$E(X^2)=\frac{\beta^2}{2}[\alpha^4E(Z^4)+2+4\alpha^2E(Z^2)]=\frac{\beta^2}{2}(3\alpha^4+4\alpha^2+2)$$

$$D(X)=E(X^2)-[E(X)]^2=\frac{\alpha^2\beta^2}{4}(5\alpha^2+4)$$

案例 4.15 常用的矩不等式

关于随机变量矩的不等式是概率论中的一个重要内容,在大数定律、中心极限定理以

及估计相合性证明中有着重要作用.下面罗列了一些常用的不等式供读者参考.

定理 4.11(切比雪夫不等式)　设随机变量 X 的方差 $D(X)$ 存在,则对任何 $\varepsilon > 0$,有

$$P(\mid X - E(X) \mid \geqslant \varepsilon) \leqslant \frac{D(X)}{\varepsilon^2}$$

该不等式称为切比雪夫不等式,它给出了随机变量取值距离其均值大于某个固定的数 ε 的概率的一个上界,这个上界与方差 $D(X)$ 成正比,与 ε^2 成反比.切比雪夫不等式对于任何一阶矩和二阶矩存在的随机变量都成立,因此有着广泛的应用.比切比雪夫不等式更为一般的还有马尔可夫不等式.

定理 4.12(马尔可夫不等式)　设随机变量 X 的 r 阶绝对矩 $E(\mid X \mid^r)$ $(r > 0)$ 存在,则对任何 $\varepsilon > 0$,有

$$P(\mid X \mid \geqslant \varepsilon) \leqslant \frac{E \mid X \mid^r}{\varepsilon^r}$$

马尔可夫不等式是切比雪夫不等式的推广.事实上,在马尔可夫不等式中,以 $\mid X - E(X) \mid$ 代替 $\mid X \mid$,并令 $r = 2$,即得切比雪夫不等式.

定理 4.13(柯西-施瓦茨不等式,也称柯西-布尼亚科夫斯基不等式)　设随机变量 X, Y 二阶矩存在,则 $[E(XY)]^2 \leqslant E(X^2)E(Y^2)$,其中等号成立,当且仅当存在一常数 λ,使 $P(Y = \lambda X) = 1$,即称 X 和 Y 线性相关.

定理 4.14(赫尔德不等式)　设 $E(\mid X \mid^\alpha) < +\infty$, $E(\mid Y \mid^\beta) < +\infty$,其中 $\alpha > 1$, $\beta > 1$,且 $\frac{1}{\alpha} + \frac{1}{\beta} = 1$,则

$$E(\mid XY \mid) \leqslant [E(\mid X \mid^\alpha)]^{\frac{1}{\alpha}} [E(\mid Y \mid^\beta)]^{\frac{1}{\beta}}$$

特别地,当 $\alpha = \beta = 2$ 时,得柯西-施瓦兹不等式,即

$$\mid E(XY) \mid \leqslant E(\mid XY \mid) \leqslant \sqrt{E(X^2)E(Y^2)}$$

定理 4.15(闵可夫斯基不等式)　设 $r \geqslant 1$, $E(\mid X \mid^r) < +\infty$, $E(\mid Y \mid^r) < +\infty$,则

$$[E(\mid X + Y \mid^r)]^{\frac{1}{r}} \leqslant [E(\mid X \mid^r)]^{\frac{1}{r}} + [E(\mid Y \mid^r)]^{\frac{1}{r}}$$

定理 4.16(詹森不等式)　设 X 是一随机变量,取值于区间 (a, b), $-\infty \leqslant a < b \leqslant +\infty$,而 $y = g(x)$ $[x \in (a, b)]$ 是连续向下凸函数[或称凹函数,例如满足 $g''(x) > 0$ 即为凹函数],如果 $E(X)$ 和 $E[g(X)]$ 存在,则 $E[g(X)] \geqslant g[E(X)]$.

定理 4.17(李雅普诺夫不等式)　对于任意实数 $0 < r < s$,如果 $E(\mid X \mid^s) < +\infty$,则

$$[E(\mid X \mid^r)]^{\frac{1}{r}} \leqslant [E(\mid X \mid^s)]^{\frac{1}{s}}$$

特别地,对 $r \geqslant 1$,则　　　　　$E(\mid X \mid) \leqslant [E(\mid X \mid^r)]^{\frac{1}{r}}$

定理 4.18(柯尔莫哥洛夫不等式)　设 $X_1, X_2, \cdots, X_n$ 相互独立, $D(X_i) < +\infty$ $(i$

$=1,2,\cdots,n)$，则对任意 $\varepsilon>0$，有

$$P\left\{\max_{1\leqslant k\leqslant n}\Big|\sum_{i=1}^{k}[X_i-E(X_i)]\Big|\geqslant\varepsilon\right\}\leqslant\frac{\sum\limits_{i=1}^{n}D(X_i)}{\varepsilon^2}$$

特别地，当 $n=1$ 时，便为切比雪夫不等式.

定理 4.19(噶依克-瑞尼不等式) 若 $\{X_n,n=1,2,\cdots\}$ 是独立随机变量序列，$D(X_n)$ $=\sigma_n^2<+\infty$ $(n=1,2,\cdots)$，而 $\{C_n,n=1,2,\cdots\}$ 是正的非增常数列，则对于任意正整数 m,n $(m<n)$ 和任意的 $\varepsilon>0$，有

$$P\left\{\max_{m\leqslant k\leqslant n}C_k\Big|\sum_{i=1}^{k}[X_i-E(X_i)]\Big|\geqslant\varepsilon\right\}\leqslant\frac{C_m^2\sum\limits_{i=1}^{m}\sigma_i^2+\sum\limits_{i=m+1}^{n}C_i^2\sigma_i^2}{\varepsilon^2}$$

下面针对定理 4.14 中的赫尔德不等式做进一步说明.

在赫尔德不等式中，如果假设 X 是一个正的随机变量，而随机变量假设为 $Y=\dfrac{1}{X}$，此时赫尔德不等式变为

$$[E(X^{\alpha})]^{\frac{1}{\alpha}}[E(X^{-\beta})]^{\frac{1}{\beta}}\geqslant 1$$

即

$$[E(X^{\alpha})]^{\frac{1}{\alpha}}\geqslant[E(X^{-\beta})]^{-\frac{1}{\beta}}$$

事实上，上述不等式对 $\alpha>0,\beta>0$ 便可成立，而并不要求满足 $\alpha>1,\beta>1$，且 $\dfrac{1}{\alpha}+\dfrac{1}{\beta}=1$.

定理 4.20 设 X 为一个正随机变量，r 与 s 为任意正实数，且 $E(X^{-r})$，$E(X^s)$ 存在，则

$$[E(X^{-r})]^{-\frac{1}{r}}\leqslant[E(X^s)]^{\frac{1}{s}}$$

定理 4.20 的证明过程可扫描本章二维码查看.

案例 4.16 切比雪夫与马尔可夫不等式的拓展分析

切比雪夫与马尔可夫不等式是概率论与数理统计中最为常用也是最为简单的两个不等式.有些学者致力于缩小不等式上界的研究，下面给出几个切比雪夫与马尔可夫不等式的拓展研究.

定理 4.21(切比雪夫不等式) 设随机变量 X 的数学期望 $E(X)$ 与方差 $D(X)$ 存在，则对于任意的 $\varepsilon>0$，有

$$P(|X-E(X)|\geqslant\varepsilon)\leqslant\frac{D(X)}{\varepsilon^2}$$

定理 4.22(切比雪夫不等式推广一) 设随机变量 X 的数学期望 $E(X)$ 与方差 $D(X)$ 存在，则对于任意的 $\varepsilon>0$，有

$$P(\,|\,X-E(X)\,|\geqslant\varepsilon\,)\leqslant\frac{D(X)}{\varepsilon^2}-\sum_{n=2}^{+\infty}\frac{1}{n^2}P\Big(\frac{\varepsilon}{n}\leqslant\,|\,X-E(X)\,|<\frac{\varepsilon}{n-1}\Big)$$

定理 4.22 的证明过程可扫描本章二维码查看.

注　可以选择适当的 N,有

$$P(\,|\,X-E(X)\,|\geqslant\varepsilon\,)\leqslant\frac{D(X)}{\varepsilon^2}-\sum_{n=2}^{N}\frac{1}{n^2}P\Big(\frac{\varepsilon}{n}\leqslant\,|\,X-E(X)\,|<\frac{\varepsilon}{n-1}\Big)$$

定理 4.23（切比雪夫不等式推广二）　设随机变量 X 的数学期望 $E(X)$ 与方差 $D(X)$ 存在,则对于任意的 $0<\varepsilon<\varepsilon_0$,存在 $k_0\geqslant 2$,有

$$\begin{aligned}P(\,|\,X-E(X)\,|\geqslant\varepsilon\,)\leqslant&\frac{D(X)}{\varepsilon_0^2}-\sum_{n=k_0+1}^{+\infty}\frac{1}{n^2}P\Big(\frac{\varepsilon_0}{n}\leqslant\,|\,X-E(X)\,|<\frac{\varepsilon_0}{n-1}\Big)\\&+\sum_{n=2}^{k_0}\Big(1-\frac{1}{n^2}\Big)P\Big(\frac{\varepsilon_0}{n}\leqslant\,|\,X-E(X)\,|<\frac{\varepsilon_0}{n-1}\Big)\end{aligned}$$

定理 4.23 的证明过程可扫描本章二维码查看.

注　可以选择适当的 N,有

$$\begin{aligned}P(\,|\,X-E(X)\,|\geqslant\varepsilon\,)\leqslant&\frac{D(X)}{\varepsilon_0^2}-\sum_{n=k_0+1}^{N}\frac{1}{n^2}P\Big(\frac{\varepsilon_0}{n}\leqslant\,|\,X-E(X)\,|<\frac{\varepsilon_0}{n-1}\Big)\\&+\sum_{n=2}^{k_0}\Big(1-\frac{1}{n^2}\Big)P\Big(\frac{\varepsilon_0}{n}\leqslant\,|\,X-E(X)\,|<\frac{\varepsilon_0}{n-1}\Big)\end{aligned}$$

例 4.16.1　抛一枚质地均匀的硬币 10 次,记正面出现次数为 X,易见 $X\sim B(10,0.5)$,即有

$$p_k=P(X=k)=\frac{C_{10}^k}{2^{10}},\quad k=0,1,2,\cdots,10$$

$$E(X)=5,\,D(X)=2.5$$

注意到　$p_0=0.000\,976\,562\,5,\quad p_1=0.009\,765\,625,\quad p_2=0.043\,945\,312\,5$

$p_3=0.117\,187\,5,\quad p_4=0.205\,078\,125,\quad p_5=0.246\,093\,75,\quad p_6=0.205\,078\,125$

$p_7=0.117\,187\,5,\quad p_8=0.043\,945\,312\,5,\quad p_9=0.009\,765\,625,\quad p_{10}=0.000\,976\,562\,5$

取 $\varepsilon=2$,计算概率 $P(\,|\,X-E(X)\,|\geqslant 2)$ 的值.

(1) 精确值:$P(\,|\,X-E(X)\,|\geqslant 2)=P(\,|\,X-5\,|\geqslant 2)=1-p_4-p_5-p_6=0.343\,75$.

(2) 利用切比雪夫不等式:$P(\,|\,X-E(X)\,|\geqslant 2)<\dfrac{D(X)}{2^2}=0.625$.

(3) 利用切比雪夫不等式推广一:

$$P(\,|\,X-E(X)\,|\geqslant 2)\leqslant 0.625-\sum_{n=2}^{+\infty}\frac{1}{n^2}P\Big(\frac{2}{n}\leqslant\,|\,X-5\,|<\frac{2}{n-1}\Big)$$

$$= 0.625 - \frac{1}{4} P(1 \leqslant | X - 5 | < 2) - \sum_{n=3}^{+\infty} \frac{1}{n^2} P\left(\frac{2}{n} \leqslant | X - 5 | < \frac{2}{n-1}\right)$$

$$= 0.625 - \frac{1}{4} (p_4 + p_6) - \sum_{n=3}^{+\infty} \frac{1}{n^2} P\left(\frac{2}{n} \leqslant | X - 5 | < \frac{2}{n-1}\right)$$

$$\leqslant 0.625 - \frac{1}{4} (p_4 + p_6) = 0.522\,460\,937\,5$$

(4) 若取 $\varepsilon_0 = 4$，利用切比雪夫不等式推广二，即

$$P(| X - E(X) | \geqslant \varepsilon) \leqslant \frac{D(X)}{\varepsilon_0^2} - \sum_{n=k_0+1}^{+\infty} \frac{1}{n^2} P\left(\frac{\varepsilon_0}{n} \leqslant | X - E(X) | < \frac{\varepsilon_0}{n-1}\right)$$

$$+ \sum_{n=2}^{k_0} \left(1 - \frac{1}{n^2}\right) P\left(\frac{\varepsilon_0}{n} \leqslant | X - E(X) | < \frac{\varepsilon_0}{n-1}\right)$$

由于

$$\{x : 2 \leqslant | x - 5 | < 4\} = \left\{x : \frac{4}{2} \leqslant | x - 5 | < \frac{4}{2-1}\right\}$$

即可取 $k_0 = 2$.

又

$$\left(1 - \frac{1}{4}\right) P(2 \leqslant | X - 5 | < 4) = \frac{3}{4} (p_3 + p_8 + p_2 + p_7) = 0.241\,699\,218\,75$$

$$\frac{1}{9} P\left(\frac{4}{3} \leqslant | X - 5 | < \frac{4}{3-1}\right) = \frac{1}{9} P\left(\frac{4}{3} \leqslant | X - 5 | < 2\right)$$

$$\frac{1}{16} P\left(\frac{4}{4} \leqslant | X - 5 | < \frac{4}{4-1}\right) = \frac{1}{16} P\left(1 \leqslant | X - 5 | < \frac{4}{3}\right)$$

$$= \frac{1}{16} (p_4 + p_6) = 0.025\,634\,765\,62$$

于是有

$$P(| X - E(X) | \geqslant 2) \leqslant \frac{2.5}{16} + 0.241\,699\,218\,75 - 0.025\,634\,765\,62 = 0.372\,314\,453\,13$$

(5) 若取 $\varepsilon_0 = 6$，利用切比雪夫不等式推广二，即

$$P(| X - E(X) | \geqslant \varepsilon) \leqslant \frac{D(X)}{\varepsilon_0^2} - \sum_{n=k_0+1}^{+\infty} \frac{1}{n^2} P\left(\frac{\varepsilon_0}{n} \leqslant | X - E(X) | < \frac{\varepsilon_0}{n-1}\right)$$

$$+ \sum_{n=2}^{k_0} \left(1 - \frac{1}{n^2}\right) P\left(\frac{\varepsilon_0}{n} \leqslant | X - E(X) | < \frac{\varepsilon_0}{n-1}\right)$$

由于

$$\{x: 2 \leqslant |x-5| < 6\} = \left\{x: \frac{6}{2} \leqslant |x-5| < \frac{6}{2-1}\right\} \cup \left\{x: \frac{6}{3} \leqslant |x-5| < \frac{6}{3-1}\right\}$$

即可取 $k_0 = 3$.

又

$$\left(1-\frac{1}{4}\right)P(3 \leqslant |X-5| < 6) = \frac{3}{4}(p_2 + p_8 + p_1 + p_9 + p_0 + p_{10}) = 0.082\,031\,25$$

$$\left(1-\frac{1}{9}\right)P(2 \leqslant |X-5| < 3) = \frac{8}{9}(p_3 + p_7) = 0.208\,333\,333\,33$$

$$\frac{1}{16}P\left(\frac{6}{4} \leqslant |X-5| < \frac{6}{4-1}\right) = \frac{1}{16}P\left(\frac{3}{2} \leqslant |X-5| < 2\right)$$

$$\frac{1}{25}P\left(\frac{6}{5} \leqslant |X-5| < \frac{6}{5-1}\right) = \frac{1}{25}P\left(\frac{6}{5} \leqslant |X-5| < \frac{3}{2}\right)$$

$$\frac{1}{36}P\left(\frac{6}{6} \leqslant |X-5| < \frac{6}{6-1}\right) = \frac{1}{36}P\left(1 \leqslant |X-5| < \frac{6}{5}\right)$$

$$= \frac{1}{36}(p_4 + p_6) = 0.01\,139\,322\,916$$

于是有

$$P(|X-E(X)| \geqslant 2) \leqslant \frac{2.5}{36} + 0.082\,031\,25 + 0.208\,333\,333\,33 - 0.011\,393\,229\,16$$

$$= 0.348\,415\,798\,61$$

下面给出随机变量 X 局部方差的定义.

定义 4.1 设 X 是一随机变量,其数学期望与方差分别记为 $E(X)$ 和 $D(X)$. 对某一子区间 I($I \subseteq \mathbf{R}$,$\mathbf{R}$ 为实数集),若 $E\{[X-E(X)]^2\}$($X \in I$)存在,则称 $E\{[X-E(X)]^2\}$($X \in I$)为随机变量 X 在区间 I 上的局部方差,记为 $D_I(X)$.

定理 4.24(切比雪夫不等式推广三) 设随机变量 X 的数学期望 $E(X)$ 与方差 $D(X)$ 存在,则对任意的 $\varepsilon > 0$ 与 $0 < \lambda < 1$,有

$$P(|X-E(X)| \geqslant \varepsilon) \leqslant \frac{D(X)}{\varepsilon^2} - \lambda^2 P(\lambda\varepsilon \leqslant |X-E(X)| < \varepsilon)$$

定理 4.24 的证明过程可扫描本章二维码查看.

定理 4.25(切比雪夫不等式推广四) 设随机变量 X 的数学期望 $E(X)$ 与方差 $D(X)$ 存在,则对任意的 $0 < \varepsilon_2 < \varepsilon_1$,$\lambda = \dfrac{\varepsilon_2}{\varepsilon_1}$,有

$$P(|X-E(X)| \geqslant \varepsilon_2) \leqslant \frac{D(X)}{\varepsilon_1^2} + (1-\lambda^2)P(\varepsilon_2 \leqslant |X-E(X)| < \varepsilon_1)$$

定理 4.25 的证明过程可扫描本章二维码查看.

定理 4.26(切比雪夫不等式推广五) 设随机变量 X 的数学期望 $E(X)$ 与方差 $D(X)$ 存在,记 $I=\{x \mid |x-E(X)|<\varepsilon\}$ $(\tilde{x} \in I)$,并满足不等式

$$[\tilde{x}-E(X)]^2 P(|X-E(X)|<\varepsilon) \leqslant D_I(X)$$

则

$$P(|X-E(X)| \geqslant \varepsilon) \leqslant \frac{D(X)-[\tilde{x}-E(X)]^2}{\varepsilon^2-[\tilde{x}-E(X)]^2}$$

定理 4.26 的证明过程可扫描本章二维码查看.

例 4.16.2 假设抛一枚硬币 100 次,记正面向上的次数为 X, $E(X)=50$, $D(X)=25$, 为方便,记 $P(|X-E(X)|=k)=p_k (k=0, 1, 2, \cdots, 50)$,易见 $2p_0>p_1>p_2>\cdots>p_{50}$, $p_6<p_0<p_5$,且 $\sum\limits_{k=0}^{50} p_k=1$.

现先估计 $P(|X-E(X)| \geqslant 5)$ 的范围.取 $\varepsilon_1=10$, $\varepsilon_2=5$,则

$$P(|X-E(X)| \geqslant 5) \leqslant \frac{25}{10^2}+\left(1-\frac{1}{2^2}\right) P(5 \leqslant |X-E(X)|<10)$$

$$=0.25+0.75 P(5 \leqslant |X-E(X)|<10)$$

由于 $p_0>p_6$, $p_1>p_2>\cdots>p_{50}$,即 $\sum\limits_{k=0}^{4} p_k > \sum\limits_{k=5}^{9} p_k$,注意到 $\sum\limits_{k=0}^{9} p_k<1$,即有

$\sum\limits_{k=5}^{9} p_k<0.5$,即

$$P(5 \leqslant |X-E(X)|<10)=\sum\limits_{k=5}^{9} p_k<0.5$$

从而

$$P(|X-E(X)| \geqslant 5) \leqslant 0.25+0.75 \times 0.5=0.625$$

如果直接使用切比雪夫不等式,则有 $P(|X-E(X)| \geqslant 5) \leqslant \dfrac{25}{25}=1$,估计无效.

再估计 $P(|X-E(X)| \geqslant 6)$ 的范围.

记 $I=\{x \mid |x-E(X)|<6\}$,取 $\tilde{x} \in I$,使 $[\tilde{x}-E(X)]^2 \leqslant \dfrac{D_I(X)}{P(|X-E(X)|<6)}$ 成立.

由于

$$\frac{D_I(X)}{P(|X-E(X)|<6)}=\frac{\sum\limits_{k=0}^{5} k^2 p_k}{\sum\limits_{k=0}^{5} p_k} \geqslant \frac{\sum\limits_{k=1}^{5} k^2 p_k}{p_2+\sum\limits_{k=1}^{5} p_k}>1$$

取 $[\tilde{x}-E(X)]^2=1$ 即可.

由定理 4.26 可知

$$P(|X-E(X)| \geqslant 6) \leqslant \frac{25-1}{36-1} \approx 0.685\,7$$

如果直接使用切比雪夫不等式,则有

$$P(|X-E(X)|\geqslant 6)\leqslant \frac{25}{36}\approx 0.694\,4$$

下面考察马尔可夫不等式的推广,推广的证明过程可扫描本章二维码查看.

定理 4.27(马尔可夫不等式) 设随机变量 X 的 $r(r>0)$ 阶绝对矩 $E(|X|^r)$ 存在,则对于任意的 $\varepsilon>0$,有

$$P(|X|\geqslant \varepsilon)\leqslant \frac{E(|X|^r)}{\varepsilon^r}$$

定理 4.28(马尔可夫不等式推广一) 设随机变量 X 的 $r(r>0)$ 阶绝对矩 $E(|X|^r)$ 存在,则对于任意的 $\varepsilon>0$,有

$$P(|X|\geqslant \varepsilon)\leqslant \frac{E(|X|^r)}{\varepsilon^r}-\sum_{n=2}^{+\infty}\frac{1}{n^r}P\left(\frac{\varepsilon}{n}\leqslant |X|<\frac{\varepsilon}{n-1}\right)$$

注 可以选择适当的 N,有 $P(|X|\geqslant \varepsilon)\leqslant \dfrac{E(|X|^r)}{\varepsilon^r}-\displaystyle\sum_{n=2}^{N}\frac{1}{n^r}P\left(\frac{\varepsilon}{n}\leqslant |X|\right.$

$\left.<\dfrac{\varepsilon}{n-1}\right)$.

定理 4.29(马尔可夫不等式推广二) 设随机变量 X 的 $r(r>0)$ 阶绝对矩 $E(|X|^r)$ 存在,则对于任意的 $0<\varepsilon<\varepsilon_0$,存在 $k_0\geqslant 2$,有

$$P(|X|\geqslant \varepsilon)\leqslant \frac{E(|X|^r)}{\varepsilon_0^r}-\sum_{n=k_0+1}^{+\infty}\frac{1}{n^r}P\left(\frac{\varepsilon_0}{n}\leqslant |X|<\frac{\varepsilon_0}{n-1}\right)$$
$$+\sum_{n=2}^{k_0}\left(1-\frac{1}{n^r}\right)P\left(\frac{\varepsilon_0}{n}\leqslant |X|<\frac{\varepsilon_0}{n-1}\right)$$

注 可以选择适当的 N,有

$$P(|X|\geqslant \varepsilon)\leqslant \frac{E(|X|^r)}{\varepsilon_0^r}-\sum_{n=k_0+1}^{N}\frac{1}{n^r}P\left(\frac{\varepsilon_0}{n}\leqslant |X|<\frac{\varepsilon_0}{n-1}\right)$$
$$+\sum_{n=2}^{k_0}\left(1-\frac{1}{n^r}\right)P\left(\frac{\varepsilon_0}{n}\leqslant |X|<\frac{\varepsilon_0}{n-1}\right)$$

例 4.16.3 设离散型随机变量 X 的分布列为

X	-2	$-\dfrac{3}{2}$	-1	$-\dfrac{1}{2}$	$-\dfrac{1}{4}$	0	$\dfrac{1}{4}$	$\dfrac{1}{2}$	1	$\dfrac{3}{2}$	2
P	$\dfrac{1}{20}$	$\dfrac{1}{20}$	$\dfrac{1}{20}$	$\dfrac{1}{20}$	$\dfrac{1}{20}$	$\dfrac{1}{2}$	$\dfrac{1}{20}$	$\dfrac{1}{20}$	$\dfrac{1}{20}$	$\dfrac{1}{20}$	$\dfrac{1}{20}$

易见 $\quad E(X)=0, \quad E(X^2)=\dfrac{1}{10}\left(4+\dfrac{9}{4}+1+\dfrac{1}{4}+\dfrac{1}{16}\right)=\dfrac{121}{160}$

取 $\varepsilon=1, r=2,$

(1) 精确值：$\qquad\qquad P(|X|\geqslant\varepsilon)=\dfrac{3}{10}$

(2) 利用马尔可夫不等式：

$$P(|X|\geqslant 1)=\dfrac{3}{10}<\dfrac{121}{160}$$

(3) 利用马尔可夫不等式推广一：取 $N=4$，此时

$$\sum_{n=2}^{N}\dfrac{1}{n^r}P\left(\dfrac{\varepsilon}{n}\leqslant|X|<\dfrac{\varepsilon}{n-1}\right)=\dfrac{1}{4}P\left(\dfrac{1}{2}\leqslant|X|<1\right)+\dfrac{1}{9}P\left(\dfrac{1}{3}\leqslant|X|<\dfrac{1}{2}\right)$$

$$+\dfrac{1}{16}P\left(\dfrac{1}{4}\leqslant|X|<\dfrac{1}{3}\right)$$

$$=\dfrac{1}{4}\times\dfrac{1}{10}+\dfrac{1}{16}\times\dfrac{1}{10}=\dfrac{5}{160}$$

$$\dfrac{E(|X|^r)}{\varepsilon^r}-\sum_{n=2}^{N}\dfrac{1}{n^r}P\left(\dfrac{\varepsilon}{n}\leqslant|X|<\dfrac{\varepsilon}{n-1}\right)=\dfrac{121}{160}-\dfrac{5}{160}=\dfrac{29}{40}$$

即有 $\qquad\qquad P(|X|\geqslant 1)=\dfrac{3}{10}<\dfrac{29}{40}$

(4) 利用马尔可夫不等式二：取 $\varepsilon=1, \varepsilon_0=2, k_0=2, N=8,$

$$\dfrac{E(|X|^r)}{\varepsilon_0^r}=\dfrac{1}{4}\times\dfrac{121}{160}=\dfrac{121}{640}$$

$$\sum_{n=2}^{k_0}\left(1-\dfrac{1}{n^r}\right)P\left(\dfrac{\varepsilon_0}{n}\leqslant|X|<\dfrac{\varepsilon_0}{n-1}\right)=\left(1-\dfrac{1}{4}\right)P(1\leqslant|X|<2)=\dfrac{3}{20}$$

$$\sum_{n=k_0+1}^{N}\dfrac{1}{n^r}P\left(\dfrac{\varepsilon_0}{n}\leqslant|X|<\dfrac{\varepsilon_0}{n-1}\right)=\dfrac{1}{9}P\left(\dfrac{2}{3}\leqslant|X|<1\right)+\dfrac{1}{16}P\left(\dfrac{2}{4}\leqslant|X|<\dfrac{2}{3}\right)$$

$$+\dfrac{1}{25}P\left(\dfrac{2}{5}\leqslant|X|<\dfrac{2}{4}\right)+\dfrac{1}{36}P\left(\dfrac{2}{6}\leqslant|X|<\dfrac{2}{5}\right)$$

$$+\dfrac{1}{49}P\left(\dfrac{2}{7}\leqslant|X|<\dfrac{2}{6}\right)+\dfrac{1}{64}P\left(\dfrac{2}{8}\leqslant|X|<\dfrac{2}{7}\right)$$

$$=\dfrac{1}{16}\times\dfrac{1}{10}+\dfrac{1}{64}\times\dfrac{1}{10}=\dfrac{5}{640}$$

则 $\qquad\qquad P(|X|\geqslant 1)=\dfrac{3}{10}<\dfrac{121}{640}-\dfrac{5}{640}+\dfrac{3}{20}=\dfrac{53}{160}$

案例 4.17 单边切比雪夫不等式

切比雪夫不等式涉及绝对值,如果考察取消绝对值后的不等式,即成为单边切比雪夫不等式,其证明方法具有特殊性.

例 4.17.1(单边切比雪夫不等式) 设 X 为随机变量,$E(X)=0$,$D(X)<+\infty$,对任给的 $\varepsilon>0$,则

$$P(X \geqslant \varepsilon) \leqslant \frac{D(X)}{D(X)+\varepsilon^2}$$

例 4.17.1 的证明过程可扫描本章二维码查看.

单边切比雪夫不等式的证明方法就是引入非负实数 t,构造 t 的函数 $g(t)$,对一切的 $t \geqslant 0$,所求的概率小于 $g(t)$,进而所求的概率小于 $\min g(t)$.

例 4.17.2 若非负随机变量 X 满足 $E(X^2)<+\infty$,则对任给的 $\varepsilon>0$,有

$$P[X \geqslant E(X)+\varepsilon] \leqslant \frac{D(X)}{D(X)+\varepsilon^2}, \quad P(X \leqslant E(X)-\varepsilon) \leqslant \frac{D(X)}{D(X)+\varepsilon^2}$$

例 4.17.2 的证明过程可扫描本章二维码查看.

例 4.17.3 若非负随机变量 X 满足 $0<E(X)<+\infty$,则对任给的 $\varepsilon>0$,有

$$P[X \geqslant E(X)+\varepsilon] \leqslant \frac{E(X)}{E(X)+\varepsilon}$$

例 4.17.3 的证明方法类似于例 4.17.1,可扫描本章二维码查看.注意,如取消"随机变量 X 非负"这一限制,则例 4.17.3 的结论不成立,反例如例 4.17.4 所示.

例 4.17.4 设离散型随机变量 X 的分布列为

$$P(X=-1)=\frac{2}{16}, \quad P(X=0)=\frac{1}{16}, \quad P(X=1)=\frac{13}{16}$$

$$E(X)=\frac{11}{16}, \quad E(X^2)=\frac{15}{16}, \quad D(X)=\frac{15}{16}-\left(\frac{11}{16}\right)^2=\frac{119}{256}$$

$$P[X \geqslant E(X)+\varepsilon]=P\left(X \geqslant \frac{11}{16}+\varepsilon\right), \quad \frac{E(X)}{E(X)+\varepsilon}=\frac{11}{11+16\varepsilon}$$

(1) 当 $\varepsilon=\frac{1}{16}$ 时,$\dfrac{E(X)}{E(X)+\varepsilon}=\dfrac{11}{11+1}=\dfrac{11}{12}>\dfrac{13}{16}=P[X \geqslant E(X)+\varepsilon]$,不等式成立.

(2) 当 $\varepsilon=\frac{2}{16}$ 时,$\dfrac{E(X)}{E(X)+\varepsilon}=\dfrac{11}{11+2}=\dfrac{11}{13}>\dfrac{13}{16}=P[X \geqslant E(X)+\varepsilon]$,不等式成立.

(3) 当 $\varepsilon = \dfrac{3}{16}$ 时，$\dfrac{E(X)}{E(X)+\varepsilon} = \dfrac{11}{11+3} = \dfrac{11}{14} < \dfrac{13}{16} = P[X \geqslant E(X)+\varepsilon]$，不等式不成立.

(4) 当 $\varepsilon = \dfrac{4}{16}$ 时，$\dfrac{E(X)}{E(X)+\varepsilon} = \dfrac{11}{11+4} = \dfrac{11}{15} < \dfrac{13}{16} = P[X \geqslant E(X)+\varepsilon]$，不等式不成立.

(5) 当 $\varepsilon = \dfrac{5}{16}$ 时，$\dfrac{E(X)}{E(X)+\varepsilon} = \dfrac{11}{11+5} = \dfrac{11}{16} < \dfrac{13}{16} = P[X \geqslant E(X)+\varepsilon]$，不等式不成立.

由 4.17.2 和 4.17.3 可知

$$P[X \geqslant E(X)+\varepsilon] \leqslant \frac{E(X)}{E(X)+\varepsilon}, \quad P[X \geqslant E(X)+\varepsilon] \leqslant \frac{D(X)}{D(X)+\varepsilon^2}$$

$$\frac{E(X)}{E(X)+\varepsilon} - \frac{D(X)}{D(X)+\varepsilon^2} = \frac{\varepsilon[\varepsilon E(X) - D(X)]}{[E(X)+\varepsilon][D(X)+\varepsilon^2]}$$

当 $\varepsilon > \dfrac{D(X)}{E(X)}$ 时，$\dfrac{E(X)}{E(X)+\varepsilon} > \dfrac{D(X)}{D(X)+\varepsilon^2}$；当 $\varepsilon < \dfrac{D(X)}{E(X)}$ 时，$\dfrac{E(X)}{E(X)+\varepsilon} < \dfrac{D(X)}{D(X)+\varepsilon^2}$；当 $\varepsilon = \dfrac{D(X)}{E(X)}$ 时，$\dfrac{E(X)}{E(X)+\varepsilon} = \dfrac{D(X)}{D(X)+\varepsilon^2}$. 另外，当 ε 很小时，$\dfrac{E(X)}{E(X)+\varepsilon}$ 和 $\dfrac{D(X)}{D(X)+\varepsilon^2}$ 两者很接近.

例如非负随机变量 X 服从均值为 θ 的指数分布，即 $X \sim \text{Exp}\left(\dfrac{1}{\theta}\right)$，$\theta > 0$，此时

$$E(X) = \theta, \quad D(X) = \theta^2, \quad \frac{D(X)}{E(X)} = \theta$$

则当 $\theta < \varepsilon$ 时，$P[X \geqslant E(X)+\varepsilon] = \mathrm{e}^{-1-\frac{\varepsilon}{\theta}} \leqslant \dfrac{D(X)}{D(X)+\varepsilon^2} < \dfrac{E(X)}{E(X)+\varepsilon}$；当 $\theta = \varepsilon$ 时，$P[X \geqslant E(X)+\varepsilon] = \mathrm{e}^{-2} < \dfrac{D(X)}{D(X)+\varepsilon^2} = \dfrac{E(X)}{E(X)+\varepsilon} = \dfrac{1}{2}$；当 $\theta > \varepsilon$ 时，$P[X \geqslant E(X)+\varepsilon] = \mathrm{e}^{-1-\frac{\varepsilon}{\theta}} \leqslant \dfrac{E(X)}{E(X)+\varepsilon} < \dfrac{D(X)}{D(X)+\varepsilon^2}$.

案例 4.18　随机变量与常数的极值分布

极值分布在概率论与数理统计中具有极其重要的作用和实用价值，因为一些灾害性的自然现象（如地震、洪水）就是一种极值；又如材料和疲劳试验等，用极值模型来描述都比较方便和自然.从应用的角度来看，使用极值的一个很大优点是它受到数据可能缺失的影响不

大,由于极端值往往是最使人注意的现象,因而忽视它的可能性比较小,这在使用历史数据时尤其重要.从理论上说,关于个别观察值的总体分布形式通常所知甚少,然而极值分布只有很少几种类型,其形式与原数据的总体分布关系不大.极值在系统可靠性理论中也有极其重要的应用.下面考察一类特殊的极值分布,即随机变量与常数的极值分布.

设随机变量 X 的分布函数为 $F(x)$,而 a 为一已知常数,记 $Z_1 = \max(X, a)$,$Z_2 = \min(X, a)$,易见 $Z_1 = \dfrac{1}{2}(X+a+|X-a|)$,$Z_2 = \dfrac{1}{2}(X+a-|X-a|)$,并有如下关系式:$Z_1 + Z_2 = X + a$. 下面了解 Z_1,Z_2 的分布及数字特征.定理和例题的证明过程可扫描本章二维码查看.

定理 4.30 设随机变量 X 的分布函数为 $F(x)$,而 a 为一已知常数,Z_1,Z_2 的分布函数分别记为 $F_{Z_1}(z)$,$F_{Z_2}(z)$,则

(1) $F_{Z_1}(z) = \begin{cases} 0, & z < a \\ F(z), & z \geqslant a \end{cases}$,$F_{Z_2}(z) = \begin{cases} F(z), & z < a \\ 1, & z \geqslant a \end{cases}$.

(2) $P(Z_1 = a) = F(a)$,$P(Z_2 = a) = 1 - F(a^-)$.

定理 4.31 设连续型随机变量 X 的密度函数与分布函数分别为 $f(x)$,$F(x)$,而 a 为一已知常数,则对正整数 k,有

$$E(Z_1^k) = \int_{-\infty}^{+\infty} [\max(x, a)]^k f(x)\mathrm{d}x = \int_{-\infty}^{a} a^k f(x)\mathrm{d}x + \int_{a}^{+\infty} x^k f(x)\mathrm{d}x$$

$$= a^k F(a) + \int_{a}^{+\infty} x^k f(x)\mathrm{d}x$$

$$E(Z_2^k) = \int_{-\infty}^{+\infty} [\min(x, a)]^k f(x)\mathrm{d}x = \int_{-\infty}^{a} x^k f(x)\mathrm{d}x + \int_{a}^{+\infty} a^k f(x)\mathrm{d}x$$

$$= \int_{-\infty}^{a} x^k f(x)\mathrm{d}x + a^k [1 - F(a)]$$

易见 Z_1,Z_2 为既非连续又非离散的随机变量,关于这类随机变量的数学期望与方差的研究已有许多文献,于是易见定理 4.31 成立.特别地,有如下结论:

$$E(Z_1) = aF(a) + \int_{a}^{+\infty} xf(x)\mathrm{d}x, \quad E(Z_1^2) = a^2 F(a) + \int_{a}^{+\infty} x^2 f(x)\mathrm{d}x$$

$$E(Z_2) = \int_{-\infty}^{a} xf(x)\mathrm{d}x + a[1 - F(a)], \quad E(Z_2^2) = \int_{-\infty}^{a} x^2 f(x)\mathrm{d}x + a^2[1 - F(a)]$$

例 4.18.1 求证:设随机变量 $X \sim \mathrm{Exp}(1)$,若 $a=1$,则 $E(Z_1) = 1 + \mathrm{e}^{-1}$,$E(Z_2) = 1 - \mathrm{e}^{-1}$.

例 4.18.2 求证:设离散型随机变量 X 服从几何分布,即 $P(X=k) = pq^{k-1}$ $(k=1, 2, \cdots)$,其中 $q = 1 - p$,若 $a = 2$,则 $E(Z_1) = p + \dfrac{1}{p}$,$E(Z_2) = 1 + q$.

定理 4.32 设 X 为一随机变量，a 为一已知常数，则 $\text{cov}(Z_1, Z_2) \geqslant 0$.

例 4.18.3 求证：对任意随机变量 X 存在有限二阶矩，a 为常数，则 $D(Z_1) \leqslant D(X)$.

事实上，不仅有 $D(Z_1) \leqslant D(X)$，而且 $D(Z_2) \leqslant D(X)$ 也是成立的.

例 4.18.4 求例 4.18.1 与例 4.18.2 中的 Z_1，Z_2 的方差 $D(Z_1)$，$D(Z_2)$ 与协方差 $\text{cov}(Z_1, Z_2)$.

案例 4.19 条件分布、条件期望与条件方差

1. 条件分布

条件分布是研究变量之间相依关系的一个有力工具，它描述了随机变量之间不独立时，已知其中一个随机变量发生的条件下另一随机变量的概率分布问题.

定义 4.2 设 (X, Y) 为二维离散型随机变量，其全部可能取值为 (x_i, y_j) $(i = 1, 2, \cdots, n, \cdots, j = 1, 2, \cdots, m, \cdots)$，$p_{ij} = P(X = x_i, Y = y_j)$ 为 (X, Y) 的联合分布列.

(1) $p_{i\cdot} = P(X = x_i) = \sum_{j=1}^{+\infty} p_{ij}$ $(i = 1, 2, \cdots)$，$p_{\cdot j} = P(Y = y_j) = \sum_{i=1}^{+\infty} p_{ij}$ $(j = 1, 2, \cdots)$ 分别称为 X，Y 的边际分布列.

(2) $p_{X|Y}(x_i \mid y_j) = P(X = x_i \mid Y = y_j) = \dfrac{P(X = x_i, Y = y_j)}{P(Y = y_j)} = \dfrac{p_{ij}}{p_{\cdot j}}$ $(i = 1, 2, \cdots)$，

$p_{Y|X}(y_j \mid x_i) = P(Y = y_j \mid X = x_i) = \dfrac{p_{ij}}{p_{i\cdot}}$ $(j = 1, 2, \cdots)$ 分别称为 $Y = y_j$ 条件下随机变量 X 的条件分布列和 $X = x_i$ 条件下随机变量 Y 的条件分布列，并且

$$p_{ij} = p_{i\cdot} \cdot p_{Y|X}(y_j \mid x_i) = p_{\cdot j} \cdot p_{X|Y}(x_i \mid y_j), \quad i, j = 1, 2, \cdots$$

定义 4.3 设 $F(x, y)$，$f(x, y)$ 为二维连续型随机变量 (X, Y) 的联合分布函数和密度函数.

(1) $f_X(x) = \displaystyle\int_{-\infty}^{+\infty} f(x, y) \mathrm{d}y$ 和 $f_Y(y) = \displaystyle\int_{-\infty}^{+\infty} f(x, y) \mathrm{d}x$ 分别称为 X 和 Y 的边际密度函数.

(2) $f_{X|Y}(x \mid y) = \dfrac{f(x, y)}{f_Y(y)}$ 和 $f_{Y|X}(y \mid x) = \dfrac{f(x, y)}{f_X(x)}$ 分别称为二维连续型随机变量 (X, Y) 在已知 "$Y = y$" 条件下 X 的条件密度函数和 "$X = x$" 条件下 Y 的条件密度函数，其相应的条件分布函数记为 $F_{X|Y}(x \mid y) = \displaystyle\int_{-\infty}^{x} f_{X|Y}(u \mid y) \mathrm{d}u$ 和 $F_{Y|X}(y \mid x) = \displaystyle\int_{-\infty}^{y} f_{Y|X}(v \mid x) \mathrm{d}v$，

那么联合分布为

$$f(x,y)=f_{Y|X}(y\mid x)f_X(x)=f_{X|Y}(x\mid y)f_Y(y)$$

注 (1) 全概率公式的密度函数形式：$f_X(x)=\int_{-\infty}^{+\infty}f_{X|Y}(x\mid y)f_Y(y)\mathrm{d}y$.

(2) 全概率公式的分布函数形式：$F_X(x)=\int_{-\infty}^{+\infty}F_{X|Y}(x\mid y)f_Y(y)\mathrm{d}y$.

(3) 贝叶斯公式的密度函数形式：$f_{Y|X}(y\mid x)=\dfrac{f_{X|Y}(x\mid y)f_Y(y)}{\displaystyle\int_{-\infty}^{+\infty}f_{X|Y}(x\mid y)f_Y(y)\mathrm{d}y}$.

例 4.19.1 设汽车相继到达车站的时间间隔 $T\sim\mathrm{Exp}\left(\dfrac{1}{\theta}\right)$，记 N 为汽车到达车站时候车的人数.当 $T=t$ 时，已知 $P(N=k\mid T=t)=\dfrac{(\lambda t)^k}{k!}\mathrm{e}^{-\lambda t}$ $(k=0,1,2,\cdots)$，假设汽车的容量足够大，求 N 的分布列.(求解过程可扫描本章二维码查看.)

2. 条件期望

定义 4.4 条件分布的数学期望(若存在)称为条件期望，其定义如下：

$$E(X\mid Y=y)=\begin{cases}\displaystyle\sum_{i=1}^{+\infty}x_iP(X=x_i\mid Y=y),& (X,Y)\text{ 为二维离散随机变量}\\[2mm]\displaystyle\int_{-\infty}^{+\infty}xf_{X|Y}(x\mid y)\mathrm{d}x,& (X,Y)\text{ 为二维连续随机变量}\end{cases}$$

$$E(Y\mid X=x)=\begin{cases}\displaystyle\sum_{j=1}^{+\infty}y_jP(Y=y_j\mid X=x),& (X,Y)\text{ 为二维离散随机变量}\\[2mm]\displaystyle\int_{-\infty}^{+\infty}yf_{Y|X}(y\mid x)\mathrm{d}y,& (X,Y)\text{ 为二维连续随机变量}\end{cases}$$

定理 4.33(全期望公式) 设 (X,Y) 是二维随机变量，且 $E(X)$ 存在，则有

$$E(X)=E[E(X\mid Y)]$$

在实际应用中，全期望公式具体如下：

(1) 如果 Y 是一个离散随机变量，则有 $E(X)=\displaystyle\sum_{j=1}^{+\infty}E(X\mid Y=y_j)P(Y=y_j)$.

(2) 如果 Y 是一个连续随机变量，则有 $E(X)=\displaystyle\int_{-\infty}^{+\infty}E(X\mid Y=y)f_Y(y)\mathrm{d}y$.

定理 4.34(全期望公式的全概率形式) 设 (X,Y) 是二维随机变量，且 $E(X)$ 存在，若存在 $y_1,y_2,\cdots,y_n$，且 $-\infty=y_0<y_1\leqslant y_2\leqslant\cdots\leqslant y_n<y_{n+1}=+\infty$，则

$$E(X) = \sum_{i=1}^{n+1} E(X \mid y_{i-1} < Y \leqslant y_i)[F_Y(y_i) - F_Y(y_{i-1})]$$

其中最简单的形式为 $E(X) = E(X \mid Y \leqslant y)F_Y(y) + E(X \mid Y > y)[1 - F_Y(y)]$.

推论 4.1 设 (X, Y) 是随机变量,$g(x)$ 为实函数,若 $E[g(X)]$ 存在,则

$$E[g(X)] = \sum_{i=1}^{n+1} E[g(X) \mid y_{i-1} < Y \leqslant y_i][F_Y(y_i) - F_Y(y_{i-1})]$$

特别地 $\qquad E(X^k) = \sum_{i=1}^{n+1} E(X^k \mid y_{i-1} < Y \leqslant y_i)[F_Y(y_i) - F_Y(y_{i-1})]$

性质 4.1 设 X, Y, Z 是随机变量,$g(x)$ 是实函数,且以下涉及的数学期望均存在,则
(1) $E\{E[g(X) \mid Y]\} = E[g(X)]$.
(2) $E(XY) = E[YE(X \mid Y)]$.
(3) $\mathrm{cov}(Y, E(X \mid Y)) = \mathrm{cov}(X, Y)$.
(4) $E(XYZ) = E\{XE\{YE[Z \mid (X, Y)] \mid X\}\}$.
证明过程可扫描本章二维码查看.

以下给出几道例题,对应的证明或求解过程可扫描本章二维码查看.

例 4.19.2 求证条件数学期望的性质:(1) $E\{E[g(X) \mid Y]h(Y)\} = E[g(X)h(Y)]$;
(2) $E\{E[g(X) \mid Z] \mid Y, Z\} = E[g(X) \mid Z]$;(3) $E\{E[g(X) \mid Y, Z] \mid Z\} = E[g(X) \mid Z]$.

例 4.19.3 假定 X, Y, Z 为随机变量,g 为连续函数,所涉及的数学期望和条件期望均存在,利用条件期望性质求证:(1) $E\{E[g(X) \mid Y]\}^2 = E\{g(X)E[g(X) \mid Y]\}$;
(2) $E[XE(Y \mid Z)] = E[YE(X \mid Z)]$.

例 4.19.4 设随机变量 $X_1, X_2, \cdots, X_n$ 相互独立同服从 $U[0, \theta]$,$\theta > 0$,记 $\bar{X} = \dfrac{1}{n}\sum_{i=1}^{n} X_i$,$X_{(n)} = \max_{1 \leqslant i \leqslant n} X_i$,试求条件均值 $E(\bar{X} \mid X_{(n)})$.

例 4.19.5 设随机变量 X, Y 具有联合分布,$g(x)$ 为一元连续函数,$E(X^2) < +\infty$,$E(Y^2) < +\infty$,$E[g^2(Y)] < +\infty$,求证:$E[X - g(Y)]^2 = E[X - E(X \mid Y)]^2 + E[E(X \mid Y) - g(Y)]^2$

例 4.19.6 求证:设随机变量 X, Y 具有二阶矩,若 $E(X \mid Y) = Y$,$E(Y \mid X) = X$,则 $X = Y$.

例 4.19.7 设 X 和 Y 相互独立,且均服从参数为 λ 的指数分布,试计算 $E(X^2 \mid X+Y)$.

例 4.19.8 设 X,Y 和 Z 相互独立,且均服从参数为 λ 的指数分布,试计算 $E(2X+Y \mid X+Y+Z)$ 和 $E(X+Y \mid X+Y+Z)$.

例 4.19.9 (1) 设 $E(X \mid Y) = E(X)$,则 X 与 Y 不相关;(2) 若 X, Y 相互独立,则 $E(Y \mid X) = E(Y)$,试举例说明这个命题的逆不成立.

例 4.19.10 求证:若随机变量 Z 与 (X, Y) 独立,则 $E(XZ \mid Y) = E(Z)E(X \mid Y)$.

3. 条件方差

既然可以定义 $Y=y$ 之下的条件期望,当然也可以定义 $Y=y$ 之下 X 的条件方差如下.

定义 4.5　条件分布的方差(若存在)称为条件方差,其定义如下:

$$D(X \mid Y) = E\{[X - E(X \mid Y)]^2 \mid Y\}$$

$D(X \mid Y)$ 是 X 和它的条件期望之差的平方的(条件)期望值,或者说,$D(X \mid Y)$ 在 Y 已知的条件下与通常的方差的定义完全一样,不过求期望的过程换成了求条件期望.

性质 4.2　条件方差的若干性质如下:

(1) $D(X \mid Y) = E(X^2 \mid Y) - [E(X \mid Y)]^2$.

(2) 对任给的实数 c,$D(c \mid Y) = 0$.

(3) 对任给的实数 a,b,$D[(aX+b) \mid Y] = a^2 D(X \mid Y)$.

(4) $D(X) = E[D(X \mid Y)] + D[E(X \mid Y)]$.

性质 4.2 的证明过程可扫描本章二维码查看.

案例 4.20　特征函数若干应用分析

众所周知,特征函数是研究随机变量分布的重要工具.特征函数能完全决定分布函数,又具有良好的分析性质,因而是研究概率分布的一种有力的分析工具,特别是在研究随机变量序列的概率分布的极限性质中起着关键作用.以下给出 10 道例题,相应的证明或解题过程可扫描本章二维码查看.

例 4.20.1　求证:设二维随机变量 (X, Y) 的密度为 $f(x, y) = \dfrac{1}{4}[1 + xy(x^2 - y^2)]$ $(|x| < 1, |y| < 1)$,则 $Z = X + Y$ 的特征函数等于 X,Y 的特征函数的乘积,但 X 与 Y 并不相互独立.

注　随机变量的独立性与特征函数有一个重要性质:如果随机变量 X_1,X_2,$\cdots$,X_n 相互独立,则有 $\varphi_{\sum_{i=1}^{n} X_i}(t) = \prod_{i=1}^{n} \varphi_{X_i}(t)$,即 n 个相互独立的随机变量的和的特征函数等于它们的特征函数的乘积.然而,这一性质的逆并不成立,也就是说,尽管若干个随机变量和的特征函数等于它们的特征函数的乘积,但是这些随机变量并不一定相互独立.

例 4.20.2　设随机变量 Y_n 服从几何分布,即 $P(Y_n = k) = pq^{k-1}$ $(k = 1, 2, \cdots)$,参数 $p = \dfrac{\lambda}{n}$,求证:$\dfrac{Y_n}{n}$ 依分布收敛于 Z,其中 $Z \sim \text{Exp}(\lambda)$.

例 4.20.3 若随机变量 X 服从标准拉普拉斯分布,其密度为 $f_X(x)=\frac{1}{2}\mathrm{e}^{-|x|}$ $(-\infty<x<+\infty)$,求证:(1) X 的特征函数为 $\varphi_X(t)=\frac{1}{1+t^2}$;(2) 若某连续型随机变量 X 的特征函数为 $\varphi_X(t)=\frac{1}{1+t^2}$,$X$ 服从标准拉普拉斯分布.

例 4.20.4 求证:(1) 设随机变量 X 服从标准柯西分布,其密度函数为 $f_X(x)=\frac{1}{\pi(1+x^2)}$ $(-\infty<x<+\infty)$,设 $a>0$,令 $Y=aX$,$Z=X+Y$,则 X 的特征函数为 $\varphi_X(t)=\mathrm{e}^{-|t|}$,$\varphi_Z(t)=\varphi_X(t)\varphi_Y(t)$,但 X,Y 不相互独立;(2) 若 X_1,X_2,$\cdots$,X_n 是独立同分布的随机变量序列,均服从标准柯西分布,则 $\bar{X}=\frac{1}{n}\sum_{i=1}^{n}X_i$ 也服从标准柯西分布.

例 4.20.5 设 X_1,X_2,$\cdots$,X_n 为一列相互独立的随机变量序列,且 $X_i\sim N(\mu_i,1)$ $(i=1,2,\cdots,n)$,令 $Y=\sum_{i=1}^{n}X_i^2$,求证:Y 的特征函数 $\varphi_Y(t)=\frac{1}{(1-2it)^{\frac{n}{2}}}\mathrm{e}^{\frac{it\theta}{1-2it}}$,其中 $\theta=\sum_{i=1}^{n}\mu_i^2$.

例 4.20.6 设随机变量 $X\sim\Gamma(1,s)$,给定 $X=x$,随机变量 Y 服从参数为 x 的泊松分布,求 Y 的特征函数,并证明当 $s\to+\infty$ 时,$\frac{Y-E(Y)}{\sqrt{D(Y)}}$ 依分布收敛于 Z,其中 $Z\sim N(0,1)$.

例 4.20.7 设 X_1,X_2,$\cdots$ 是一列与 X 独立同分布的随机变量,N 为一非负整数值随机变量,且与序列 X_1,X_2,$\cdots$ 独立,求 $Y=\sum_{i=1}^{N}X_i$ 的均值和方差.

例 4.20.8 已知随机变量 $X\sim N(0,1)$,随机变量 U 与 X 相互独立,且 $P(U=0)=P(U=1)=\frac{1}{2}$,令 $Y=\begin{cases}X,&U=0\\-X,&U=1\end{cases}$,求证:$Y\sim N(0,1)$,但 (X,Y) 不服从二维正态分布,X 和 Y 不相互独立.

注 (X,Y) 的特征函数定义为 $\varphi_{(X,Y)}(s,t)=E(\mathrm{e}^{\mathrm{i}sX+\mathrm{i}tY})$;$X$ 与 Y 相互独立的充要条件为 $\varphi_{(X,Y)}(s,t)=\varphi_X(s)\varphi_Y(t)$;多维正态分布 $N(\mu,\Sigma)$ 的特征函数为 $\varphi(t)=\exp(\mathrm{i}\mu't-\frac{1}{2}t'\Sigma t)$.

例 4.20.9 求证:对任何实特征函数 $\varphi(t)$,以下两个不等式成立:$1-\varphi(2t)\leqslant 4\times[1-\varphi(t)]$,$1+\varphi(2t)\geqslant 2[\varphi(t)]^2$.

例 4.20.10 设 X 的特征函数为 $\varphi(t)$,$R(t)$ 是 $\varphi(t)$ 的实部,求证:$R(t)=E[\cos(tX)]$,$R^2(t)\leqslant\frac{1}{2}[1+R(2t)]$.

第 5 章
大数定律与中心极限定理

案例 5.1　Birnbaum – Saunders 疲劳寿命分布是如何导出的？........

设 T 服从两参数 Birnbaum – Saunders 疲劳寿命分布 $BS(\alpha, \beta)$，其分布函数 $F(t)$ 与密度函数分别为

$$F(t) = \Phi\left[\frac{1}{\alpha}\left(\sqrt{\frac{t}{\beta}} - \sqrt{\frac{\beta}{t}}\right)\right], \quad t > 0$$

$$f(t) = \frac{1}{2\alpha\sqrt{\beta}}\left(\frac{1}{\sqrt{t}} + \frac{\beta}{t\sqrt{t}}\right)\varphi\left[\frac{1}{\alpha}\left(\sqrt{\frac{t}{\beta}} - \sqrt{\frac{\beta}{t}}\right)\right], \quad t > 0$$

式中，$\alpha > 0$ 称为形状参数，$\beta > 0$ 称为刻度参数（或尺度参数），$\varphi(x)$，$\Phi(x)$ 分别为标准正态分布的密度函数与分布函数，即 $\varphi(x) = \frac{1}{\sqrt{2\pi}}\mathrm{e}^{-\frac{x^2}{2}}$，$\Phi(x) = \int_{-\infty}^{x}\varphi(y)\mathrm{d}y$.

考虑一个受周期性应力作用的材料样品，应力的作用导致材料主因裂纹出现和增大，当主因裂纹扩大到某一临界长度时，材料失效.在每一个周期内，在应力的作用下，裂纹的扩大是一个随机变量，其随机性是由于存在材料的变异、应力的大小和个数等因素.假设在第 j 个周期，主因裂纹的扩大量为 Y_j，应力重复作用 n 个周期后，主因裂纹总的裂纹扩展量为

$$W_n = \sum_{j=1}^{n} Y_j$$

假设 Y_j 是独立同分布的非负随机变量，均值为 μ，方差为 σ^2，当然这个假设只在某些应用中成立.设失效发生在第 s 个周期，即在第 s 个周期 W_n 首次超过临界值 w，易见

$$P(s \leqslant n) = P(W_n \geqslant w)$$

这意味着
$$P(s \leqslant n) = 1 - P(W_n < w) = 1 - P\left(\sum_{j=1}^{n} Y_j < w\right)$$

$$= 1 - P\left\{\frac{1}{\sqrt{n}\sigma}\left(\sum_{j=1}^{n} Y_j - n\mu\right) < \frac{w - n\mu}{\sqrt{n}\sigma}\right\}$$

当 n 很大的时候，应用中心极限定理知

$$P(s \leqslant n) \approx 1 - \Phi\left(\frac{w - n\mu}{\sqrt{n}\sigma}\right) = \Phi\left(\frac{n\mu - w}{\sqrt{n}\sigma}\right) = \Phi\left[\frac{\sqrt{n}}{\dfrac{\sigma}{\mu}} - \frac{\dfrac{w}{\sigma}}{\sqrt{n}}\right]$$

由于存在很多周期,每一个持续时间很短,可以用连续时间 t(失效需要的时间)来替换离散时间 n,故相应的累积分布函数 $F(t)$ 为

$$F(t) = \Phi\left[\frac{\sqrt{t}}{\dfrac{\sigma}{\mu}} - \frac{\dfrac{w}{\sigma}}{\sqrt{t}}\right] = \Phi\left[\frac{1}{\alpha}\left(\sqrt{\frac{t}{\beta}} - \sqrt{\frac{\beta}{t}}\right)\right]$$

式中,$\alpha = \dfrac{\sigma}{\sqrt{\mu w}}$,$\beta = \dfrac{w}{\mu}$.

值得指出的是,杨德滋和车惠民在 1990 年根据混凝土在疲劳荷载下的损伤机理提出以应变作为表征其损伤程度的量度,认为混凝土的疲劳损伤过程具有马尔可夫性,通过求解福克尔-普朗克方程,导出了在指定时间下疲劳损伤分布服从两参数 Birnbaum - Saunders 疲劳寿命分布.

由于 Birnbaum - Saunders 疲劳寿命分布是从疲劳过程的基本特征出发导出的,因此它比常用寿命分布(如威布尔分布、对数正态分布)更适合描述某些由于疲劳而引起失效的产品寿命规律.此分布已经成为可靠性统计分析中的常用分布之一.

案例 5.2　从鸡蛋到种鸡

一养鸡场购进 1 万只良种鸡蛋,已知每只鸡蛋孵化成雏鸡的概率为 0.84,每只雏鸡育成种鸡的概率为 0.9,试计算由这批鸡蛋得到种鸡不少于 7 500 只的概率.

解　记事件 A_k 表示第 k 只鸡蛋孵化成雏鸡,事件 B_k 表示第 k 只鸡蛋育成种鸡,并记随机变量 $X_k = \begin{cases} 1, & \text{第 } k \text{ 只鸡蛋育成种鸡} \\ 0, & \text{第 } k \text{ 只鸡蛋没育成种鸡} \end{cases}$ $(k = 1, 2, \cdots, 10\,000)$,则 $\{X_k, k = 1, 2, \cdots, 10\,000\}$ 是相互独立且同分布的随机变量,且

$$P(X_k = 1) = P(B_k) = P(A_k)P(B_k \mid A_k) = 0.84 \times 0.9 = 0.756$$

$$P(X_k = 0) = P(\overline{B_k}) = 0.244$$

显然,$\displaystyle\sum_{k=1}^{10\,000} X_k$ 表示 10 000 只鸡蛋育成的种鸡数,$\displaystyle\sum_{k=1}^{10\,000} X_k$ 服从二项分布 $B(10\,000, 0.756)$,所求概率为 $P\left(\displaystyle\sum_{k=1}^{10\,000} X_k \geqslant 7\,500\right)$,根据棣莫弗-拉普拉斯中心极限定理可知

$$P\left(\sum_{k=1}^{10\,000}X_k\geqslant 7\,500\right)\approx 1-\Phi\left(\frac{7\,500-7\,560-0.5}{\sqrt{10\,000\times 0.756\times 0.244}}\right)=1-\Phi(-1.40)=\Phi(1.40)=0.92$$

即由这批鸡蛋得到种鸡不少于 7 500 只的概率为 0.92.

案例 5.3　某药厂的断言可信吗?

某药厂断言,该厂生产的某种药品对于医治某种疑难血液病的治愈率为 0.8,医院检验员任意抽取 100 个服用此药品的病人,如果其中多于 75 人治愈,就接受这一断言,否则就拒绝这一断言.(1) 若实际上此药品对这种疾病的治愈率是 0.8,问接受这一断言的概率是多少? (2) 若实际上此药品对这种疾病的治愈率是 0.7,问接受这一断言的概率是多少?

解　(1) 设随机变量

$$X_i=\begin{cases}1, & \text{第 } i \text{ 个服用此药的人被治愈}\\ 0, & \text{第 } i \text{ 个服用此药的人未被治愈}\end{cases},\quad i=1,2,\cdots,100,$$

因此 $P(X_i=1)=0.8$, $P(X_i=0)=0.2$, 记 $S_{100}=\sum_{i=1}^{100}X_i$, 则 $S_{100}\sim B(100,0.8)$, 所以 $E(S_{100})=80$, $D(S_{100})=16$, 根据中心极限定理得

$$P(S_{100}>75)=1-P(S_{100}\leqslant 75)=1-P\left(\frac{S_{100}-80}{\sqrt{16}}\leqslant\frac{75-80}{\sqrt{16}}\right)=\Phi\left(\frac{5}{4}\right)\approx 0.894\,4$$

(2) 设随机变量

$$Y_i=\begin{cases}1, & \text{第 } i \text{ 个服用此药的人治愈该病}\\ 0, & \text{第 } i \text{ 个服从此药的人未被治愈}\end{cases},\quad i=1,2,\cdots,100$$

则 $P(Y_i=1)=0.7$, $P(Y_i=0)=0.3$, 记 $S'_{100}=\sum_{i=1}^{100}Y_i$, 则 $S'_{100}\sim B(100,0.7)$, 所以 $E(S'_{100})=70$, $D(S'_{100})=21$, 根据中心极限定理有

$$P(S'_{100}>75)=1-P(S'_{100}\leqslant 75)=1-P\left(\frac{S'_{100}-100\times 0.7}{\sqrt{100\times 0.7\times 0.3}}\leqslant\frac{75-100\times 0.7}{\sqrt{100\times 0.7\times 0.3}}\right)$$

$$\approx 1-\Phi(1.09)\approx 0.137\,9$$

即若实际治愈率只有 0.7 时,接受药厂的断言的概率只有 0.137 9.

案例 5.4　多少样本量才算是大样本?

中心极限定理是概率统计研究的重要成果,它表明在满足独立同分布且方差有限条件

下,当样本量充分大时,样本均值可视为服从正态分布,被广泛应用于多个领域.然而,该定理并没有给出充分大的标准.在实践中,由于经费、时间和人力等限制,人们总是希望在满足既定要求下调查尽可能少的样本,因此大样本的标准就成了迫切需要解决的问题.

通常认为样本量 $n \geqslant 30$ 即为大样本,这其实是针对 $t(n)$ 而言的,即当 $n \geqslant 30$ 时,$t(n)$ 就非常接近标准正态分布 $N(0, 1)$.目前关于大样本标准的研究较少,已有研究主要是通过图像比较的方式进行的,即绘制总体取不同分布时样本均值的抽样分布随样本量变化的曲线图,并与正态分布的曲线图比较,如果二者较为接近,即认为当前样本量满足中心极限定理使用的条件.茆诗松教授对这些图像进行了分析,指出在某些分布(如均匀分布)情况下,样本量 $n = 8$ 时,图像已呈正态曲线的形状;但在另一些分布(如总体为偏态或多峰的分布)情况下,$n = 32$ 时,图像才接近正态曲线;还有一些分布(如两点分布),n 则要上百.另外,一些学者把 $n \geqslant 30$ 时某些分布样本均值的抽样分布曲线形状与正态分布已较为接近的结论进行了泛化,把 $n \geqslant 30$ 作为普遍适用的大样本标准,而越来越多的人也开始接受这一标准,且多误认为它是有统计学依据的.为了驳斥这一观点,吴喜之教授利用 R 软件生成了 5 000 个样本量为 100 000 的 $t(2)$ 分布的样本均值,并根据夏皮洛检验来验证样本均值是否满足正态分布,结果仍然被拒绝.他进一步指出:"实际上,在证明各种大样本定理的统计学家中,没有人愿意说多大才算是大样本.大样本定理的结论对于样本量 $n \rightarrow +\infty$ 是有意义的,但你能够说清楚你的 n 与 $+\infty$ 差多远吗?"

中心极限定理没有规定收敛的路径,这意味着对于给定的分布,并不能找到一个 n_0,使得当样本量 $n \geqslant n_0$ 时,样本均值的抽样分布都能通过正态性检验.为此,需要对适用样本量的定义进行调整,借鉴置信水平的想法,不要求每次检验都能通过,只需以较高的概率通过即可.

定义 5.1 给定总体 X 和比率 α,并令 $n = 2, 3, 4, \cdots$,首次满足正态性检验通过比率大于等于 $1 - \alpha$ 的样本量称为适用样本量,记为 n_0.

选用夏皮洛方法进行正态性检验,具体步骤如下:

(1)选定总体分布 X 和比率 α,生成 n(初值为 2)个服从该分布的随机数并计算其均值,将此过程重复 m 次,得到样本量为 n 时均值的抽样分布.

(2)对抽样分布进行夏皮洛检验.

(3)重复步骤(1)和(2) N 次,并计算通过检验的比率,若其大于等于 $1 - \alpha$,则样本量 n 即为适用样本量(记为 n_0),否则,令 $n = n + 1$ 并回到步骤(1).具体流程如图 5 - 1 所示,实验均通过 Mathematica 软件完成.

以 $U(0, 1)$($\alpha = 0.05$,$m = 5 000$,$N = 1 000$,下同)为例进行正态性检验,适用样本量的测算结果如表 5 - 1 所示.

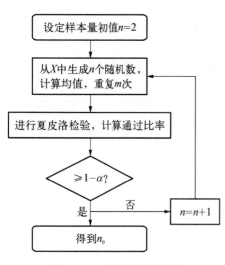

图 5 - 1　正态性检验流程

表 5-1 总体分布为 $U(0, 1)$ 时适用样本量的测算

样本量	未通过次数	样本量	未通过次数	样本量	未通过次数	样本量	未通过次数	样本量	未通过次数
2	1 000	8	68	14	45	20	50	26	48
3	768	9	68	15	56	21	55	27	59
4	293	10	52	16	56	22	63	28	56
5	181	11	66	17	50	23	46	29	62
6	108	12	49	18	46	24	48	30	62
7	83	13	58	19	53	25	49	31	55

由表 5-1 可以看出,$n_0 = 12$,当 $n > n_0$ 时并不是所有检验通过的比率都大于等于 0.95,不过,$n > n_0$ 时检验通过的比率均在 0.95 附近波动,且幅度较小,说明此时仍能以较高的概率通过检验.

适用样本量的取值应是稳定的,即不会随着实验次数有明显的变化.总体分布取 $U(1-\sqrt{3}, 1+\sqrt{3})$ 和 $N(1, 1)$ 时的正态性检验测算结果如表 5-2 所示.

表 5-2 $U(1-\sqrt{3}, 1+\sqrt{3})$ 和 $N(1, 1)$ 分布的 10 次适用样本量的测算

实验次数	适用样本量		实验次数	适用样本量	
	$U(1-\sqrt{3}, 1+\sqrt{3})$	$N(1, 1)$		$U(1-\sqrt{3}, 1+\sqrt{3})$	$N(1, 1)$
1	17	3	6	21	3
2	24	2	7	24	6
3	17	5	8	22	2
4	23	6	9	21	2
5	23	4	10	19	4

由表 5-2 可以看到,$U(1-\sqrt{3}, 1+\sqrt{3})$ 和 $N(1, 1)$ 两种分布的适用样本量存在明显差异,且各自的取值随实验次数的变化较小.实验结果说明,以适用样本量来反映不同分布样本均值的抽样分布趋于正态分布的速度是恰当的.

下面进行模拟实验.实验研究的对象以概率论与数理统计教材中出现的分布为主,连续型分布包括均匀分布、正态分布、指数分布、Γ 分布、β 分布、χ^2 分布,t 分布、F 分布和逻辑斯谛分布.离散型分布包括二项分布、泊松分布、几何分布和负二项分布.适用样本量测算的结果如表 5-3 所示.

表 5-3　常见分布适用样本量的测算

总 体 分 布	适用样本量	总 体 分 布	适用样本量	总 体 分 布	适用样本量
$U(-\sqrt{3},\sqrt{3})$	20	$N(0,10)$	2	$F(400,1\,000)$	95
$U(-\sqrt{6},\sqrt{6})$	19	$N(5,5)$	6	$Logistic(1,1)$	40
$U(1-\sqrt{3},1+\sqrt{3})$	18	$N(10,5)$	2	$B(20,0.5)$	227
$U(10-\sqrt{15},10+\sqrt{15})$	24	$N(1,1)$	5	$B(50,0.2)$	166
$U(1,7)$	23	$N(8,1.6)$	3	$B(10,0.8)$	652
$U(2,6)$	23	$Exp(0.1)$	*	$B(8,0.5)$	475
$U(3,5)$	24	$Exp(1)$	*	$P(10)$	184
$U(4,6)$	23	$\Gamma(0.5,1)$	*	$P(1)$	*
$U(5,7)$	15	$\Gamma(40,5)$	94	$G(0.3)$	*
$U(6,8)$	20	$\Gamma(400,5)$	20	$NB(5,0.5)$	847
$U(7,9)$	19	$\beta(0.5,0.5)$	20	$NB(242,0.2)$	39
$U(8,10)$	25	$\chi^2(10)$	907	—	—
$N(0,1)$	9	$t(4)$	823		
$N(0,5)$	6	$t(30)$	13		

由表 5-3 可以看到,不同分布的适用样本量有很大差异,这与已有研究的结论一致.根据 n_0 的取值范围,可以将常见分布分为三类:① $n_0 \leqslant 30$. 对于这类分布,$n \geqslant 30$ 的大样本标准是恰当的,表 5-3 中所有均匀分布和正态分布均属于这一类.② $30 < n_0 < 1\,000$. 对于这类分布,$n \geqslant 30$ 的大样本标准需要根据误差的大小而论,表 5-3 中所有二项分布和负二项分布均属于这一类.③ $n_0 \geqslant 1\,000$. 对于这类分布,$n \geqslant 30$ 的大样本标准完全不适用,表 5-3 中所有指数分布均属于这一类.同时,还有一些分布随着参数的变化,n_0 取值的范围也在发生变化,如 t 分布、Γ 分布和泊松分布等.

案例 5.5　高尔顿钉板试验

英国生物统计学家高尔顿设计的实验模型如图 5-2 所示.每一个黑点表示钉在板上的一颗钉子,它们彼此距离相等,上层的每一颗钉子的水平位置恰好位于下层两颗正中间.从入口处放进一个直径略小于下层两钉之间距离的小玻璃球,当小球下落时,碰到钉子后皆以 0.5 的概率向左或向右落下,于是又碰到下层钉子,如此继续下去,直到滚到底板的一个格子内为止.若有 16 层钉子,问落入底板的一个格子内的概率是多少? 若投入 100 个球,落入底板的每一个格子内大约有多少个球?

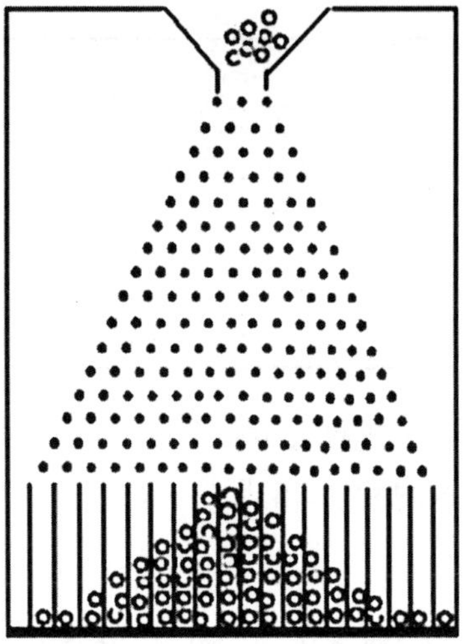

解　令 X_k 表示某小球在第 k 次碰上钉子后,向左或向右落下这一随机现象, $X_k=1$ 表示向右落下, $X_k=-1$ 表示向左落下,其概率分布为 $P(X_k=-1)=P(X_k=1)=\frac{1}{2}$ $(k=1,2,\cdots,16)$,易见

$$E(X_k)=0,\ E(X_k^2)=1\times\frac{1}{2}+1\times\frac{1}{2}=1,\ D(X_k)=1$$

图 5-2　高尔顿钉板试验模型

令 $S_n=\sum_{k=1}^{n}X_k$,由中心极限定理: $\frac{1}{\sqrt{n}}\sum_{k=1}^{n}X_k \overset{\cdot}{\sim} N(0,1)$,即当 n 充分大时,有

$$P(a<S_n\leqslant b)=P\left(\frac{a}{\sqrt{n}}<\frac{S_n}{\sqrt{n}}\leqslant\frac{b}{\sqrt{n}}\right)\approx\Phi\left(\frac{b}{\sqrt{n}}\right)-\Phi\left(\frac{a}{\sqrt{n}}\right)$$

取 $n=16$,即有 $\qquad P(a<S_n\leqslant b)\approx\Phi\left(\frac{b}{4}\right)-\Phi\left(\frac{a}{4}\right)$

查正态分布表得 $\qquad P(0<S_n\leqslant 1)\approx\Phi\left(\frac{1}{4}\right)-\Phi\left(\frac{b}{4}\right)=0.098\,7$

易得下表.

表 5-4　高尔顿钉板试验计算过程

区　　间	近似概率	近似球数
$(-1,0]$ 或 $(0,1]$	0.098 7	10
$(-2,-1]$ 或 $(1,2]$	0.092 8	9
$(-3,-2]$ 或 $(2,3]$	0.081 9	8
$(-4,-3]$ 或 $(3,4]$	0.067 9	7
$(-5,-4]$ 或 $(4,5]$	0.053 1	5
$(-6,-5]$ 或 $(5,6]$	0.037 5	4
$(-7,-6]$ 或 $(6,7]$	0.026 8	3

续　表

区　　间	近似概率	近似球数
$(-8, -7]$ 或 $(7, 8]$	0.017 3	2
$(-9, -8]$ 或 $(8, 9]$	0.010 5	1
$(-10, -9]$ 或 $(9, 10]$	0.006 0	0 或 1

现投入 100 个小球,大约有 $100 \times 0.098\,7 \approx 10$ 个小球落入 $(0, 1]$ 这一格,由正态分布的对称性,落入 $(-1, 0]$ 这一格中也有 10 个小球,如表 5 - 4 所示.

案例 5.6　魏尔斯特拉斯定理的概率证明

魏尔斯特拉斯定理是数学分析中的一个著名定理,其不仅不容易理解,而且证明过程也相当复杂.下面采用概率论中的伯努利大数定律给予证明.

求证:设 $f(x)$ 为闭区间 $[a, b]$ 上任一连续函数,则存在多项式序列 $N_n(x)$ $(n=1, 2, \cdots)$,与 $[a, b]$ 一致收敛于 $f(x)$.

证明　不失一般性,在区间 $[0, 1]$ 上证明上述结论. 令 $N_n(x) = \sum_{k=0}^{n} C_n^k x^k (1-x)^{n-k} f\left(\dfrac{k}{n}\right)$,显然有 $N_n(0) = f(0)$,$N_n(1) = f(1)$,因此当 $x=0$ 或 $x=1$ 时的收敛问题已经解决,现在只考虑 $x \in (0, 1)$ 时的情形.

考虑伯努利概型:设在每次试验中事件 A 发生的概率为某一固定值 x $(0 < x < 1)$,μ_n 为 n 次试验中事件 A 发生的次数,则有 $P(\mu_n = k) = C_n^k x^k (1-x)^{n-k}$ $(k=0, 1, \cdots, n)$,因此

$$E\left[f\left(\frac{\mu_n}{n}\right)\right] = \sum_{k=0}^{n} f\left(\frac{\mu_n}{n}\right) P(\mu_n = k) = \sum_{k=0}^{n} C_n^k x^k (1-x)^{n-k} f\left(\frac{k}{n}\right) = N_n(x)$$

$$E\left[f(x) - f\left(\frac{\mu_n}{n}\right)\right] = \sum_{k=0}^{n} C_n^k x^k (1-x)^{n-k} \left[f(x) - f\left(\frac{\mu_n}{n}\right)\right] = f(x) - N_n(x)$$

另外,由全数学期望公式得

$$E\left[f(x) - f\left(\frac{\mu_n}{n}\right)\right] = P\left(\left|\frac{\mu_n}{n} - x\right| < \delta\right) \cdot E\left\{\left[f(x) - f\left(\frac{\mu_n}{n}\right)\right] \Big| \left[\left|\frac{\mu_n}{n} - x\right| < \delta\right]\right\}$$

$$+ P\left(\left|\frac{\mu_n}{n} - x\right| \geqslant \delta\right) \cdot E\left\{\left[f(x) - f\left(\frac{\mu_n}{n}\right)\right] \Big| \left[\left|\frac{\mu_n}{n} - x\right| \geqslant \delta\right]\right\}$$

其中,$\delta > 0$ 用如下方法选定:对任意的 $\varepsilon > 0$,由于 $f(x)$ 是连续函数,所以,存在 $\delta > 0$,

使得当 $|x-y|<\delta$ 时，$|f(x)-f(y)|<\dfrac{\varepsilon}{2}$，其中 $x,y\in(0,1)$. 令 $M=\sup\limits_{0\leqslant x\leqslant1}|f(x)|$，

因此得到 $|f(x)-N_n(x)|\leqslant\dfrac{\varepsilon}{2}+P\left(\left|\dfrac{\mu_n}{n}-x\right|\geqslant\delta\right)\cdot2M$，由伯努利大数定理，

$\lim\limits_{n\to+\infty}P\left(\left|\dfrac{\mu_n}{n}-x\right|\geqslant\delta\right)=0$ 对 $x\in(0,1)$ 一致成立. 这可以从伯努利大数定律的证明过程

中得到，这样就证明了对一切 $x\in[0,1]$ 一致有 $\lim\limits_{n\to+\infty}N_n(x)=f(x)$.

第 6 章
数理统计的基础知识

案例 6.1 2020 东京奥运会奖牌分析

1. 简介

第 32 届夏季奥林匹克运动会又称 2020 年东京奥运会,受新冠疫情的影响,经东京奥组委多名理事同意,奥运会推迟至 2021 年,于 2021 年 7 月 23 日正式开幕,于同年 8 月 8 日闭幕.

在该届比赛上,美国代表队、中国代表队和日本代表队在金牌数上依次获得前三的好成绩,其中中国代表队和美国代表队仅一枚之差.如表 6-1 所示为 2020 年东京奥运会奖牌分布(注: 其中美国含有两个混合银牌平局).

表 6-1　2020 东京奥运会奖牌分布

排名	国家	男　子				女　子				混　合				总　计			
		金	银	铜	总	金	银	铜	总	金	银	铜	总	金	银	铜	总
1	美国	16	15	10	41	23	22	21	66	0	4	2	6	39	41	33	113
2	中国	13	13	9	35	22	16	9	47	3	3	0	6	38	32	18	88
3	日本	12	5	8	25	14	8	8	30	1	1	1	3	27	14	17	58

2. 奖牌构成的分析

对美国、中国、日本三个国家中获得奖牌的男子、女子分别计算百分比和比例,进行分析.如表 6-2 至表 6-4 所示为美国、中国、日本三个国家男子、女子及总计的奖牌数的构成情况.

从表 6-2 至表 6-4 可以看出,在三个国家的奖牌榜中,男子金牌在所得奖牌中的占比最高的是日本队,达到 21.82%,其所获得的 12 枚男子金牌中,摔跤和柔道项目占了一半,可以看出日本在该类项目中的绝对实力.柔道是日本人喜欢的一项传统体育项目,柔道课也是日本学生必修的一项课程.女子金牌在所得奖牌中占比最高的是中国队,达到 26.83%,共 22 枚.

表 6-2 美国队的奖牌数及其构成

奖牌	男子	构成/%	占奖牌总数的比例/%	女子	构成/%	占奖牌总数的比例/%	总计	占奖牌总数的比例/%
金	16	39.02	14.95	23	34.85	21.50	39	36.45
银	15	36.59	14.02	22	33.33	20.56	37	34.58
铜	10	24.39	9.35	21	31.82	19.63	31	28.97
合计	41	100	38.32	66	100	61.68	107	100

表 6-3 中国队的奖牌数及其构成

奖牌	男子	构成/%	占奖牌总数的比例/%	女子	构成/%	占奖牌总数的比例/%	总计	占奖牌总数的比例/%
金	13	37.14	15.85	22	46.81	26.83	35	42.68
银	13	37.14	15.85	16	34.04	19.51	29	35.37
铜	9	25.71	10.98	9	19.15	10.98	18	21.95
合计	35	100	42.68	47	100	57.32	82	100

表 6-4 日本队的奖牌数及其构成

奖牌	男子	构成/%	占奖牌总数的比例/%	女子	构成/%	占奖牌总数的比例/%	总计	占奖牌总数的比例/%
金	12	48.00	21.82	14	46.67	25.45	26	47.27
银	5	20.00	9.09	8	26.67	14.55	13	23.64
铜	8	32.00	14.55	8	26.67	14.55	16	29.09
合计	25	100	45.45	30	100	54.55	55	100

中国女子运动员不仅在气枪、羽毛球、跳水、乒乓球、举重等中国优势项目中稳稳拿下了金牌,还在铅球、游泳、击剑等项目中也赛出了风采,获得了金牌.可见中国女子运动员的综合实力是能够得到世界认可的.

对中国的奖牌构成进行分析.从表 6-3 可以看出,在男子获得的 35 枚奖牌中,金牌占 37.14%、银牌占 37.14%、铜牌占 25.72%;而在女子获得的 47 枚奖牌中,金牌占 46.81%,银牌占 34.04%,铜牌占 19.15%.合计起来,在中国队获得的 82 枚奖牌中,金牌占 42.68%,银牌占 35.37%,铜牌占 21.95%.对于美国和日本两个国家的奖牌构成也可以做类似的分析.

中国、美国、日本三个国家的运动员团体赛获奖情况如表 6-5 所示.

表 6-5 团体赛获奖情况

国　家	金	银	铜	总　计
中国	3	3	0	6
美国	0	4	2	6
日本	1	1	1	3

从表 6-5 可以看出,美国运动员和中国运动员在团体赛中获得的总奖牌数一样,但中国金牌和银牌均为三枚,在团体项目上实力强于美国运动员.

3. 三个国家奖牌总数的分布及其分析

美国、中国和日本三个国家奖牌数的复式条形图如图 6-1 所示.

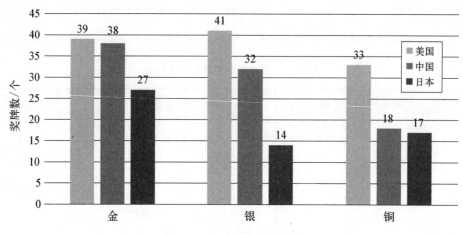

图 6-1 三个国家的奖牌数

在金牌数上,三个国家的排名依次为美国、中国、日本.中国与美国的金牌数仅相差 1.可以看出中国队在顶尖级运动员的较量上与美国运动强国相差不大,但总体实力上,还是美国队更胜一筹.美国运动员在游泳、田径等项目上表现优秀,可以说长期处于垄断地位,其他国家要打破这种局面还需继续努力.

用复式条形图绘制男、女运动员获得的奖牌的分布.各代表队的男、女运动员获得的奖牌分布如图 6-2 至图 6-4 所示.

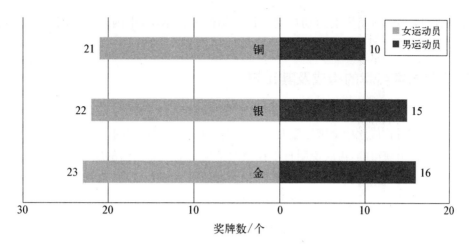

图 6 - 2　美国代表队男、女运动员获得的奖牌分布

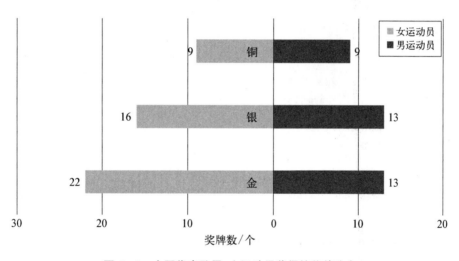

图 6 - 3　中国代表队男、女运动员获得的奖牌分布

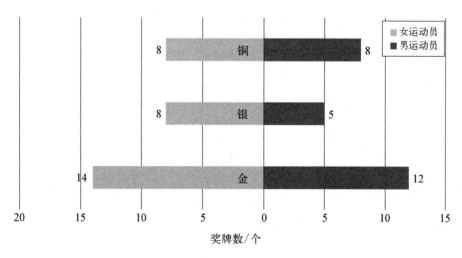

图 6 - 4　日本代表队男、女运动员获得的奖牌分布

可以看出,三个国家男女运动员实力最均衡的为日本队,中国队和美国队的女子运动员获奖数量上均多于男子运动员.

4. 三个国家奖牌的构成及其比较

比较三个国家获得的奖牌的构成,绘制环形图(见图6-5).

日本队的奖牌构成比中金牌比要大于另外两个国家.探究其原因,有将近一半的金牌是在摔跤和柔道项目上获得的,再次说明日本在这两个项目上具有很强的实力.相较而言,美国的三个奖牌的构成比较为均衡,中国队在银牌和铜牌数量上相差较远,也就意味着中国的整体实力和美国还是有一定差距,但在金牌项目上,中国大有赶超之势,中国运动员未来可期.

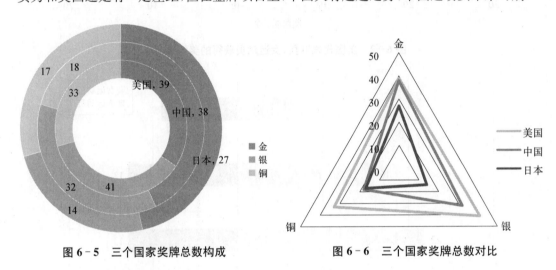

图6-5 三个国家奖牌总数构成   图6-6 三个国家奖牌总数对比

5. 三个国家奖牌总数相似性的比较

通过绘制雷达图来比较三个国家所获得的金牌、银牌和铜牌的数量是否相似,如图6-6所示.从图中可以看出,三个国家所获得金牌、银牌、铜牌的总数存在一定的相似性,但是日本的雷达图与其他两个国家的总的结构有一定差别.

案例 6.2　连续型总体次序统计量的分布

次序统计量(或称顺序统计量)在统计学中有着特殊的应用地位.例如,为了解一批产品的平均寿命,从中抽样 n 个产品进行寿命试验,那么第一个失效产品的失效时间即为 $X_{(1)}$,第二个失效产品的失效时间为 $X_{(2)}$ ……最后一个失效产品的失效时间即为 $X_{(n)}$,所以很有必要系统分析次序统计量的概率分布.

定理6.1　设连续型总体 X 的分布函数和密度函数分别为 $F(x)$ 和 $f(x)$,X_1,X_2,…,X_n 为总体 X 的一个简单随机样本,$X_{(1)} \leqslant X_{(2)} \leqslant \cdots \leqslant X_{(n)}$ 为其次序统计量,则第 k 个次

序统计量 $X_{(k)}$ 的密度函数与分布函数分别为

$$f_{X_{(k)}}(y) = \frac{n!}{(k-1)!(n-k)!} \left[F(y)\right]^{k-1} f(y) \left[1-F(y)\right]^{n-k}$$

$$F_{X_{(k)}}(y) = \frac{n!}{(k-1)!(n-k)!} \int_0^{F(y)} u^{k-1} (1-u)^{n-k} \mathrm{d}u$$

特别地,当 $k=1$ 时,得样本极小值 $X_{(1)}$ 的密度函数与分布函数为

$$f_{X_{(1)}}(y) = n \left[1-F(y)\right]^{n-1} f(y), \quad F_{X_{(1)}}(y) = 1 - \left[1-F(y)\right]^n$$

当 $k=n$ 时,得样本极大值 $X_{(n)}$ 的密度函数与分布函数为

$$f_{X_{(n)}}(y) = n \left[F(y)\right]^{n-1} f(y), \quad F_{X_{(n)}}(y) = \left[F(y)\right]^n$$

定理 6.1 证明过程可扫描本章二维码查看.

定理 6.2　设连续型总体 X 的分布函数和密度函数分别为 $F(x)$ 和 $f(x)$,X_1, X_2, $\cdots$, X_n 为总体 X 的一个简单随机样本,$X_{(1)} \leqslant X_{(2)} \leqslant \cdots \leqslant X_{(n)}$ 为其次序统计量,则第 k 个次序统计量与第 $r(k < r)$ 个次序统计量的联合密度函数为

$$f_{X_{(k)}, X_{(r)}}(y, z) = \frac{n!}{(k-1)!(r-k-1)!(n-r)!} \left[F(y)\right]^{k-1} f(y) \left[F(z)-F(y)\right]^{r-k-1}$$
$$\cdot f(z) \left[1-F(z)\right]^{n-r}, \quad y < z$$

定理 6.2 证明过程可扫描本章二维码查看.

定理 6.3　设连续型总体 X 的分布函数和密度函数分别为 $F(x)$ 和 $f(x)$,X_1, X_2, $\cdots$, X_n 为总体 X 的一个简单随机样本,$X_{(1)} \leqslant X_{(2)} \leqslant \cdots \leqslant X_{(n)}$ 为其次序统计量,则 s 个次序统计量 $X_{(n_1)}$, $X_{(n_2)}$, $\cdots$, $X_{(n_s)} (1 \leqslant n_1 < n_2 < \cdots < n_s \leqslant n)$ 的联合密度函数为

$$f_{X_{(n_1)}, X_{(n_2)}, \cdots, X_{(n_s)}}(y_1, y_2, \cdots, y_s)$$
$$= \frac{n!}{(n_1-1)!(n_2-n_1-1)!\cdots(n-n_s)!} \left[F(y_1)\right]^{n_1-1} f(y_1) \left[F(y_2)-F(y_1)\right]^{n_2-n_1-1}$$
$$\cdot f(y_2) \left[F(y_3)-F(y_2)\right]^{n_3-n_2-1} f(y_3) \cdots f(y_s) \left[1-F(y_s)\right]^{n-n_s},$$
$$y_1 < y_2 < \cdots < y_s$$

定理 6.4　设连续型总体 X 的分布函数和密度函数分别为 $F(x)$ 和 $f(x)$,X_1, X_2, $\cdots$, X_n 为总体 X 的一个简单随机样本,$X_{(1)} \leqslant X_{(2)} \leqslant \cdots \leqslant X_{(n)}$ 为其次序统计量,则前 r 个次序统计量 $X_{(1)}$, $X_{(2)}$, $\cdots$, $X_{(r)} (1 \leqslant r \leqslant n)$ 的联合密度函数为

$$f_{X_{(1)}, X_{(2)}, \cdots, X_{(r)}}(y_1, y_2, \cdots, y_r) = \frac{n!}{(n-r)!} \left[\prod_{i=1}^{r} f(y_i)\right] \left[1-F(y_r)\right]^{n-r},$$
$$y_1 < y_2 < \cdots < y_r$$

特别地,当 $r = n$ 时,得 n 个次序统计量 $X_{(1)}$,$X_{(2)}$,$\cdots$,$X_{(n)}$ 的联合密度函数为

$$f_{X_{(1)}, X_{(2)}, \cdots, X_{(n)}}(y_1, y_2, \cdots, y_n) = n! \prod_{i=1}^{n} f(y_i), \quad y_1 < y_2 < \cdots < y_n$$

定理 6.5(极差的分布) 设连续型总体 X 的分布函数和密度函数分别为 $F(x)$ 和 $f(x)$,X_1,X_2,$\cdots$,X_n 为总体 X 的一个简单随机样本,$X_{(1)} \leqslant X_{(2)} \leqslant \cdots \leqslant X_{(n)}$ 为其次序统计量,令 $D_n^* = X_{(n)} - X_{(1)}$,则 D_n^* 的分布函数和密度函数分别为

$$F_{D_n^*}(y) = n \int_{-\infty}^{+\infty} f(x_1) \left[F(x_1 + y) - F(x_1) \right]^{n-1} \mathrm{d}x_1, \quad y > 0$$

$$f_{D_n^*}(y) = n(n-1) \int_{-\infty}^{+\infty} f(x_1) f(x_1 + y) \left[F(x_1 + y) - F(x_1) \right]^{n-2} \mathrm{d}x_1, \quad y > 0$$

定理 6.5 证明过程可扫描本章二维码查看.

定理 6.6(中程的分布) 设连续型总体 X 的分布函数和密度函数分别为 $F(x)$ 和 $f(x)$,X_1,X_2,$\cdots$,X_n 为总体 X 的一个简单随机样本,$X_{(1)} \leqslant X_{(2)} \leqslant \cdots \leqslant X_{(n)}$ 为其次序统计量,令随机变量 $M = \dfrac{1}{2} \left[X_{(1)} + X_{(n)} \right]$ 定义为其最大值和最小值的平均值,称为"中程",则"中程"分布函数为

$$F_M(m) = n \int_{-\infty}^{m} \left[F(2m - x) - F(x) \right]^{n-1} f(x) \mathrm{d}x$$

定理 6.6 证明过程可扫描本章二维码查看.

案例 6.3 指数分布总体次序统计量的几个特征性质

指数分布在生产实践、科学研究中有着极其重要和特殊的应用地位,尤其是指数分布具有"无记忆性",使得其在可靠性领域中有着极其重要的作用,它是应用最广、计算最简单的一种分布,同时也是其他寿命分布统计推断的基础,所以很有必要系统研究指数分布次序统计量的性质.指数分布常用来描述电子元器件的寿命分布,有许多独立元件组成的复杂系统的寿命分布也常用指数分布来描述.如发电机组、变压器等,只要当元器件或系统在 $[t_1, t_2]$ 内出现的故障次数服从泊松分布,此元器件或系统的寿命分布就是指数分布.另外,在排队服务系统中的等候时间及服务时间、电话的通话时间等都认为服从指数分布.

指数分布总体次序统计量的 3 个特征性质如下,相应的证明过程可扫描本章二维码查看.

性质 6.1 设总体 X 服从参数为 λ 的指数分布 $\mathrm{Exp}(\lambda)$,其分布函数与密度函数分别为

$$F(x) = 1 - \mathrm{e}^{-\lambda x}, f(x) = \lambda \mathrm{e}^{-\lambda x}, \quad x > 0, \lambda > 0$$

X_1,X_2,$\cdots$,X_n 为总体 X 的一个简单随机样本,$X_{(1)} \leqslant X_{(2)} \leqslant \cdots \leqslant X_{(n)}$ 为其次序统计量,则

(1) $X_{(k)}(k=1, 2, \cdots, n)$ 的密度函数为

$$f_{X_{(k)}}(y)=\frac{n!}{(k-1)!(n-k)!}\lambda\sum_{i=0}^{k-1}(-1)^{k-1-i}\mathrm{C}_{k-1}^{i}\mathrm{e}^{-(n-i)\lambda y}, \quad y>0$$

$$E(X_{(k)})=\frac{1}{\lambda}\,\frac{n!}{(k-1)!(n-k)!}\sum_{i=0}^{k-1}(-1)^{k-1-i}\frac{\mathrm{C}_{k-1}^{i}}{(n-i)^{2}}$$

$$E(X_{(k)}^{2})=\frac{2}{\lambda^{2}}\,\frac{n!}{(k-1)!(n-k)!}\sum_{i=0}^{k-1}(-1)^{k-1-i}\frac{\mathrm{C}_{k-1}^{i}}{(n-i)^{3}}$$

(2) 极差 $D_{n}^{*}=X_{(n)}-X_{(1)}$ 的密度函数为

$$f_{D_{n}^{*}}(y)=n(n-1)\lambda^{2}\,(1-\mathrm{e}^{-\lambda y})^{n-2}\mathrm{e}^{-\lambda y}\int_{0}^{+\infty}\mathrm{e}^{-n\lambda x_{1}}\mathrm{d}x_{1}$$

$$=(n-1)\lambda\,(1-\mathrm{e}^{-\lambda y})^{n-2}\mathrm{e}^{-\lambda y}, \quad y>0$$

(3) 对 $1\leqslant r\leqslant n$，$X_{(1)}, X_{(2)}, \cdots, X_{(r)}$ 的联合密度函数为 $(0<y_{1}<y_{2}<\cdots<y_{r})$

$$f_{X_{(1)},X_{(2)},\cdots,X_{(r)}}(y_{1}, y_{2}, \cdots, y_{r})=\frac{n!}{(n-r)!}\lambda^{r}\exp\left\{-\lambda\left[\sum_{i=1}^{r}y_{i}+(n-r)y_{r}\right]\right\}$$

注　(1) $X_{(1)}$ 的密度函数为 $f_{X_{(1)}}(y)=n\,[1-F(y)]^{n-1}f(y)=n\lambda\mathrm{e}^{-n\lambda y}(y>0)$，易见，$X_{(1)}$ 仍服从指数分布，此时参数为 $n\lambda$，即 $X_{(1)}\sim\mathrm{Exp}(n\lambda)$.

(2) $X_{(n)}$ 的密度函数为 $f_{X_{(n)}}(y)=n\,[F(y)]^{n-1}f(y)=n\lambda\mathrm{e}^{-\lambda y}\,[1-\mathrm{e}^{-\lambda y}]^{n-1}(y>0)$，而 $X_{(n)}$ 并不服从指数分布.

(3) 一般地，对 $j=1, 2, \cdots$，$X_{(k)}$ 的 j 阶矩 $E(X_{(k)}^{j})$ 为

$$E(X_{(k)}^{j})=\frac{1}{\lambda^{j}}E(Y_{(k)}^{j})=\frac{1}{\lambda^{j}}\int_{0}^{+\infty}y^{j}f_{Y_{(k)}}(y)\mathrm{d}y$$

$$=\frac{1}{\lambda^{j}}\cdot\frac{n!}{(k-1)!(n-k)!}\sum_{i=0}^{k-1}(-1)^{k-1-i}\mathrm{C}_{k-1}^{i}\int_{0}^{+\infty}y^{j}\mathrm{e}^{-(n-i)y}\mathrm{d}y$$

$$=\frac{1}{\lambda^{j}}\cdot\frac{n!}{(k-1)!(n-k)!}\sum_{i=0}^{k-1}(-1)^{k-1-i}\mathrm{C}_{k-1}^{i}\frac{1}{(n-i)^{j+1}}\int_{0}^{+\infty}t^{j}\mathrm{e}^{-t}\mathrm{d}t$$

$$=\frac{j!}{\lambda^{j}}\cdot\frac{n!}{(k-1)!(n-k)!}\sum_{i=0}^{k-1}(-1)^{k-1-i}\frac{\mathrm{C}_{k-1}^{i}}{(n-i)^{j+1}}$$

(4) 如果用随机变量 X 表示某种产品的寿命，从中抽取 n 个产品做寿命试验，试验做到有 r 个产品失效为止（被称为定数截尾寿命试验），此时次序失效时间为 $X_{(1)}, X_{(2)}, \cdots, X_{(r)}$，统计量 $\sum_{i=1}^{r}X_{(i)}+(n-r)X_{(r)}=\sum_{i=1}^{r}(n-i+1)(X_{(i)}-X_{(i-1)})$，实质上是产品总的试验时间（在此约定 $X_{(0)}=0$）.

性质 6.2　设总体 X 服从参数为 λ 的指数分布 $\mathrm{Exp}(\lambda)$，其分布函数与密度函数分别为

$$F(x) = 1 - \mathrm{e}^{-\lambda x}, \quad f(x) = \lambda \mathrm{e}^{-\lambda x}, \quad x > 0, \lambda > 0$$

$X_{(1)} \leqslant X_{(2)} \leqslant \cdots \leqslant X_{(r)}$ 是来自总体 X 的容量为 n 的前 r 个次序统计量,则① $Y_1 = nX_{(1)}$,$Y_2 = (n-1)(X_{(2)} - X_{(1)})$,$\cdots$,$Y_r = (n-r+1)(X_{(r)} - X_{(r-1)})$ 相互独立且同服从参数为 λ 的指数分布 $\mathrm{Exp}(\lambda)$;② 若 $r = n$,$\bar{X} - X_{(1)}$ 与 $X_{(1)}$ 相互独立,$X_{(1)}$ 与 $X_{(n)} - X_{(1)}$ 相互独立,$X_{(1)}$ 与 $X_{(n)} - \bar{X}$ 相互独立;③ $2\lambda \left[\sum\limits_{i=1}^{r} X_{(i)} + (n-r)X_{(r)} \right] \sim \chi^2(2r)$.

注 (1) 记 $X_{(0)} = 0$,由于 $Y_1 = nX_{(1)}$,$Y_2 = (n-1)(X_{(2)} - X_{(1)})$,$\cdots$,$Y_r = (n-r+1)(X_{(r)} - X_{(r-1)})$ 相互独立同服从参数为 λ 的指数分布 $\mathrm{Exp}(\lambda)$,则 $X_{(1)}$,$X_{(2)} - X_{(1)}$,$X_{(3)} - X_{(2)}$,$\cdots$,$X_{(r)} - X_{(r-1)}$ 也相互独立,且 $X_{(i)} - X_{(i-1)}$($i = 1, 2, \cdots, r$)服从参数为 $(n-i+1)\lambda$ 的指数分布 $\mathrm{Exp}[(n-i+1)\lambda]$,则

$$E(X_{(i)} - X_{(i-1)}) = \frac{1}{(n-i+1)\lambda}, \quad E[(X_{(i)} - X_{(i-1)})^2] = \frac{2}{(n-i+1)^2\lambda^2}$$

$$D(X_{(i)} - X_{(i-1)}) = \frac{1}{(n-i+1)^2\lambda^2}$$

由此 $E(X_{(k)}) = E\left[\sum\limits_{i=1}^{k} (X_{(i)} - X_{(i-1)}) \right] = \sum\limits_{i=1}^{k} E(X_{(i)} - X_{(i-1)}) = \frac{1}{\lambda} \sum\limits_{i=1}^{k} \frac{1}{n-i+1}$

$$D(X_{(k)}) = D\left[\sum\limits_{i=1}^{k} (X_{(i)} - X_{(i-1)}) \right] = \sum\limits_{i=1}^{k} D(X_{(i)} - X_{(i-1)}) = \frac{1}{\lambda^2} \sum\limits_{i=1}^{k} \frac{1}{(n-i+1)^2}$$

对 $1 \leqslant j \leqslant k \leqslant n$ 有

$$\mathrm{cov}(X_{(j)}, X_{(k)}) = \mathrm{cov}(X_{(j)}, (X_{(k)} - X_{(j)}) + X_{(j)})$$
$$= \mathrm{cov}(X_{(j)}, X_{(j)})$$
$$= D(X_{(j)}) = \frac{1}{\lambda^2} \sum\limits_{i=1}^{j} \frac{1}{(n-i+1)^2}$$

结合性质 6.1 得到如下两个恒等式:

$$\frac{n!}{(k-1)!(n-k)!} \sum\limits_{i=0}^{k-1} (-1)^{k-1-i} \frac{C_{k-1}^i}{(n-i)^2} = \sum\limits_{i=1}^{k} \frac{1}{n-i+1}, \quad k = 1, 2, \cdots, n$$

$$2\frac{n!}{(k-1)!(n-k)!} \sum\limits_{i=0}^{k-1} (-1)^{k-1-i} \frac{C_{k-1}^i}{(n-i)^3} - \left[\frac{n!}{(k-1)!(n-k)!} \sum\limits_{i=0}^{k-1} (-1)^{k-1-i} \frac{C_{k-1}^i}{(n-i)^2} \right]^2$$
$$= \sum\limits_{i=1}^{k} \frac{1}{(n-i+1)^2}$$

(2) 特别地,当 $r = n$ 时,有 $2\lambda \sum\limits_{i=1}^{n} X_i \sim \chi^2(2n)$. 该结论也可以直接求得. 事实上,对 $i = 1, 2, \cdots, n$,$\lambda X_i \sim \mathrm{Exp}(1)$,$2\lambda X_i \sim \mathrm{Exp}(0.5)$,即 $2\lambda X_i \sim \chi^2(2)$,且 $X_1, X_2, \cdots, X_n$ 独立,则 $2\lambda \sum\limits_{i=1}^{n} X_i \sim \chi^2(2n)$.

性质 6.3　设总体 X 服从参数为 λ 的指数分布 $\text{Exp}(\lambda)$，其分布函数与密度函数分别为

$$F(x) = 1 - e^{-\lambda x}, \ f(x) = \lambda e^{-\lambda x}, \quad x > 0, \lambda > 0$$

$X_{(1)} \leqslant X_{(2)} \leqslant \cdots \leqslant X_{(n)}$ 是来自总体 X 的容量为 n 的前 n 个次序统计量，则 $X_{(k+1)} - X_{(k)}$，$X_{(k+2)} - X_{(k)}$，$\cdots$，$X_{(n)} - X_{(k)}$ 是来自参数为 λ 的指数分布总体样本容量为 $n-k$ 的前 $n-k$ 个次序统计量.

例 6.3.1　求证：设随机变量 Y_1，Y_2，$\cdots$，Y_n 相互独立，且 $Y_i \sim \text{Exp}(\lambda_i)$ $(i = 1, 2, \cdots, n)$，λ_1，λ_2，$\cdots$，λ_n 都不相等，记 $Z = \sum\limits_{i=1}^{n} Y_i$，$C_{i,n}(\lambda_1, \cdots, \lambda_n) = \prod\limits_{k \neq i}^{n} \left(1 - \dfrac{\lambda_i}{\lambda_k}\right)^{-1}$，则 Z 的密度函数为

$$F_Z(z) = 1 - \sum_{i=1}^{n} C_{i,n}(\lambda_1, \cdots, \lambda_n) e^{-\lambda_i z}, \quad z > 0$$

例 6.3.1 的证明过程可扫描本章二维码查看.

例 6.3.2　求证：设 $X_{(1)} \leqslant X_{(2)} \leqslant \cdots \leqslant X_{(n)}$ 是来自总体 $X \sim \text{Exp}\left(\dfrac{1}{\theta}\right)$ 的一个容量为 n 的前 n 个次序统计量，则 $X_{(n)} - \bar{X}$ 的密度函数为

$$f_{X_{(n)} - \bar{X}}(z) = \frac{1}{\theta} \sum_{i=1}^{n-1} \lambda_i C_{i,n-1}(\lambda_1, \cdots, \lambda_{n-1}) e^{-\frac{\lambda_i z}{\theta}}, \quad z > 0$$

其中，$\lambda_i = b_{i+1}$，$i = 1, 2, \cdots, n-1$.

$$b_j^{-1} = \left(1 - \frac{n-j+1}{n}\right) \frac{1}{n-j+1}, \quad j = 2, 3, \cdots, n$$

$$C_{i,n-1}(\lambda_1, \cdots, \lambda_{n-1}) = \prod_{k \neq i}^{n-1} \left(1 - \frac{\lambda_i}{\lambda_k}\right)^{-1}, \quad i = 1, 2, \cdots, n-1$$

例 6.3.2 的证明过程可扫描本章二维码查看.

案例 6.4　离散型总体次序统计量的分布

许多产品的寿命是离散型的，如一些接插件产品（如开关等），其寿命就可以用几何分布来描述. 由于科技的进步，当今产品大都呈现长寿命、高可靠的特征，也就是说，通常的寿命试验无法得到全样本数据，由此，为研究离散型产品的各项性能参数，研究其次序统计量是必不可少的. 但由于离散型分布研究涉及级数运算，使得离散型分布次序统计量的研究难度相对于连续型的而言更大.

定理 6.7　设总体 X 为离散型随机变量，X_1，X_2，$\cdots$，X_n 为总体 X 的一个简单随机

样本，$X_{(1)} \leqslant X_{(2)} \leqslant \cdots \leqslant X_{(n)}$ 为其次序统计量，则有如下结论：

(1) $P(X_{(i)} \leqslant x) = \sum_{t=i}^{n} C_n^t \left[P(X \leqslant x) \right]^t \left[1 - P(X \leqslant x) \right]^{n-t}$.

(2) $P(X_{(i)} \geqslant x) = \sum_{t=0}^{i-1} C_n^t \left[P(X < x) \right]^t \left[1 - P(X < x) \right]^{n-t}$.

(3) 对 $y \geqslant x, j > i$ 有

$$P(X_{(i)} \geqslant x, X_{(j)} \geqslant y)$$

$$= \sum_{t_1=0}^{i-1} C_n^{t_1} \left[P(X < x) \right]^{t_1} \sum_{t_2=0}^{j-t_1-1} C_{n-t_1}^{t_2} \left[P(X < y) - P(X < x) \right]^{t_2} \left[1 - P(X < y) \right]^{n-t_1-t_2}$$

(4) 对 $z \geqslant y \geqslant x, k > j > i$ 有

$$P(X_{(i)} \geqslant x, X_{(j)} \geqslant y, X_{(k)} \geqslant z)$$

$$= \sum_{t_1=0}^{i-1} C_n^{t_1} \left[P(X < x) \right]^{t_1} \sum_{t_2=0}^{j-t_1-1} C_{n-t_1}^{t_2} \left[P(X < y) - P(X < x) \right]^{t_2} \sum_{t_3=0}^{k-t_1-t_2-1} C_{n-t_1-t_2}^{t_3}$$

$$\cdot \left[P(X < z) - P(X < y) \right]^{t_3} \left[1 - P(X < z) \right]^{n-t_1-t_2-t_3}$$

定理 6.7(1)证明过程可扫描本章二维码查看.

定理 6.8 设总体 X 为取非负整数值的离散型随机变量，$X_1, X_2, \cdots, X_n$ 为总体 X 的一个简单随机样本，$X_{(1)} \leqslant X_{(2)} \leqslant \cdots \leqslant X_{(n)}$ 为其次序统计量，$p_j = P(X_1 = j) > 0$, $q_j = P(X_1 \geqslant j)$ $(j=1, 2, \cdots)$，则有

(1) $P(X_{(k)} > r_k) = \sum_{r=0}^{k-1} C_n^r (1 - q_{r_k+1})^r q_{r_k+1}^{n-r}$.

(2) $P(X_{(i)} \geqslant r_i, X_{(j)} < r_j) = \sum_{k=0}^{i-1} C_n^k (1 - q_{r_i})^k \left[\sum_{t=j-k}^{n-k} C_{n-k}^t (q_{r_i} - q_{r_j})^t q_{r_j}^{n-k-t} \right]$.

(3) $P(X_{(1)} \geqslant r_1, X_{(k)} \leqslant r_k) = \sum_{r=k}^{n} C_n^r (q_{r_1} - q_{r_k+1})^r q_{r_k+1}^{n-r}$.

定理 6.9 设总体 X 服从几何分布，即 $P(X=j) = pq^{j-1}(j=1, 2, \cdots)$. 而 $X_1, X_2, \cdots, X_n$ 为总体 X 的一个简单随机样本，$X_{(1)} \leqslant X_{(2)} \leqslant \cdots \leqslant X_{(n)}$ 为其次序统计量，则有

(1) $P(X_{(i)} \geqslant m) = \sum_{t=0}^{i-1} C_n^t (1 - q^{m-1})^t q^{(m-1)(n-t)}$, $\quad m \geqslant 1$,

特别地 $\quad\quad\quad\quad\quad\quad P(X_{(1)} \geqslant m) = q^{(m-1)n}$, $\quad m \geqslant 1$

$$P(X_{(1)} = m) = q^{(m-1)n} - q^{mn}, \quad m \geqslant 1$$

(2) 对 $l \geqslant 1, j > i$，有

$$P(X_{(j)} - X_{(i)} \geqslant l) = \sum_{r=1}^{+\infty} \left\{ \sum_{t_1=0}^{i-1} C_n^{t_1} (1 - q^{r-1})^{t_1} \left[\sum_{t_2=0}^{j-t_1-1} C_{n-t_1}^{t_2} (q^{r-1} - q^{r+l-1})^{t_2} q^{(r+l-1)(n-t_1-t_2)} \right] \right.$$

$$\left. - \sum_{t_1=0}^{i-1} C_n^{t_1} (1 - q^r)^{t_1} \left[\sum_{t_2=0}^{j-t_1-1} C_{n-t_1}^{t_2} (q^r - q^{r+l-1})^{t_2} q^{(r+l-1)(n-t_1-t_2)} \right] \right\}$$

$$P(X_{(j)} - X_{(i)} = 0) = 1 - P(X_{(j)} - X_{(i)} \geqslant 1)$$

特别地，对 $l \geqslant 1, k > 1$，有

$$P(X_{(k)} - X_{(1)} \geqslant l) = \sum_{r=1}^{+\infty} \Big\{ \sum_{t_2=0}^{k-1} C_n^{t_2} (q^{r-1} - q^{r+l-1})^{t_2} q^{(r+l-1)(n-t_2)}$$

$$- \sum_{t_2=0}^{k-1} C_n^{t_2} (q^r - q^{r+l-1})^{t_2} q^{(r+l-1)(n-t_2)} \Big\}$$

$$P(X_{(k)} - X_{(1)} = 0) = 1 - P(X_{(k)} - X_{(1)} \geqslant 1)$$

对 $s \geqslant 0$，有

$$P(X_{(k)} - X_{(1)} \leqslant s) = \frac{\Phi_k(q^{s+1}) - q^n \Phi_k(q^s)}{1 - q^n}$$

式中，$\Phi_k(x) = \sum_{r=k}^{n} C_n^r (1-x)^r x^{n-r} (k \geqslant 1, 0 \leqslant x \leqslant 1)$.

定理 6.9 证明过程可扫描本章二维码查看.

注　易知几何分布总体的第一个次序统计量仍服从几何分布.

众所周知，几何分布与指数分布都具有"无记忆性"这一典型特征.而指数分布总体的次序统计量也有许多重要性质.例如，若 $X_{(1)} \leqslant X_{(2)} \leqslant \cdots \leqslant X_{(n)}$ 为来自总体 $X \sim \mathrm{Exp}(\lambda)$ 的样本容量为 n 的前 n 个次序统计量，则有 $nX_{(1)}$，$(n-1)(X_{(2)} - X_{(1)})$，$\cdots$，$(n-i+1)(X_{(i)} - X_{(i-1)})$，$\cdots$，$(X_{(n)} - X_{(n-1)})$ 独立同分布于指数 $\mathrm{Exp}(\lambda)$. 这些性质在指数分布、韦布尔分布等统计推断中有着十分重要的应用.那么，几何分布有无与指数分布相类似的性质，或者说有哪些是相同的性质，又有哪些不同的性质？下面两个定理部分地回答了这一问题.

定理 6.10　若总体 X 服从几何分布，$X_{(1)} \leqslant X_{(2)} \leqslant \cdots \leqslant X_{(n)}$ 为来自总体 X 的样本容量为 n 的前 n 个次序统计量，则对 $k > i \geqslant 1$，有 $X_{(1)}$ 与 $X_{(k)} - X_{(i)}$ 是独立的.

注　定理 6.10 所述几何分布这一性质与指数分布类似.

定理 6.11　若总体 X 服从几何分布，$X_{(1)} \leqslant X_{(2)} \leqslant \cdots \leqslant X_{(n)}$ 为来自总体 X 的样本容量为 n 的前 n 个次序统计量，则 $X_{(2)} - X_{(1)}$ 与 $X_{(3)} - X_{(2)}$ 是不独立的.

注　定理 6.11 所述的几何分布这一性质与指数分布不同.

案例 6.5　费歇定理

费歇定理是数理统计中关于正态分布总体最为重要的抽样分布定理，该定理的证明是学习的难点之一，下面给出几种证明方法.

定理 6.12(费歇定理)　设 $X_1, X_2, \cdots, X_n$ 是来自正态总体 $N(\mu, \sigma^2)$ 的一个简单随机样本，则

(1) $\bar{X} \sim N\left(\mu, \dfrac{\sigma^2}{n}\right)$.

(2) $\dfrac{\sum\limits_{i=1}^{n}(X_i-\bar{X})^2}{\sigma^2}=\dfrac{nS_n^2}{\sigma^2}=\dfrac{(n-1)S^2}{\sigma^2}\sim\chi^2(n-1)$.

(3) $\bar{X}$ 与 S^2(或 S_n^2) 相互独立.

费歇定理的 4 种证明方法可扫描本章二维码查看.

注(1) 我们知道 $\dfrac{1}{\sigma^2}\sum\limits_{i=1}^{n}(X_i-\mu)^2\sim\chi^2(n)$,如果参数 μ 用 $\bar{X}$ 替代,则有 $\dfrac{1}{\sigma^2}\sum\limits_{i=1}^{n}(X_i-\bar{X})^2\sim\chi^2(n-1)$,其仍服从 χ^2 分布,但自由度减少 1,即从 n 变为 $n-1$. 究其原因是由于 $\sum\limits_{i=1}^{n}(X_i-\bar{X})=0$,增加了这一约束条件,使在原有 n 个自由度的基础上减去 1.

(2) 设总体 $X\sim N(\mu,\sigma^2)$,X_1,X_2,$\cdots$,X_n 为总体 X 的一个简单随机样本,记 $\bar{X}=\dfrac{1}{n}\sum\limits_{i=1}^{n}X_i$,$S^2=\dfrac{1}{n-1}\sum\limits_{i=1}^{n}(X_i-\bar{X})^2$,则① $\dfrac{\sqrt{n}(\bar{X}-\mu)}{S}\sim t(n-1)$;② $\dfrac{1}{\sigma^2}\sum\limits_{i=1}^{n}(X_i-\mu)^2\sim\chi^2(n)$;③ $\dfrac{\sqrt{n}(\bar{X}-\mu)}{S}$ 与 $\dfrac{1}{\sigma^2}\sum\limits_{i=1}^{n}(X_i-\mu)^2$ 相互独立.

"$\dfrac{\sqrt{n}(\bar{X}-\mu)}{S}$ 与 $\dfrac{1}{\sigma}\sum\limits_{i=1}^{n}(X_i-\mu)^2$ 相互独立"的证明过程请扫描本章二维码查看.

要深入理解一个定理,考察其逆定理是否成立也是一项很有意义的工作,下面考察费歇定理的逆定理.

定理 6.13(费歇定理之逆定理) 设 X_1,X_2,$\cdots$,X_n 是总体 X 的一个容量为 n 的简单随机样本,则 $\bar{X}$ 与 $S_n^2=\dfrac{1}{n}\sum\limits_{i=1}^{n}(X_i-\bar{X})^2$ 是相互独立,当且仅当 X 是正态分布.

逆定理的证明过程可扫描本章二维码查看.

本案例给出了几个费歇定理的证明方法,下面考察 X_1,X_2,$\cdots$,X_n 的加权平均$\left(\text{权不}\right.$都是 $\left.\dfrac{1}{n}\right)$ 是否还有类似于费歇定理的结论.

费歇定理可拓展出以下结论,其证明过程可扫描本章二维码查看.

设 $\boldsymbol{X}=(X_1\ \ X_2\ \ \cdots\ \ X_n)'\sim N_n(\mu\boldsymbol{1},\sigma^2\boldsymbol{\Lambda})$,其中 $\boldsymbol{1}=(1\ \ 1\ \ \cdots\ \ 1)'$,$\lambda_i>0$,$i=1,2,\cdots,n$,$\boldsymbol{\Lambda}=\begin{pmatrix}\lambda_1^{-1}&&&\\&\lambda_2^{-1}&&\\&&\ddots&\\&&&\lambda_n^{-1}\end{pmatrix}$,记 $\bar{X}=\dfrac{\sum\limits_{j=1}^{n}\lambda_jX_j}{\sum\limits_{j=1}^{n}\lambda_j}$,$S^2=\dfrac{1}{n-1}\sum\limits_{j=1}^{n}\lambda_j(X_j-\bar{X})^2$,则

(1) $\bar{X}\sim N\left(\mu,\dfrac{\sigma^2}{\sum\limits_{j=1}^{n}\lambda_j}\right)$.

(2) $\dfrac{(n-1)S^2}{\sigma^2} \sim \chi^2(n-1)$.

(3) $\bar{X}$ 与 S^2 独立.

(4) $T = \dfrac{\bar{X}-\mu}{\dfrac{S}{\sqrt{\sum\limits_{j=1}^{n}\lambda_j}}} \sim t(n-1)$.

案例 6.6 柯赫伦定理

柯赫伦定理又称 χ^2 变量分解定理,其在方差分析中有着重要的应用.

定理 6.14(柯赫伦定理) 设总体 $X \sim N(0,1)$,X_1,X_2,$\cdots$,X_n 为总体 X 的一个简单随机样本,$Q = \sum\limits_{i=1}^{n} X_i^2 = \sum\limits_{i=1}^{k} Q_i (1 < k \leqslant n)$,且 $Q_i(i=1,2,\cdots,k)$ 是秩为 n_i 的关于 X_1,X_2,$\cdots$,X_n 的二次型,则 $Q_i(i=1,2,\cdots,k)$ 相互独立,且 $Q_i \sim \chi^2(n_i)$ 的充要条件是 $\sum\limits_{i=1}^{k} n_i = n$.

例 6.6.1 由柯赫伦定理导出费歇定理.(证明过程可扫描本章二维码查看.)

例 6.6.2 设总体 $X \sim N(\mu,\sigma^2)$,X_1,X_2,$\cdots$,X_n 为总体 X 的一个简单随机样本,记 $T = \sum\limits_{i=1}^{n} X_i$,求 $E(X_1^2 \mid T)$.(求解过程可扫描本章二维码查看.)

案例 6.7 均匀分布 $U[0,1]$ 次序统计量与 β 分布的关系

设随机变量 $X \sim \beta(a,b)$,其密度函数为

$$f(x) = \frac{\Gamma(a+b)}{\Gamma(a)\Gamma(b)} x^{a-1}(1-x)^{b-1}, \quad 0 < x < 1$$

设 $X_{(1)}$,$X_{(2)}$,$\cdots$,$X_{(n)}$ 是均匀分布 $U[0,1]$ 总体容量为 n 的前 n 个次序统计量,则 $X_{(i)}$,$X_{(n)}-X_{(1)}$,$X_{(k+i)}-X_{(i)}$,$\dfrac{X_{(i)}}{X_{(i+1)}}$,$\dfrac{X_{(j)}-X_{(i)}}{X_{(k)}-X_{(i)}}$ 都服从 β 分布,即

(1) $X_{(i)} \sim \beta(i,n-i+1)$.

(2) $X_{(n)}-X_{(1)} \sim \beta(n-1,2)$.

(3) $X_{(k+i)}-X_{(i)} \sim \beta(k,n-k+1)$.

(4) $\dfrac{X_{(i)}}{X_{(i+1)}} \sim \beta(k, 1)$.

(5) $\dfrac{X_{(j)} - X_{(i)}}{X_{(k)} - X_{(i)}} \sim \beta(j-i, k-j)$.

证明 (1) 易见 $X_{(i)}$ 的密度函数为

$$f_{X_{(i)}}(y) = \frac{n!}{(i-1)!(n-i)!}[F(y)]^{i-1} f(y)[1-F(y)]^{n-i}$$

$$= \frac{n!}{(i-1)!(n-i)!} y^{i-1}(1-y)^{n-i}$$

$$= \frac{\Gamma[i+(n-i+1)]}{\Gamma(i)\Gamma(n-i+1)} y^{i-1}(1-y)^{(n-i+1)-1}, \quad 0 < y < 1$$

即 $$X_{(i)} \sim \beta(i, n-i+1)$$

(2) $X_{(n)} - X_{(1)}$ 的密度函数为

$$f_{X_{(n)}-X_{(1)}}(y) = n(n-1)y^{n-2}(1-y) = \frac{n!}{(n-2)!(2-1)!} y^{n-2}(1-y)$$

$$= \frac{\Gamma(n+1)!}{\Gamma(n-1)\Gamma(2)} y^{(n-1)-1}(1-y)^{2-1}, \quad 0 < y < 1$$

即 $$X_{(n)} - X_{(1)} \sim \beta(n-1, 2)$$

(3) $X_{(i)}$, $X_{(k+i)}$ 的联合密度为 $\left(\text{记 } a_{ik} = \dfrac{n!}{(i-1)!(k-1)!(n-k-i)!}\right)$

$$f_{X_{(i)}, X_{(k)}}(x, y) = \frac{n!}{(i-1)!(k-1)!(n-k-i)!}[F(x)]^{i-1} f(x)[F(y)-F(x)]^{k-1}$$

$$\times f(y)[1-F(y)]^{n-k-i}$$

$$= a_{ik} x^{i-1}(y-x)^{k-1}(1-y)^{n-k-i}, \quad 0 < x < y < 1$$

令 $Z = X_{(k+i)} - X_{(i)}$, 对 $0 < z < 1$, 有

$$F_Z(z) = P(X_{(k+i)} - X_{(i)} \leqslant z) = 1 - \int_0^{1-z} dx \int_{z+x}^1 f_{X_{(i)}, X_{(k+i)}}(x, y) dy$$

$$= 1 - a_{ik} \int_0^{1-z} x^{i-1} dx \int_{z+x}^1 (y-x)^{k-1}(1-y)^{n-k-i} dy$$

Z 的密度函数

$$f_Z(z) = a_{ik} z^{k-1} \frac{(i-1)!(n-k-i)!}{(n-k)!}(1-z)^{n-k} = \frac{n!}{(k-1)!(n-k)!} z^{k-1}(1-z)^{n-k}$$

即 $X_{(k+i)} - X_{(i)} \sim \beta(k, n-k+1)$, 且其分布仅依赖于 k.

同时易见如下结论: $Z_{(1)} = X_{(1)}$, $Z_2 = X_{(2)} - X_{(1)}$, $\cdots$, $Z_n = X_{(n)} - X_{(n-1)}$ 同服从

$\beta(1, n)$，但 Z_1, Z_2, $\cdots$, Z_n 不相互独立.事实上,易见 $Z_i \sim \beta(1, n)$ $(i=1, 2, \cdots, n)$，而 $X_{(1)}$, $X_{(2)}$, $\cdots$, $X_{(n)}$ 的联合密度为

$$f_{X_{(1)}, X_{(2)}, \cdots, X_{(n)}}(x_{(1)}, x_{(2)}, \cdots, x_{(n)}) = n!, \quad 0 \leqslant x_{(1)} < x_{(2)} < \cdots < x_{(n)} \leqslant 1$$

令 $\begin{cases} z_1 = x_{(1)} \\ z_2 = x_{(2)} - x_{(1)} \\ \vdots \\ z_n = x_{(n)} - x_{(n-1)} \end{cases}$，则 $\begin{cases} x_{(1)} = z_1 \\ x_{(2)} = z_1 + z_2 \\ \vdots \\ x_{(n)} = z_1 + z_2 + \cdots + z_n \end{cases}$，$J = 1$. Z_1, Z_2, $\cdots$, Z_n 的联合密度为

$$f_{Z_1, Z_2, \cdots, Z_n}(z_1, z_2, \cdots, z_n) = n!, \quad 0 < z_i < 1, i = 1, 2, \cdots, n, 0 < \sum_{i=1}^{n} z_i \leqslant 1$$

即 Z_1, Z_2, $\cdots$, Z_n 不相互独立.

(4) 注意如下恒等式：

$$\int_0^{1-x} (1-x-y)^n y^m \mathrm{d}y = \frac{n! \, m!}{(n+m+1)!} (1-x)^{n+m+1}$$

事实上

$$\begin{aligned} \int_0^{1-x} (1-x-y)^n y^m \mathrm{d}y &= \int_0^{1-x} (1-x-y)^n \mathrm{d}\frac{y^{m+1}}{m+1} \\ &= \frac{1}{m+1} y^{m+1} (1-x-y)^n \Big|_0^{1-x} - \int_0^{1-x} \frac{y^{m+1}}{m+1} \mathrm{d}(1-x-y)^n \\ &= \frac{n}{m+1} \int_0^{1-x} (1-x-y)^{n-1} y^{m+1} \mathrm{d}y \\ &= \frac{n}{m+1} \cdot \frac{n-1}{m+2} \cdot \cdots \cdot \frac{1}{m+n} \int_0^{1-x} y^{m+n} \mathrm{d}y \\ &= \frac{n! \, m!}{(n+m+1)!} (1-x)^{n+m+1} \end{aligned}$$

记 $Y_i = \dfrac{X_{(i)}}{X_{(i+1)}}$ $(i=1, 2, \cdots, n-1)$, $Y_n = X_{(n)}$, $X_{(1)}$, $X_{(2)}$, $\cdots$, $X_{(n)}$ 的联合密度为

$$f_{X_{(1)}, X_{(2)}, \cdots, X_{(n)}}(x_{(1)}, x_{(2)}, \cdots, x_{(n)}) = n!, \quad 0 \leqslant x_{(1)} < x_{(2)} < \cdots < x_{(n)} \leqslant 1$$

令 $\begin{cases} Y_1 = \dfrac{X_{(1)}}{X_{(2)}} \\ Y_2 = \dfrac{X_{(2)}}{X_{(3)}} \\ \vdots \\ Y_{n-1} = \dfrac{X_{(n-1)}}{X_{(n)}} \\ Y_n = X_{(n)} \end{cases}$，即有 $\begin{cases} X_{(1)} = Y_1 Y_2 \cdots Y_n \\ X_{(2)} = Y_2 \cdots Y_n \\ \vdots \\ X_{(n-1)} = Y_{n-1} Y_n \\ X_{(n)} = Y_n \end{cases}$，$J = y_2 y_3^2 \cdots y_n^{n-1}$，则 Y_1, Y_2, $\cdots$, Y_n 的联

合密度为

$$n!y_2 y_3^2 \cdots y_n^{n-1} = (y_1^{1-1}) \cdot (2y_2^{2-1})(3y_3^{3-1}) \cdots (ny_n^{n-1}), \quad 0 \leqslant y_i \leqslant 1, i = 1, 2, \cdots, n$$

即该联合密度为可分离的，即 $Y_1, Y_2, \cdots, Y_n$ 相互独立，且 $Y_i \sim \beta(i, 1) \ (i = 1, 2, \cdots, n)$.

(5) 记 $U = \dfrac{X_{(j)} - X_{(i)}}{X_{(k)} - X_{(i)}}$, $X_{(i)} < X_{(j)} < X_{(k)}$, $a_{ijk} = \dfrac{n!}{(i-1)!(j-i-1)!(k-j-1)!(n-k)!}$,

则 $X_{(i)}, X_{(j)}, X_{(k)}$ 的联合密度为

$$a_{ijk} x^{i-1} (y-x)^{j-i-1} (z-y)^{k-j-1} (1-z)^{n-k}, \quad 0 < x < y < z < 1$$

记 $X = X_{(i)}$, $Y = X_{(j)}$, $Z = X_{(k)}$, 令 $\begin{cases} U = \dfrac{Y-X}{Z-X} \\ V = Z - X \\ W = X \end{cases}$ $\begin{cases} X = W \\ Y = W + UV, \ j = -v, \ |J| = v, \\ Z = W + V \end{cases}$

则 U, V, W 的联合密度为

$$a_{ijk} w^{i-1} (uv)^{j-i-1} \left[v(1-u) \right]^{k-j-1} (1-w-v)^{n-k} v$$
$$= a_{ijk} u^{j-i-1} (1-u)^{k-j-1} w^{i-1} (1-w-v)^{n-k} v^{k-i-1},$$
$$0 < w < 1, 0 < v < 1-w, 0 < u < 1$$

U 的密度函数为

$$f_U(u) = a_{ijk} u^{j-i-1} (1-u)^{k-j-1} \int_0^1 w^{i-1} \mathrm{d}w \int_0^{1-w} v^{k-i-1} (1-w-v)^{n-k} \mathrm{d}v$$

$$= a_{ijk} u^{j-i-1} (1-u)^{k-j-1} \int_0^1 w^{i-1} \frac{(n-k)!(k-i-1)!}{(n-i)!} (1-w)^{n-i} \mathrm{d}w$$

$$= a_{ijk} \frac{(n-k)!(k-i-1)!}{(n-i)!} B(i, n-i+1) u^{j-i-1} (1-u)^{k-j-1}$$

$$= \frac{n!}{(i-1)!(j-i-1)!(k-j-1)!(n-k)!} \cdot \frac{(n-k)!(k-i-1)!}{(n-i)!}$$

$$\cdot \frac{(i-1)!(n-i)!}{n!} u^{j-i-1} (1-u)^{k-j-1}$$

$$= \frac{(k-i-1)!}{(j-i-1)!(k-j-1)!} u^{j-i-1} (1-u)^{k-j-1}, \quad 0 < u < 1$$

即
$$U \sim \beta(j-i, k-j)$$

案例 6.8　正态分布总体统计量 $\dfrac{1}{2(n-1)} \sum\limits_{i=1}^{n-1} (X_{i+1} - X_i)^2$ 是否服从 $\chi^2(n-1)$?

设总体 $X \sim N(\mu, \sigma^2)$, $X_1, X_2, \cdots, X_n$ 为 X 的一个样本，对 $i = 1, 2, \cdots, n-1$,

易见

$$E(X_{i+1}-X_i)=0, \quad D(X_{i+1}-X_i)=2\sigma^2, \quad X_{i+1}-X_i \sim N(0, 2\sigma^2)$$

则 $E\left[\dfrac{1}{2(n-1)}\sum_{i=1}^{n-1}(X_{i+1}-X_i)^2\right]=\sigma^2$, 即 $\dfrac{1}{2(n-1)}\sum_{i=1}^{n-1}(X_{i+1}-X_i)^2$ 为方差 σ^2 的无偏估计.

再者, 对 $i=1, 2, \cdots, n-1$, 不仅 $X_{i+1}-X_i$ 与 X_i-X_{i-1} 相关, 而且 $(X_{i+1}-X_i)^2$ 与 $(X_i-X_{i-1})^2$ 也是相关的. 事实上, 记 $Y_i=\dfrac{X_i-\mu}{\sigma}\sim N(0, 1)$ $(i=1, 2, \cdots, n)$ 有

$$\mathrm{cov}(X_{i+1}-X_i, X_i-X_{i-1})=\sigma^2\mathrm{cov}(Y_{i+1}-Y_i, Y_i-Y_{i-1})$$

$$\mathrm{cov}(Y_{i+1}-Y_i, Y_i-Y_{i-1})=E(Y_{i+1}Y_i)-E(Y_{i+1}Y_{i-1})-E(Y_i^2)+E(Y_iY_{i-1})=-1$$

$$\mathrm{cov}(X_{i+1}-X_i, X_i-X_{i-1})=-\sigma^2$$

即 $X_{i+1}-X_i$ 与 X_i-X_{i-1} 是相关的. 另外

$$E(Y_{i+1}-Y_i)^2=E(Y_{i+1}^2)-2E(Y_{i+1}Y_i)+E(Y_i^2)=2, \quad E(Y_i-Y_{i-1})^2=2$$

$$\begin{aligned}
E\left[(Y_{i+1}-Y_i)(Y_i-Y_{i-1})\right]^2 &=E(Y_{i+1}Y_i-Y_{i+1}Y_{i-1}-Y_i^2+Y_iY_{i-1})^2 \\
&=E(Y_{i+1}^2Y_i^2)+E(Y_{i+1}^2Y_{i-1}^2)+E(Y_i^4)+E(Y_i^2Y_{i-1}^2) \\
&\quad -2E(Y_{i+1}^2Y_iY_{i-1})-2E(Y_{i+1}Y_i^3)+2E(Y_{i+1}Y_i^2Y_{i-1}) \\
&\quad +2E(Y_{i+1}Y_i^2Y_{i-1})-2E(Y_{i+1}Y_iY_{i-1}^2)-2E(Y_i^3Y_{i-1}) \\
&=E(Y_{i+1}^2Y_i^2)+E(Y_{i+1}^2Y_{i-1}^2)+E(Y_i^4)+E(Y_i^2Y_{i-1}^2) \\
&=3+E(Y_i^4)=3+DY_i^2+\left[E(Y_i^2)\right]^2=6
\end{aligned}$$

$$\begin{aligned}
\mathrm{cov}((X_{i+1}-X_i)^2, (X_i-X_{i-1})^2) &=\sigma^4\mathrm{cov}((Y_{i+1}-Y_i)^2, (Y_i-Y_{i-1})^2) \\
&=\sigma^4\{E\left[(Y_{i+1}-Y_i)(Y_i-Y_{i-1})\right]^2 \\
&\quad -E(Y_{i+1}-Y_i)^2E(Y_i-Y_{i-1})^2\} \\
&=2\sigma^4
\end{aligned}$$

即 $(X_{i+1}-X_i)^2$ 与 $(X_i-X_{i-1})^2$ 是相关的.

注意到 $\quad \dfrac{1}{2(n-1)}\sum_{i=1}^{n-1}(X_{i+1}-X_i)^2=\dfrac{\sigma^2}{n-1}\sum_{i=1}^{n-1}\left[\dfrac{X_{i+1}-X_i}{\sqrt{2}\,\sigma}\right]^2$

$$=\dfrac{\sigma^2}{n-1}\sum_{i=1}^{n-1}\left[\dfrac{1}{\sqrt{2}}\left(\dfrac{X_{i+1}-\mu}{\sigma}-\dfrac{X_i-\mu}{\sigma}\right)\right]^2$$

令 $Y_i = \dfrac{X_i - \mu}{\sigma} \sim N(0, 1)$ $(i = 1, 2, \cdots, n)$，则

$$\frac{1}{2(n-1)} \sum_{i=1}^{n-1} (X_{i+1} - X_i)^2 = \frac{\sigma^2}{2(n-1)} \sum_{i=1}^{n-1} (Y_{i+1} - Y_i)^2$$

$$= \frac{\sigma^2}{2(n-1)}$$

$$\times (Y_1 \ \ Y_2 \ \ Y_3 \ \cdots \ \cdots \ Y_{n-2} \ \ Y_{n-1} \ \ Y_n) \begin{pmatrix} 1 & -1 & 0 & \cdots & \cdots & 0 & 0 & 0 \\ -1 & 2 & -1 & \cdots & \cdots & 0 & 0 & 0 \\ 0 & -1 & 2 & \cdots & \cdots & 0 & 0 & 0 \\ \vdots & \vdots & \vdots & & & \vdots & \vdots & \vdots \\ \vdots & \vdots & \vdots & & & \vdots & \vdots & \vdots \\ 0 & 0 & 0 & \cdots & \cdots & 2 & -1 & 0 \\ 0 & 0 & 0 & \cdots & \cdots & -1 & 2 & -1 \\ 0 & 0 & 0 & \cdots & \cdots & 0 & -1 & 1 \end{pmatrix}_{n \times n} \begin{pmatrix} Y_1 \\ Y_2 \\ Y_3 \\ \vdots \\ \vdots \\ Y_{n-2} \\ Y_{n-1} \\ Y_n \end{pmatrix}$$

记

$$A_n = \frac{1}{2(n-1)} \begin{pmatrix} 1 & -1 & 0 & \cdots & \cdots & 0 & 0 & 0 \\ -1 & 2 & -1 & \cdots & \cdots & 0 & 0 & 0 \\ 0 & -1 & 2 & \cdots & \cdots & 0 & 0 & 0 \\ \vdots & \vdots & \vdots & & & \vdots & \vdots & \vdots \\ \vdots & \vdots & \vdots & & & \vdots & \vdots & \vdots \\ 0 & 0 & 0 & \cdots & \cdots & 2 & -1 & 0 \\ 0 & 0 & 0 & \cdots & \cdots & -1 & 2 & -1 \\ 0 & 0 & 0 & \cdots & \cdots & 0 & -1 & 1 \end{pmatrix}_{n \times n}$$

即

$$\frac{1}{2(n-1)} \sum_{i=1}^{n-1} (X_{i+1} - X_i)^2 = (Y_1 \ \ Y_2 \ \ Y_3 \ \cdots \ \cdots \ Y_{n-2} \ \ Y_{n-1} \ \ Y_n) A_n \begin{pmatrix} Y_1 \\ Y_2 \\ Y_3 \\ \vdots \\ \vdots \\ Y_{n-2} \\ Y_{n-1} \\ Y_n \end{pmatrix}$$

注意到如下引理：

引理 6.1 设 $Z = (Z_1, Z_2, \cdots, Z_n)'$，$Z_1, Z_2, \cdots, Z_n$ 独立，$Z_i \sim N(a_i, 1)$ $(i = 1, 2, \cdots, n)$，记 $a = (a_1, a_2, \cdots, a_n)'$，$Y = Z'AZ$，$A$ 为 n 阶对称方阵，则 Y 服从 χ^2 分布的充要条件为 A 为幂等方阵，即 $A^2 = A$，这时 $Y \sim \chi^2(r)$，其中 r 为矩阵 A 的秩.

下面考察矩阵 $\boldsymbol{A}_n$ 是否为幂等矩阵.

事实上,当 $n=2$ 时,有

$$\boldsymbol{A}_2 = \frac{1}{2}\begin{pmatrix} 1 & -1 \\ -1 & 1 \end{pmatrix}$$

$$\boldsymbol{A}_2^2 = \frac{1}{2}\begin{pmatrix} 1 & -1 \\ -1 & 1 \end{pmatrix} \times \frac{1}{2}\begin{pmatrix} 1 & -1 \\ -1 & 1 \end{pmatrix} = \frac{1}{4}\begin{pmatrix} 2 & -2 \\ -2 & 2 \end{pmatrix} = \frac{1}{2}\begin{pmatrix} 1 & -1 \\ -1 & 1 \end{pmatrix} = \boldsymbol{A}_2$$

即 $\boldsymbol{A}_2$ 为 2 阶幂等方阵,且其秩为 1,则 $\frac{1}{2}(X_2 - X_1)^2 \sim \chi^2(1)$.

当 $n=3$ 时,有

$$\boldsymbol{A}_3 = \frac{1}{4}\begin{pmatrix} 1 & -1 & 0 \\ -1 & 2 & -1 \\ 0 & -1 & 1 \end{pmatrix}$$

$$\boldsymbol{A}_3^2 = \frac{1}{4}\begin{pmatrix} 1 & -1 & 0 \\ -1 & 2 & -1 \\ 0 & -1 & 1 \end{pmatrix} \times \frac{1}{4}\begin{pmatrix} 1 & -1 & 0 \\ -1 & 2 & -1 \\ 0 & -1 & 1 \end{pmatrix} = \frac{1}{16}\begin{pmatrix} 2 & -3 & 1 \\ -3 & 6 & -3 \\ 1 & -3 & 2 \end{pmatrix} \neq \boldsymbol{A}_3$$

易见,方阵 $\boldsymbol{A}_3$ 的秩为 2,且 $\boldsymbol{A}_3$ 不是幂等方阵,进而 $\frac{1}{4}\sum\limits_{i=1}^{2}(X_{i+1}-X_i)^2$ 不服从 $\chi^2(2)$ 分布,也不服从 χ^2 分布.

当 $n \geqslant 4$ 时,有

$$\boldsymbol{A}_n^2 = \frac{1}{4(n-1)^2}\begin{pmatrix} 1 & -1 & 0 & \cdots & \cdots & 0 & 0 & 0 \\ -1 & 2 & -1 & \cdots & \cdots & 0 & 0 & 0 \\ 0 & -1 & 2 & \cdots & \cdots & 0 & 0 & 0 \\ \vdots & \vdots & \vdots & & & \vdots & \vdots & \vdots \\ \vdots & \vdots & \vdots & & & \vdots & \vdots & \vdots \\ 0 & 0 & 0 & \cdots & \cdots & 2 & -1 & 0 \\ 0 & 0 & 0 & \cdots & \cdots & -1 & 2 & -1 \\ 0 & 0 & 0 & \cdots & \cdots & 0 & -1 & 1 \end{pmatrix}_{n\times n}$$

$$\times \begin{pmatrix} 1 & -1 & 0 & \cdots & \cdots & 0 & 0 & 0 \\ -1 & 2 & -1 & \cdots & \cdots & 0 & 0 & 0 \\ 0 & -1 & 2 & \cdots & \cdots & 0 & 0 & 0 \\ \vdots & \vdots & \vdots & & & \vdots & \vdots & \vdots \\ \vdots & \vdots & \vdots & & & \vdots & \vdots & \vdots \\ 0 & 0 & 0 & \cdots & \cdots & 2 & -1 & 0 \\ 0 & 0 & 0 & \cdots & \cdots & -1 & 2 & -1 \\ 0 & 0 & 0 & \cdots & \cdots & 0 & -1 & 1 \end{pmatrix}_{n\times n}$$

$$= \frac{1}{4(n-1)^2} \begin{pmatrix} 2 & -3 & 1 & \cdots & \cdots & 0 & 0 & 0 \\ -3 & 6 & -4 & \cdots & \cdots & 0 & 0 & 0 \\ 1 & -4 & 6 & \cdots & \cdots & 0 & 0 & 0 \\ \vdots & \vdots & \vdots & & \vdots & \vdots & \vdots \\ \vdots & \vdots & \vdots & & \vdots & \vdots & \vdots \\ 0 & 0 & 0 & \cdots & \cdots & 6 & -4 & 1 \\ 0 & 0 & 0 & \cdots & \cdots & -4 & 6 & -3 \\ 0 & 0 & 0 & \cdots & \cdots & 1 & -3 & 2 \end{pmatrix}_{n \times n} \neq \boldsymbol{A}_n$$

容易验证 $n \times n$ 阶方阵 $\boldsymbol{A}_n$ 的秩为 $n-1$，但 $\boldsymbol{A}_n$ 不是幂等方阵，进而 $\frac{1}{2(n-1)} \sum_{i=1}^{n-1} (X_{i+1} - X_i)^2$ 不服从 $\chi^2(n-1)$ 分布，也不服从 χ^2 分布.

案例 6.9   指数分布的统计特征

指数分布由于它的无记忆性，使其在可靠性理论与应用概率模型中有着非常重要的地位，它是构成各种随机模型的基本部件，它在信息工程、电子工程、控制论以及经济学中有着重要的应用. 目前针对指数分布总体次序统计量的性质的研究较为彻底，其成为研究其他连续型寿命分布统计分析的重要基础，而其中最主要的性质可写成如下定理 1 的形式：

定理 6.15   设 $X_{(1)} \leqslant X_{(2)} \leqslant \cdots \leqslant X_{(n)}$ 为来自指数分布总体 $X \sim \text{Exp}\left(\frac{1}{\theta}\right)$ 的容量为 n 的前 n 个次序统计量，X 的分布函数与密度函数分别记为 $F(x) = 1 - \mathrm{e}^{-\frac{x}{\theta}}$，$f(x) = \frac{1}{\theta} \mathrm{e}^{-\frac{x}{\theta}}$，令 $X_{(0)} = 0$，则① $n X_{(1)}$，$(n-1)(X_{(2)} - X_{(1)})$，$\cdots$，$(n-i+1)(X_{(i)} - X_{(i-1)})$，$\cdots$，$X_{(n)} - X_{(n-1)}$ 独立同服从指数分布 $\text{Exp}\left(\frac{1}{\theta}\right)$；② $X_{(i+1)} - X_{(i)}$ 与指数分布总体 X 容量为 $n-i$ 的第一个次序统计量同分布.

由定理 6.15 很容易得到如下推论：

推论 6.1   设 $X_{(1)} \leqslant X_{(2)} \leqslant \cdots \leqslant X_{(n)}$ 为来自指数分布总体 $X \sim \text{Exp}\left(\frac{1}{\theta}\right)$ 的容量为 n 的前 n 个次序统计量，X 的分布函数与密度函数分别记为 $F(x) = 1 - \mathrm{e}^{-\frac{x}{\theta}}$，$f(x) = \frac{1}{\theta} \mathrm{e}^{-\frac{x}{\theta}}$，令 $X_{(0)} = 0$，则① 对 $k \geqslant 2$，$X_{(1)}$ 与 $X_{(k)} - X_{(1)}$ 独立；② 对 $k > s \geqslant 2$，$X_{(1)}$ 与 $X_{(k)} - X_{(s)}$ 独立；③ 对 $i \geqslant 1$，$k > s \geqslant i$，$X_{(i)}$ 与 $X_{(k)} - X_{(s)}$ 独立.

设 $X_{(1)} \leqslant X_{(2)} \leqslant \cdots \leqslant X_{(n)}$ 为来自连续型总体 X 的容量为 n 的前 n 个次序统计量，X 的分布函数和密度函数分别记为 $F(x)$ 和 $f(x)$，那么如何利用次序统计量的特殊性质来刻画指数分布呢？或者说上述定理 6.15 与推论 6.1 的逆是否成立？这即为指数分布统计特征的研究.

引理 6.2 非负连续型随机变量 X 的分布函数、密度函数与失效率函数分别记为 $F(x)$，$f(x)$ 与 $\lambda(x)$，若 $\lambda(x)$ 取常数 $c > 0$，则 X 服从指数分布 $\text{Exp}\left(\dfrac{1}{c}\right)$.（证明过程可扫描本章二维码查看.）

下面定理 6.16～定理 6.18 中的充分性显而易见，所以仅须证明必要性，证明过程可扫描本章二维码查看.

定理 6.16 设总体 X 为非负连续型随机变量，其分布函数和密度函数分别记为 $F(x)$ 和 $f(x)$，而 X_1，X_2，$\cdots$，X_n 为总体 X 的一个容量为 n 的样本，$X_{(1)} \leqslant X_{(2)} \leqslant \cdots \leqslant X_{(n)}$ 为其次序统计量，则 $X_{(1)}$ 和 $X_{(k)} - X_{(1)}$ 独立的充要条件是 X 服从指数分布.

推论 6.2 设总体 X 为非负连续型随机变量，其分布函数和密度函数分别记为 $F(x)$ 和 $f(x)$，而 X_1，X_2，$\cdots$，X_n 为总体 X 的一个容量为 n 的样本，$X_{(1)} \leqslant X_{(2)} \leqslant \cdots \leqslant X_{(n)}$ 为其次序统计量，则 $X_{(1)}$ 和 $X_{(2)} - X_{(1)}$ 独立的充要条件是 X 服从指数分布.

推论 6.3 设总体 X 为非负连续型随机变量，其分布函数和密度函数分别记为 $F(x)$ 和 $f(x)$，而 X_1，X_2 为总体 X 的一个容量为 2 的样本，$X_{(1)} \leqslant X_{(2)}$ 为其次序统计量，则 $X_{(1)}$ 和 $X_{(2)} - X_{(1)}$ 独立的充要条件是 X 服从指数分布.

定理 6.17 设总体 X 为非负连续型随机变量，其分布函数和密度函数分别记为 $F(x)$ 和 $f(x)$，而 X_1，X_2，$\cdots$，X_n 为总体 X 的一个容量为 n 的样本，$X_{(1)} \leqslant X_{(2)} \leqslant \cdots \leqslant X_{(n)}$ 为其次序统计量，则 $X_{(1)}$ 和 $X_{(k)} - X_{(s)}$ $(k > s \geqslant 2)$ 独立的充要条件是 X 服从指数分布.

推论 6.4 设总体 X 为非负连续型随机变量，其分布函数和密度函数分别记为 $F(x)$ 和 $f(x)$，而 X_1，X_2，$\cdots$，X_n 为总体 X 的一个容量为 n 的样本，$X_{(1)} \leqslant X_{(2)} \leqslant \cdots \leqslant X_{(n)}$ 为其次序统计量，则 $X_{(1)}$ 和 $X_{(3)} - X_{(2)}$ 独立的充要条件是 X 服从指数分布.

定理 6.18 设总体 X 为非负连续型随机变量，其分布函数和密度函数分别记为 $F(x)$ 和 $f(x)$，而 X_1，X_2，$\cdots$，X_n 为总体 X 的一个容量为 n 的样本，$X_{(1)} \leqslant X_{(2)} \leqslant \cdots \leqslant X_{(n)}$ 为其次序统计量，则 $X_{(i)}$ $(i \geqslant 1)$ 和 $X_{(k)} - X_{(s)}$ $(i \leqslant s < k)$ 独立的充要条件是 X 服从指数分布.

定理 6.19 设总体 X 为非负连续型随机变量，其分布函数和密度函数分别记为 $F(x)$ 和 $f(x)$，而 X_1，X_2，$\cdots$，X_n 为总体 X 的一个容量为 n 的样本，$X_{(1)} \leqslant X_{(2)} \leqslant \cdots \leqslant X_{(n)}$ 为其次序统计量，则如果 $X_{(2)} - X_{(1)}$ 与 $X_{(3)} - X_{(2)}$ 独立，则有

$$\int_0^{+\infty} \left[f(x_1)\right]^3 \left[1 - F(x_1)\right]^{n-3} \mathrm{d}x_1$$

$$= \frac{n!}{(n-2)!} \int_0^{+\infty} \left[f(x_1)\right]^2 \left[1 - F(x_1)\right]^{n-2} \mathrm{d}x_1 \int_0^{+\infty} \left[f(x_2)\right]^2 F(x_2) \left[1 - F(x_2)\right]^{n-3} \mathrm{d}x_2$$

$$(6-1)$$

定理 6.19 的证明过程可扫描本章二维码查看.

注意到定理 6.19 中如果非负连续型随机变量单有式(6-1)成立，是得不到 X 服从指数分布这一结论的.

事实上,如果在定理 6.19 中取 $n=3$ 这一特殊情形,此时

$$\int_0^{+\infty} [f(x_1)]^3 \mathrm{d}x_1 = 6\int_0^{+\infty} [f(x_1)]^2 [1-F(x_1)]\mathrm{d}x_1 \int_0^{+\infty} [f(x_2)]^2 F(x_2)\mathrm{d}x_2 \quad (6-2)$$

下面通过两个反例说明,若满足式(6-2),但 X 并不服从指数分布.

反例 6.9.1　设总体 X 的分布函数和密度函数分别为 $F(x)$ 和 $f(x)$,则

$$F(x) = \begin{cases} 1 - \dfrac{(\alpha-x)^\theta}{\beta^\theta}, & \alpha - \beta < x < \alpha \\ 0, & \text{其他} \end{cases}$$

$$f(x) = \begin{cases} \dfrac{\theta}{\beta^\theta}(\alpha-x)^{\theta-1}, & \alpha - \beta < x < \alpha \\ 0, & \text{其他} \end{cases}$$

式中,$\theta > 0$,$\alpha \geqslant \beta > 0$.

特别地取 $n=3$,参数 $\theta \neq \dfrac{2}{3}$,$\dfrac{1}{2}$,$\dfrac{1}{3}$ 时

$$\int_{\alpha-\beta}^{\alpha} [f(x)]^3 \mathrm{d}x = \frac{\theta^3}{\beta^{3\theta}} \int_{\alpha-\beta}^{\alpha} (\alpha-x)^{3\theta-3}\mathrm{d}x = \frac{\theta^3}{\beta^{3\theta}} \int_0^\beta t^{3\theta-3}\mathrm{d}t = \frac{\theta^3}{\beta^{3\theta}} \cdot \frac{\beta^{3\theta-2}}{3\theta-2} = \frac{\theta^3}{\beta^2(3\theta-2)}$$

$$\int_{\alpha-\beta}^{\alpha} [f(x)]^2 \mathrm{d}x = \frac{\theta^2}{\beta^{2\theta}} \int_{\alpha-\beta}^{\alpha} (\alpha-x)^{2\theta-2}\mathrm{d}x = \frac{\theta^2}{\beta^{2\theta}} \int_0^\beta t^{2\theta-2}\mathrm{d}t = \frac{\theta^2}{\beta^{2\theta}} \cdot \frac{\beta^{2\theta-1}}{2\theta-1} = \frac{\theta^2}{\beta(2\theta-1)}$$

$$\int_{\alpha-\beta}^{\alpha} [f(x)]^2 F(x)\mathrm{d}x = \frac{\theta^2}{\beta^{2\theta}} \int_{\alpha-\beta}^{\alpha} (\alpha-x)^{2\theta-2}\left[1-\frac{(\alpha-x)^\theta}{\beta^\theta}\right]\mathrm{d}x$$

$$= \frac{\theta^2}{\beta(2\theta-1)} - \frac{\theta^2}{\beta^{3\theta}} \int_{\alpha-\beta}^{\alpha} (\alpha-x)^{3\theta-2}\mathrm{d}x = \frac{\theta^2}{\beta(2\theta-1)} - \frac{\theta^2}{\beta^{3\theta}} \int_0^\beta t^{3\theta-2}\mathrm{d}t$$

$$= \frac{\theta^2}{\beta(2\theta-1)} - \frac{\theta^2}{\beta^{3\theta}} \cdot \frac{\beta^{3\theta-1}}{3\theta-1} = \frac{\theta^2}{\beta(2\theta-1)} - \frac{\theta^2}{\beta(3\theta-1)}$$

$$= \frac{\theta^3}{\beta(2\theta-1)(3\theta-1)}$$

$$\int_{\alpha-\beta}^{\alpha} [f(x)]^2 [1-F(x)]\mathrm{d}x = \frac{\theta^2}{\beta(3\theta-1)}$$

如果等式 $\displaystyle\int_0^{+\infty} [f(x_1)]^3 \mathrm{d}x_1 = 6\int_0^{+\infty} [f(x_1)]^2 [1-F(x_1)]\mathrm{d}x_1 \int_0^{+\infty} [f(x_2)]^2 F(x_2)\mathrm{d}x_2$ 成立,则

$$\frac{\theta^3}{\beta^2(3\theta-2)} = 6\,\frac{\theta^2}{\beta(3\theta-1)} \cdot \frac{\theta^3}{\beta(2\theta-1)(3\theta-1)}$$

化简得
$$6\theta^2(3\theta-2) = (2\theta-1)(3\theta-1)^2$$

即　　　　$18\theta^3 - 12\theta^2 = (2\theta - 1)(9\theta^2 - 6\theta + 1) = 18\theta^3 - 12\theta^2 + 2\theta - 9\theta^2 + 6\theta - 1$

也即　　　　　　　　　　　　　　$9\theta^2 - 8\theta + 1 = 0$

其根为　　　　　$\theta_1 = \dfrac{4 - \sqrt{7}}{9} \approx 0.150\ 5, \quad \theta_2 = \dfrac{4 + \sqrt{7}}{9} \approx 0.738\ 4$

也就是说如果参数 θ 取 $\dfrac{4 - \sqrt{7}}{9}$ 或 $\dfrac{4 + \sqrt{7}}{9}$，上述等式总是成立的.

反例 6.9.2　非负随机变量 X 的分布函数与密度函数分别为

$$F(x) = C[\arctan(x + \alpha) - \arctan \alpha] = \frac{\arctan(x + \alpha) - \arctan \alpha}{\dfrac{\pi}{2} - \arctan \alpha}$$

$$f(x) = \frac{C}{(x + \alpha)^2 + 1}, \quad x \geqslant 0$$

式中，参数 $\alpha \geqslant 0$，常数 $C = \dfrac{1}{\dfrac{\pi}{2} - \arctan \alpha}$.

注意到以下积分：

$$\begin{aligned} I_n &= \int_0^{+\infty} \frac{\mathrm{d}x}{[(x + \alpha)^2 + 1]^n} = \int_0^{+\infty} \frac{[(x + \alpha)^2 + 1] - (x + \alpha)^2}{[(x + \alpha)^2 + 1]^n} \mathrm{d}x \\ &= I_{n-1} - \int_0^{+\infty} \frac{(x + \alpha)^2}{[(x + \alpha)^2 + 1]^n} \mathrm{d}x \\ &= I_{n-1} + \frac{1}{2(n-1)} \cdot \left. \frac{x + \alpha}{[(x + \alpha)^2 + 1]^{n-1}} \right|_0^{+\infty} - \frac{1}{2(n-1)} \int_0^{+\infty} \frac{\mathrm{d}x}{[(x + \alpha)^2 + 1]^{n-1}} \\ &= I_{n-1} - \frac{1}{2(n-1)} \cdot \frac{\alpha}{(\alpha^2 + 1)^{n-1}} - \frac{1}{2(n-1)} I_{n-1} \\ &= \frac{2n - 3}{2(n-1)} I_{n-1} - \frac{1}{2(n-1)} \cdot \frac{\alpha}{(\alpha^2 + 1)^{n-1}} \end{aligned}$$

而　　　　$I_1 = \displaystyle\int_0^{+\infty} \frac{\mathrm{d}x}{(x + \alpha)^2 + 1} = \frac{\pi}{2} - \arctan \alpha, \quad I_2 = \frac{1}{2} I_1 - \frac{1}{2} \cdot \frac{\alpha}{\alpha^2 + 1}$

$$I_3 = \frac{3}{4} I_2 - \frac{1}{4} \cdot \frac{\alpha}{(\alpha^2 + 1)^2} = \frac{3}{4} \left(\frac{1}{2} I_1 - \frac{1}{2} \frac{\alpha}{\alpha^2 + 1} \right) - \frac{1}{4} \cdot \frac{\alpha}{(\alpha^2 + 1)^2}$$

注意到以下积分：

$$J_n = \int_0^{+\infty} \frac{\arctan(x + \alpha)}{[(x + \alpha)^2 + 1]^n} \mathrm{d}x = \int_0^{+\infty} \frac{[(x + \alpha)^2 + 1] - (x + \alpha)^2}{[(x + \alpha)^2 + 1]^n} \arctan(x + \alpha) \mathrm{d}x$$

$$=J_{n-1}-\int_0^{+\infty}\frac{(x+\alpha)^2}{[(x+\alpha)^2+1]^n}\arctan(x+\alpha)\mathrm{d}x$$

$$=J_{n-1}+\frac{1}{2(n-1)}\cdot\frac{(x+\alpha)\arctan(x+\alpha)}{[(x+\alpha)^2+1]^{n-1}}\Big|_0^{+\infty}$$

$$-\frac{1}{2(n-1)}\int_0^{+\infty}\frac{\arctan(x+\alpha)+\dfrac{x+\alpha}{(x+\alpha)^2+1}}{[(x+\alpha)^2+1]^{n-1}}\mathrm{d}x$$

$$=J_{n-1}-\frac{1}{2(n-1)}\cdot\frac{\alpha\arctan\alpha}{(\alpha^2+1)^{n-1}}-\frac{1}{2(n-1)}J_{n-1}$$

$$-\frac{1}{2(n-1)}\int_0^{+\infty}\frac{x+\alpha}{[(x+\alpha)^2+1]^n}\mathrm{d}x$$

$$=\frac{2n-3}{2(n-1)}J_{n-1}-\frac{1}{2(n-1)}\cdot\frac{\alpha\arctan\alpha}{(\alpha^2+1)^{n-1}}-\frac{1}{4(n-1)}\int_{\alpha^2}^{+\infty}\frac{\mathrm{d}t}{(t+1)^n}$$

$$=\frac{2n-3}{2(n-1)}J_{n-1}-\frac{1}{2(n-1)}\cdot\frac{\alpha\arctan\alpha}{(\alpha^2+1)^{n-1}}+\frac{1}{4(n-1)}\cdot\frac{1}{n-1}\cdot\frac{1}{(t+1)^{n-1}}\Big|_{\alpha^2}^{+\infty}$$

$$=\frac{2n-3}{2(n-1)}J_{n-1}-\frac{1}{2(n-1)}\cdot\frac{\alpha\arctan\alpha}{(\alpha^2+1)^{n-1}}-\frac{1}{4(n-1)^2}\cdot\frac{1}{(\alpha^2+1)^{n-1}}$$

而
$$J_1=\int_0^{+\infty}\frac{\arctan(x+\alpha)}{(x+\alpha)^2+1}\mathrm{d}x=\frac{1}{2}\left[\frac{\pi^2}{4}-(\arctan\alpha)^2\right]$$

$$J_2=\frac{1}{2}J_1-\frac{1}{2}\cdot\frac{\alpha\arctan\alpha}{\alpha^2+1}-\frac{1}{4}\cdot\frac{1}{\alpha^2+1}$$

又

$$\int_0^{+\infty}[f(x)]^3\mathrm{d}x=C^3\int_0^{+\infty}\frac{\mathrm{d}x}{[(x+\alpha)^2+1]^3}=C^3 I_3$$

$$=C^3\left[\frac{3}{4}\left(\frac{1}{2}I_1-\frac{1}{2}\frac{\alpha}{\alpha^2+1}\right)-\frac{1}{4}\cdot\frac{\alpha}{(\alpha^2+1)^2}\right]$$

$$=C^3\left\{\frac{3}{4}\left[\frac{1}{2}\left(\frac{\pi}{2}-\arctan\alpha\right)-\frac{1}{2}\frac{\alpha}{\alpha^2+1}\right]-\frac{1}{4}\cdot\frac{\alpha}{(\alpha^2+1)^2}\right\}$$

$$=C^3\left[\frac{3}{8}\left(\frac{\pi}{2}-\arctan\alpha\right)-\frac{1}{4}\cdot\frac{\alpha}{\alpha^2+1}\left(\frac{3}{2}+\frac{1}{\alpha^2+1}\right)\right]$$

$$\int_0^{+\infty}[f(x)]^2F(x)\mathrm{d}x=C^3\int_0^{+\infty}\frac{\arctan(x+\alpha)-\arctan\alpha}{[(x+\alpha)^2+1]^2}\mathrm{d}x=C^3 J_2-C^3\arctan\alpha I_2$$

$$=C^3\left(\frac{1}{2}J_1-\frac{1}{2}\cdot\frac{\alpha\arctan\alpha}{\alpha^2+1}-\frac{1}{4}\cdot\frac{1}{\alpha^2+1}\right)$$

$$-C^3\arctan\alpha\left(\frac{1}{2}I_1-\frac{1}{2}\cdot\frac{\alpha}{\alpha^2+1}\right)$$

$$= C^3 \left\{ \frac{1}{4} \left[\frac{\pi^2}{4} - (\arctan \alpha)^2 \right] - \frac{1}{2} \cdot \frac{\alpha \arctan \alpha}{\alpha^2 + 1} - \frac{1}{4} \cdot \frac{1}{\alpha^2 + 1} \right\}$$

$$- C^3 \arctan \alpha \left[\frac{1}{2} \left(\frac{\pi}{2} - \arctan \alpha \right) - \frac{1}{2} \cdot \frac{\alpha}{\alpha^2 + 1} \right]$$

$$= C^3 \left[\frac{\pi^2}{16} - \frac{1}{4} (\arctan \alpha)^2 - \frac{1}{2} \cdot \frac{\alpha \arctan \alpha}{\alpha^2 + 1} - \frac{1}{4} \cdot \frac{1}{\alpha^2 + 1} \right.$$

$$\left. - \frac{\pi}{4} \arctan \alpha + \frac{1}{2} (\arctan \alpha)^2 + \frac{1}{2} \cdot \frac{\alpha \arctan \alpha}{\alpha^2 + 1} \right]$$

$$= C^3 \left[\frac{\pi^2}{16} - \frac{\pi}{4} \arctan \alpha + \frac{1}{4} (\arctan \alpha)^2 - \frac{1}{4} \cdot \frac{1}{\alpha^2 + 1} \right]$$

$$\int_0^{+\infty} [f(x)]^2 [1 - F(x)] \mathrm{d}x = \int_0^{+\infty} [f(x)]^2 \mathrm{d}x - \int_0^{+\infty} [f(x)]^2 F(x) \mathrm{d}x$$

$$= C^2 I_2 - \int_0^{+\infty} [f(x)]^2 F(x) \mathrm{d}x$$

$$= C^2 \left[\frac{1}{2} \left(\frac{\pi}{2} - \arctan \alpha \right) - \frac{1}{2} \cdot \frac{\alpha}{\alpha^2 + 1} \right]$$

$$- C^3 \left[\frac{\pi^2}{16} - \frac{\pi}{4} \arctan \alpha + \frac{1}{4} (\arctan \alpha)^2 - \frac{1}{4} \cdot \frac{1}{\alpha^2 + 1} \right]$$

$$= C^3 \left[\frac{1}{2} \left(\frac{\pi}{2} - \arctan \alpha \right)^2 - \frac{1}{2} \cdot \frac{\alpha}{\alpha^2 + 1} \left(\frac{\pi}{2} - \arctan \alpha \right) \right.$$

$$\left. - \frac{\pi^2}{16} + \frac{\pi}{4} \arctan \alpha - \frac{1}{4} (\arctan \alpha)^2 + \frac{1}{4} \cdot \frac{1}{\alpha^2 + 1} \right]$$

$$= C^3 \left[\frac{\pi^2}{8} - \frac{\pi}{2} \arctan \alpha + \frac{1}{2} (\arctan \alpha)^2 - \frac{\pi}{4} \cdot \frac{\alpha}{\alpha^2 + 1} + \frac{1}{2} \right.$$

$$\left. \times \frac{\alpha \arctan \alpha}{\alpha^2 + 1} - \frac{\pi^2}{16} + \frac{\pi}{4} \arctan \alpha - \frac{1}{4} (\arctan \alpha)^2 + \frac{1}{4} \cdot \frac{1}{\alpha^2 + 1} \right]$$

$$= C^3 \left[\frac{\pi^2}{16} - \frac{\pi}{4} \arctan \alpha + \frac{1}{4} (\arctan \alpha)^2 + \frac{2\alpha \arctan \alpha - \pi \alpha + 1}{4(\alpha^2 + 1)} \right]$$

令函数

$$\varphi(\alpha) = \int_0^{+\infty} [f(x)]^3 \mathrm{d}x - 6 \int_0^{+\infty} [f(x)]^2 [1 - F(x)] \mathrm{d}x \int_0^{+\infty} [f(x)]^2 F(x) \mathrm{d}x, \quad \alpha \geqslant 0$$

当 $\alpha = 0$ 时, $C = \dfrac{2}{\pi}$, 进而有

$$\varphi(0) = \left(\frac{2}{\pi} \right)^3 \frac{\pi}{16} - 6 \left(\frac{2}{\pi} \right)^3 \left(\frac{\pi^2}{16} + \frac{1}{4} \right) \left(\frac{2}{\pi} \right)^3 \left(\frac{\pi^2}{16} - \frac{1}{4} \right)$$

$$= \left(\frac{2}{\pi}\right)^6 \left[\frac{\pi^3}{2^3} \cdot \frac{\pi}{2^4} - 6\left(\frac{\pi^4}{2^8} - \frac{1}{2^4}\right)\right] = \left(\frac{2}{\pi}\right)^6 \left(\frac{\pi^4}{2^7} - \frac{3\pi^4}{2^7} + \frac{3}{2^3}\right)$$

$$= \left(\frac{2}{\pi}\right)^6 \left(-\frac{\pi^4}{2^6} + \frac{3}{2^3}\right)$$

$$\approx \left(\frac{2}{\pi}\right)^6 \left(-\frac{97.211\,7}{64} + \frac{3}{8}\right) \approx -1.143\,9 \left(\frac{2}{\pi}\right)^6 < 0$$

当 $\alpha = 1$ 时, $C = \dfrac{4}{\pi}$, 有

$$\int_0^{+\infty} [f(x)]^3 \mathrm{d}x = \left(\frac{4}{\pi}\right)^3 \left[\frac{3}{8}\left(\frac{\pi}{2} - \frac{\pi}{4}\right) - \frac{1}{8}\left(\frac{3}{2} + \frac{1}{2}\right)\right] = \left(\frac{4}{\pi}\right)^3 \left(\frac{3\pi}{32} - \frac{1}{4}\right)$$

$$\int_0^{+\infty} [f(x)]^2 [1 - F(x)] \mathrm{d}x = \left(\frac{4}{\pi}\right)^3 \left[\frac{\pi^2}{16} - \frac{\pi^2}{16} + \frac{\pi^2}{64} + \frac{\frac{\pi}{2} - \pi + 1}{8}\right]$$

$$= \left(\frac{4}{\pi}\right)^3 \left(\frac{\pi^2}{64} - \frac{\pi}{16} + \frac{1}{8}\right)$$

$$\int_0^{+\infty} [f(x)]^2 F(x) \mathrm{d}x = \left(\frac{4}{\pi}\right)^3 \left[\frac{\pi^2}{16} - \frac{\pi^2}{16} + \frac{\pi^2}{64} - \frac{1}{8}\right] = \left(\frac{4}{\pi}\right)^3 \left(\frac{\pi^2}{64} - \frac{1}{8}\right)$$

进而有

$$\varphi(1) = \left(\frac{4}{\pi}\right)^3 \left(\frac{3\pi}{32} - \frac{1}{4}\right) - 6 \left(\frac{4}{\pi}\right)^3 \left(\frac{\pi^2}{64} - \frac{\pi}{16} + \frac{1}{8}\right) \left(\frac{4}{\pi}\right)^3 \left(\frac{\pi^2}{64} - \frac{1}{8}\right)$$

$$= \left(\frac{4}{\pi}\right)^3 \frac{1}{4}\left(\frac{3\pi}{8} - 1\right) - \left(\frac{4}{\pi}\right)^6 \frac{6}{64}\left(\frac{\pi^2}{8} - \frac{\pi}{2} + 1\right)\left(\frac{\pi^2}{8} - 1\right)$$

$$= \left(\frac{4}{\pi}\right)^3 \frac{1}{4}\left(\frac{3\pi}{8} - 1\right) - \left(\frac{4}{\pi}\right)^6 \frac{3}{32}\left(\frac{\pi^2}{8} - \frac{\pi}{2} + 1\right)\left(\frac{\pi^2}{8} - 1\right)$$

$$= \frac{1}{32} \left(\frac{4}{\pi}\right)^6 \left[8 \frac{\pi^3}{64}\left(\frac{3\pi}{8} - 1\right) - 3\left(\frac{\pi^2}{8} - \frac{\pi}{2} + 1\right)\left(\frac{\pi^2}{8} - 1\right)\right]$$

$$= \frac{1}{32} \left(\frac{4}{\pi}\right)^6 \left(\frac{3\pi^4}{64} - \frac{\pi^3}{8} - \frac{3\pi^4}{64} + \frac{3\pi^2}{8} + \frac{3\pi^3}{16} - \frac{3\pi}{2} - \frac{3\pi^2}{8} + 3\right)$$

$$= \frac{1}{32} \left(\frac{4}{\pi}\right)^6 \left(\frac{\pi^3}{16} - \frac{3\pi}{2} + 3\right)$$

$$\approx \frac{1}{32} \left(\frac{4}{\pi}\right)^6 (1.934\,7 - 4.71 + 3) = \frac{0.224\,9}{32} \left(\frac{4}{\pi}\right)^6 > 0$$

于是存在 α_0, 当 $0 < \alpha_0 < 1$ 时有 $\varphi(\alpha_0) = 0$, 即存在不是指数分布的密度函数与相应的分布函数, 如下等式成立:

$$\int_0^{+\infty} [f(x)]^3 \mathrm{d}x = 6\int_0^{+\infty} [f(x)]^2 [1 - F(x)] \mathrm{d}x \int_0^{+\infty} [f(x)]^2 F(x) \mathrm{d}x$$

定理 6.20　设总体 X 为非负连续型随机变量,其具有单调失效率函数,相应的分布函数和密度函数分别记为 $F(x)$ 和 $f(x)$,而 X_1,X_2,$\cdots$,X_n 为总体 X 的一个容量为 n 的样本,$X_{(1)} \leqslant X_{(2)} \leqslant \cdots \leqslant X_{(n)}$ 为其次序统计量,则 $X_{(i+1)} - X_{(i)}$ 与指数分布总体 X 容量为 $n-i$ 的第一个次序统计量同分布的充要条件是 X 服从指数分布.(证明过程可扫描本章二维码查看.)

最后应该指出的是,也有许多学者研究几何分布的统计特征,虽然取得了一些研究成果,但由于困难较大,故研究进展不大.感兴趣的读者可查阅相关文献.

案例 6.10　经验分布函数

经验分布函数在统计学中有着非常重要的作用,是理论分布函数与实际数据间的桥梁.当样本容量足够大时,由格里汶科定理,统计推断才得以以样本为依据,从而得到合理的结果.另外,经验分布函数也是应用统计专业硕士的考点之一.以下给出 6 道例题,相应解答或证明过程可扫描本章二维码查看.

　　例 6.10.1　设 $F(x)$ 是总体 X 的分布函数,$F_n(x)$ 是基于来自总体 X 的容量为 n 的简单随机样本的经验分布函数.对于任意给定的 x $(-\infty < x < +\infty)$,试求 $F_n(x)$ 的概率分布、数学期望和方差.

　　例 6.10.2　设 X_1,X_2,$\cdots$,X_n 独立同分布,分布函数为 $F(x)$,$Y_n(x)$ 为 x_i 中小于等于 x 的个数,求 $\dfrac{Y_n(x)}{n}$ 的极限分布.

　　例 6.10.3　设总体 X 的分布函数为 $F(x)$,X_1,X_2,$\cdots$,X_n 为来自总体 X 的一个样本,$F_n^*(x)$ 为其经验分布函数,试问要使得对任意 $x \in (-\infty, +\infty)$,$F_n^*(x)$ 与 $F(x)$ 的绝对误差 $|F_n^*(x) - F(x)|$ 不少于 10% 的概率不大于 5%,样本容量 n 至少应该取多大?

　　例 6.10.4　设 X_1,X_2,$\cdots$,X_n 相互独立,是取自分布函数 $F(x)$ 的一个样本,$F_n(x)$ 是经验分布函数,求证:$\operatorname{cov}(F_n(u), F_n(v)) = \dfrac{1}{n}[F(m) - F(u)F(v)]$,$m = \min(u, v)$.

　　例 6.10.5　设 X_1,X_2,$\cdots$,X_n 是取自总体分布函数为 $F(x)$ 的一个样本,$F_n(x)$ 为总体 X 的经验分布函数,求证:(1) $F_n(x) \xrightarrow{P} F(x)$;(2) $F_n(x) \xrightarrow{\text{a.s.}} F(x)$,

$$\lim_{n \to +\infty} P\left\{ \frac{F_n(x) - F(x)}{\sqrt{\dfrac{F(x)[1 - F(x)]}{n}}} \leqslant y \right\} = \Phi(y).$$

例 6.10.6 求证经验分布函数序列 $\{F_n(x), n \geqslant 1\}$ 满足马尔可夫条件，即

$$\lim_{n \to +\infty} D(\overline{F_n(x)}) = \lim_{n \to +\infty} D\left(\frac{1}{n}\sum_{i=1}^{n}F_i(x)\right) = 0$$

第 7 章
参数估计

案例 7.1 色盲的遗传学模型研究

    随机调查 1 000 人,按性别和是否色盲将这 1 000 人分类,分类结果如下:男性正常、女性正常、男性色盲和女性色盲人数分别为 442、514、38、6,试求这四类人群所占比例 p_i ($i=1, 2, 3, 4$) 的极大似然估计.

    根据遗传学理论,性别决定于两个染色体,女性是 XX,男性是 XY,人群中有 XX 和 XY 染色体的人所占的比例都是 0.5.染色体 X 与非色盲遗传因子 A 或色盲遗传因子 B 成对出现,概率分别为 p 和 q,$p+q=1$,染色体 Y 不可能与 A 或 B 成对出现.遗传因子有显性和隐性之分,非色盲遗传因子 A 是显性因子,色盲遗传因子 B 是隐性因子.

    根据遗传学知识,对男性来说,(XA)Y 的情况没有色盲,其概率为 $\dfrac{p}{2}$;(XB)Y 的情况有色盲,其概率为 $\dfrac{q}{2}$.对女性而言,(XA)(XA)、(XA)(XB) 和 (XB)(XA) 三种情况都没有色盲,它们的概率之和为 $\dfrac{p^2}{2}+pq$;(XB)(XB) 的情况有色盲,其概率为 $\dfrac{q^2}{2}$.即男性正常、女性正常、男性色盲和女性色盲这四类人所占的比例分别为 $\dfrac{p}{2}$,$\dfrac{p^2}{2}+pq$,$\dfrac{q}{2}$,$\dfrac{q^2}{2}$.

    将男性正常、女性正常、男性色盲和女性色盲这四类人数分别记为 C_1,C_2,C_3,C_4,并记 C_i 所占的比例为 p_i($i=1, 2, 3, 4$),即 $p_1=\dfrac{p}{2}$,$p_2=\dfrac{p^2}{2}+pq$,$p_3=\dfrac{q}{2}$,$q_4=\dfrac{q^2}{2}$,其都依赖于一个未知参数 p.

    似然函数为(其中 C^+ 为与参数 p 无关的正常数)

$$L(p)=C^+\left(\frac{p}{2}\right)^{442}\left(\frac{p^2}{2}+pq\right)^{514}\left(\frac{q}{2}\right)^{38}\left(\frac{q^2}{2}\right)^6=C^+\,p^{956}\,(2-p)^{514}\,(1-p)^{50}$$

$$\ln L(p)=\ln C^+ + 956\ln p + 514\ln(2-p)+50\ln(1-p)$$

$$\frac{\mathrm{d}\ln L(p)}{\mathrm{d}p}=\frac{956}{p}-\frac{514}{2-p}-\frac{50}{1-p}.$$

令 $\dfrac{\mathrm{d}\ln L(p)}{\mathrm{d}p}=0$，得方程 $1\,520p^2-3\,482p+1\,912=0$，得 p 的极大似然估计为 $\hat{p}=0.91$，从而可得 p_1，p_2，p_3，p_4 的极大似然估计为

$$\hat{p}_1=0.455, \quad \hat{p}_2=0.495\,95, \quad \hat{p}_3=0.045, \quad \hat{p}_4=0.004\,05$$

案例 7.2　两参数指数分布的参数估计

设 X_1，X_2，$\cdots$，X_n 为来自两参数指数分布总体 $X\sim\mathrm{Exp}\left(\mu,\dfrac{1}{\theta}\right)$ 的一个简单随机样本，其密度函数为 $f(x)=\dfrac{1}{\theta}\exp\left(-\dfrac{x-\mu}{\theta}\right)$ $(x\geqslant\mu,0\leqslant\mu<+\infty,\theta>0)$. 下面首先求参数 μ，θ 的极大似然估计（记为 $\hat{\mu}_1$，$\hat{\theta}_1$）与矩估计（记为 $\hat{\mu}_2$，$\hat{\theta}_2$），其次考察极大似然估计的性质，最后求参数 μ，θ 的区间估计.

记次序统计量为 $X_{(1)}\leqslant X_{(2)}\leqslant\cdots\leqslant X_{(n)}$，样本观察值记为 x_1，x_2，$\cdots$，x_n，排序后记为 $x_{(1)}\leqslant x_{(2)}\leqslant\cdots\leqslant x_{(n)}$.

(1) 似然函数为

$$L(\mu,\theta)=\dfrac{1}{\theta^n}\exp\left(-\sum_{i=1}^{n}\dfrac{x_i-\mu}{\theta}\right)=\dfrac{1}{\theta^n}\exp\left(-\dfrac{1}{\theta}\sum_{i=1}^{n}x_i+n\dfrac{\mu}{\theta}\right)$$

$$\ln L(\mu,\theta)=-n\ln\theta-\dfrac{\sum\limits_{i=1}^{n}x_i}{\theta}+n\dfrac{\mu}{\theta}, \quad \dfrac{\partial\ln L(\mu,\theta)}{\partial\mu}=\dfrac{n}{\theta}>0$$

即似然函数 $L(\mu,\theta)$ 对 μ 严格单调增加，考虑到 $\mu\leqslant x_{(1)}\leqslant x_{(2)}\leqslant\cdots\leqslant x_{(n)}$，于是 μ 的极大似然估计为

$$\hat{\mu}_1=X_{(1)}$$

又

$$\dfrac{\partial\ln L(\mu,\theta)}{\partial\theta}=-\dfrac{n}{\theta}+\dfrac{\sum\limits_{i=1}^{n}x_i}{\theta^2}-n\dfrac{\mu}{\theta^2}, \quad \dfrac{\partial\ln L(x_{(1)},\theta)}{\partial\theta}=-\dfrac{n}{\theta}+\dfrac{\sum\limits_{i=1}^{n}x_i}{\theta^2}-n\dfrac{x_{(1)}}{\theta^2}$$

令 $\dfrac{\partial\ln L(x_{(1)},\theta)}{\partial\theta}=0$，得如下方程：

$$-\dfrac{n}{\theta}+\dfrac{\sum\limits_{i=1}^{n}x_i}{\theta^2}-n\dfrac{x_{(1)}}{\theta^2}=0$$

从中可解得

$$\hat{\theta}_1=\bar{x}-x_{(1)}$$

又 $\dfrac{\partial^2 \ln L(x_{(1)}, \theta)}{\partial \theta^2}\Big|_{\theta=\hat\theta_1} = -\dfrac{n}{(\bar x - x_{(1)})^2} < 0$, 于是 θ 的极大似然估计为 $\hat\theta_1 = \bar X - X_{(1)}$. 又

由于 $\dfrac{X-\mu}{\theta} \sim \text{Exp}(1)$, 则 $E\left(\dfrac{X-\mu}{\theta}\right)=1$, $D\left(\dfrac{X-\mu}{\theta}\right)=1$, 即

$$E(X)=\mu+\theta, \quad D(X)=\theta^2$$

由矩估计思想可建立如下方程组: $\begin{cases} \mu+\theta=\bar X \\ \theta^2 = S_n^2 \end{cases}$

从中可解得参数 μ, θ 的矩估计分别为 $\hat\mu_2 = \bar X - S_n$, $\hat\theta_2 = S_n$.

(2) 记 $Y_i = \dfrac{X_i - \mu}{\theta}$ $(i=1, 2, \cdots, n)$, 则 $Y_1, Y_2, \cdots, Y_n$ 相互独立且同服从标准指数

分布 $\text{Exp}(1)$ 记 $Y_{(i)} = \dfrac{X_{(i)} - \mu}{\theta}$ $(i=1, 2, \cdots, n)$, 则 $Y_{(1)} \leqslant Y_{(2)} \leqslant \cdots \leqslant Y_{(n)}$ 与标准指数分

布总体容量为 n 的次序统计量同分布.

又　　　　　$X_i = \mu + \theta Y_i$, $X_{(i)} = \mu + \theta Y_{(i)}$, $\quad i=1, 2, \cdots, n$

又易知 $Y_{(1)} \sim \text{Exp}(n)$, 则　$E(Y_{(1)}) = \dfrac{1}{n}$, $\quad D(Y_{(1)}) = \dfrac{1}{n^2}$

由此 $E(\hat\mu_1) = E(X_{(1)}) = \mu + \dfrac{\theta}{n}$, $\lim\limits_{n\to+\infty} E(\hat\mu_1) = \mu$, $D(\hat\mu_1) = D(X_{(1)}) = \dfrac{\theta^2}{n^2}$, $\lim\limits_{n\to+\infty} D(\hat\mu_1)=0$,

即 $\hat\mu_1$ 为参数 μ 的近似无偏估计, 并为相合估计.

又　$\bar X - X_{(1)} = \dfrac{1}{n}\Big[\sum_{i=1}^n X_{(i)} - nX_{(1)}\Big] = \dfrac{1}{n}\Big[\sum_{i=1}^n (\mu + \theta Y_{(i)}) - n(\mu + \theta Y_{(1)})\Big]$

$$= \dfrac{\theta}{n}\Big[\sum_{i=1}^n Y_{(i)} - nY_{(1)}\Big] = \dfrac{\theta}{n}\sum_{i=2}^n (n-i+1)(Y_{(i)} - Y_{(i-1)})$$

$$= \dfrac{\theta}{2n}\sum_{i=2}^n 2(n-i+1)(Y_{(i)} - Y_{(i-1)})$$

又由于 $2(n-i+1)(Y_{(i)} - Y_{(i-1)})$ $(i=2, 3, \cdots, n)$ 相互独立且同服从 $\chi^2(2)$, 则

$$E(\hat\theta_1) = E(\bar X - X_{(1)}) = \dfrac{\theta}{2n}\sum_{i=2}^n E[2(n-i+1)(Y_{(i)} - Y_{(i-1)})]$$

$$= \dfrac{\theta}{2n} 2(n-1) = \dfrac{n-1}{n}\theta$$

或者　　　$E(\hat\theta_1) = E(\bar X - X_{(1)}) = \theta E(\bar Y - Y_{(1)}) = \theta\left(1 - \dfrac{1}{n}\right) = \dfrac{n-1}{n}\theta$

$$D(\hat{\theta}_1) = D(\bar{X} - X_{(1)}) = \frac{\theta^2}{4n^2} \sum_{i=2}^{n} D[2(n-i+1)(Y_{(i)} - Y_{(i-1)})]$$

$$= \frac{\theta^2}{4n^2} 4(n-1) = \frac{n-1}{n^2} \theta^2$$

$$\lim_{n \to +\infty} E(\hat{\theta}_1) = \theta, \quad \lim_{n \to +\infty} D(\hat{\theta}_1) = 0$$

即 $\hat{\theta}_1$ 为参数 θ 的无偏估计,且为相合估计.

欲使 $\hat{\theta} = k\hat{\theta}_1$ 为 θ 的无偏估计,即 $E(\hat{\theta}) = \theta$, $E(\hat{\theta}) = kE(\hat{\theta}_1) = k\frac{n-1}{n}\theta = \theta$, 取 k $= \frac{n}{n-1}$, 有

$$D(\hat{\theta}) = D(k\hat{\theta}_1) = \frac{n^2}{(n-1)^2} \cdot \frac{n-1}{n^2} \theta^2 = \frac{\theta^2}{n-1}, \quad \lim_{n \to +\infty} D(\hat{\theta}) = 0$$

即 $\hat{\theta}$ 为参数 θ 的无偏估计,且为相合估计.

(3) 由于 $Y_{(1)}, Y_{(2)}, \cdots, Y_{(n)}$ 与来自标准指数分布 $\mathrm{Exp}(1)$ 的容量为 n 的前 n 个次序统计量同分布.易见, $nY_{(1)}, (n-1)(Y_{(2)} - Y_{(1)}), \cdots, (Y_{(n)} - Y_{(n-1)})$ 相互独立且同服从标准指数分布 $\mathrm{Exp}(1)$, 进而 $2nY_{(1)}, 2(n-1)(Y_{(2)} - Y_{(1)}), \cdots, 2(Y_{(n)} - Y_{(n-1)})$ 相互独立且同服从 $\chi^2(2)$, 而

$$2nY_{(1)} = 2n\frac{X_{(1)} - \mu}{\theta}, \quad 2(n-1)(Y_{(2)} - Y_{(1)})$$

$$= 2(n-1)\frac{X_{(2)} - X_{(1)}}{\theta}, \quad \cdots, \quad 2(Y_{(n)} - Y_{(n-1)})$$

$$= 2\frac{X_{(n)} - X_{(n-1)}}{\theta}$$

则 $\quad 2\sum_{i=2}^{n}(n-i+1)(Y_{(i)} - Y_{(i-1)}) = \frac{2}{\theta}\sum_{i=2}^{n}(n-i+1)(X_{(i)} - X_{(i-1)}) \sim \chi^2(2(n-1))$

给定置信水平 $1-\alpha$, 有

$$P\left(\chi^2_{1-\frac{\alpha}{2}}(2(n-1)) \leqslant \frac{2}{\theta}\sum_{i=2}^{n}(n-i+1)(X_{(i)} - X_{(i-1)}) \leqslant \chi^2_{\frac{\alpha}{2}}(2(n-1))\right) = 1-\alpha$$

进而 θ 的置信水平 $1-\alpha$ 的置信区间为

$$\left[\frac{2\sum_{i=2}^{n}(n-i+1)(X_{(i)} - X_{(i-1)})}{\chi^2_{\frac{\alpha}{2}}(2(n-1))}, \frac{2\sum_{i=2}^{n}(n-i+1)(X_{(i)} - X_{(i-1)})}{\chi^2_{1-\frac{\alpha}{2}}(2(n-1))}\right]$$

记 $X_{(0)} = \mu$, $Y_{(0)} = 0$, 并取定 k $(k = 1, 2, \cdots, n-1)$, 则

$$2\sum_{i=1}^{k}(n-i+1)(Y_{(i)}-Y_{(i-1)})=\frac{2}{\theta}\sum_{i=1}^{k}(n-i+1)(X_{(i)}-X_{(i-1)})\sim\chi^2(2k)$$

$$2\sum_{i=k+1}^{n}(n-i+1)(Y_{(i)}-Y_{(i-1)})=\frac{2}{\theta}\sum_{i=k+1}^{n}(n-i+1)(X_{(i)}-X_{(i-1)})\sim\chi^2(2(n-k))$$

进而
$$\frac{n-k}{k}\cdot\frac{\sum_{i=1}^{k}(n-i+1)(Y_{(i)}-Y_{(i-1)})}{\sum_{i=k+1}^{n}(n-i+1)(Y_{(i)}-Y_{(i-1)})}\sim F(2k,2(n-k))$$

即
$$\frac{n-k}{k}\cdot\frac{\sum_{i=1}^{k}(n-i+1)(X_{(i)}-X_{(i-1)})}{\sum_{i=k+1}^{n}(n-i+1)(X_{(i)}-X_{(i-1)})}\sim F(2k,2(n-k))$$

给定置信水平 $1-\alpha$, 有

$$P\left(F_{1-\frac{\alpha}{2}}(2k,2(n-k))\leqslant\frac{n-k}{k}\frac{\sum_{i=1}^{k}(n-i+1)(X_{(i)}-X_{(i-1)})}{\sum_{i=k+1}^{n}(n-i+1)(X_{(i)}-X_{(i-1)})}\leqslant F_{\frac{\alpha}{2}}(2k,2(n-k))\right)$$

$$=1-\alpha$$

进而 μ 的置信水平 $1-\alpha$ 的置信区间为 $[\hat{\mu}_{11},\hat{\mu}_{12}]$. 其中(约定 $\sum_{i=2}^{1}=0$)

$$\hat{\mu}_{11}=X_{(1)}-\frac{kF_{\frac{\alpha}{2}}(2k,2(n-k))}{n(n-k)}\sum_{i=k+1}^{n}(n-i+1)(X_{(i)}-X_{(i-1)})$$

$$+\frac{1}{n}\sum_{i=2}^{k}(n-i+1)(X_{(i)}-X_{(i-1)})$$

$$\hat{\mu}_{12}=X_{(1)}-\frac{kF_{1-\frac{\alpha}{2}}(2k,2(n-k))}{n(n-k)}\sum_{i=k+1}^{n}(n-i+1)(X_{(i)}-X_{(i-1)})$$

$$+\frac{1}{n}\sum_{i=2}^{k}(n-i+1)(X_{(i)}-X_{(i-1)})$$

而 k 通常取为 $k=\left[\frac{n}{2}\right]$, 但也有学者通过蒙特卡洛模拟认为取 $k=1$ 更合适, 即

$$\frac{n(n-1)(X_{(1)}-\mu)}{\sum_{i=2}^{n}(n-i+1)(X_{(i)}-X_{(i-1)})}\sim F(2,2(n-1))$$

$$P\left(F_{1-\frac{\alpha}{2}}(2,2(n-1))\leqslant\frac{n(n-1)(X_{(1)}-\mu)}{\sum_{i=2}^{n}(n-i+1)(X_{(i)}-X_{(i-1)})}\leqslant F_{\frac{\alpha}{2}}(2,2(n-1))\right)=1-\alpha$$

此时参数 μ 的置信水平 $1-\alpha$ 的置信区间为 $[\hat{\mu}_{11},\hat{\mu}_{12}]$. 其中

$$\hat{\mu}_{11}=X_{(1)}-\frac{F_{\frac{\alpha}{2}}(2,2(n-1))}{n(n-1)}\sum_{i=2}^{n}(n-i+1)(X_{(i)}-X_{(i-1)})$$

$$\hat{\mu}_{12}=X_{(1)}-\frac{F_{1-\frac{\alpha}{2}}(2,2(n-1))}{n(n-1)}\sum_{i=2}^{n}(n-i+1)(X_{(i)}-X_{(i-1)})$$

案例 7.3 两参数威布尔分布的参数估计

设总体 X 服从两参数威布尔分布,即 $X\sim W(m,\beta)$,其分布函数和密度函数分别为 $F(x)=1-\exp\left[-\left(\frac{x}{\beta}\right)^{m}\right]$,$f(x)=\frac{mx^{m-1}}{\beta^{m}}\exp\left[-\left(\frac{x}{\beta}\right)^{m}\right]$ $(x\geqslant 0,m,\beta>0)$,其中 m 称为形状参数,β 称为刻度参数(或尺度参数).

1. 全样本场合下参数的矩估计

设 $X_1,X_2,\cdots,X_n$ 是总体 X 的容量为 n 的一个简单随机样本,其观察值为 $x_1,x_2,\cdots,x_n$,易知 X 的一阶矩与二阶矩分别为

$$E(X)=\beta\Gamma\left(1+\frac{1}{m}\right),\quad E(X^2)=\beta^2\Gamma\left(1+\frac{2}{m}\right)$$

由矩估计思想建立如下矩方程:

$$\begin{cases}\beta\Gamma\left(1+\dfrac{1}{m}\right)=\bar{X}=\dfrac{1}{n}\sum_{i=1}^{n}X_i\\[2mm]\beta^2\Gamma\left(1+\dfrac{2}{m}\right)=\overline{X^2}=\dfrac{1}{n}\sum_{i=1}^{n}X_i\end{cases}$$

化简得仅含形状参数 m 的方程

$$\frac{\Gamma\left(1+\dfrac{2}{m}\right)}{\Gamma^2\left(1+\dfrac{1}{m}\right)}=\frac{\overline{X^2}}{(\bar{X})^2}$$

引理 7.1 对 $x\in[a,b]$,且 a,b 为大于 0 的常数,$g(x)=\dfrac{\Gamma(1+2x)}{\Gamma^2(1+x)}$ 是 x 的严格单调增函数.(证明过程可扫描本章二维码查看.)

由引理 7.1 易知 $\dfrac{\Gamma\left(1+\dfrac{2}{m}\right)}{\Gamma^2\left(1+\dfrac{1}{m}\right)}$ 对 m 严格单调下降,且 $\lim\limits_{m\to+\infty}\dfrac{\Gamma\left(1+\dfrac{2}{m}\right)}{\Gamma^2\left(1+\dfrac{1}{m}\right)}=1$,又 $\dfrac{\overline{X^2}}{(\bar{X})^2}$

>1，所以方程 $\dfrac{\Gamma\left(1+\dfrac{2}{m}\right)}{\Gamma^2\left(1+\dfrac{1}{m}\right)}=\dfrac{\overline{X^2}}{(\bar{X})^2}$ 有唯一正实根，其即为参数 m 的矩估计，记为 $\hat{m}$，进

而可得参数 β 的矩估计为

$$\hat{\beta}=\bar{X}\left[\Gamma\left(1+\frac{1}{\hat{m}}\right)\right]^{-1}$$

2. 全样本场合下参数的对数估计

记 $Y=\ln X$，$Y_i=\ln X_i\,(i=1,2,\cdots,n)$，并记 $\sigma=\dfrac{1}{m}$，$\mu=\ln\beta$，则对 $-\infty$ $<y<+\infty$，有

$$F_Y(y)=1-\exp\left[-\left(\frac{\mathrm{e}^y}{\beta}\right)^m\right]=1-\exp\left\{-\exp\left[\frac{y-\mu}{\sigma}\right]\right\}$$

记 $Z=\dfrac{Y-\mu}{\sigma}$，则对 $-\infty<z<+\infty$，有

$$F_Z(z)=P(Y\leqslant\mu+\sigma z)=1-\mathrm{e}^{-\mathrm{e}^z},\quad f_Z(z)=\mathrm{e}^z\mathrm{e}^{-\mathrm{e}^z}$$

进而对正整数 k，有

$$E(Z^k)=\int_{-\infty}^{+\infty}z^k\mathrm{e}^z\mathrm{e}^{-\mathrm{e}^z}\,\mathrm{d}z=\int_0^{+\infty}(\ln t)^k\mathrm{e}^{-t}\,\mathrm{d}t,\quad D(Z)=E(Z^2)-[E(Z)]^2$$

进而得　　$E(Y)=E(\mu+\sigma Z)=\mu+\sigma E(Z),\quad D(Y)=D(\mu+\sigma Z)=\sigma^2 D(Z)$

记 $\bar{Y}=\dfrac{1}{n}\sum\limits_{i=1}^n Y_i$，$\overline{Y^2}=\dfrac{1}{n}\sum\limits_{i=1}^n Y_i^2$，$S_{ny}^2=\dfrac{1}{n}\sum\limits_{i=1}^n(Y_i-\bar{Y})^2$，建立如下两个矩方程：

$$\mu+\sigma E(Z)=\bar{Y},\quad \sigma^2 D(Z)=S_{ny}^2$$

即得参数 σ，μ 的点估计为　$\hat{\sigma}=\sqrt{\dfrac{S_{ny}^2}{D(Z)}}$，　$\hat{\mu}=\bar{Y}-\hat{\sigma}E(Z)$

进而参数 m，β 的点估计为　　　　$\hat{m}=\dfrac{1}{\hat{\sigma}}$，　$\hat{\beta}=\mathrm{e}^{\hat{\mu}}$

3. 全样本场合下参数的逆矩估计

令 $Y=\left(\dfrac{X}{\beta}\right)^m$，$Y_i=\left(\dfrac{X_i}{\beta}\right)^m\,(i=1,2,\cdots,n)$，则对 $y>0$，有

$$F_Y(y)=P(Y\leqslant y)=1-\mathrm{e}^{-y},\quad f_Y(y)=\mathrm{e}^{-y},\quad E(Y)=1,\quad E(Y^2)=2$$

由此可以建立如下逆矩估计方程：

$$\frac{1}{n}\sum_{i=1}^{n}\left(\frac{X_i}{\beta}\right)^m=1,\quad \frac{1}{n}\sum_{i=1}^{n}\left(\frac{X_i}{\beta}\right)^{2m}=2$$

化简得

$$\frac{\sum\limits_{i=1}^{n}X_i^{2m}}{\left(\sum\limits_{i=1}^{n}X_i^m\right)^2}=\frac{2}{n}$$

引理 7.2 对任意常数 a，若 $\dfrac{1}{n}<a<1$，则关于 m 的方程 $\dfrac{\sum\limits_{i=1}^{n}X_i^{2m}}{\left(\sum\limits_{i=1}^{n}X_i^m\right)^2}=a$ 有唯一正

实根.（证明过程可扫描本章二维码查看.）

由引理 7.2 可知，方程 $g(m)=\dfrac{2}{n}$ 有唯一正实根，其根 $\hat{m}$ 即为参数 m 的逆矩估计. 进而

参数 β 的逆矩估计为

$$\hat{\beta}=\left(\frac{1}{n}\sum_{i=1}^{n}X_i^{\hat{m}}\right)^{\frac{1}{\hat{m}}}$$

又易见

$$\frac{\sum\limits_{i=1}^{n}X_i^{2m}}{\left(\sum\limits_{i=1}^{n}X_i^m\right)^2}=\frac{\sum\limits_{i=1}^{n}\left[\left(\frac{X_i}{\beta}\right)^m\right]^2}{\left[\sum\limits_{i=1}^{n}\left(\frac{X_i}{\beta}\right)^m\right]^2}=\frac{\sum\limits_{i=1}^{n}Y_i^2}{\left(\sum\limits_{i=1}^{n}Y_i\right)^2}$$

则 $\dfrac{\sum\limits_{i=1}^{n}X_i^{2m}}{\left(\sum\limits_{i=1}^{n}X_i^m\right)^2}$ 是仅含参数 m 的枢轴量.

给定置信水平 $1-\alpha$，该枢轴量分布的上侧 $1-\dfrac{\alpha}{2}$，$\dfrac{\alpha}{2}$ 分位数分别记为 $w_{1-\frac{\alpha}{2}}$，$w_{\frac{\alpha}{2}}$，则

$$P\left\{w_{1-\frac{\alpha}{2}}\leqslant \frac{\sum\limits_{i=1}^{n}X_i^{2m}}{\left(\sum\limits_{i=1}^{n}X_i^m\right)^2}\leqslant w_{\frac{\alpha}{2}}\right\}=1-\alpha$$

由此，参数 m 的置信水平 $1-\alpha$ 的置信区间为 $[\hat{m}_1,\hat{m}_2]$，其中 $\hat{m}_1,\hat{m}_2$ 分别为如下方

程的根：

$$\frac{\sum\limits_{i=1}^{n}X_i^{2m}}{\left(\sum\limits_{i=1}^{n}X_i^m\right)^2}=w_{1-\frac{\alpha}{2}},\qquad \frac{\sum\limits_{i=1}^{n}X_i^{2m}}{\left(\sum\limits_{i=1}^{n}X_i^m\right)^2}=w_{\frac{\alpha}{2}}$$

4. 定数截尾场合参数的逆矩估计

引理 7.3 设总体 $T \sim \mathrm{Exp}\left(\dfrac{1}{\theta}\right)$，从一批产品中抽取 n 个产品进行定数截尾试验，前 r 个次序失效时间为 $t_{(1)} \leqslant t_{(2)} \leqslant \cdots \leqslant t_{(r)}$. 记 $T_k = \displaystyle\sum_{i=1}^{k} t_{(i)} + (n-k) t_{(k)}\ (k=1, 2, \cdots, r)$，则

$$\chi^2 = 2 \sum_{i=1}^{r-1} \ln \frac{T_r}{T_i} \sim \chi^2(2(r-1))$$

证明过程可扫描本章二维码查看.

设 $X_{(1)}, X_{(2)}, \cdots, X_{(r)}$ 是总体 $X \sim W(m, \beta)$ 的容量为 n 的前 r 个次序统计量，记 $X_{(0)} = 0$，易见 $(n-i+1)(X_{(i)}^m - X_{(i-1)}^m)\ (i=1, 2, \cdots, r)$ 相互独立，且同服从 $\mathrm{Exp}\left(\dfrac{1}{\beta^m}\right)$. 记

$$S_i = \sum_{j=1}^{i} X_{(j)}^m + (n-i) X_{(i)}^m = \sum_{j=1}^{i} (n-j+1)(X_{(j)}^m - X_{(j-1)}^m), \quad i = 1, 2, \cdots, r$$

则 $\dfrac{S_1}{S_2}, \left(\dfrac{S_2}{S_3}\right)^2, \cdots, \left(\dfrac{S_{r-1}}{S_r}\right)^{r-1}$ 相互独立，且同服从 $U(0, 1)$，进而 $-i \ln \dfrac{S_i}{S_{i+1}}\ (i=1, 2, \cdots, r-1)$ 相互独立，且同服从 $\mathrm{Exp}(1)$，$-2i \ln \dfrac{S_i}{S_{i+1}}\ (i=1, 2, \cdots, r-1)$ 相互独立，且同服从 $\chi^2(2)$，由此

$$2 \sum_{i=1}^{r-1} \left(i \ln \frac{S_{i+1}}{S_i}\right) = 2 \sum_{i=1}^{r-1} \ln \frac{S_r}{S_i} \sim \chi^2(2(r-1))$$

于是可建立方程

$$G(m) = \sum_{i=1}^{r-1} \ln \frac{S_r}{S_i} = r - 1$$

从该方程可解得参数的点估计 $\hat{m}$，称为参数 m 的逆矩估计.

注 通过蒙特卡洛模拟发现，使用方程 $G(m) = r-2$ 得到的参数 m 的点估计更精确.

引理 7.4 对任意常数 $a > 0$，关于 m 的方程 $G(m) = a$ 有唯一正实根.(证明过程可扫描本章二维码查看.)

又

$$\frac{2}{\beta^m} \left[\sum_{j=1}^{r} X_{(j)}^m + (n-r) X_{(r)}^m \right] \sim \chi^2(2r)$$

则参数 β 的逆矩估计为

$$\hat{\beta} = \left\{ \frac{1}{r} \left[\sum_{i=1}^{r} x_{(i)}^{\hat{m}} + (n-r) x_{(r)}^{\hat{m}} \right] \right\}^{\frac{1}{\hat{m}}}$$

易见由 $2G(m) \sim \chi^2(2(r-1))$，给定置信水平 $1-\alpha$，可得到参数 m 的区间估计 $[\hat{m}_1, \hat{m}_2]$，其中 $\hat{m}_1, \hat{m}_2$ 分别为方程 $2G(m) = \chi^2_{1-\frac{\alpha}{2}}(2r)$，$2G(m) = \chi^2_{\frac{\alpha}{2}}(2r)$ 的根.另外易见 $\dfrac{\hat{m}}{m}$，

$\hat{m}(\ln\hat{\beta}-\ln\beta)$ 为枢轴量.事实上,记 $Y_{(i)}=\left(\dfrac{X_{(i)}}{\beta}\right)^m$ $(i=1,2,\cdots,r)$,$Y_{(1)}$,$Y_{(2)}$,$\cdots$,$Y_{(r)}$ 与来自标准指数分布 $\mathrm{Exp}(1)$ 总体的容量为 n 的前 r 个次序统计量同分布.

由于

$$G(m)=\sum_{i=1}^{r-1}\ln\frac{\sum_{j=1}^{r}X_{(j)}^{\hat{m}}+(n-r)X_{(r)}^{\hat{m}}}{\sum_{j=1}^{i}X_{(j)}^{\hat{m}}+(n-i)X_{(i)}^{\hat{m}}}$$

$$=\sum_{i=1}^{r-1}\ln\frac{\sum_{j=1}^{r}\left[\left(\dfrac{X_{(j)}}{\beta}\right)^m\right]^{\frac{\hat{m}}{m}}+(n-r)\left[\left(\dfrac{X_{(r)}}{\beta}\right)^m\right]^{\frac{\hat{m}}{m}}}{\sum_{j=1}^{i}\left[\left(\dfrac{X_{(j)}}{\beta}\right)^m\right]^{\frac{\hat{m}}{m}}+(n-i)\left[\left(\dfrac{X_{(i)}}{\beta}\right)^m\right]^{\frac{\hat{m}}{m}}}$$

$$=\sum_{i=1}^{r-1}\ln\frac{\sum_{j=1}^{r}Y_{(j)}^{\frac{\hat{m}}{m}}+(n-r)Y_{(r)}^{\frac{\hat{m}}{m}}}{\sum_{j=1}^{i}Y_{(j)}^{\frac{\hat{m}}{m}}+(n-i)Y_{(i)}^{\frac{\hat{m}}{m}}}$$

又

$$\ln\hat{\beta}=\frac{1}{\hat{m}}\ln\left\{\frac{1}{r}\left[\sum_{j=1}^{r}X_{(j)}^{\hat{m}}+(n-r)X_{(r)}^{\hat{m}}\right]\right\}$$

$$=\frac{1}{\hat{m}}\ln\left\{\frac{1}{r}\left\{\sum_{j=1}^{r}\left[\left(\dfrac{X_{(j)}}{\beta}\right)^m\right]^{\frac{\hat{m}}{m}}+(n-r)\left[\left(\dfrac{X_{(r)}}{\beta}\right)^m\right]^{\frac{\hat{m}}{m}}\right\}\beta^{\hat{m}}\right\}$$

则

$$\hat{m}(\ln\hat{\beta}-\ln\beta)=\ln\left\{\frac{1}{r}\left[\sum_{j=1}^{r}Y_{(j)}^{\frac{\hat{m}}{m}}+(n-r)Y_{(r)}^{\frac{\hat{m}}{m}}\right]\right\}$$

由此 $\dfrac{\hat{m}}{m}$,$\hat{m}(\ln\hat{\beta}-\ln\beta)$ 为枢轴量.

给定置信水平 $1-\alpha$,通过数值模拟可以得到枢轴量 $\hat{m}(\ln\hat{\beta}-\ln\beta)$ 的双侧分位数,记为 $v_{1-\frac{\alpha}{2}}$,$v_{\frac{\alpha}{2}}$,则参数 β 的置信水平 $1-\alpha$ 的置信区间为 $\left[\hat{\beta}\exp\left(-\dfrac{v_{\frac{\alpha}{2}}}{\hat{m}}\right),\hat{\beta}\exp\left(-\dfrac{v_{1-\frac{\alpha}{2}}}{\hat{m}}\right)\right]$.

5. 定数截尾场合下参数的极大似然估计

设 $X_{(1)}$,$X_{(2)}$,$\cdots$,$X_{(r)}$ 是总体 $X\sim W(m,\beta)$ 的容量为 n 的前 r 个次序统计量,其次序观察值记为 $x_{(1)}$,$x_{(2)}$,$\cdots$,$x_{(r)}$.

似然函数为

$$L(m,\beta)=\frac{n!}{r!(n-r)!}\prod_{i=1}^{r}f(x_{(i)})\left[1-F(x_{(r)})\right]^{n-r}$$

$$=\frac{n!}{r!(n-r)!}\prod_{i=1}^{r}\frac{mx_{(i)}^{m-1}}{\beta^m}\exp\left[-\left(\dfrac{x_{(i)}}{\beta}\right)^m\right]\exp\left[-(n-r)\left(\dfrac{x_{(r)}}{\beta}\right)^m\right]$$

$$= \frac{n!}{r!\ (n-r)!} m^r \beta^{-rm} \left(\prod_{i=1}^{r} x_{(i)} \right)^{m-1} \exp\left\{ -\left[\sum_{i=1}^{r} \left(\frac{x_{(i)}}{\beta} \right)^m \right. \right.$$

$$\left. \left. + (n-r) \left(\frac{x_{(r)}}{\beta} \right)^m \right] \right\}$$

$$\ln L(m, \beta) = \ln \frac{n!}{r!\ (n-r)!} + r\ln m - rm\ln \beta + (m-1) \sum_{i=1}^{r} \ln x_{(i)}$$

$$- \left[\sum_{i=1}^{r} \left(\frac{x_{(i)}}{\beta} \right)^m + (n-r) \left(\frac{x_{(r)}}{\beta} \right)^m \right]$$

$$\frac{\partial \ln L(m, \beta)}{\partial m} = \frac{r}{m} - r\ln \beta + \sum_{i=1}^{r} \ln x_{(i)} - \left[\sum_{i=1}^{r} \left(\frac{x_{(i)}}{\beta} \right)^m \ln \frac{x_{(i)}}{\beta} \right.$$

$$\left. + (n-r) \left(\frac{x_{(r)}}{\beta} \right)^m \ln \frac{x_{(r)}}{\beta} \right]$$

$$\frac{\partial \ln L(m, \beta)}{\partial \beta} = -\frac{rm}{\beta} + \frac{m}{\beta^{m+1}} \left[\sum_{i=1}^{r} x_{(i)}^m + (n-r) x_{(r)}^m \right]$$

令 $\dfrac{\partial \ln L(m, \beta)}{\partial \beta} = 0$，得 $\quad \beta^m = \dfrac{1}{r} \left[\sum_{i=1}^{r} x_{(i)}^m + (n-r) x_{(r)}^m \right]$

令 $\dfrac{\partial \ln L(m, \beta)}{\partial m} = 0$，得

$$\frac{r}{m} - r\ln \beta + \sum_{i=1}^{r} \ln x_{(i)} - \left[\sum_{i=1}^{r} \left(\frac{x_{(i)}}{\beta} \right)^m \ln \frac{x_{(i)}}{\beta} + (n-r) \left(\frac{x_{(r)}}{\beta} \right)^m \ln \frac{x_{(r)}}{\beta} \right] = 0$$

化简得

$$\frac{r}{m} - r\ln \beta + \sum_{i=1}^{r} \ln x_{(i)} - \frac{\sum_{i=1}^{r} x_{(i)}^m \ln x_{(i)} + (n-r) x_{(r)}^m \ln x_{(r)}}{\beta^m} + \frac{\sum_{i=1}^{r} x_{(i)}^m + (n-r) x_{(r)}^m}{\beta^m} \ln \beta = 0$$

$$\frac{r}{m} + \sum_{i=1}^{r} \ln x_{(i)} - \frac{\sum_{i=1}^{r} x_{(i)}^m \ln x_{(i)} + (n-r) x_{(r)}^m \ln x_{(r)}}{\beta^m} = 0$$

即得 $\quad \dfrac{\sum\limits_{i=1}^{r} x_{(i)}^m \ln x_{(i)} + (n-r) x_{(r)}^m \ln x_{(r)}}{\sum\limits_{i=1}^{r} x_{(i)}^m + (n-r) x_{(r)}^m} - \dfrac{1}{m} = \dfrac{1}{r} \sum_{i=1}^{r} \ln x_{(i)}$ $\qquad$ (7-1)

式(7-1)是一个含参数 m 的超越方程,下面引理7.5将证明该方程有唯一正根,其即为参数 m 的极大似然估计,记为 $\hat{m}$,进而得参数 β 的极大似然估计为

$$\hat{\beta} = \left\{ \frac{1}{r} \left[\sum_{i=1}^{r} x_{(i)}^{\hat{m}} + (n-r) x_{(r)}^{\hat{m}} \right] \right\}^{\frac{1}{\hat{m}}}$$

引理 7.5 方程 $\dfrac{\sum\limits_{i=1}^{r} x_{(i)}^{m} \ln x_{(i)} + (n-r) x_{(r)}^{m} \ln x_{(r)}}{\sum\limits_{i=1}^{r} x_{(i)}^{m} + (n-r) x_{(r)}^{m}} - \dfrac{1}{m} = \dfrac{1}{r} \sum\limits_{i=1}^{r} \ln x_{(i)}$ 有唯一正实

根.(证明过程可扫描本章二维码查看.)

易见 $\dfrac{\hat{m}}{m}$，$\hat{m}(\ln \hat{\beta} - \ln \beta)$ 是枢轴量，并由此可以得到参数 m，β 的区间估计.事实上，记

$Y_{(i)} = \left(\dfrac{X_{(i)}}{\beta}\right)^{m}$，$y_{(i)} = \left(\dfrac{x_{(i)}}{\beta}\right)^{m}$ $(i=1, 2, \cdots, r)$，则 $Y_{(1)}, Y_{(2)}, \cdots, Y_{(r)}$ 与来自标准指数

分布总体 $\mathrm{Exp}(1)$ 的容量为 n 的前 r 个次序统计量同分布.

由于
$$\frac{\sum\limits_{i=1}^{r} x_{(i)}^{\hat{m}} \ln x_{(i)} + (n-r) x_{(r)}^{\hat{m}} \ln x_{(r)}}{\sum\limits_{i=1}^{r} x_{(i)}^{\hat{m}} + (n-r) x_{(r)}^{\hat{m}}} - \frac{1}{\hat{m}} = \frac{1}{r} \sum\limits_{i=1}^{r} \ln x_{(i)}$$

则
$$\frac{\sum\limits_{i=1}^{r} x_{(i)}^{\hat{m}} \ln \left(\frac{x_{(i)}}{\beta}\right)^{m} + (n-r) x_{(r)}^{\hat{m}} \ln \left(\frac{x_{(r)}}{\beta}\right)^{m}}{\sum\limits_{i=1}^{r} x_{(i)}^{\hat{m}} + (n-r) x_{(r)}^{\hat{m}}} - \frac{m}{\hat{m}} = \frac{1}{r} \sum\limits_{i=1}^{r} \ln \left(\frac{x_{(i)}}{\beta}\right)^{m}$$

$$\frac{\sum\limits_{i=1}^{r} \left[\left(\frac{x_{(i)}}{\beta}\right)^{m}\right]^{\frac{\hat{m}}{m}} \ln \left(\frac{x_{(i)}}{\beta}\right)^{m} + (n-r) \left[\left(\frac{x_{(r)}}{\beta}\right)^{m}\right]^{\frac{\hat{m}}{m}} \ln \left(\frac{x_{(r)}}{\beta}\right)^{m}}{\sum\limits_{i=1}^{r} \left[\left(\frac{x_{(i)}}{\beta}\right)^{m}\right]^{\frac{\hat{m}}{m}} + (n-r) \left[\left(\frac{x_{(r)}}{\beta}\right)^{m}\right]^{\frac{\hat{m}}{m}}} - \frac{m}{\hat{m}}$$

$$= \frac{1}{r} \sum\limits_{i=1}^{r} \ln \left(\frac{x_{(i)}}{\beta}\right)^{m}$$

即
$$\frac{\sum\limits_{i=1}^{r} y_{(i)}^{\frac{\hat{m}}{m}} \ln y_{(i)} + (n-r) y_{(r)}^{\frac{\hat{m}}{m}} \ln y_{(r)}}{\sum\limits_{i=1}^{r} y_{(i)}^{\frac{\hat{m}}{m}} + (n-r) y_{(r)}^{\frac{\hat{m}}{m}}} - \frac{m}{\hat{m}} = \frac{1}{r} \sum\limits_{i=1}^{r} \ln y_{(i)}$$

由此可得 $\dfrac{\hat{m}}{m}$ 是枢轴量.再者，由于 $\hat{\beta} = \left\{\dfrac{1}{r} \left[\sum\limits_{i=1}^{r} x_{(i)}^{\hat{m}} + (n-r) x_{(r)}^{\hat{m}}\right]\right\}^{\frac{1}{\hat{m}}}$，则

$$\hat{m} \ln \hat{\beta} = \ln \left\{\frac{1}{r} \left[\sum\limits_{i=1}^{r} x_{(i)}^{\hat{m}} + (n-r) x_{(r)}^{\hat{m}}\right]\right\}$$

$$= \ln \left\{\frac{1}{r} \left\{\sum\limits_{i=1}^{r} \left[\left(\frac{x_{(i)}}{\beta}\right)^{m}\right]^{\frac{\hat{m}}{m}} + (n-r) \left[\left(\frac{x_{(r)}}{\beta}\right)^{m}\right]^{\frac{\hat{m}}{m}}\right\} \beta^{\hat{m}}\right\}$$

$$= \ln \left\{\frac{1}{r} \left[\sum\limits_{i=1}^{r} y_{(i)}^{\frac{\hat{m}}{m}} + (n-r) y_{(r)}^{\frac{\hat{m}}{m}}\right]\right\} - \hat{m} \ln \beta$$

即 $\hat{m}(\ln\hat{\beta}-\ln\beta)=\ln\Big\{\dfrac{1}{r}\Big[\sum\limits_{i=1}^{r}y_{(i)}^{\frac{\hat{m}}{m}}+(n-r)y_{(r)}^{\frac{\hat{m}}{m}}\Big]\Big\}$ 为枢轴量.

给定置信水平 $1-\alpha$,通过数值模拟可以得到枢轴量 $\dfrac{\hat{m}}{m}$,$\hat{m}(\ln\hat{\beta}-\ln\beta)$ 的双侧分位数,分别记为 $u_{1-\frac{\alpha}{2}}$,$u_{\frac{\alpha}{2}}$ 和 $v_{1-\frac{\alpha}{2}}$,$v_{\frac{\alpha}{2}}$,则参数 m,β 的置信水平 $1-\alpha$ 的置信区间分别为

$$\Big[\frac{\hat{m}}{u_{\frac{\alpha}{2}}},\ \frac{\hat{m}}{u_{1-\frac{\alpha}{2}}}\Big],\quad \Big[\hat{\beta}\exp\Big(-\frac{v_{\frac{\alpha}{2}}}{\hat{m}}\Big),\ \hat{\beta}\exp\Big(-\frac{v_{1-\frac{\alpha}{2}}}{\hat{m}}\Big)\Big]$$

6. 定数截尾场合下参数的近似极大似然估计

记 $Y=\ln X$,$Y_{(i)}=\ln X_{(i)}$,$i=1,2,\cdots,r$,并记 $\sigma=\dfrac{1}{m}$,$\mu=\ln\beta$,则 Y 的分布函数和密度函数分别如下:对 $-\infty<y<+\infty$,有

$$F_Y(y;\mu,\sigma)=1-\exp\Big[-\exp\Big(\frac{y-\mu}{\sigma}\Big)\Big]$$

$$f_Y(y;\mu,\sigma)=\frac{1}{\sigma}\exp\Big(\frac{y-\mu}{\sigma}\Big)\exp\Big[-\exp\Big(\frac{y-\mu}{\sigma}\Big)\Big]$$

记 $Z=\dfrac{Y-\mu}{\sigma}$,$Z_{(i)}=\dfrac{Y_{(i)}-\mu}{\sigma}$ $(i=1,2,\cdots,r)$,则 Z 的分布函数和密度函数分别如下:对 $-\infty<z<+\infty$,有

$$F_Z(z)=1-\mathrm{e}^{-\mathrm{e}^z},\quad f_Z(z)=\mathrm{e}^z\mathrm{e}^{-\mathrm{e}^z}$$

此时,似然函数为

$$L=\frac{n!}{(n-r)!}\prod_{i=1}^{r}f_Y(Y_{(i)};\mu,\sigma)\big[1-F_Y(Y_{(r)};\mu,\sigma)\big]^{n-r}$$

$$=\frac{n!}{(n-r)!}\cdot\frac{1}{\sigma^r}\prod_{i=1}^{r}f_Z(Z_{(i)})\big[1-F_Z(Z_{(r)})\big]^{n-r}$$

$$\ln L=\ln\frac{n!}{(n-r)!}-r\ln\sigma+\sum_{i=1}^{r}\ln f_Z(Z_{(i)})+(n-r)\ln\big[1-F_Z(Z_{(r)})\big]$$

$$\frac{\partial\ln L}{\partial\mu}=-\frac{1}{\sigma}\Big[\sum_{i=1}^{r}\frac{f_Z'(Z_{(i)})}{f_Z(Z_{(i)})}-(n-r)\frac{f_Z(Z_{(r)})}{1-F_Z(Z_{(r)})}\Big]$$

$$\frac{\partial\ln L}{\partial\sigma}=-\frac{1}{\sigma}\Big[r+\sum_{i=1}^{r}Z_{(i)}\frac{f_Z'(Z_{(i)})}{f_Z(Z_{(i)})}-(n-r)Z_{(r)}\frac{f_Z(Z_{(r)})}{1-F_Z(Z_{(r)})}\Big]$$

令 $\dfrac{\partial\ln L}{\partial\mu}=0$,$\dfrac{\partial\ln L}{\partial\sigma}=0$,得如下两个似然方程:

$$\sum_{i=1}^{r}\frac{f_Z'(Z_{(i)})}{f_Z(Z_{(i)})}-(n-r)\frac{f_Z(Z_{(r)})}{1-F_Z(Z_{(r)})}=0$$

$$r+\sum_{i=1}^{r}Z_{(i)}\frac{f'_Z(Z_{(i)})}{f_Z(Z_{(i)})}-(n-r)Z_{(r)}\frac{f_Z(Z_{(r)})}{1-F_Z(Z_{(r)})}=0$$

令 $p_i=\dfrac{i}{n+1}$，$q_i=1-p_i(i=1,2,\cdots,r)$，而 ξ_i 满足 $F_Z(\xi_i)=p_i$，将 $\dfrac{f'_Z(Z_{(i)})}{f_Z(Z_{(i)})}(i=1,2,\cdots,r)$ 在点 ξ_i 处做一阶泰勒展开得

$$\frac{f'_Z(Z_{(i)})}{f_Z(Z_{(i)})}\approx a_i-b_iZ_{(i)}$$

将 $\dfrac{f_Z(Z_{(r)})}{1-F_Z(Z_{(r)})}$ 在点 ξ_r 处做一阶泰勒展开得

$$\frac{f_Z(Z_{(r)})}{1-F_Z(Z_{(r)})}\approx 1-c_r+d_rZ_{(r)}$$

式中，$a_i=1+\ln q_i[1-\ln(-\ln q_i)]$，$b_i=-\ln q_i$，$c_r=a_r$，$d_r=b_r$.

将上述泰勒近似展开式代入第一个似然方程得

$$\sum_{i=1}^{r}(a_i-b_iZ_{(i)})-(n-r)(1-c_r+d_rZ_{(r)})\approx 0$$

即

$$\sum_{i=1}^{r}\Big(a_i-b_i\frac{Y_{(i)}-\mu}{\sigma}\Big)-(n-r)\Big(1-c_r+d_r\frac{Y_{(r)}-\mu}{\sigma}\Big)\approx 0$$

化简得

$$\sum_{i=1}^{r}a_i-\frac{1}{\sigma}\sum_{i=1}^{r}[b_i(Y_{(i)}-\mu)]-(n-r)(1-c_r)-\frac{1}{\sigma}(n-r)d_r(Y_{(r)}-\mu)\approx 0$$

$$\Big[\sum_{i=1}^{r}b_i+(n-r)d_r\Big]\approx\sum_{i=1}^{r}b_iY_{(i)}+(n-r)d_rY_{(r)}-\sigma\Big[\sum_{i=1}^{r}a_i-(n-r)(1-c_r)\Big]$$

则有

$$\mu\approx B-C\sigma$$

其中

$$M=\sum_{i=1}^{r}b_i+(n-r)d_r$$

$$B=\frac{1}{M}\Big[\sum_{i=1}^{r}b_iY_{(i)}+(n-r)d_rY_{(r)}\Big],\quad C=\frac{1}{M}\Big[\sum_{i=1}^{r}a_i-(n-r)(1-c_r)\Big]$$

将上述泰勒近似展开式代入第二个似然方程得

$$r+\sum_{i=1}^{r}Z_{(i)}(a_i-b_iZ_{(i)})-(n-r)Z_{(r)}(1-c_r+d_rZ_r)\approx 0$$

即有

$$r+\sum_{i=1}^{r}\frac{Y_{(i)}-\mu}{\sigma}(a_i-b_iZ_{(i)})-(n-r)\frac{Y_{(r)}-\mu}{\sigma}(1-c_r+d_rZ_r)\approx 0$$

$$r\sigma + \sum_{i=1}^{r} Y_{(i)}(a_i - b_i Z_{(i)}) - (n-r)Y_{(r)}(1 - c_r + d_r Z_{(r)})$$

$$-\mu \Big[\sum_{i=1}^{r}(a_i - b_i Z_{(i)}) - (n-r)(1 - c_r + d_r Z_{(r)}) \Big] \approx 0$$

即得
$$r\sigma + \sum_{i=1}^{r} Y_{(i)}(a_i - b_i Z_{(i)}) - (n-r)Y_{(r)}(1 - c_r + d_r Z_r) \approx 0$$

进一步化简得

$$r\sigma + \sum_{i=1}^{r} Y_{(i)}\Big(a_i - b_i \frac{Y_{(i)} - \mu}{\sigma}\Big) - (n-r)Y_{(r)}\Big(1 - c_r + d_r \frac{Y_{(r)} - \mu}{\sigma}\Big) \approx 0$$

$$r\sigma^2 + \sum_{i=1}^{r} Y_{(i)}[a_i\sigma - b_i(Y_{(i)} - \mu)] - (n-r)Y_{(r)}[(1-c_r)\sigma + d_r(Y_{(r)} - \mu)] \approx 0$$

$$r\sigma^2 + \sum_{i=1}^{r} Y_{(i)}[a_i\sigma - b_i(Y_{(i)} - B + C\sigma)] - (n-r)Y_{(r)}[(1-c_r)\sigma + d_r(Y_{(r)} - B + C\sigma)] \approx 0$$

$$r\sigma^2 + \Big[\sum_{i=1}^{r} Y_{(i)}(a_i - b_i C) - (n-r)Y_{(r)}(1 - c_r + d_r C)\Big]\sigma$$

$$-\Big[\sum_{i=1}^{r} Y_{(i)}b_i(Y_{(i)} - B) + (n-r)Y_{(r)}d_r(Y_{(r)} - B)\Big] \approx 0$$

即

$$r\sigma^2 + \Big[-(n-r)(1-c_r)Y_{(r)} + \sum_{i=1}^{r} a_i Y_{(i)} - mBC\Big]\sigma - \Big[(n-r)d_r Y_{(r)}^2 + \sum_{i=1}^{r} b_i Y_{(i)}^2 - mB^2\Big] \approx 0$$

记

$$D = -(n-r)(1-c_r)Y_{(r)} + \sum_{i=1}^{r} a_i Y_{(i)} - mBC, \quad E = (n-r)d_r Y_{(r)}^2 + \sum_{i=1}^{r} b_i Y_{(i)}^2 - mB^2$$

即得仅含参数 σ 的一元二次方程 $\quad r\sigma^2 + D\sigma - E \approx 0$

则得参数 σ 的近似极大似然估计为

$$\hat{\sigma} = \frac{-D + \sqrt{D^2 + 4rE}}{2r}$$

进而得参数 μ 的近似极大似然估计为 $\quad \hat{\mu} = B - C\hat{\sigma}$

由此，参数 m，β 的点估计为 $\quad \hat{m} = \dfrac{1}{\hat{\sigma}}, \quad \hat{\beta} = e^{\hat{\mu}}$

7. 定数截尾场合下参数的最佳线性无偏估计

记 $Y = \ln X$，$Y_{(i)} = \ln X_{(i)}$（$i = 1, 2, \cdots, r$），并记 $\sigma = \dfrac{1}{m}$，$\mu = \ln\beta$，则 Y 的分布函数和

密度函数分别如下：对 $-\infty < y < +\infty$，有

$$F_Y(y; \mu, \sigma) = 1 - \exp\left[-\exp\left(\frac{y-\mu}{\sigma}\right)\right]$$

$$f_Y(y; \mu, \sigma) = \frac{1}{\sigma}\exp\left(\frac{y-\mu}{\sigma}\right)\exp\left[-\exp\left(\frac{y-\mu}{\sigma}\right)\right]$$

记 $Z = \dfrac{Y-\mu}{\sigma}$，$Z_{(i)} = \dfrac{Y_{(i)}-\mu}{\sigma}$ $(i = 1, 2, \cdots, r)$，则 Z 的分布函数和密度函数分别如下：对 $-\infty < z < +\infty$，有 $\qquad F_Z(z) = 1 - \mathrm{e}^{-\mathrm{e}^z}$，$\quad f_Z(z) = \mathrm{e}^z\mathrm{e}^{-\mathrm{e}^z}$

易见，$Z_{(1)} \leqslant Z_{(2)} \leqslant \cdots \leqslant Z_{(r)}$ 与来自总体分布为 $F_Z(z)$ 的样本容量为 n 的前 r 个次序统计量同分布.第 k 个次序统计量 $Z_{(k)}(k = 1, 2, \cdots, r)$ 的密度函数为

$$f_{Z_{(k)}}(z) = \frac{n!}{(k-1)!(n-k)!}\left[F_Z(z)\right]^{k-1}\left[1-F_Z(z)\right]^{n-k}f_Z(z)$$

其数学期望和方差分别记为

$$E(Z_{(k)}) = \alpha_k, \, D(Z_{(k)}) = v_{kk}, \quad k = 1, 2, \cdots, r$$

第 k 个次序统计量 $Z_{(k)}$ 与第 l 个次序统计量 $Z_{(l)}(k, l = 1, 2, \cdots, r, k < l)$ 的联合密度函数为

$$f_{Z_{(k)}, Z_{(l)}}(z_1, z_2) = \frac{n!}{(k-1)!(l-k-1)!(n-l)!} \cdot \left[F_Z(z_1)\right]^{k-1}\left[F_Z(z_2)-F_Z(z_1)\right]^{l-k-1}$$

$$\times \left[1-F_Z(z_2)\right]^{n-l}f_Z(z_1)f_Z(z_2), \quad z_2 > z_1$$

$Z_{(k)}$，$Z_{(l)}(k, l = 1, 2, \cdots, r, k < l)$ 的协方差记为

$$\mathrm{cov}(Z_{(k)}, Z_{(l)}) = v_{kl}, \quad k, l = 1, 2, \cdots, r$$

其中 α_k、v_{kk} 和 v_{kl} 的值与参数 μ，σ 无关.

由于 $Y_{(k)} = \mu + \sigma Z_{(k)}(k = 1, 2, \cdots, r)$，于是有

$$E(Y_{(k)}) = \mu + \sigma\alpha_k, \, D(Y_{(k)}) = \sigma^2 v_{kk}, \, \mathrm{cov}(Y_{(k)}, Y_{(l)}) = \sigma^2 v_{kl}, \quad k, l = 1, 2, \cdots, r$$

记 $\boldsymbol{Y} = \begin{bmatrix} Y_{(1)} \\ Y_{(2)} \\ \vdots \\ Y_{(n)} \end{bmatrix}'$，将上式写成矩阵形式：

$$E(\boldsymbol{Y}) = \begin{bmatrix} 1 & \alpha_1 \\ 1 & \alpha_2 \\ \vdots & \vdots \\ 1 & \alpha_r \end{bmatrix}\begin{bmatrix} \mu \\ \sigma \end{bmatrix}, \quad D(\boldsymbol{Y}) = \sigma^2\begin{bmatrix} v_{11} & v_{12} & \cdots & v_{1r} \\ v_{21} & v_{22} & \cdots & v_{2r} \\ \vdots & \vdots & & \vdots \\ v_{r1} & v_{r2} & \cdots & v_{rr} \end{bmatrix}$$

记 $\boldsymbol{M} = \begin{pmatrix} 1 & \alpha_1 \\ 1 & \alpha_2 \\ \vdots & \vdots \\ 1 & \alpha_r \end{pmatrix}$, $\boldsymbol{\theta} = \begin{pmatrix} \mu \\ \sigma \end{pmatrix}$, $V = \begin{pmatrix} v_{11} & v_{12} & \cdots & v_{1r} \\ v_{21} & v_{22} & \cdots & v_{2r} \\ \vdots & \vdots & & \vdots \\ v_{r1} & v_{r2} & \cdots & v_{rr} \end{pmatrix}$, 则 $E(\boldsymbol{Y}) = \boldsymbol{M\theta}$, $D(Y) = \sigma^2 \boldsymbol{V}$. 由高

斯-马尔可夫(Gauss - Markov)定理得, $\boldsymbol{\theta}$ 的最佳线性无偏估计(best linear unbiased estimate, BLUE)为

$$\hat{\boldsymbol{\theta}} = \begin{pmatrix} \hat{\mu} \\ \hat{\sigma} \end{pmatrix} = (\boldsymbol{M}'\boldsymbol{V}^{-1}\boldsymbol{M})^{-1}\boldsymbol{M}'\boldsymbol{V}^{-1}\boldsymbol{Z}$$

式中, $\boldsymbol{V}^{-1}$ 是 $\boldsymbol{V}$ 的逆矩阵,并记为

$$\boldsymbol{V}^{-1} = \begin{pmatrix} \tau_{11} & \tau_{12} & \cdots & \tau_{1r} \\ \tau_{21} & \tau_{22} & \cdots & \tau_{2r} \\ \vdots & \vdots & & \vdots \\ \tau_{r1} & \tau_{r2} & \cdots & \tau_{rr} \end{pmatrix}$$

其协差阵为

$$D(\hat{\boldsymbol{\theta}}) = D\begin{pmatrix} \hat{\mu} \\ \hat{\sigma} \end{pmatrix} = \sigma^2 (\boldsymbol{M}'\boldsymbol{V}^{-1}\boldsymbol{M})^{-1}$$

由于
$$\boldsymbol{M}'\boldsymbol{V}^{-1}\boldsymbol{M} = \begin{pmatrix} \sum_{l=1}^{r}\sum_{k=1}^{r}\tau_{kl} & \sum_{l=1}^{r}\sum_{k=1}^{r}\alpha_k\tau_{kl} \\ \sum_{l=1}^{r}\sum_{k=1}^{r}\alpha_k\tau_{kl} & \sum_{l=1}^{r}\sum_{k=1}^{r}\alpha_k\alpha_l\tau_{kl} \end{pmatrix}$$

记 $\Delta = \left(\sum_{l=1}^{r}\sum_{k=1}^{r}\tau_{kl}\right)\left(\sum_{l=1}^{r}\sum_{k=1}^{r}\alpha_k\alpha_l\tau_{kl}\right) - \left(\sum_{l=1}^{r}\sum_{k=1}^{r}\alpha_k\tau_{kl}\right)^2$, 于是上式的二阶方阵的逆矩阵为

$$(\boldsymbol{M}'\boldsymbol{V}^{-1}\boldsymbol{M})^{-1} = \begin{pmatrix} A_m & B_m \\ B_m & l_m \end{pmatrix}$$

式中, $A_m = \dfrac{1}{\Delta}\sum_{l=1}^{r}\sum_{k=1}^{r}\alpha_k\alpha_l\tau_{kl}$, $B_m = -\dfrac{1}{\Delta}\sum_{l=1}^{r}\sum_{k=1}^{r}\alpha_k\tau_{kl}$, $l_m = \dfrac{1}{\Delta}\sum_{l=1}^{r}\sum_{k=1}^{r}\tau_{kl}$, 进而

$$D(\hat{\mu}) = \sigma^2 A_m, \quad D(\hat{\sigma}) = \sigma^2 l_m, \quad \mathrm{cov}(\hat{\mu}, \hat{\sigma}) = \sigma^2 B_m$$

又
$$\boldsymbol{M}'\boldsymbol{V}^{-1}\boldsymbol{Z} = \begin{pmatrix} 1 & 1 & \cdots & 1 \\ \alpha_1 & \alpha_2 & \cdots & \alpha_r \end{pmatrix}\begin{pmatrix} \tau_{11} & \tau_{12} & \cdots & \tau_{1r} \\ \tau_{21} & \tau_{22} & \cdots & \tau_{2r} \\ \vdots & \vdots & & \vdots \\ \tau_{r1} & \tau_{r2} & \cdots & \tau_{rr} \end{pmatrix}\begin{pmatrix} Y_{(1)} \\ Y_{(2)} \\ \vdots \\ Y_{(r)} \end{pmatrix}$$

$$= \begin{pmatrix} \sum\limits_{i=1}^{r} \tau_{i1} & \sum\limits_{i=1}^{r} \tau_{i2} & \cdots & \sum\limits_{i=1}^{r} \tau_{ir} \\ \sum\limits_{i=1}^{r} \alpha_i \tau_{i1} & \sum\limits_{i=1}^{r} \alpha_i \tau_{i2} & \cdots & \sum\limits_{i=1}^{r} \alpha_i \tau_{ir} \end{pmatrix} \begin{pmatrix} Y_{(1)} \\ Y_{(2)} \\ \vdots \\ Y_{(r)} \end{pmatrix}$$

则

$$\hat{\boldsymbol{\theta}} = \begin{pmatrix} \hat{\mu} \\ \hat{\sigma} \end{pmatrix} = (\boldsymbol{M}'\boldsymbol{V}^{-1}\boldsymbol{M})^{-1}\boldsymbol{M}'\boldsymbol{V}^{-1}\boldsymbol{Z} = \begin{pmatrix} A_m & B_m \\ B_m & l_m \end{pmatrix} \begin{pmatrix} \sum\limits_{i=1}^{r} \tau_{i1} & \sum\limits_{i=1}^{r} \tau_{i2} & \cdots & \sum\limits_{i=1}^{r} \tau_{ir} \\ \sum\limits_{i=1}^{r} \alpha_i \tau_{i1} & \sum\limits_{i=1}^{r} \alpha_i \tau_{i2} & \cdots & \sum\limits_{i=1}^{r} \alpha_i \tau_{ir} \end{pmatrix} \begin{pmatrix} Y_{(1)} \\ Y_{(2)} \\ \vdots \\ Y_{(r)} \end{pmatrix}$$

$$= \begin{pmatrix} A_m \sum\limits_{i=1}^{r} \tau_{i1} + B_m \sum\limits_{i=1}^{r} \alpha_i \tau_{i1} & A_m \sum\limits_{i=1}^{r} \tau_{i2} + B_m \sum\limits_{i=1}^{r} \alpha_i \tau_{i2} & \cdots & A_m \sum\limits_{i=1}^{r} \tau_{ir} + B_m \sum\limits_{i=1}^{r} \alpha_i \tau_{ir} \\ B_m \sum\limits_{i=1}^{r} \tau_{i1} + l_m \sum\limits_{i=1}^{r} \alpha_i \tau_{i1} & B_m \sum\limits_{i=1}^{r} \tau_{i2} + l_m \sum\limits_{i=1}^{r} \alpha_i \tau_{i2} & \cdots & B_m \sum\limits_{i=1}^{r} \tau_{ir} + l_m \sum\limits_{i=1}^{r} \alpha_i \tau_{ir} \end{pmatrix} \begin{pmatrix} Y_{(1)} \\ Y_{(2)} \\ \vdots \\ Y_{(r)} \end{pmatrix}$$

$$= \begin{pmatrix} \sum\limits_{j=1}^{r} (A_m \sum\limits_{i=1}^{r} \tau_{ij} + B_m \sum\limits_{i=1}^{r} \alpha_i \tau_{ij}) Y_{(j)} \\ \sum\limits_{j=1}^{r} (B_m \sum\limits_{i=1}^{r} \tau_{ij} + l_m \sum\limits_{i=1}^{r} \alpha_i \tau_{ij}) Y_{(j)} \end{pmatrix}$$

记 $D(n, r, j) = A_m \sum\limits_{i=1}^{r} \tau_{ij} + B_m \sum\limits_{i=1}^{r} \alpha_i \tau_{ij}$, $C(n, r, j) = B_m \sum\limits_{i=1}^{r} \tau_{ij} + l_m \sum\limits_{i=1}^{r} \alpha_i \tau_{ij}$

则 $$\hat{\boldsymbol{\theta}} = \begin{pmatrix} \hat{\mu} \\ \hat{\sigma} \end{pmatrix} = \begin{pmatrix} \sum\limits_{j=1}^{r} D(n, r, j) Y_{(j)} \\ \sum\limits_{j=1}^{r} C(n, r, j) Y_{(j)} \end{pmatrix} = \begin{pmatrix} \sum\limits_{j=1}^{r} D(n, r, j) \ln X_{(j)} \\ \sum\limits_{j=1}^{r} C(n, r, j) \ln X_{(j)} \end{pmatrix}$$

注意到

$$\sum_{j=1}^{r} C(n, r, j) = 0, \quad \sum_{j=1}^{r} C(n, r, j) \alpha_j = 1, \quad \sum_{j=1}^{r} D(n, r, j) = 1, \quad \sum_{j=1}^{r} D(n, r, j) \alpha_j = 0$$

即参数 σ, μ 的最佳线性无偏估计为

$$\hat{\sigma} = \sum_{j=1}^{r} C(n, r, j) Y_{(j)} = \sum_{j=1}^{r} C(n, r, j) \ln X_{(j)}$$

$$\hat{\mu} = \sum_{j=1}^{r} D(n, r, j) Y_{(j)} = \sum_{j=1}^{r} D(n, r, j) \ln X_{(j)}$$

式中, $C(n, r, j)$ 是 σ 的最佳线性无偏估计系数, $D(n, r, j)$ 是 μ 的最佳线性无偏估计系

数,其值可查阅参考文献[30].

由此,参数 m, β 的点估计为 $\quad \hat{m}=\dfrac{1}{\hat{\sigma}}$, $\quad \hat{\beta}=\mathrm{e}^{\hat{\mu}}$

又由于 $\sum\limits_{j=1}^{r}D(n,r,j)=1$, $\sum\limits_{j=1}^{r}C(n,r,j)=0$, 则

$$\frac{\hat{\sigma}}{\sigma}=\frac{1}{\sigma}\sum_{j=1}^{r}C(n,r,j)Y_{(j)}=\sum_{j=1}^{r}C(n,r,j)\frac{Y_{(j)}-\mu}{\sigma}=\sum_{j=1}^{r}C(n,r,j)Z_{(j)}$$

$$\frac{\hat{\mu}-\mu}{\hat{\sigma}}=\frac{\sum\limits_{j=1}^{r}D(n,r,j)Y_{(j)}-\mu}{\sum\limits_{j=1}^{r}C(n,r,j)Y_{(j)}}=\frac{\sum\limits_{j=1}^{r}D(n,r,j)\dfrac{Y_{(j)}-\mu}{\sigma}}{\sum\limits_{j=1}^{r}C(n,r,j)\dfrac{Y_{(j)}-\mu}{\sigma}}=\frac{\sum\limits_{j=1}^{r}D(n,r,j)Z_{(j)}}{\sum\limits_{j=1}^{r}C(n,r,j)Z_{(j)}}$$

即 $\dfrac{\hat{\sigma}}{\sigma}$, $\dfrac{\hat{\mu}-\mu}{\hat{\sigma}}$ 为枢轴量,给定置信水平 $1-\alpha$,枢轴量 $\dfrac{\hat{\sigma}}{\sigma}$ 分布的上侧 $1-\dfrac{\alpha}{2}$, $\dfrac{\alpha}{2}$ 分位数分别

记为 $w_{1-\frac{\alpha}{2}}^{\sigma}$, $w_{\frac{\alpha}{2}}^{\sigma}$,枢轴量 $\dfrac{\hat{\mu}-\mu}{\hat{\sigma}}$ 分布的上侧 $1-\dfrac{\alpha}{2}$, $\dfrac{\alpha}{2}$ 分位数分别记为 $w_{1-\frac{\alpha}{2}}^{\mu}$, $w_{\frac{\alpha}{2}}^{\mu}$,则

$$P\left(w_{1-\frac{\alpha}{2}}^{\sigma}\leqslant\frac{\hat{\sigma}}{\sigma}\leqslant w_{\frac{\alpha}{2}}^{\sigma}\right)=1-\alpha, \quad P\left(w_{1-\frac{\alpha}{2}}^{\mu}\leqslant\frac{\hat{\mu}-\mu}{\hat{\sigma}}\leqslant w_{\frac{\alpha}{2}}^{\mu}\right)=1-\alpha$$

进而,参数 σ, μ 置信水平 $1-\alpha$ 的置信区间分别为

$$\left[\frac{\hat{\sigma}}{w_{\frac{\alpha}{2}}^{\sigma}},\frac{\hat{\sigma}}{w_{1-\frac{\alpha}{2}}^{\sigma}}\right], \quad \left[\hat{\mu}-\hat{\sigma}w_{\frac{\alpha}{2}}^{\mu},\hat{\mu}-\hat{\sigma}w_{1-\frac{\alpha}{2}}^{\mu}\right]$$

由此,参数 m, β 的置信水平 $1-\alpha$ 的置信区间分别为

$$\left[\frac{w_{1-\frac{\alpha}{2}}^{\sigma}}{\hat{\sigma}},\frac{w_{\frac{\alpha}{2}}^{\sigma}}{\hat{\sigma}}\right], \quad \left[\exp(\hat{\mu}-\hat{\sigma}w_{\frac{\alpha}{2}}^{\mu}),\exp(\hat{\mu}-\hat{\sigma}w_{1-\frac{\alpha}{2}}^{\mu})\right]$$

特别地,如果是全样本场合,即 $r=n$ 时, $C(n,r,j)$ 记为 $C(n,j)$, $D(n,r,j)$ 记为 $D(n,j)$,参数 σ, μ 的最佳线性无偏估计为

$$\hat{\sigma}=\sum_{j=1}^{n}C(n,j)Y_{(j)}=\sum_{j=1}^{n}C(n,j)\ln X_{(j)}, \quad \hat{\mu}=\sum_{j=1}^{n}D(n,j)Y_{(j)}=\sum_{j=1}^{n}D(n,j)\ln X_{(j)}$$

进而参数 m, β 的点估计为 $\quad \hat{m}=\dfrac{1}{\hat{\sigma}}$, $\quad \hat{\beta}=\mathrm{e}^{\hat{\mu}}$

其中 $\quad D(n,j)=A_{nn}\sum\limits_{i=1}^{n}\tau_{ij}+B_{nn}\sum\limits_{i=1}^{n}\alpha_{i}\tau_{ij}$, $\quad C(n,j)=B_{nn}\sum\limits_{i=1}^{n}\tau_{ij}+l_{nn}\sum\limits_{i=1}^{n}\alpha_{i}\tau_{ij}$

$$A_{nn}=\frac{1}{\Delta}\sum_{l=1}^{n}\sum_{k=1}^{n}\alpha_{k}\alpha_{l}\tau_{kl}, \quad B_{nn}=-\frac{1}{\Delta}\sum_{l=1}^{n}\sum_{k=1}^{n}\alpha_{k}\tau_{kl}, \quad l_{nn}=\frac{1}{\Delta}\sum_{l=1}^{n}\sum_{k=1}^{n}\tau_{kl}$$

$$\Delta = \Big(\sum_{l=1}^{n}\sum_{k=1}^{n}\tau_{kl}\Big)\Big(\sum_{l=1}^{n}\sum_{k=1}^{n}\alpha_k\alpha_l\tau_{kl}\Big) - \Big(\sum_{l=1}^{n}\sum_{k=1}^{n}\alpha_k\tau_{kl}\Big)^2$$

参数 σ，μ 置信水平 $1-\alpha$ 的置信区间分别为

$$\left[\frac{\hat{\sigma}}{w_{\frac{\alpha}{2}}^{\sigma}},\ \frac{\hat{\sigma}}{w_{1-\frac{\alpha}{2}}^{\sigma}}\right],\quad \left[\hat{\mu}-\hat{\sigma}w_{\frac{\alpha}{2}}^{\mu},\ \hat{\mu}-\hat{\sigma}w_{1-\frac{\alpha}{2}}^{\mu}\right]$$

参数 m，β 的置信水平 $1-\alpha$ 的置信区间分别为

$$\left[\frac{w_{1-\frac{\alpha}{2}}^{\sigma}}{\hat{\sigma}},\ \frac{w_{\frac{\alpha}{2}}^{\sigma}}{\hat{\sigma}}\right],\quad \left[\exp(\hat{\mu}-\hat{\sigma}w_{\frac{\alpha}{2}}^{\mu}),\ \exp(\hat{\mu}-\hat{\sigma}w_{1-\frac{\alpha}{2}}^{\mu})\right]$$

案例 7.4　两参数对数正态分布的参数估计

设总体 X 服从两参数正态分布，即 $X \sim LN(\mu, \sigma^2)$，其分布函数和密度函数分别为 $F(x)=\Phi\Big(\dfrac{\ln x-\mu}{\sigma}\Big)$，$f(x)=\dfrac{1}{\sigma x}\varphi\Big(\dfrac{\ln x-\mu}{\sigma}\Big)$ $(x>0)$，其中 μ 称为对数均值，σ^2 称为对数方差.

1. 定数截尾场合下参数的近似极大似然估计

设 $X_{(1)}$，$X_{(2)}$，$\cdots$，$X_{(r)}$ 是总体 $X \sim LN(\mu, \sigma^2)$ 的容量为 n 的前 r 个次序统计量，其次序观察值为 $x_{(1)}$，$x_{(2)}$，$\cdots$，$x_{(r)}$.

记 $Y=\ln X$，$Y_{(i)}=\ln X_{(i)}$ $(i=1, 2, \cdots, r)$，则 $Y \sim N(\mu, \sigma^2)$，其分布函数与密度函数分别为 $F_Y(y;\mu,\sigma)=\Phi\Big(\dfrac{y-\mu}{\sigma}\Big)$，$f_Y(y;\mu,\sigma)=\dfrac{1}{\sigma}\varphi\Big(\dfrac{y-\mu}{\sigma}\Big)$，而 $Y_{(1)}$，$Y_{(2)}$，$\cdots$，$Y_{(r)}$ 是来自正态总体 $N(\mu, \sigma^2)$ 的容量为 n 的前 r 个次序统计量.

记 $Z=\dfrac{Y-\mu}{\sigma}$，$Z_{(i)}=\dfrac{Y_{(i)}-\mu}{\sigma}$ $(i=1, 2, \cdots, r)$，则 $Z \sim N(0, 1)$，其分布函数与密度函数分别为 $F_Z(z)=\Phi(z)$，$f_Z(z)=\varphi(z)$，而 $Z_{(1)}$，$Z_{(2)}$，$\cdots$，$Z_{(r)}$ 与来自标准正态总体 $N(0, 1)$ 的容量为 n 的前 r 个次序统计量同分布.

此时，似然函数为

$$L = \frac{n!}{(n-r)!}\prod_{i=1}^{r}f_Y(Y_{(i)};\mu,\sigma)\left[1-F_Y(Y_{(r)};\mu,\sigma)\right]^{n-r}$$

$$= \frac{n!}{(n-r)!}\frac{1}{\sigma^r}\prod_{i=1}^{r}f_Z(Z_{(i)})\left[1-F_Z(Z_{(r)})\right]^{n-r}$$

$$\ln L = \ln \frac{n!}{(n-r)!} - r\ln\sigma + \sum_{i=1}^{r} \ln f_Z(Z_{(i)}) + (n-r)\ln[1 - F_Z(Z_{(r)})]$$

$$\frac{\partial \ln L}{\partial \mu} = -\frac{1}{\sigma}\left[\sum_{i=1}^{r} \frac{f'_Z(Z_{(i)})}{f_Z(Z_{(i)})} - (n-r)\frac{f_Z(Z_{(r)})}{1 - F_Z(Z_{(r)})}\right]$$

$$= -\frac{1}{\sigma}\left[-\sum_{i=1}^{r} Z_{(i)} - (n-r)\frac{f_Z(Z_{(r)})}{1 - F_Z(Z_{(r)})}\right]$$

$$\frac{\partial \ln L}{\partial \sigma} = -\frac{1}{\sigma}\left[r + \sum_{i=1}^{r} Z_{(i)}\frac{f'_Z(Z_{(i)})}{f_Z(Z_{(i)})} - (n-r)Z_{(r)}\frac{f_Z(Z_{(r)})}{1 - F_Z(Z_{(r)})}\right]$$

$$= -\frac{1}{\sigma}\left[r - \sum_{i=1}^{r} Z_{(i)}^2 - (n-r)Z_{(r)}\frac{f_Z(Z_{(r)})}{1 - F_Z(Z_{(r)})}\right]$$

令 $\dfrac{\partial \ln L}{\partial \mu} = 0$，$\dfrac{\partial \ln L}{\partial \sigma} = 0$，得如下两个似然方程：

$$\sum_{i=1}^{r} Z_{(i)} + (n-r)\frac{f_Z(Z_{(r)})}{1 - F_Z(Z_{(r)})} = 0$$

$$r - \sum_{i=1}^{r} Z_{(i)}^2 - (n-r)Z_{(r)}\frac{f_Z(Z_{(r)})}{1 - F_Z(Z_{(r)})} = 0$$

令 $p_i = \dfrac{i}{n+1}$，$q_i = 1 - p_i (i = 1, 2, \cdots, r)$，而 ξ_i 满足 $\Phi_Z(\xi_i) = p_i$. 将 $\dfrac{f_Z(Z_{(r)})}{1 - F_Z(Z_{(r)})}$ 在点 ξ_r 处一阶泰勒展开得

$$\frac{f_Z(Z_{(r)})}{1 - F_Z(Z_{(r)})} \approx a + bZ_{(r)}$$

式中　　　$a = \dfrac{\varphi(\xi_r)}{q_r}\left[1 + \xi_r^2 - \dfrac{\xi_r\varphi(\xi_r)}{q_r}\right]$，　$b = \dfrac{\varphi(\xi_r)[\varphi(\xi_r) - q_r\xi_r]}{q_r^2}$

将上述泰勒近似展开式代入上述两个似然方程得

$$\sum_{i=1}^{r} Z_{(i)} + (n-r)a + (n-r)bZ_{(r)} \approx 0, \quad r - \sum_{i=1}^{r} Z_{(i)}^2 - (n-r)aZ_{(r)} - (n-r)bZ_{(r)}^2 \approx 0$$

则得参数 σ，μ 的近似极大似然估计分别为

$$\hat{\sigma} = \frac{-D + \sqrt{D^2 + 4rE}}{2r}, \quad \hat{\mu} = B - C\hat{\sigma}$$

其中　　$M = r + (n-r)b$，$B = \dfrac{1}{M}\left[\sum_{i=1}^{r} Y_{(i)} + (n-r)bY_{(r)}\right]$，$C = -\dfrac{(n-r)a}{M}$

$$D = -(n-r)a(Y_{(r)} - B) = -(n-r)aY_{(r)} + MBC$$

$$E = \sum_{i=1}^{r} (Y_{(i)} - B)^2 + (n-r)b(Y_{(r)} - B)^2 = \sum_{i=1}^{r} Y_{(i)}^2 + (n-r)bY_{(r)}^2 - MB^2$$

2. 定数截尾场合下参数的最佳线性无偏估计

记 $Y = \ln X$，$Z = \dfrac{Y - \mu}{\sigma}$，$Y_{(i)} = \ln X_{(i)}$，$Z_{(i)} = \dfrac{Y_{(i)} - \mu}{\sigma}$ $(i = 1, 2, \cdots, r)$，则 $Y_{(1)}$，$Y_{(2)}$，$\cdots$，$Y_{(r)}$ 是来自正态总体 $N(\mu, \sigma^2)$ 的容量为 n 的前 r 个次序统计量，$Z_{(1)}$，$Z_{(2)}$，$\cdots$，$Z_{(r)}$ 与来自标准正态总体 $N(0, 1)$ 的容量为 n 的前 r 个次序统计量同分布.类似于定数截尾场合下威布尔分布参数的最佳线性无偏估计的处理方法，可以得到

$$E(Z_{(k)}) = \alpha_k, \quad D(Z_{(k)}) = v_{kk}, \quad k = 1, 2, \cdots, r$$

$$\mathrm{cov}(Z_{(k)}, Z_{(l)}) = v_{kl}, \quad k, l = 1, 2, \cdots, r, k < l$$

且 α_k、v_{kk} 和 v_{kl} 的值与参数 μ，σ 无关.

由此得到参数 σ，μ 的最佳线性无偏估计:

$$\hat{\sigma} = \sum_{j=1}^{r} C'(n, r, j) Y_{(j)} = \sum_{j=1}^{r} C'(n, r, j) \ln X_{(j)}$$

$$\hat{\mu} = \sum_{j=1}^{r} D'(n, r, j) Y_{(j)} = \sum_{j=1}^{r} D'(n, r, j) \ln X_{(j)}$$

式中

$$\sum_{j=1}^{r} C'(n, r, j) = 0, \quad \sum_{j=1}^{r} C'(n, r, j) \alpha_j = 1, \quad \sum_{j=1}^{r} D'(n, r, j) = 1, \quad \sum_{j=1}^{r} D'(n, r, j) \alpha_j = 0$$

称 $C'(n, r, j)$ 是 σ 的最佳线性无偏估计系数，$D'(n, r, j)$ 是 μ 的最佳线性无偏估计系数，其值可查阅参考文献[30].

又由于 $\sum\limits_{j=1}^{r} D'(n, r, j) = 1$，$\sum\limits_{j=1}^{r} C'(n, r, j) = 0$，则

$$\frac{\hat{\sigma}}{\sigma} = \frac{1}{\sigma} \sum_{j=1}^{r} C'(n, r, j) Y_{(j)} = \sum_{j=1}^{r} C'(n, r, j) \frac{Y_{(j)} - \mu}{\sigma} = \sum_{j=1}^{r} C'(n, r, j) Z_{(j)}$$

$$\frac{\hat{\mu} - \mu}{\hat{\sigma}} = \frac{\sum\limits_{j=1}^{r} D'(n, r, j) Y_{(j)} - \mu}{\sum\limits_{j=1}^{r} C'(n, r, j) Y_{(j)}} = \frac{\sum\limits_{j=1}^{r} D'(n, r, j) \dfrac{Y_{(j)} - \mu}{\sigma}}{\sum\limits_{j=1}^{r} C'(n, r, j) \dfrac{Y_{(j)} - \mu}{\sigma}} = \frac{\sum\limits_{j=1}^{r} D'(n, r, j) Z_{(j)}}{\sum\limits_{j=1}^{r} C'(n, r, j) Z_{(j)}}$$

即 $\dfrac{\hat{\sigma}}{\sigma}$，$\dfrac{\hat{\mu} - \mu}{\hat{\sigma}}$ 为枢轴量，给定置信水平 $1 - \alpha$，枢轴量 $\dfrac{\hat{\sigma}}{\sigma}$ 分布的上侧 $1 - \dfrac{\alpha}{2}$，$\dfrac{\alpha}{2}$ 分位数分别记为 $w_{1-\frac{\alpha}{2}}^{\sigma}$，$w_{\frac{\alpha}{2}}^{\sigma}$，枢轴量 $\dfrac{\hat{\mu} - \mu}{\hat{\sigma}}$ 分布的上侧 $1 - \dfrac{\alpha}{2}$，$\dfrac{\alpha}{2}$ 分位数分别记为 $w_{1-\frac{\alpha}{2}}^{\mu}$，$w_{\frac{\alpha}{2}}^{\mu}$，则

$$P\left(w_{1-\frac{\alpha}{2}}^{\sigma} \leqslant \frac{\hat{\sigma}}{\sigma} \leqslant w_{\frac{\alpha}{2}}^{\sigma}\right) = 1 - \alpha, \quad P\left(w_{1-\frac{\alpha}{2}}^{\mu} \leqslant \frac{\hat{\mu} - \mu}{\hat{\sigma}} \leqslant w_{\frac{\alpha}{2}}^{\mu}\right) = 1 - \alpha$$

进而,参数 σ, μ 置信水平 $1-\alpha$ 的置信区间分别为

$$\left[\frac{\hat{\sigma}}{w_{\frac{\alpha}{2}}^{\sigma}},\ \frac{\hat{\sigma}}{w_{1-\frac{\alpha}{2}}^{\sigma}}\right],\quad \left[\hat{\mu}-\hat{\sigma}w_{\frac{\alpha}{2}}^{\mu},\ \hat{\mu}-\hat{\sigma}w_{1-\frac{\alpha}{2}}^{\mu}\right]$$

案例 7.5　极大似然估计是否唯一? 似然方程的解是否一定都是极大似然估计?

(1) 设 X_1, X_2, $\cdots$, X_n 是来自均匀分布总体 X 的一个简单随机样本, X 的密度函数为

$$f(x;\theta)=\begin{cases}1, & \theta-\dfrac{1}{2}\leqslant x\leqslant\theta+\dfrac{1}{2}, \\ 0, & \text{其他}\end{cases}\quad -\infty<\theta<+\infty$$

似然函数为 $\qquad L(\theta)=1,\quad \theta-\dfrac{1}{2}\leqslant x_1,x_2,\cdots,x_n\leqslant\theta+\dfrac{1}{2}$

又 $\theta-\dfrac{1}{2}\leqslant x_1,x_2,\cdots,x_n\leqslant\theta+\dfrac{1}{2}$ 等价于 $\theta-\dfrac{1}{2}\leqslant x_{(1)}\leqslant x_{(2)}\leqslant\cdots\leqslant x_{(n)}\leqslant\theta+\dfrac{1}{2}$, 于是 $\left[X_{(n)}-\dfrac{1}{2},X_{(1)}+\dfrac{1}{2}\right]$ 中的任何值都是 θ 的极大似然估计, 除非 $X_{(n)}-\dfrac{1}{2}=X_{(1)}+\dfrac{1}{2}$, 否则它是不唯一的.

(2) 设 X_1, X_2, $\cdots$, X_n 是来自柯西分布总体 X 的一个简单随机样本, X 的密度函数为 $f(x;\theta)=\dfrac{1}{\pi[1+(x-\theta)^2]}$, ① 若 $n=1$, θ 的极大似然估计为 $\hat{\theta}=X_1$; ② 若 $n=2$, 似然方程有多个解, 但不都是 θ 的极大似然估计.

事实上, 若 $n=1$, 则似然函数为

$$L(\theta;x_1)=\frac{1}{\pi[1+(x_1-\theta)^2]},\quad \ln L(\theta;x_1)=-\ln\pi-\ln[1+(x_1-\theta)^2]$$

令 $\dfrac{\mathrm{d}\ln L(\theta;x_1)}{\mathrm{d}\theta}=\dfrac{2(x_1-\theta)}{1+(x_1-\theta)^2}=0$, 解得 $\theta=x_1$. 易证 $\left.\dfrac{\mathrm{d}^2\ln L(\theta;x_1)}{\mathrm{d}\theta^2}\right|_{\theta=x_1}<0$, 故 θ 的极大似然估计为

$$\hat{\theta}=X_1$$

若 $n=2$, 则似然函数为

$$L(\theta;x_1,x_2)=\frac{1}{\pi^2[1+(x_1-\theta)^2][1+(x_2-\theta)^2]}\tag{7-2}$$

要使似然函数达到最大, 只要式(7-2)的分母达到最小即可.

记函数

$$g'(\theta) = -2(x_1 - \theta)[1 + (x_2 - \theta)^2] - 2[1 + (x_1 - \theta)^2](x_2 - \theta) = 0$$

解得
$$\theta = \frac{1}{2}(x_1 + x_2) \tag{7-3}$$

或
$$\theta = \frac{(x_1 + x_2) \pm \sqrt{(x_1 + x_2)^2 - 4(x_1 x_2 + 1)}}{2} = \frac{(x_1 + x_2) \pm \sqrt{(x_1 - x_2)^2 - 4}}{2}$$
$$\tag{7-4}$$

为了判别是否是最小值点,考虑二阶导数

$$g''(\theta) = 4[\theta^2 - (x_1 + x_2)\theta + x_1 x_2 + 1] - 2(x_1 + x_2 - 2\theta)[2\theta - (x_1 + x_2)]$$
$$= 4[\theta^2 - (x_2 + x_2)\theta + x_1 x_2 + 1] + 2(x_1 + x_2 - 2\theta)^2 \tag{7-5}$$

将式(7-3)代入式(7-5)得

$$g''\left(\frac{x_1 + x_2}{2}\right) = 4\left[\frac{(x_1 + x_2)^2}{4} - \frac{(x_1 + x_2)^2}{2} + x_1 x_2 + 1\right] = -(x_1 - x_2)^2 + 4$$
$$\tag{7-6}$$

若式(7-6)大于 0,即 $(x_1 - x_2)^2 < 4$,此时 $|x_1 - x_2| < 2$,则 $g(\theta)$ 达到最小值,而此时式 (7-4)为复根.故 $\hat{\theta} = \frac{1}{2}(X_1 + X_2)$ 为 θ 的极大似然估计,而 $\hat{\theta} = \dfrac{(X_1 + X_2) \pm \sqrt{(X_1 - X_2)^2 - 4}}{2}$ 则不是.

若式(7-6)小于 0,即 $|x_1 - x_2| > 2$,此时 $g''\left(\dfrac{x_1 + x_2}{2}\right) < 0$,$g(\theta)$ 达到最大值.故此时 $\hat{\theta} = \dfrac{1}{2}(X_1 + X_2)$ 不是 θ 的极大似然估计.但在 $|x_1 - x_2| > 2$ 时,式(7-4)是两个实根.将式(7-4)代入式(7-5)得

$$g''\left(\frac{(x_1 + x_2) \pm \sqrt{(x_1 - x_2)^2 - 4}}{2}\right) = 2[x_1 + x_2 - (x_1 x_2 \pm \sqrt{(x_1 - x_2)^2 - 4})]^2$$

故式(7-3)是 $g(\theta)$ 的最小值点,但

$$g\left(\frac{(x_1 + x_2) + \sqrt{(x_1 - x_2)^2 - 4}}{2}\right) = \frac{1}{16}\{4 + [(x_1 - x_2) - \sqrt{(x_1 - x_2)^2 - 4}]^2\}$$

$$\cdot \{4 + \{[x_1 - x_2 + \sqrt{(x_1 - x_2)^2 - 4}]\}^2\}$$

$$= g\left(\frac{(x_1 + x_2) - \sqrt{(x_1 - x_2)^2 - 4}}{2}\right)$$

即式(7-4)的两个值都使 $g(\theta)$ 达到相同的最小值,此时 $\hat{\theta} = \dfrac{(X_1 + X_2) \pm \sqrt{(X_1 - X_2)^2 - 4}}{2}$ 是 θ 的两个极大似然估计量. 由此可知, 不论何种情况, 似然方程的三个解不都是 θ 的极大似然估计量.

案例 7.6 正态分布总体标准差的无偏估计

设 $X_1, X_2, \cdots, X_n$ 是来自正态总体 $X \sim N(\mu, \sigma^2)$ 的一个简单随机样本, ① 若 μ 已知, 试适当选择 k, 使 $\hat{\sigma} = k\sqrt{\sum\limits_{i=1}^{n} (X_i - \mu)^2}$ 为 σ 的无偏估计, 并求其方差; ② 若 μ 未知, 试适当选择 k, 使 $\hat{\sigma} = k\sqrt{\sum\limits_{i=1}^{n} (X_i - \bar{X})^2}$ 为 σ 的无偏估计, 并求其方差; ③ 若 μ 已知, 试适当选择 k, 使 $\hat{\sigma} = k\sum\limits_{i=1}^{n} |X_i - \mu|$ 为 σ 的无偏估计, 并求其方差; ④ 若 μ 未知, 试适当选择 k, 使 $\hat{\sigma} = k\sum\limits_{i=1}^{n} |X_i - \bar{X}|$ 为 σ 的无偏估计, 并求其方差.

解 (1) 因为 $\dfrac{1}{\sigma^2}\sum\limits_{i=1}^{n} (X_i - \mu)^2 \sim \chi^2(n)$, 所以

$$E\left(\sqrt{\frac{1}{\sigma^2}\sum_{i=1}^{n}(X_i-\mu)^2}\right) = \int_0^{+\infty} \frac{\sqrt{x}}{2^{\frac{n}{2}}\Gamma\left(\frac{n}{2}\right)} x^{\frac{n}{2}-1} e^{-\frac{x}{2}} \mathrm{d}x = \frac{2^{\frac{n+1}{2}}\Gamma\left(\frac{n+1}{2}\right)}{2^{\frac{n}{2}}\Gamma\left(\frac{n}{2}\right)} = \frac{\sqrt{2}\,\Gamma\left(\frac{n+1}{2}\right)}{\Gamma\left(\frac{n}{2}\right)}$$

因此取 $k = \dfrac{\Gamma\left(\frac{n}{2}\right)}{\sqrt{2}\,\Gamma\left(\frac{n+1}{2}\right)}$, 此时 $\hat{\sigma} = k\sqrt{\sum\limits_{i=1}^{n}(X_i-\mu)^2}$ 为 σ 的无偏估计. 其方差为

$$D(\hat{\sigma}) = \left[\frac{\Gamma\left(\frac{n}{2}\right)}{\sqrt{2}\,\Gamma\left(\frac{n+1}{2}\right)}\right]^2 E\left[\sum_{i=1}^{n}(X_i-\mu)^2\right] - \sigma^2 = \left\{\frac{n}{2}\left[\frac{\Gamma\left(\frac{n}{2}\right)}{\Gamma\left(\frac{n+1}{2}\right)}\right]^2 - 1\right\}\sigma^2$$

(2) 因为 $\dfrac{1}{\sigma^2}\sum\limits_{i=1}^{n} (X_i - \bar{X})^2 \sim \chi^2(n-1)$, 所以

$$E\left(\sqrt{\frac{1}{\sigma^2}\sum_{i=1}^{n}(X_i-\bar{X})^2}\right) = \int_0^{+\infty} \frac{\sqrt{x}}{2^{\frac{n-1}{2}}\Gamma\left(\frac{n-1}{2}\right)} x^{\frac{n-1}{2}} e^{-\frac{x}{2}} \mathrm{d}x = \frac{2^{\frac{n}{2}}\Gamma\left(\frac{n}{2}\right)}{2^{\frac{n-1}{2}}\Gamma\left(\frac{n-1}{2}\right)} = \frac{\sqrt{2}\,\Gamma\left(\frac{n}{2}\right)}{\Gamma\left(\frac{n-1}{2}\right)}$$

因此取 $k = \dfrac{\Gamma\left(\dfrac{n-1}{2}\right)}{\sqrt{2}\,\Gamma\left(\dfrac{n}{2}\right)}$，此时 $\hat{\sigma} = k\sqrt{\sum\limits_{i=1}^{n}(X_i - \bar{X})^2}$ 为 σ 的无偏估计. 其方差为

$$D(\hat{\sigma}) = \left[\frac{\Gamma\left(\dfrac{n-1}{2}\right)}{\sqrt{2}\,\Gamma\left(\dfrac{n}{2}\right)}\right]^2 E\left[\sum_{i=1}^{n}(X_i - \bar{X})^2\right] - \sigma^2 = \left\{\frac{n-1}{2}\left[\frac{\Gamma\left(\dfrac{n-1}{2}\right)}{\Gamma\left(\dfrac{n}{2}\right)}\right]^2 - 1\right\}\sigma^2$$

(3) 注意到 $\hat{\sigma} = k\sum\limits_{i=1}^{n}|X_i - \mu| = k\sigma\sum\limits_{i=1}^{n}\left|\dfrac{X_i - \mu}{\sigma}\right|$，对 $i = 1, 2, \cdots, n$，有

$$X_i \sim N(\mu, \sigma^2), \quad \frac{X_i - \mu}{\sigma} \sim N(0, 1)$$

$$E\left(\left|\frac{X_i - \mu}{\sigma}\right|\right) = \int_{-\infty}^{+\infty}|y|\frac{1}{\sqrt{2\pi}}\mathrm{e}^{-\frac{y^2}{2}}\mathrm{d}y = \frac{2}{\sqrt{2\pi}}\int_{0}^{+\infty}y\mathrm{e}^{-\frac{y^2}{2}}\mathrm{d}y = \frac{2}{\sqrt{2\pi}}\int_{0}^{+\infty}\mathrm{e}^{-t}\mathrm{d}t = \sqrt{\frac{2}{\pi}}$$

由此 $E(\hat{\sigma}) = k\sigma\sum\limits_{i=1}^{n}E\left(\left|\dfrac{X_i - \mu}{\sigma}\right|\right) = kn\sqrt{\dfrac{2}{\pi}}\sigma = \sigma$，进而得 $k = \dfrac{1}{n}\sqrt{\dfrac{\pi}{2}}$. 又由于 $\left|\dfrac{X_i - \mu}{\sigma}\right|$

$(i = 1, 2, \cdots, n)$ 独立同分布，且 $\left(\dfrac{X_i - \mu}{\sigma}\right)^2 \sim \chi^2(1)$，有

$$E\left(\frac{X_i - \mu}{\sigma}\right)^2 = 1, \quad D\left(\left|\frac{X_i - \mu}{\sigma}\right|\right) = E\left(\left|\frac{X_i - \mu}{\sigma}\right|^2\right) - \left[E\left(\left|\frac{X_i - \mu}{\sigma}\right|\right)\right]^2 = 1 - \frac{2}{\pi}$$

$$D(\hat{\sigma}) = \frac{\pi}{2n^2}\sigma^2 D\left(\sum_{i=1}^{n}\left|\frac{X_i - \mu}{\sigma}\right|\right) = \frac{\pi}{2n^2}\sigma^2 n\left(1 - \frac{2}{\pi}\right) = \left(\frac{\pi}{2} - 1\right)\frac{\sigma^2}{n}$$

(4) 对 $i = 1, 2, \cdots, n$，有

$$X_i - \bar{X} = X_i - \frac{1}{n}\sum_{j=1}^{n}X_j = -\frac{1}{n}\sum_{j=1}^{i-1}X_j + \frac{n-1}{n}X_i - \frac{1}{n}\sum_{j=i+1}^{n}X_j$$

$$E(X_i - \bar{X}) = 0, \quad D(X_i - \bar{X}) = \frac{i-1}{n^2}\sigma^2 + \frac{(n-1)^2}{n^2}\sigma^2 + \frac{n-i}{n^2}\sigma^2 = \frac{n-1}{n}\sigma^2$$

即 $X_i - \bar{X} \sim N\left(0, \dfrac{n-1}{n}\sigma^2\right)$，令 $\sigma' = \sqrt{\dfrac{n-1}{n}}\sigma$，即 $\dfrac{X_i - \bar{X}}{\sigma'} \sim N(0, 1)$. 由此

$$E\left(\left|\frac{X_i - \bar{X}}{\sigma'}\right|\right) = \sqrt{\frac{2}{\pi}}, \quad E(|X_i - \bar{X}|) = \sqrt{\frac{2}{\pi}}\sigma' = \sqrt{\frac{2}{\pi}}\sqrt{\frac{n-1}{n}}\sigma$$

于是 $E(\hat{\sigma}) = k\sigma'\sum\limits_{i=1}^{n}\left|\dfrac{X_i - \bar{X}}{\sigma'}\right| = k\sqrt{\dfrac{n-1}{n}}\sigma \cdot n\sqrt{\dfrac{2}{\pi}} = \sigma$，进而 $k = \sqrt{\dfrac{\pi}{2n(n-1)}}$.

下面求 $\hat{\sigma}$ 的方差

$$D(\hat{\sigma}) = \frac{\pi}{2n(n-1)} E\Big[\big(\sum_{i=1}^{n} |X_i - \bar{X}|\big)^2\Big] - \sigma^2$$

而 $\quad E\Big[\big(\sum_{i=1}^{n} |X_i - \bar{X}|\big)^2\Big] = \sum_{i=1}^{n} E[(X_i - \bar{X})^2] + n(n-1)E[|X_1 - \bar{X}||X_2 - \bar{X}|]$

$$= n\frac{n-1}{n}\sigma^2 + n(n-1)E[|X_1 - \bar{X}||X_2 - \bar{X}|]$$

$$= (n-1)\sigma^2 + n(n-1)E[|X_1 - \bar{X}||X_2 - \bar{X}|]$$

又由于 $\quad (X_1 - \bar{X}, X_2 - \bar{X}) \sim N\Big(0, \frac{n-1}{n}\sigma^2; 0, \frac{n-1}{n}\sigma^2; -\frac{1}{n-1}\Big)$

若记 $\sigma_0^2 = \frac{n-1}{n}\sigma^2$, $\rho = -\frac{1}{n-1}$, 则

$$E[|X_1 - \bar{X}||X_2 - \bar{X}|] = \int_{-\infty}^{+\infty}\int_{-\infty}^{+\infty} |x||y| \frac{1}{2\pi\sigma_0^2\sqrt{1-\rho^2}} e^{-\frac{1}{2(1-\rho^2)\sigma_0^2}(x^2 - 2\rho xy + y^2)} \,\mathrm{d}x\,\mathrm{d}y$$

$$= \frac{2}{2\pi\sigma_0^2\sqrt{1-\rho^2}} \int_0^{+\infty}\int_0^{+\infty} xy e^{-\frac{1}{2(1-\rho^2)\sigma_0^2}(x^2 - 2\rho xy + y^2)} \,\mathrm{d}x\,\mathrm{d}y$$

$$+ \frac{2}{2\pi\sigma_0^2\sqrt{1-\rho^2}} \int_0^{+\infty}\int_0^{+\infty} xy e^{-\frac{1}{2(1-\rho^2)\sigma_0^2}(x^2 + 2\rho xy + y^2)} \,\mathrm{d}x\,\mathrm{d}y$$

下面计算上述这两个积分, 记 $c = \frac{1}{2(1-\rho^2)\sigma_0^2} > 0$, 有

$$\int_0^{+\infty} y e^{-c(x^2 \mp 2\rho xy + y^2)} \,\mathrm{d}y = \int_0^{+\infty} \frac{1}{2c} c(2y \mp 2\rho x \pm 2\rho x) e^{-c(x^2 \mp 2\rho xy + y^2)} \,\mathrm{d}y$$

$$= \frac{1}{2c}\int_0^{+\infty} c(2y \mp 2\rho x) e^{-c(x^2 \mp 2\rho xy + y^2)} \,\mathrm{d}y \pm \rho x e^{-c(1-\rho^2)x^2} \int_0^{+\infty} e^{-c(y \mp \rho x)^2} \,\mathrm{d}y$$

$$= \frac{1}{2c} e^{-c(x^2 \mp 2\rho xy + y^2)} \Big|_{+\infty}^0 \pm \rho x e^{-c(1-\rho^2)x^2} \int_0^{+\infty} e^{-c(y \mp \rho x)^2} \,\mathrm{d}y$$

$$= \frac{1}{2c} e^{-cx^2} \pm \rho x e^{-c(1-\rho^2)x^2} \frac{1}{\sqrt{c}} \cdot \frac{\sqrt{\pi}}{2}$$

则 $\quad \int_0^{+\infty} x\,\mathrm{d}x \int_0^{+\infty} y e^{-\frac{1}{2(1-\rho^2)\sigma_0^2}(x^2 \mp 2\rho xy + y^2)} \,\mathrm{d}y$

$$= \int_0^{+\infty} \frac{1}{2c} x e^{-cx^2} \,\mathrm{d}x \pm \int_0^{+\infty} \frac{\sqrt{\pi}}{2\sqrt{c}} \rho x^2 e^{-c(1-\rho^2)x^2} \,\mathrm{d}x$$

$$= -\frac{1}{4c^2}\int_0^{+\infty} \mathrm{d}e^{-cx^2} \mp \frac{\sqrt{\pi}}{2\sqrt{c}} \cdot \frac{1}{2c(1-\rho^2)}\int_0^{+\infty} \rho x\,\mathrm{d}e^{-c(1-\rho^2)x^2}$$

$$= -\frac{1}{4c^2} e^{-cx^2} \Big|_0^{+\infty} \mp \frac{\sqrt{\pi}\rho}{4c\sqrt{c}(1-\rho^2)}\Big[x e^{-c(1-\rho^2)x^2} \Big|_0^{+\infty} - \int_0^{+\infty} e^{-c(1-\rho^2)x^2} \,\mathrm{d}x\Big]$$

$$= \frac{1}{4c^2} \pm \frac{\sqrt{\pi}\rho}{4c\sqrt{c}\,(1-\rho^2)} \cdot \frac{1}{\sqrt{c}\,\sqrt{1-\rho^2}} \cdot \frac{\sqrt{\pi}}{2}$$

$$= \frac{1}{4c^2} \left[1 \pm \frac{\pi\rho}{2\,(1-\rho^2)^{\frac{3}{2}}} \right]$$

$$= (1-\rho^2)^2 \sigma_0^4 \left[1 \pm \frac{\pi\rho}{2\,(1-\rho^2)^{\frac{3}{2}}} \right]$$

由此
$$E[\,|\,X_1-\bar{X}\,|\,|\,X_2-\bar{X}\,|\,] = \frac{2}{\pi\sigma_0^2\sqrt{1-\rho^2}}\,(1-\rho^2)^2\sigma_0^4 = \frac{2}{\pi}\,(1-\rho^2)^{\frac{3}{2}}\sigma_0^2$$

$$= \frac{2}{\pi}\left[\frac{n(n-2)}{(n-1)^2}\right]^{\frac{3}{2}} \frac{n-1}{n}\sigma^2 = \frac{2}{\pi} \cdot \frac{\sqrt{n}\,(n-2)^{\frac{3}{2}}}{(n-1)^2}\sigma^2$$

则
$$E\left[\left(\sum_{i=1}^{n}\,|\,X_i-\bar{X}\,|\right)^2\right] = (n-1)\sigma^2 + \frac{2}{\pi}\cdot\frac{\left[n(n-2)\right]^{\frac{3}{2}}}{n-1}\sigma^2$$

最后有
$$D(\hat{\sigma}) = \frac{\pi}{2n}\sigma^2 + \frac{\sqrt{n}\,(n-2)^{\frac{3}{2}}}{(n-1)^2}\sigma^2 - \sigma^2 = \left[\frac{\pi}{2n} + \frac{\sqrt{n}\,(n-2)^{\frac{3}{2}}}{(n-1)^2} - 1\right]\sigma^2$$

案例 7.7   如何估计湖中的鱼？

为了估计湖中的鱼数 N，今在湖中捉出 r 条鱼做上标记并放回湖中，然后隔一阶段再从湖中捉出 s 条鱼，结果发现其中有 a 条鱼上有标记.试估计湖中的鱼数 N.

解法 1   采用极大似然估计方法.设第二次捉出的有记号的鱼数为 X，易见 X 服从超几何分布

$$P(X=k) = \frac{C_r^k C_{N-r}^{s-k}}{C_N^s}, \quad \max(0,\,s-(N-r)) \leqslant k \leqslant \min(r,\,s)$$

式中，$s \leqslant N$，$k \leqslant r$，$k \leqslant s$，在 s 条鱼中没有标记的鱼的数量 $s-k$ 也不能超过整个湖中没有标记的鱼的数量 $N-r$，即 $s-k \leqslant N-r$.似然函数为

$$L(N,\,a) = \frac{C_r^a C_{N-r}^{s-a}}{C_N^s}$$

考虑比值

$$A(N) = \frac{L(N,\,a)}{L(N-1,\,a)} = \frac{C_{N-1}^s C_{N-r}^{s-a}}{C_N^s C_{N-1-r}^{s-a}} = \frac{(N-r)(N-s)}{N(N-r-s+a)} = 1 + \frac{rs-Na}{N^2-(r+s)N+Na}$$

由于在 $L(N-1,\,a)$ 中，$a \geqslant s-(N-1-r)$，即 $a \geqslant (r+s)-N+1$，易见

$$N^2 - (r+s)N + Na \geqslant N > 0$$

从而,当且仅当 $rs-Na>0\left(\text{即 } N<\dfrac{rs}{a}\right)$ 时,$A(N)>1$. 表明当 $N=\left[\dfrac{rs}{a}\right]$ 时,$L(N,a)$ 达到最大,即 N 的极大似然估计为 $\hat{N}=\left[\dfrac{rs}{a}\right]$.

例如取 $r=1\,000$,$s=150$,$a=10$,则 $\hat{N}=15\,000$.

解法 2 矩估计方法.由于 X 服从超几何分布,则 $E(X)=\dfrac{sr}{N}$.

如果捕获的鱼很有代表性,那么我们捕获有标号的鱼数 a 应该接近于数学期望值,即

$$a \approx \frac{sr}{N}$$

故可用 $\hat{N}=\left[\dfrac{sr}{a}\right]$ 作为湖中鱼数的估计.

解法 3 比例法(用频率估计).由于湖中有记号鱼的比例为 $P=\dfrac{r}{N}$,而在捕的 s 条鱼中有记号的鱼的比例为 $\dfrac{a}{s}$,由于捕鱼是随机的,每一条鱼是独立的,即应该有 $\dfrac{r}{N}=\dfrac{a}{s}$,$N=\dfrac{sr}{a}$,从而 N 的估计为 $\hat{N}=\left[\dfrac{sr}{a}\right]$.

案例 7.8 拉普拉斯分布的参数估计

拉普拉斯分布最早是由著名数学家拉普拉斯于 1774 年发现的.设连续型随机变量 X 的密度函数为

$$f(x)=\frac{1}{2\theta}\mathrm{e}^{-\frac{|x-\mu|}{\theta}},\quad -\infty<x,\mu<+\infty,\theta>0$$

称 X 服从位置参数为 μ 和尺度参数为 θ 的拉普拉斯分布,记为 $X \sim L(\mu,\theta)$.

若 $\mu=0$,称 X 服从单参数拉普拉斯分布,记为 $X \sim L(\theta)$;而若 $\mu=0$,$\theta=1$,则称 X 服从标准拉普拉斯分布,记为 $X \sim L(1)$.

拉普拉斯分布有许许多多的拓展形式,尤其是两参数、三参数非对称的拉普拉斯分布,其具有尖峰、厚尾、偏态的特征,由此经常用非对称拉普拉斯分布来拟合金融资产收益率.

例 7.8.1 设总体 X 服从参数为 θ 的对称拉普拉斯分布,即 $X \sim L(\theta)$,其密度函数为 $f(x)=\begin{cases}\dfrac{1}{2\theta}\mathrm{e}^{-\frac{x}{\theta}}, & x\geqslant 0 \\[2mm] \dfrac{1}{2\theta}\mathrm{e}^{\frac{x}{\theta}}, & x<0\end{cases}$,而 $X_1,X_2,\cdots,X_n$ 为来自总体 X 的一个容量为 n 的样本.

(1)可否利用样本的一阶矩 $\bar{X}$ 求参数 θ 的矩估计?为什么?

(2) 利用样本的二阶矩 $\overline{X^2}$ 求参数 θ 的矩估计.

(3) 利用样本的一阶绝对矩 $\overline{|X|} = \dfrac{1}{n}\sum\limits_{i=1}^{n}|X_i|$ 求参数 θ 的矩估计.

(4) 求参数 θ 的极大似然估计,并求其期望与方差.

(5) 求参数 θ 的置信区间.

(6) 给出假设检验 $H_0: \theta \leqslant \theta_0 \leftrightarrow H_1: \theta > \theta_0$ 的拒绝域(显著性水平取为 α).

例 7.8.1 求解过程可扫描本章二维码查看.

例 7.8.2 设总体 X 服从参数为 $\theta_1 > 0$,$\theta_2 > 0$ 的两参数非对称拉普拉斯分布,即

$$X \sim L(\theta_1, \theta_2),\text{其密度函数为} f(x) = \begin{cases} \dfrac{1}{2\theta_1}\mathrm{e}^{\frac{x}{\theta_1}}, & x < 0 \\ \dfrac{1}{2\theta_2}\mathrm{e}^{-\frac{x}{\theta_2}}, & x \geqslant 0 \end{cases},\text{而 } X_1, X_2, \cdots, X_n \text{ 为来}$$

自总体 X 的一个容量为 n 的样本.

(1) 利用样本的一阶矩 $\bar{X}$ 与二阶矩 $\overline{X^2}$,求参数 θ_1,θ_2 的矩估计.

(2) 利用样本的一阶矩 $\bar{X}$ 与一阶绝对矩 $\overline{|X|} = \dfrac{1}{n}\sum\limits_{i=1}^{n}|X_i|$,求参数 θ_1,θ_2 的矩估计,并求其方差与协方差.

(3) 求参数 θ_1,θ_2 的极大似然估计.

例 7.8.2 求解过程可扫描本章二维码查看.

案例 7.9 废品率的贝叶斯估计

设某批产品的废品率为 p,从这批产品中抽取一个样本 $X_1, X_2, \cdots, X_n$,取 p 的先验分布 $\pi(p)$ 为 $[0, 1]$ 上的分布,其密度函数为 $\pi(p) = \dfrac{p^a (1-p)^b}{B(a+1, b+1)}$ $(a \geqslant 0, b \geqslant 0)$ 已知,求 p 的贝叶斯估计.

解 由于 $\prod\limits_{i=1}^{n} f(x_i \mid p) = \prod\limits_{i=1}^{n} p^{x_i} (1-p)^{1-x_i} = p^{\sum\limits_{i=1}^{n}x_i} (1-p)^{n-\sum\limits_{i=1}^{n}x_i}$

$$\pi(p)\prod_{i=1}^{n} f(x_i \mid p) = \frac{1}{B(a+1, b+1)} p^{a+\sum\limits_{i=1}^{n}x_i} (1-p)^{b+n-\sum\limits_{i=1}^{n}x_i}$$

$$\int_0^1 \pi(p)\prod_{i=1}^{n} f(x_i \mid p)\mathrm{d}p = \frac{1}{B(a+1, b+1)} \int_0^1 p^{a+\sum\limits_{i=1}^{n}x_i} (1-p)^{b+n-\sum\limits_{i=1}^{n}x_i}\mathrm{d}p$$

$$= \frac{B(a + \sum_{i=1}^{n} x_i + 1, b + n - \sum_{i=1}^{n} x_i + 1)}{B(a+1, b+1)}$$

所以 p 的后验分布为

$$h(p \mid x_1, x_2, \cdots, x_n) = \frac{\pi(p) \prod_{i=1}^{n} f(x_i \mid p)}{\int_0^1 \pi(p) \prod_{i=1}^{n} f(x_i \mid p) \mathrm{d}p}$$

$$= \frac{p^{a + \sum_{i=1}^{n} x_i} (1-p)^{b + n - \sum_{i=1}^{n} x_i}}{B(a + \sum_{i=1}^{n} x_i + 1, b + n - \sum_{i=1}^{n} x_i + 1)}$$

因此 p 的贝叶斯估计 $\hat{p}$ 为

$$\hat{p} = E(p \mid X_1, X_2, \cdots, X_n) = \int_0^1 p \, h(p \mid X_1, X_2, \cdots, X_n) \mathrm{d}p$$

$$= \frac{\int_0^1 p^{a + \sum_{i=1}^{n} X_i + 1} (1-p)^{b + n - \sum_{i=1}^{n} X_i} \mathrm{d}p}{B(a + \sum_{i=1}^{n} X_i + 1, b + n - \sum_{i=1}^{n} X_i + 1)} = \frac{B(a + \sum_{i=1}^{n} X_i + 2, b + n - \sum_{i=1}^{n} X_i + 1)}{B(a + \sum_{i=1}^{n} X_i + 1, b + n - \sum_{i=1}^{n} X_i + 1)}$$

$$= \frac{\Gamma(a + \sum_{i=1}^{n} X_i + 2) \Gamma(b + n - \sum_{i=1}^{n} X_i + 1)}{\Gamma(a + \sum_{i=1}^{n} X_i + 1) \Gamma(b + n - \sum_{i=1}^{n} X_i + 1)} \cdot \frac{\Gamma(a + b + n + 2)}{\Gamma(a + b + n + 3)} = \frac{a + \sum_{i=1}^{n} X_i + 1}{a + b + n + 2}$$

案例 7.10　心理状态数的统计分析

　　正常情况下,加工出零件的尺寸与设计标准尺寸的偏差 X 服从正态分布 $N(0, \sigma^2)$. 而对具体某个操作者在实际加工零件时,或大或小总存在着某种心理状态作用在偏差 X 的分布上,使其分布不再服从正态分布 $N(0, \sigma^2)$,而形成一种偏态.例如,加工某种轴直径时,操作者存在怕直径偏小而成为废品的心理状态,这样加工出轴的直径总是偏大的多,偏小的少,即实际偏差取值小于零的少,大于零的多,偏差分布偏向右侧.再如加工某圆孔时,操作者存在怕孔径偏大而成为废品的心理状态,这样,加工出的孔径就会出现偏小的多,而偏大的少,使实际偏差分布偏向左侧.董云河和宋述龙首次提出心理状态数的概念.其假定一个操作者在一定时期的这种心理状态是不变的,因而可以赋予一个常数 c,称 c 为该操作者加工时的心理状态数,其为评价操作者技术水平高低的一个重要标志.如何根据操作者加工出的零件尺寸去估计心理状态数 c? 如何通过心理状态数估计值去评价操作者的技术水平?

为此提出一种偏正态分布.设随机变量 Y 服从正态分布 $N(0, \sigma^2)$，若随机变量 Y 在 c 的作用下形成另一随机变量 X，X 的密度函数为

$$f_X(x) = \begin{cases} \dfrac{c}{\sqrt{2\pi}\sigma} e^{-\frac{x^2}{2\sigma^2}}, & x < 0 \\[3mm] \dfrac{2-c}{\sqrt{2\pi}\sigma} e^{-\frac{x^2}{2\sigma^2}}, & x \geq 0 \end{cases}$$

式中，$0 \leq c \leq 2$ 称为心理状态数.称随机变量 Y 在 c 的作用下形成的随机变量 X 服从偏正态分布，简记为 $X \sim N(0, \sigma^2, c)$，称为偏态分布或两参数偏态分布.

董云河和宋述龙还论述了心理状态数在生产管理中的应用.当 $0 \leq c < 1$ 时，变量取值右偏多;当 $1 < c \leq 2$ 时，变量取值左偏多;而当 $c = 1$ 时，变量服从正态分布.左、右取值个数相等，也就是说 c 的取值越接近于 1 越好.于是可以将 c 的取值大小作为判断操作者的技术水平的一个指标，比如根据 c 的取值大小将操作者分为三个等级：① 当 $\hat{c} \in [0.7, 1.3]$ 时为一级;② 当 $\hat{c} \in [0.4, 0.7) \cup (1.3, 1.6]$ 时为二级;③ 当 $\hat{c} \in [0, 0.4) \cup [1.6, 2]$ 时为三级.

偏正态分布 $N(0, \sigma^2, c)$ 也可应用于试卷出题者的心理状态分析.正常情况下，试题难易适中，学生的成绩与 75 分的偏差服从正态分布 $N(0, \sigma^2)$，但试卷出题者在出题时或大或小地存在某种心理状态，作用在偏差的分布上，使其不再服从正态分布 $N(0, \sigma^2)$，而形成一种偏态，可称其为偏正态分布.如果出题者出题时怕学生成绩低而形成一种心理状态，这种心理状态会使试题偏易，学生成绩偏高，从而使实际偏差分布偏向右侧;如果相反，则实际偏差分布偏向左侧.假定出题者在一定时期内的心理状态是不变的，因此可以赋予一个常数 c，称其为该出题者的心理状态数.显然 c 是评价出题者技术水平的一个重要标志.为了使出题者及时了解自己的出题难度是否适中，可以通过取样给出心理状态数的估计方法，以及运用心理状态数去评价出题者的心理状态及其出题水平.

设 $X_1, X_2, \cdots, X_n$ 为来自总体 $X \sim N(0, \sigma^2, c)$ 的一个容量为 n 的一个简单随机样本，其样本观测值记为 $x_1, x_2, \cdots, x_n$，易见参数的矩估计为 $\hat{c} = 1 - \sqrt{\dfrac{\pi}{2}} \cdot \dfrac{\bar{X}}{\sqrt{\overline{x^2}}}$，

$\hat{\sigma} = \sqrt{\overline{x^2}}$，其中，$\bar{X} = \dfrac{1}{n}\sum\limits_{i=1}^{n} X_i$，$\overline{X^2} = \dfrac{1}{n}\sum\limits_{i=1}^{n} X_i^2$.但矩估计有一明显的缺点，即不能保证 c 的估计满足 $0 \leq \hat{c} \leq 2$.陈希孺院士给出了参数的极大似然估计：$\hat{c} = \dfrac{2m}{n}$，$\hat{\sigma}^2 = \overline{X^2}$，其中，$m$ 为样本观测值 $x_1, x_2, \cdots, x_n$ 中小于 0 的个数.他还指出了极大似然估计的优点，一是计算简单，二是基于极大似然估计容易处理参数 c 的假设检验问题，三是 c 的极大似然估计也是 c 的最小方差无偏估计.

关于心理状态数及其拓展分析，国内许多学者做过较为深入的研究.例如宋立新提出了一种新的两参数偏态分布.另外，关于心理状态数的应用研究也有许多学者做过有益的尝试.戴申和乔光通过大庆石油管理局每年举行的采油专业四、五级工大赛的数据，利用心理

状态数的矩估计来定量地区分选手的等级,本着公平、公正的原则将心理状态稳定的选手选拔出来;孙静和扬文杰搜集了 93 名学生的高等数学和复变函数两科成绩,给出了出题者的心理状态数的估计值.

例 7.10.1 机械手表摆轴轴颈直径 $\varphi = (0.825 \pm 0.002\,5)$ mm,从一个操作者加工的摆轴中随机选取 100 个,测得轴的直径 x 与 0.825 偏差如下:100 个数据中,有 6 个为 $-0.002\,5$;有 14 个为 $-0.001\,5$;有 21 个为 $-0.000\,5$;有 11 个为 $0.002\,5$;有 19 个为 $0.001\,5$;有 29 个为 $0.000\,5$.计算得

$$\bar{x} = 0.000\,31, \quad \hat{\sigma}_1 = \sqrt{\overline{x^2}} = 0.001\,459\,451, \quad \hat{c}_1 = 1 - \sqrt{\frac{\pi}{2}} \cdot \frac{\bar{x}}{\sqrt{\overline{x^2}}} = 0.733\,785\,25$$

如按三级管理划分,$\hat{c} \in [0.7, 1.3]$,可以认为操作者为一级心理状态.而参数 c 的极大似然估计为 $\hat{c}_2 = \dfrac{2m}{n} = \dfrac{2 \times 41}{100} = 0.82$,$\hat{\sigma}_2 = \sqrt{\overline{x^2}} = 0.001\,459\,451$.

例 7.10.2 某操作者加工某零件 20 只,20 只零件的尺寸与标准尺寸的偏差如下(单位:cm):

0.000 2	0.000 5	$-0.001\,5$	0.001 0	$-0.000\,5$	0.000 9	0.001 2
$-0.000\,3$	$-0.000\,1$	0.000 4	$-0.002\,0$	0.000 8	0.001 5	0.000 7
0.000 6	0.001 6	$-0.001\,0$	0.000 4	0.000 4	0.000 9	0.001 1

心理状态数 c 的矩估计:$\hat{c} = 0.596\,7$;极大似然估计:$\hat{c} = 0.6$,属于二级心理状态.

例 7.10.3 某校搜集了 93 名学生的高等数学(简称高数)和复变函数(简称复函)两科成绩,列出了这些成绩与 75 分的偏差值(见表 7-1 和表 7-2),试估计出题者的心理状态数.

表 7-1 93 名学生的高数成绩偏差值

-5	18	16	13	13	15	-2	20	20	5	11	17	13	6	-3	17
6	18	16	11	18	11	19	9	4	-16	-8	20	2	-19	19	10
5	9	16	18	-1	-5	2	11	21	19	16	8	3	21	-7	1
-20	16	14	8	18	2	-8	14	17	15	1	14	15	12	12	15
9	-25	-21	18	15	-24	4	13	-4	1	13	12	18	14	9	-4
15	4	16	-5	13	8	1	15	12	3	15	7	-14			

表 7-2 93 名学生的复函成绩偏差值

-9	-19	2	-15	6	3	0	8	-24	-9	-15	-4	0	11	3	11
18	-8	9	6	11	18	15	-2	6	6	-15	4	-8	-5	9	0

续 表

−10	11	−27	7	8	−10	23	−15	−14	1	−5	−9	12	4	3	−6
−15	1	−4	−2	15	−28	−1	20	−4	−1	3	10	−6	11	5	−6
−3	15	1	−13	−2	2	16	15	3	18	10	18	7	0	−4	−26
11	−25	−5	11	7	23	8	21	15	−3	−14	4	8			

(1) 对高数成绩偏差给出估计

$$\bar{x} = \frac{760}{93} \approx 8.172\,043, \quad \overline{x^2} = \frac{16\,921}{93} \approx 181.949\,23$$

故 $$\hat{c} = 1 - \sqrt{\frac{\pi}{2}} \cdot \frac{\bar{x}}{\sqrt{\overline{x^2}}} = 1 - 0.759\,309\,8 = 0.240\,690\,2 \in [0,\,0.4)$$

即高数出题者为三级心理状态.

(2) 对复函成绩偏差给出估计

$$\bar{x} \approx 1.193\,548\,3, \quad \overline{x^2} \approx 133.494\,62$$

故 $$\hat{c} = 1 - \sqrt{\frac{\pi}{2}} \cdot \frac{\bar{x}}{\sqrt{\overline{x^2}}} = 0.870\,530\,4 \in [0.7,\,1.3)$$

即复函出题者为一级心理状态.

案例 7.11　江苏省(1961—1990 年)持续性雨日 Pólya 分布的拟合分析

利用江苏省二十个站的 1961—1990 年逐日降水资料,用 Pólya 分布模式来拟合省域的雨日分布状况,其效果是令人满意的.

在下面研究中,规定日降水量不低于 0.1 mm 为雨日,持续性雨日是指在 k 天时段内每天的降水量均不低于 0.1 mm,而在 k 天时段的前一天和后一天的降水量均低于 0.1 mm,则称为 k 天的持续性雨日.

1. 持续雨日 Pólya 分布模式的拟合

Pólya 分布模式认为逐日天气变化是具有后效作用的连锁现象,每次雨日的出现可以增加另一个雨日出现的概率,它考虑了逐日间的连锁和持续性.从理论上讲,用 Pólya 分布模式来模拟雨日的分布是适宜的.

1) Pólya 分布模式

所谓 Pólya 分布就是一种传染分布（或称概率传染分布），其特点是每次出现可以增加另一出现的概率.如果一个离散型随机变量 X 服从参数为 β，m 的 Pólya 分布，则其分布列为

$$P(X=r)=\left(\frac{m}{1+\beta m}\right)^r \frac{1(1+\beta)\cdots[1+(r-1)\beta]}{r!}(1+\beta m)^{-\frac{1}{\beta}},$$

$$r=1,2,\cdots,\quad P(X=0)=(1+\beta m)^{-\frac{1}{\beta}}$$

式中，$\beta\geqslant 0$，称为相对传染（或称后效影响因素），$m>0$.

记 $d=\beta m$ 称为传染量，则上式可改写如下：对 $r\geqslant 1$，有

$$P(X=r)=\frac{m^r(1+\beta)(1+2\beta)\cdots[1+(r-1)\beta]}{r!(1+\beta m)^{\frac{1}{\beta}+r}}=\frac{m(m+\beta m)\cdots[m+(r-1)\beta m]}{r!(1+\beta m)^{\frac{1}{\beta}+r}}$$

$$=\frac{m(m+d)\cdots[m+(r-1)d]}{r!(1+d)^{\frac{m}{d}+r}}$$

$$P(X=0)=(1+d)^{-\frac{1}{\beta}}$$

又由于

$$\frac{1(1+\beta)\cdots[1+(r-1)\beta]}{r!}=(-\beta)^r C^r_{-\frac{1}{\beta}},\quad C^0_{-\frac{1}{\beta}}=1$$

于是，Pólya 分布的分布列可记为

$$P(X=r)=(-1)^r C^r_{-\frac{1}{\beta}}\left(\frac{\beta m}{1+\beta m}\right)^r(1+\beta m)^{-\frac{1}{\beta}},\quad r=0,1,2,\cdots$$

特别需要指出的是，Pólya 分布其实就是拓展的负二项分布，在一般的负二项分布 $P(X=r)=C_r^{k+r-1}p^k q^r(r=0,1,2,\cdots)$ 中，k 为正整数，但可将 k 拓展至正实数.如令 $k=\frac{1}{\beta}$，同时令 $p=\frac{1}{1+\beta m}$，$q=1-p=\frac{\beta m}{1+\beta m}$，此时 Pólya 分布即为负二项分布.

Pólya 分布的特征函数 $\varphi(t)$ 为

$$\varphi(t)=E(e^{itX})=\sum_{r=0}^{+\infty}(-1)^r e^{itr}\left(\frac{\beta m}{1+\beta m}\right)^r(1+\beta m)^{-\frac{1}{\beta}}C^r_{-\frac{1}{\beta}}=(1+\beta m-\beta m e^{it})^{-\frac{1}{\beta}}$$

式中，i 为虚数单位.

又　$\varphi'(t)=-\frac{1}{\beta}(1+\beta m-\beta m e^{it})^{-\frac{1}{\beta}-1}(-\beta m e^{it}i)=im e^{it}(1+\beta m-\beta m e^{it})^{-\frac{1}{\beta}-1}$

$$\varphi''(t)=i^2 m e^{it}(1+\beta m-\beta m e^{it})^{-\frac{1}{\beta}-1}+im e^{it}\left(-\frac{1}{\beta}-1\right)(1+\beta m-\beta m e^{it})^{-\frac{1}{\beta}-2}(-\beta m e^{it}i)$$

$$=i^2 m e^{it}(1+\beta m-\beta m e^{it})^{-\frac{1}{\beta}-2}(1+m e^{it}+\beta m)$$

由于 $$\mathrm{i}E(X)=\varphi'(0)=\mathrm{i}m$$

于是 Pólya 分布的数学期望为 $$E(X)=m$$

由于 $$\mathrm{i}^2E(X^2)=\varphi''(0)=\mathrm{i}^2m+(\mathrm{i}m)^2+(\mathrm{i}m)^2\beta$$

于是 Pólya 分布的二阶矩为 $$E(X^2)=m(1+m+\beta m)$$

进而 Pólya 分布的方差为 $$D(X)=E(X^2)-(EX)^2=m(1+\beta m)$$

易见,X 的高阶矩具有如下递推关系式:

$$E(X^k)=m\Big[\sum_{i=0}^{k-1}\mathrm{C}_{k-1}^iE(X^i)+\beta\sum_{i=0}^{k-2}\mathrm{C}_{k-1}^iE(X^{i+1})\Big]$$

特别地,当 $k=1$ 时 $$E(X)=m$$

当 $k=2$ 时 $$E(X^2)=m\Big[\sum_{i=0}^{1}\mathrm{C}_1^iE(X^i)+\beta\sum_{i=0}^{0}\mathrm{C}_1^iE(X^{i+1})\Big]=m(1+m+\beta m)$$

当 $k=3$ 时
$$E(X^3)=m\Big[\sum_{i=0}^{2}\mathrm{C}_2^iE(X^i)+\beta\sum_{i=0}^{1}\mathrm{C}_2^iE(X^{i+1})\Big]$$
$$=m(1+3m+m^2+3\beta m+3\beta m^2+2\beta^2m^2)$$

当 $k=4$ 时
$$E(X^4)=m\Big[\sum_{i=0}^{3}\mathrm{C}_3^iE(X^i)+\beta\sum_{i=0}^{2}\mathrm{C}_3^iE(X^{i+1})\Big]$$
$$=m(1+7m+6m^2+m^3+7\beta m+18\beta m^2+6\beta m^3$$
$$+12\beta^2m^2+11\beta^2m^3+6\beta^3m^3)$$

2) Pólya 分布的参数估计

(1) 矩估计.

设 X_1,X_2,$\cdots$,X_n 是 Pólya 分布总体的一个简单随机样本,其观察值为 x_1,x_2,$\cdots$,x_n,记 $\bar{X}=\dfrac{1}{n}\sum_{i=1}^{n}X_i$,$S_n^2=\dfrac{1}{n}\sum_{i=1}^{n}(X_i-\bar{X})^2$,$\bar{x}=\dfrac{1}{n}\sum_{i=1}^{n}x_i$,$\overline{x^2}=\dfrac{1}{n}\sum_{i=1}^{n}x_i^2$,$s_n^2=\dfrac{1}{n}\sum_{i=1}^{n}(x_i-\bar{x})^2$,由矩估计思想可建立方程

$$\begin{cases}m=\bar{X}\\m(1+\beta m)=S_n^2\end{cases}$$

由此可解得参数 m,β,d 的矩估计 $\hat{m}$,$\hat{\beta}_1$ 分别为

$$\hat{m}=\bar{X},\quad \hat{\beta}_1=\frac{S_n^2-\bar{X}}{\bar{X}^2},\quad \hat{d}_1=\hat{m}\hat{\beta}_1$$

易知 $\hat{m}_1$ 为参数 m 的无偏估计.另外由于参数 $\beta\geqslant 0$,所以要求 $\hat{\beta}_1$ 的分子大于等于零,

即 $S_n^2 \geqslant \bar{X}$，当 $S_n^2 - \bar{X} < 0$ 时，β 的矩估计不存在.但模拟结果表明,当样本容量 n 很大时,β 的矩估计基本上是存在的.

（2）极大似然估计.

设 X_1，X_2，$\cdots$，X_n 是 Pólya 分布总体的一个简单随机样本,其观察值为 x_1，x_2，$\cdots$，x_n，且不全相等.由于观察值中可能会有 0 出现,在此不妨假设前 $k(k \geqslant 1)$ 个观测值均大于零,而后 $n-k$ 个观测值均等于零,即 $x_i > 0\ (i=1,\cdots,k)$，$x_j = 0\ (j=k+1,\cdots,n)$. 于是其似然函数为

$$L(\beta, m) = C^+ \prod_{i=1}^{n} P(X_i = x_i) = C^+ \prod_{i=1}^{k} P(X_i = x_i) \prod_{i=k+1}^{n} P(X_i = x_i)$$

$$= C^+ \left\{ \prod_{i=1}^{k} m^{x_i} (1+\beta m)^{-x_i} (1+\beta m)^{-\frac{1}{\beta}} \frac{1}{x_i!} \prod_{j=1}^{x_i} [1+(j-1)\beta] \right\} \prod_{i=k+1}^{n} (1+\beta m)^{-\frac{1}{\beta}}$$

$$= C^+ m^{\sum_{i=1}^{k} x_i} (1+\beta m)^{-\sum_{i=1}^{k} x_i} (1+\beta m)^{-\frac{n}{\beta}} \prod_{i=1}^{k} \left\{ \frac{1}{x_i!} \prod_{j=1}^{x_i} [1+(j-1)\beta] \right\}$$

式中，C^+ 为正常数.

$$\ln L(\beta, m) = \ln C^+ + \sum_{i=1}^{k} x_i \ln m - \sum_{i=1}^{k} x_i \ln(1+\beta m) - \frac{n}{\beta} \ln(1+\beta m)$$

$$+ \sum_{i=1}^{k} \sum_{j=1}^{x_i} \ln[1+(j-1)\beta] - \sum_{i=1}^{k} \ln x_i!$$

$$\frac{\partial \ln L(\beta, m)}{\partial m} = \frac{1}{m} \sum_{i=1}^{k} x_i - \frac{\beta}{1+\beta m} \sum_{i=1}^{k} x_i - \frac{n}{\beta} \cdot \frac{\beta}{1+\beta m}$$

$$= \frac{1}{m} \sum_{i=1}^{k} x_i - \frac{\beta}{1+\beta m} \sum_{i=1}^{k} x_i - \frac{n}{1+\beta m}$$

令 $\dfrac{\partial \ln L(\beta, m)}{\partial m} = 0$，得如下方程：

$$\frac{1}{m} \sum_{i=1}^{k} x_i = \frac{1}{1+\beta m} \left(\beta \sum_{i=1}^{k} x_i + n \right)$$

进而可得参数 m 的极大似然估计为

$$\hat{m} = \frac{1}{n} \sum_{i=1}^{k} X_i = \bar{X}$$

也就是说参数 m 的矩估计和极大似然估计是一样的.

$$\frac{\partial \ln L(\beta, m)}{\partial \beta} = -\frac{m}{1+\beta m} \sum_{i=1}^{k} x_i + \frac{n}{\beta^2} \ln(1+\beta m) - \frac{n}{\beta} \cdot \frac{m}{1+\beta m} + \sum_{i=1}^{k} \sum_{j=1}^{x_i} \frac{j-1}{1+(j-1)\beta}$$

$$= -\frac{m}{1+\beta m} \frac{1}{\beta} \left(\beta \sum_{i=1}^{k} x_i + n \right) + \frac{n}{\beta^2} \ln(1+\beta m) + \sum_{i=1}^{k} \sum_{j=1}^{x_i} \frac{j-1}{1+(j-1)\beta}$$

令 $\dfrac{\partial \ln L(\beta, m)}{\partial \beta} = 0$，得如下方程：

$$-\frac{n\bar{x}}{\beta} + \frac{n}{\beta^2}\ln(1+\beta\bar{x}) + \sum_{i=1}^{k}\sum_{j=1}^{x_i}\frac{j-1}{1+(j-1)\beta} = 0$$

用牛顿迭代法可从上式中解出参数 β 的极大似然估计，记为 $\hat{\beta}_2$，进而得 d 的极大似然估计为 $\hat{d}_2 = \hat{m}\hat{\beta}_2$.

通过模拟可以发现，当 $S_n^2 - \bar{X} > 0$ 时，方程有唯一正实根；而当 $S_n^2 - \bar{X} \leqslant 0$ 时，方程无根.也就是说若参数 β 的极大似然估计存在，则矩估计也存在，反之亦然.另外，通过大量模拟发现当样本容量比较大时，参数 β 极大似然估计优于矩估计.

2. 江苏省(1961—1990 年)持续性雨日 Pólya 分布的拟合分析

为了求得 m, β, d 三个参数的估计，根据省域 20 个站点 1961—1990 年逐日降水资料统计了各站、各季一个雨日后持续雨日数分别为 0，1，2，3，…，k 天的发生次数 (n_k)，如表 7-3 至表 7-6 所示.根据上节便可求得各站、各季的 m, β, d 的矩估计与极大似然估计值，如表 7-7 至表 7-8 所示.

表 7-3　20 站春季不同持续雨日数出现的次数(1961—1990 年合计)

站　点	持续天数/d																			
	0	1	2	3	4	5	6	7	8	9	10	11	12	13	14	15	16	17	18	19
徐州	199	111	34	9	4	4	0	0	0	0	0	0	0	0	0	0	0	0	0	0
睢宁	216	127	38	15	6	2	0	1	2	0	0	0	0	0	0	0	0	0	0	0
连云港	202	106	37	11	6	2	2	0	0	0	0	0	0	0	0	0	0	0	0	0
灌云	205	114	42	16	3	2	0	0	0	0	0	0	0	0	1	0	0	0	0	0
沭阳	207	113	39	16	4	3	2	0	2	0	1	0	0	0	0	0	0	0	0	0
淮阴	199	132	40	21	10	3	1	2	0	0	0	0	0	0	0	0	0	0	0	0
射阳	191	145	53	19	5	1	1	0	1	0	0	0	0	0	0	0	0	0	0	0
东台	195	146	63	34	13	7	4	1	1	1	0	0	0	0	0	0	0	0	0	0
扬州	200	152	55	34	13	2	4	2	2	0	0	0	0	0	0	0	0	0	0	0
高邮	192	148	59	25	12	2	3	1	1	1	0	0	0	0	0	0	0	0	0	0
泰州	192	131	72	38	14	10	3	1	3	2	0	0	0	0	0	0	0	0	0	0
南通	198	143	74	41	22	8	7	0	1	0	0	0	0	0	0	0	0	0	0	0

站　点	持续天数/d																			
	0	1	2	3	4	5	6	7	8	9	10	11	12	13	14	15	16	17	18	19
启东	211	142	67	33	24	10	4	4	1	0	1	0	0	0	0	0	0	0	0	0
南京	190	135	69	33	14	7	3	3	2	0	0	0	0	0	0	0	0	0	0	0
溧水	195	137	86	33	19	8	4	3	3	0	0	0	0	0	0	0	0	0	0	0
镇江	193	137	67	43	6	3	3	1	0	0	0	0	0	0	0	0	0	0	0	0
溧阳	180	146	80	34	20	9	6	5	4	0	0	0	0	0	0	0	0	0	0	0
常州	190	161	63	43	20	7	5	2	2	0	0	0	0	0	0	0	0	0	0	0
无锡	204	149	77	42	18	9	2	4	4	2	0	0	0	0	0	0	0	0	0	0
苏州	193	144	78	39	22	8	6	3	1	2	0	0	0	0	0	0	0	0	0	0

表 7-4　20 站夏季不同持续雨日数出现的次数(1961—1990 年合计)

站　点	持续天数/d																			
	0	1	2	3	4	5	6	7	8	9	10	11	12	13	14	15	16	17	18	19
徐州	215	130	60	25	15	6	1	0	1	1	1	0	0	1	0	0	0	0	0	0
睢宁	241	115	54	36	14	10	6	1	1	1	0	0	1	0	0	0	0	0	0	0
连云港	232	133	66	36	11	9	2	3	1	0	0	1	0	0	0	1	0	0	0	0
灌云	211	126	57	38	20	6	6	4	3	0	0	0	0	0	0	1	0	0	1	0
沭阳	224	137	61	27	11	12	1	5	1	1	1	0	0	0	0	0	0	0	0	0
淮阴	214	122	57	32	22	8	7	0	2	1	1	0	0	0	0	0	0	0	0	0
射阳	191	129	67	32	30	9	8	9	1	0	1	2	0	0	1	0	0	0	0	0
东台	204	127	58	40	22	17	8	5	2	0	0	0	0	0	0	0	0	0	0	0
扬州	179	116	61	29	24	16	3	5	3	0	1	0	0	0	0	1	0	0	0	0
高邮	202	132	61	31	20	9	6	5	3	1	0	0	0	1	0	0	0	0	0	0
泰州	196	123	56	41	18	16	5	4	4	0	0	0	1	0	0	1	0	0	0	0
南通	207	113	70	31	25	9	11	1	3	2	1	0	1	0	0	0	0	0	0	0
启东	175	102	68	33	23	17	7	1	4	0	0	2	1	0	0	1	0	0	0	0

站　点	持续天数/d																			
	0	1	2	3	4	5	6	7	8	9	10	11	12	13	14	15	16	17	18	19
南京	172	130	64	30	23	4	8	6	1	0	1	1	0	0	0	0	0	0	0	0
溧水	169	124	63	31	24	8	8	5	1	1	0	0	0	0	0	0	0	0	0	0
镇江	181	102	71	37	19	17	6	6	3	0	0	0	0	0	0	1	0	0	0	0
溧阳	160	104	58	47	27	7	12	2	3	0	1	0	0	0	0	0	0	0	0	0
常州	182	110	61	34	18	17	11	4	1	0	1	0	1	0	0	0	0	0	0	0
无锡	176	125	52	36	27	13	9	1	1	1	1	0	0	0	0	0	0	0	0	0
苏州	165	123	50	37	24	14	10	2	1	1	0	1	0	0	0	0	0	0	0	0

表 7 - 5　20 站秋季不同持续雨日数出现的次数(1961—1990 年合计)

站　点	持续天数/d																			
	0	1	2	3	4	5	6	7	8	9	10	11	12	13	14	15	16	17	18	19
徐州	145	95	32	17	15	6	2	2	1	1	0	0	0	0	0	0	0	0	0	0
睢宁	168	90	46	17	14	9	6	4	0	0	0	0	0	0	0	0	0	0	0	0
连云港	142	95	37	20	12	4	2	1	0	0	0	0	0	0	0	0	0	0	0	0
灌云	134	92	18	13	17	8	5	2	1	0	0	0	0	0	0	0	0	0	0	0
沭阳	152	97	28	17	13	6	5	2	1	0	0	0	0	0	0	0	0	0	0	0
淮阴	153	113	44	19	8	12	3	1	0	0	0	0	0	0	0	0	0	0	0	0
射阳	179	101	43	28	16	6	8	2	1	0	0	0	0	0	0	0	0	0	0	0
东台	186	112	55	24	16	9	4	6	2	1	1	0	0	0	0	0	0	0	0	0
扬州	168	96	67	25	11	6	7	6	2	0	0	0	0	0	0	0	0	0	0	0
高邮	144	97	51	17	16	5	9	5	1	1	1	0	0	0	0	0	0	0	0	0
泰州	177	108	63	29	14	8	7	9	2	2	0	0	0	0	0	0	0	0	0	0
南通	175	112	57	47	15	13	10	4	1	1	0	0	0	0	0	0	0	0	0	0
启东	164	112	53	35	26	6	8	5	1	2	0	0	0	0	0	0	0	0	0	0
南京	139	110	56	21	12	9	6	3	2	1	0	0	1	0	0	0	0	0	0	0

站　点	持续天数/d																			
	0	1	2	3	4	5	6	7	8	9	10	11	12	13	14	15	16	17	18	19
溧水	178	94	66	35	15	14	5	4	4	1	0	1	1	0	0	0	0	0	0	0
镇江	152	98	63	32	14	4	8	3	2	0	0	0	0	0	0	0	0	0	0	0
溧阳	160	113	67	33	13	15	4	3	3	0	0	0	0	0	0	0	0	0	0	0
常州	151	96	70	31	17	11	4	4	2	0	0	0	0	0	0	0	0	0	0	0
无锡	165	113	59	42	18	20	5	2	0	0	0	0	0	0	0	0	0	0	0	0
苏州	155	106	59	44	26	11	6	2	3	1	0	0	0	0	0	0	0	0	0	0

表 7 - 6　20 站冬季不同持续雨日数出现的次数(1961—1990 年合计)

站　点	持续天数/d																			
	0	1	2	3	4	5	6	7	8	9	10	11	12	13	14	15	16	17	18	19
徐州	116	64	16	15	3	1	2	0	0	0	0	0	0	0	0	0	0	0	0	0
睢宁	139	85	29	16	7	1	2	0	0	0	0	0	0	0	0	0	0	0	0	0
连云港	137	64	18	11	1	1	1	0	0	0	0	0	0	0	0	0	0	0	0	0
灌云	136	74	29	13	4	1	1	0	0	0	0	0	0	0	0	0	0	0	0	0
沭阳	134	68	28	15	5	1	1	0	0	0	0	0	0	0	0	0	0	0	0	0
淮阴	145	90	32	17	4	2	1	0	0	0	0	0	0	0	0	0	0	0	0	0
射阳	180	93	43	25	3	6	3	0	0	0	0	0	0	0	0	0	0	0	0	0
东台	164	117	49	17	5	7	6	2	2	1	0	0	0	0	0	0	0	0	0	0
扬州	148	99	51	25	12	3	2	2	1	0	0	0	1	0	0	0	0	0	0	0
高邮	129	93	39	20	5	5	3	1	1	0	0	0	1	0	0	0	0	0	0	0
泰州	154	90	58	26	7	2	3	4	0	1	0	0	1	0	0	0	0	0	0	0
南通	163	126	51	30	8	9	4	1	2	0	0	0	1	0	0	0	0	0	0	0
启东	168	107	61	28	12	7	1	0	0	0	0	0	0	0	0	0	0	0	0	0
南京	142	90	50	20	10	6	4	1	1	2	0	0	0	0	0	0	0	0	0	0
溧水	160	89	54	33	14	6	4	3	1	1	0	0	0	0	0	0	0	0	0	0

站　点	持续天数/d																			
	0	1	2	3	4	5	6	7	8	9	10	11	12	13	14	15	16	17	18	19
镇江	139	99	43	25	14	5	2	2	0	1	0	0	1	0	0	0	0	0	0	0
溧阳	170	116	53	28	13	5	6	3	2	2	0	0	1	0	0	0	0	0	0	0
常州	161	102	54	30	10	5	4	5	2	1	0	0	1	0	0	0	0	0	0	0
无锡	174	100	56	35	9	8	3	2	2	0	2	0	1	0	0	0	0	0	0	0
苏州	151	107	44	35	12	13	4	1	1	0	1	0	1	0	0	0	0	0	0	0

表 7 - 7　20 站春、夏季参数 m, β, d 的估计值

站　点	春　季					夏　季				
	$\hat{m}$	$\hat{\beta}_1$	$\hat{d}_1$	$\hat{\beta}_2$	$\hat{d}_2$	$\hat{m}$	$\hat{\beta}_1$	$\hat{d}_1$	$\hat{\beta}_2$	$\hat{d}_2$
徐州	0.67	0.53	0.36	0.48	0.32	1.01	1.13	1.18	0.85	0.86
睢宁	0.75	0.89	0.67	0.67	0.50	1.06	1.18	1.25	1.17	1.24
连云港	0.71	0.70	0.50	0.64	0.45	1.07	1.16	1.24	0.93	0.99
灌云	0.74	1.33	1.06	0.64	0.47	1.24	1.40	1.73	1.08	1.34
沭阳	0.80	1.21	0.97	0.90	0.72	1.06	1.07	1.18	0.92	0.98
淮阴	0.86	0.66	0.57	0.59	0.51	1.15	0.90	1.05	0.97	1.12
射阳	0.83	0.61	0.59	0.27	0.22	1.44	1.50	1.51	0.97	1.39
东台	1.09	0.64	0.70	0.59	0.64	1.31	0.82	1.08	0.91	1.20
扬州	1.03	0.67	0.69	0.58	0.60	1.38	1.01	1.40	0.95	1.31
高邮	0.99	0.63	0.62	0.51	0.51	1.25	0.90	1.12	0.96	1.20
泰州	1.21	0.74	0.90	0.70	0.84	1.35	1.10	1.49	1.02	1.37
南通	1.20	0.74	0.91	0.56	0.67	1.35	1.14	1.54	1.10	1.48
启东	1.19	0.78	0.93	0.77	0.92	1.48	1.08	1.60	1.01	1.50
南京	1.14	0.65	0.74	0.61	0.70	1.32	0.85	1.12	0.77	1.02
溧水	1.22	0.62	0.76	0.60	0.73	1.33	0.74	0.98	0.74	0.99
镇江	1.02	0.57	0.65	0.39	0.40	1.43	0.92	1.32	0.94	1.34

续 表

站 点	春 季					夏 季				
	$\hat{m}$	$\hat{\beta}_1$	$\hat{d}_1$	$\hat{\beta}_2$	$\hat{d}_2$	$\hat{m}$	$\hat{\beta}_1$	$\hat{d}_1$	$\hat{\beta}_2$	$\hat{d}_2$
溧阳	1.31	0.67	0.88	0.62	0.82	1.48	0.69	1.02	0.77	1.14
常州	1.20	0.57	0.68	0.54	0.65	1.40	0.93	1.30	0.97	1.36
无锡	1.24	0.77	0.95	0.70	0.87	1.35	0.78	1.05	0.81	1.10
苏州	1.27	0.66	0.84	0.63	0.80	1.41	0.79	1.11	0.81	1.14

表 7-8　20 站秋、冬季参数 m, β, d 的估计值

站 点	秋 季					冬 季				
	$\hat{m}$	$\hat{\beta}_1$	$\hat{d}_1$	$\hat{\beta}_2$	$\hat{d}_2$	$\hat{m}$	$\hat{\beta}_1$	$\hat{d}_1$	$\hat{\beta}_2$	$\hat{d}_2$
徐州	1.09	0.98	1.07	0.92	1.00	0.78	0.79	0.62	0.76	0.60
睢宁	1.12	0.99	1.11	1.05	1.18	0.85	0.59	0.50	0.59	0.50
连云港	1.01	0.63	0.64	0.64	0.64	0.64	0.73	047	0.71	0.45
灌云	1.13	0.77	0.93	1.08	1.22	0.77	0.53	0.41	0.55	0.42
沭阳	1.05	1.04	1.09	0.99	1.05	0.79	0.62	0.49	0.67	0.53
淮阴	1.06	0.68	0.72	0.65	0.69	0.81	0.47	0.38	0.47	0.38
射阳	1.13	0.92	1.04	0.99	1.12	0.89	0.73	0.65	0.77	0.68
东台	1.21	1.08	1.31	1.03	1.25	1.07	1.00	1.07	0.81	0.87
扬州	1.23	0.88	1.08	0.88	1.08	1.12	0.83	0.93	0.70	0.78
高邮	1.31	1.00	1.31	0.95	1.24	1.08	0.95	1.03	0.73	0.79
泰州	1.33	1.20	1.63	0.98	1.30	1.12	0.96	1.08	0.81	0.91
南通	1.37	0.75	1.03	0.82	1.13	1.15	0.84	0.97	0.69	0.80
启东	1.37	0.80	1.10	0.83	1.15	1.05	0.44	0.46	0.49	0.51
南京	1.31	0.92	1.20	0.77	1.01	1.16	1.06	1.26	0.81	0.94
溧水	1.39	1.04	1.45	1.05	1.46	1.22	0.79	0.96	0.84	1.02
镇江	1.28	0.70	0.98	0.71	0.91	1.17	0.87	1.02	0.75	0.87
溧阳	1.32	0.68	0.90	0.69	0.91	1.22	1.07	1.30	0.91	1.10

站 点	秋 季					冬 季				
	$\hat{m}$	$\hat{\beta}_1$	$\hat{d}_1$	$\hat{\beta}_2$	$\hat{d}_2$	$\hat{m}$	$\hat{\beta}_1$	$\hat{d}_1$	$\hat{\beta}_2$	$\hat{d}_2$
常州	1.35	0.64	0.86	0.68	0.92	1.23	1.03	1.27	0.91	1.12
无锡	1.35	0.58	0.78	0.67	0.91	1.21	1.07	1.30	0.95	1.15
苏州	1.45	0.63	0.92	0.71	1.02	1.28	0.88	1.13	0.82	1.05

m 的估计值是持续雨日过程的雨日数期望值,其值的大小反映了各站各季降水过程持续天数的平均长短,其空间分布的总体特征为南大北小.四季中以夏季的 m 估计值最大,所有各站均在 1.0 以上,最大达到 1.48(溧阳),而南北最大差异为 0.44,在四季中最小.说明在全年中夏季连续性降水过程最多,这和夏季中淮河南部有梅雨期、淮河北部有淮北雨季的事实是一致的;在秋季,各站的 m 估计值亦大于 1.0,但是同时具有东部大于西部的趋势,反映了江苏省的秋季连续阴雨的天气特征;春、冬两季,淮河以南的 m 估计值大于 1.0,淮河以北的 m 估计值小于 1.0,两季 m 估计值南北间的最大差异较大,分别为 0.76,0.71,反映了南北区域这两季内降水持续性有较大的差异.参数 d 为传染量,反映了雨日之间的连锁性.由于 $d=\beta m$,可以看到 d 值随 β 值的增大而增大,当 $\beta=0$ 时,$d=0$,此时 Pólya 分布退化为泊松分布,即认为雨日之间无相关性.但从本文计算结果看,β 值均大于零,也就说明了用 Pólya 分布模式来拟合江苏省的雨日是合理的.在四季中,β 的估计值以夏季的淮北地区东部和沿江苏北地区最大,春季的苏南地区最小.

3. Pólya 分布的拟合效果检验

有了 m,β,d 三个参数的极大似然估计值,就可以计算各站点、各季不同天数持续性雨日出现的理论概率值.采用皮尔逊拟合优度 χ^2 检验,徐州站春季理论概率、理论频数和实际频数如表 7-9 所示,给定显著性水平 $\alpha=0.01$,由于 $\chi^2_{0.99}(5-2-1)=\chi^2_{0.99}(2)=9.21 > 3.427\,62$,所以不拒绝原假设,可见用 Pólya 分布拟合效果较好.

表 7-9　χ^2 值计算表(以徐州站春季数据为例)

持续降水日 i	n_i	$\hat{p}_i$	$n\hat{p}_i$	$\dfrac{(n_i-n\hat{p}_i)^2}{n\hat{p}_i}$
0	199	0.559 377	201.935	0.042 656
1	111	0.283 452	102.326	0.735 244
2	34	0.106 411	38.414 5	0.507 295
3	9	0.035 290	12.739 8	1.097 8

续　表

持续降水日 i	n_i	$\hat{p}_i$	$n\hat{p}_i$	$\dfrac{(n_i-n\hat{p}_i)^2}{n\hat{p}_i}$
不小于 4	8	0.015 47	5.584 66	1.044 63
合计	361	—	—	3.427 62

为了客观确定 Pólya 分布是否能够较好地拟合实际的持续雨日分布状况,下面进行皮尔逊拟合优度 χ^2 检验,取置信水平 $1-\alpha=0.99$,计算结果如表 7-10 至表 7-11 所示.由于各站、各季进行检验时所分的组数是根据理论频数的大小确定的,所以其自由度有所差异.检验结果表明在省域内 20 个站、4 个季节中,除灌云秋季和东台冬季两种情况不能通过显著性检验外,其余的站、季均能通过检验,通过率为 97.5%.分析不通过的两种情况发现,造成无法通过 χ^2 检验的主要原因是其中有一种连续雨日(如灌云秋季持续 2 天、4 天雨日数,东台冬季持续 1 天、4 天、6 天雨日数)的理论值和实测值差异较大,使得整个 χ^2 值偏大,具体如表 7-12 至表 7-13 所示,但其他连续雨日数的拟合情况还是比较好的.而且这种情况无论是在时间上还是空间上都没有什么直接的联系,所以可以认为是偶然现象.这说明用 Pólya 模式来拟合江苏省持续雨日的概率分布是适宜的.

表 7-10　20 站春、夏季拟合检验结果

站　点	春　季				夏　季			
	组数	χ^2 值	自由度	χ^2 临界值	组数	χ^2 值	自由度	χ^2 临界值
徐州	5	3.427 62	2	9.21	7	2.012 22	4	13.28
睢宁	6	4.903 97	3	11.34	7	1.762 08	4	13.28
连云港	5	2.090 94	2	9.21	7	2.770 25	4	13.28
灌云	5	2.103 06	2	9.21	8	4.565 94	5	15.09
沭阳	5	3.423 16	2	9.21	7	6.209 66	4	13.28
淮阴	6	5.678 25	3	11.34	7	2.031 32	4	13.28
射阳	5	1.610 45	2	9.21	9	10.731 9	6	16.81
东台	7	3.107 56	4	13.28	8	4.533 84	5	15.09
扬州	6	5.568 44	3	11.34	7	4.492 45	4	13.28
高邮	6	3.572 63	3	11.34	9	4.400 01	6	16.81
泰州	7	1.433 42	4	13.28	8	4.752 25	5	15.09

站　点	春　季				夏　季			
	组数	χ^2 值	自由度	χ^2 临界值	组数	χ^2 值	自由度	χ^2 临界值
南通	7	0.931 09	4	13.28	8	5.083 97	5	15.09
启东	7	2.852 29	4	13.28	8	2.939 64	5	15.09
南京	7	1.326 31	4	13.28	7	6.242 28	4	13.28
溧水	7	2.815 4	4	13.28	8	4.607 1	5	15.09
镇江	6	8.253 9	3	11.34	8	3.224 25	5	15.09
溧阳	8	6.378 69	5	15.09	8	10.794	5	15.09
常州	7	7.280 21	4	13.28	8	5.463 16	5	15.09
无锡	7	1.918 45	4	13.28	7	6.386 6	4	13.28
苏州	8	1.679 34	5	15.09	8	8.918 07	5	15.09

表 7 - 11　20 站秋、冬季拟合检验结果

站　点	秋　季				冬　季			
	组数	χ^2 值	自由度	χ^2 临界值	组数	χ^2 值	自由度	χ^2 临界值
徐州	7	7.460 83	4	13.28	5	6.184 47	2	9.21
睢宁	7	3.411 89	4	13.28	5	1.866 43	2	9.21
连云港	6	2.607 98	3	11.34	4	1.465 28	1	6.63
灌云	7	23.708 1	4	13.28	5	0.282 72	2	9.21
沭阳	7	9.912 4	4	13.28	5	0.895 47	2	9.21
淮阴	6	10.397 1	3	11.34	5	1.527 91	2	9.21
射阳	7	2.813 66	4	13.28	5	2.086 09	2	9.21
东台	7	3.083 88	4	13.28	8	16.616	5	15.09
扬州	8	8.702 34	5	15.09	6	0.641 33	3	11.34
高邮	8	11.243 4	5	15.09	7	5.694 49	4	13.28
泰州	8	6.377 54	5	15.09	6	4.479 07	3	11.34
南通	8	7.935 57	5	15.09	7	8.097 87	4	13.28

续　表

站　点	秋　季				冬　季			
	组数	χ^2 值	自由度	χ^2 临界值	组数	χ^2 值	自由度	χ^2 临界值
启东	8	6.598 06	5	15.09	6	0.658 88	3	11.34
南京	8	7.955 99	5	15.09	7	2.163 83	4	13.28
溧水	8	3.785 48	5	15.09	7	1.766 12	4	13.28
镇江	7	1.066 45	4	13.28	7	2.255 6	4	13.28
溧阳	7	4.887 08	4	13.28	8	6.619 4	5	15.09
常州	7	2.430 29	4	13.28	7	5.121 05	4	13.28
无锡	7	12.016 2	4	13.28	7	4.237 92	4	13.28
苏州	8	3.086 3	5	15.09	7	7.709 85	4	13.28

表 7 - 12　χ^2 值计算表（以灌云站秋季数据为例）

持续降水日 i	n_i	$\hat{p}_i$	$n\hat{p}_i$	$\dfrac{(n_i - n\hat{p}_i)^2}{n\hat{p}_i}$
0	134	0.478 28	138.701	0.159 35
1	92	0.243 198	70.527 4	6.537 5
2	18	0.128 595	37.292 6	9.980 64
3	13	0.068 866 4	19.971 2	2.433 41
4	17	0.037 112 7	10.762 7	3.614 72
5	8	0.020 075 7	5.821 94	0.814 838
不小于 6	8	0.023 872	6.922 87	0.167 591
合计	290	—	—	23.708 1

表 7 - 13　χ^2 值计算表（以东台站冬季数据为例）

持续降水日 i	n_i	$\hat{p}_i$	$n\hat{p}_i$	$\dfrac{(n_i - n\hat{p}_i)^2}{n\hat{p}_i}$
0	164	0.463 167	171.372	0.317 12
1	117	0.264 863	97.999 4	3.683 92

持续降水日 i	n_i	$\hat{p}_i$	$n\hat{p}_i$	$\dfrac{(n_i - n\hat{p}_i)^2}{n\hat{p}_i}$
2	49	0.137 404	50.839 4	0.066 554
3	17	0.068 850 3	25.474 6	2.819 25
4	5	0.033 890 4	12.539 5	4.533 16
5	7	0.016 502 1	6.105 78	0.130 963
6	6	0.007 976 9	2.951 45	3.148 84
不小于 7	5	0.007 345 63	2.717 88	1.916 22
合计	370	—	—	16.616

4. Pólya 分布模式的应用

上述研究表明,Pólya 分布能够确切地描述雨日序列的概率特征,从实际资料中获得的分布参数使我们能够建立雨日序列的理论分布模式,这样可以从理论上揭示持续性降水的统计规律,尤其有助于加深对小概率事件的认识.通过对江苏省域 20 个站点、30 年逐日降水的分析以及 Pólya 分布模式的拟合检验,可以得到以下几点结论.

(1) 与降水分布相似,江苏省年平均雨日的分布为南多北少,南北相差近 50 天,但雨日平均雨量分布与之相反,呈南大北小型,两区域相差 2.5 mm/d.

(2) 由于受东亚季风的影响,江苏省不仅年降水量在季节上分布较不均匀,同时雨日亦存在季节的不均匀分布,以夏季最多,为 32~40 天,春、秋次之,冬季最少,为 14~30 天.

(3) 从 Pólya 分布模式拟合江苏省的各种时段持续性雨日来看,效果是令人满意的.

一般称 $s = 1 + \beta m = 1 + d$ 为持续因数,即为传染量数 $+1$. 鲍尔根据地球上不同地点的许多记录,计算过各种天气现象的持续因数,他发现在地球的不同地区内,大部分天气现象的 s 并无多少差别.

持续因数 s 的极大似然估计为 $\hat{s} = 1 + \hat{\beta}_2\hat{m} = 1 + \hat{d}_2$,计算江苏省域 20 个站点春夏秋冬四季所对应的 s 的估计值,从小到大排序,如表 7 - 14 所示,从中可以观察到如下结果.

(1) 对于江苏省同一地区,四季雨日的持续因数 s 是有差别的.

(2) 对于江苏省不同地区,夏季雨日的持续因数差异不大,而其他三季差异明显.

(3) 针对春季,可以分为三组:{射阳、徐州、镇江、连云港、灌云、睢宁、淮阴、高邮},{扬州、东台、常州、南通、南京、沭阳、溧水},{苏州、溧阳、泰州、无锡、启东};针对秋季,也可以分为三组:{连云港、淮阴},{镇江、溧阳、无锡、常州、徐州、南京、苏州、沭阳、扬州、射阳、南通、启东},{睢宁、灌云、高邮、东台、泰州、溧水};针对冬季,也可以分为三组:{淮阴、灌云、连云港、睢宁、启东、沭阳},{徐州、射阳、扬州、高邮、南通},{东台、镇江、泰州、南京、溧水、苏州、溧阳、常州、无锡}.

表 7-14　江苏省域 20 个站点四季持续因数估计值（从小到大排序）

春		夏		秋		冬	
$\hat{d}_2$	站点	$\hat{d}_2$	站点	$\hat{d}_2$	站点	$\hat{d}_2$	站点
1.22	射阳	1.86	徐州	1.64	连云港	1.38	淮阴
1.32	徐州	1.98	沭阳	1.69	淮阴	1.42	灌云
1.40	镇江	1.99	连云港	1.91	镇江	1.45	连云港
1.45	连云港	1.99	溧水	1.91	溧阳	1.50	睢宁
1.47	灌云	2.02	南京	1.91	无锡	1.51	启东
1.50	睢宁	2.10	无锡	1.92	常州	1.53	沭阳
1.51	淮阴	2.12	淮阴	2.00	徐州	1.60	徐州
1.51	高邮	2.14	溧阳	2.01	南京	1.68	射阳
1.60	扬州	2.14	苏州	2.02	苏州	1.78	扬州
1.64	东台	2.20	东台	2.05	沭阳	1.79	高邮
1.65	常州	2.20	高邮	2.08	扬州	1.80	南通
1.67	南通	2.24	睢宁	2.12	射阳	1.87	东台
1.70	南京	2.31	扬州	2.13	南通	1.87	镇江
1.72	沭阳	2.34	灌云	2.15	启东	1.91	泰州
1.73	溧水	2.34	镇江	2.18	睢宁	1.94	南京
1.80	苏州	2.36	常州	2.22	灌云	2.02	溧水
1.82	溧阳	2.37	泰州	2.24	高邮	2.05	苏州
1.84	泰州	2.39	射阳	2.25	东台	2.10	溧阳
1.87	无锡	2.48	南通	2.30	泰州	2.12	常州
1.92	启东	2.50	启东	2.46	溧水	2.15	无锡

案例 7.12　最大期望（EM）算法

极大似然估计（maximum likelihood estimate，MLE）是一种非常有效的参数估计方法，但当分布中有多余参数或数据为截尾或缺失时，其 MLE 的求取是比较困难的.于是 Dempster

等于 1977 年提出了最大期望(expectation maximization,EM)算法,其出发点是把求 MLE 的过程分两步走:第一步求期望,以便把多余的部分去掉;第二步求极大值.

设一次试验可能有 4 个结果,其发生的概率分别为 $\frac{1}{2}-\frac{\theta}{4}$,$\frac{1-\theta}{4}$,$\frac{1+\theta}{4}$,$\frac{\theta}{4}$,其中 $\theta \in (0, 1)$. 现进行了 197 次试验,四种结果的发生次数分别为 75,18,70,34,试求 θ 的 MLE.

解 记 y_1, y_2, y_3, y_4 表示 4 种结果发生的次数,此时似然函数为

$$L(\theta; y) \propto \left(\frac{1}{2}-\frac{\theta}{4}\right)^{y_1} \left(\frac{1-\theta}{4}\right)^{y_2} \left(\frac{1+\theta}{4}\right)^{y_3} \left(\frac{\theta}{4}\right)^{y_4} \propto (2-\theta)^{y_1} (1-\theta)^{y_2} (1+\theta)^{y_3} \theta^{y_4}$$

要由此式求解 θ 的 MLE 是比较麻烦的,其对数似然方程是一个三次多项式.

为此可以引入 2 个变量 z_1,z_2,使得求解变得比较容易.现假设第一种结果可以分成两部分,其发生概率分别为 $\frac{1-\theta}{4}$ 和 $\frac{1}{4}$,令 z_1 和 y_1-z_1 分别表示落入这两部分的次数;再假设第三种结果分成两部分,其发生概率分别为 $\frac{\theta}{4}$ 和 $\frac{1}{4}$,令 z_2 和 y_3-z_2 分别表示落入这两部分的次数.显然,z_1,z_2 是我们人为引入的,它是不可观测的(称为潜变量).称数据 (y, z) 为完全数据,而观测到的数据 y 称为不完全数据.此时,完全数据的似然函数为

$$L(\theta; y, z) \propto \left(\frac{1}{4}\right)^{y_1-z_1} \left(\frac{1-\theta}{4}\right)^{z_1+y_2} \left(\frac{1}{4}\right)^{y_3-z_2} \left(\frac{\theta}{4}\right)^{z_2+y_4} \propto \theta^{z_2+y_4} (1-\theta)^{z_1+y_2}$$

其对数似然为

$$l(\theta; y, z) = \ln L(\theta; y, z) = (z_2+y_4)\ln\theta + (z_1+y_2)\ln(1-\theta) \qquad (7-7)$$

如果 (y, z) 均已知,则由式(7-7)很容易求得 θ 的 MLE,但遗憾的是,我们仅知道 y,而不知道 z 的值.但是注意到,当 y 及 θ 已知时

$$z_1 \sim B\left(y_1, \frac{1-\theta}{2-\theta}\right), \quad z_2 \sim B\left(y_3, \frac{\theta}{1+\theta}\right)$$

其中,$\dfrac{1-\theta}{2-\theta} = \dfrac{\frac{1-\theta}{4}}{\frac{1-\theta}{4}+\frac{1}{4}}$,$\dfrac{\theta}{1+\theta} = \dfrac{\frac{\theta}{4}}{\frac{\theta}{4}+\frac{1}{4}}$.

于是,Dempster 等建议分如下两步进行迭代求解.

E 步:在已有观测数据 y 及第 i 步估计值 $\theta = \theta^{(i)}$ 的条件下,求基于完全数据的对数似然函数的期望(即把其中与 z 有关的部分积分掉)

$$Q(\theta \mid y, \theta^{(i)}) = E_z l(\theta; y, z)$$

M 步:求 $Q(\theta \mid y, \theta^{(i)})$ 关于 θ 的最大值 $\theta^{(i+1)}$,即找 $\theta^{(i+1)}$ 使得

$$Q(\theta^{(i+1)} \mid y, \theta^{(i)}) = \max_{\theta} Q(\theta \mid y, \theta^{(i)})$$

这样就完成了由 $\theta^{(i)}$ 到 $\theta^{(i+1)}$ 的一次迭代.

重复上述两步,直至收敛即可得到 θ 的 MLE.

对于本例,其 E 步为

$$Q(\theta \mid y, \theta^{(i)}) = [E(z_2 \mid y, \theta^{(i)}) + y_4]\ln\theta + [E(z_1 \mid y, \theta^{(i)}) + y_2]\ln(1-\theta)$$

$$= \left(\frac{\theta^{(i)}}{1+\theta^{(i)}}y_3 + y_4\right)\ln\theta + \left(\frac{1-\theta^{(i)}}{2-\theta^{(i)}}y_1 + y_2\right)\ln(1-\theta)$$

其 M 步即为上式两边关于 θ 求导,并令其等于 0,即

$$\frac{1}{\theta^{(i+1)}}\left(\frac{\theta^{(i)}}{1+\theta^{(i)}}y_3 + y_4\right) - \frac{1}{1-\theta^{(i+1)}}\left(\frac{1-\theta^{(i)}}{2-\theta^{(i)}}y_1 + y_2\right) = 0$$

解之得迭代公式
$$\theta^{(i+1)} = \frac{\dfrac{\theta^{(i)}}{1+\theta^{(i)}}y_3 + y_4}{\dfrac{\theta^{(i)}}{1+\theta^{(i)}}y_3 + y_4 + \dfrac{1-\theta^{(i)}}{2-\theta^{(i)}}y_1 + y_2}$$

开始时可取任意一个初值进行迭代.在很一般的条件下,EM 算法是收敛的.

案例 7.13 Bootstrap 方法

Bootstrap 方法是由 Efron 在 1979 年提出的推导任意估计值的标准误差的一种方法,它是继刀切法(Jackknife)之后的又一种再抽样的方法.从 Efron 首次系统提出到现在的 40 多年间,基本已经形成了一套完整的理论体系,许多学者将 Bootstrap 方法广泛运用于各领域中,如金融、医学、生物统计等.在当今计算机发展相当迅速的时代,Bootstrap 方法的应用领域也在不断拓展,其发展前景十分广阔.

1. Bootstrap 方法的基本思想

Bootstrap 方法的核心是通过再抽样来构造自助样本.Bootstrap 方法经常用于下列情况:① 标准假设无效(如样本容量 n 很小,样本不服从正态分布等);② 需要解决复杂问题,且没有理论可依.除此之外,其他任何地方也可以用自助法.

Bootstrap 方法的基本思想是重抽样和 Bootstrap 分布.Bootstrap 分布既包含了总体数据的信息,也包含了统计量抽样分布的信息.

首先以评估样本均值的精度为例,来说明 Bootstrap 方法是怎样起作用的.假设 X_1,X_2,$\cdots$,X_n 是来自总体 X 的一个简单随机样本,其观察值记为 x_1,x_2,$\cdots$,x_n,样本均值记为 $\bar{x} = \dfrac{1}{n}\sum_{i=1}^{n}x_i$,并假设 X 的分布函数未知,记为 F[或 $F(x)$].

现想知道把 $\bar{x}$ 作为真实均值 $\theta = E_F(X)$ 的估计值时,它的估计精度如何.如果把 F 的二阶中心矩记为 $\mu_2(F) = E_F(X^2) - [E_F(X)]^2$,样本均值 $\bar{x}$ 的标准误差记为 $\sigma(F; n, \bar{x})$ [或记为 $\sigma(F)$],则有

$$\sigma(F) = \sqrt{\frac{\mu_2(F)}{n}} \qquad (7-8)$$

样本容量 n 和感兴趣的统计量 $\bar{x}$ 都是已知的,而评估样本均值 $\bar{x}$ 的精度的传统方法是标准误差.由于分布 F 是未知的,$\mu_2(F)$ 其实是未知的,于是就不能用式$(7-8)$来评估 $\bar{x}$ 的精度,但是可以用估计的标准误差 $\bar{\sigma} = \sqrt{\frac{\bar{\mu}_2}{n}}$ 来评估.其中 $\bar{\mu}_2 = \frac{1}{n-1} \sum_{i=1}^{n} (x_i - \bar{x})^2$,它是 $\mu_2(F)$ 的无偏估计.

下面用一个更加明了的方式来估计 $\sigma(F)$.

F 表示经验概率分布,记为 $\hat{F}$:$P(x_i) = \frac{1}{n}$ $(i=1, 2, \cdots, n)$,用经验概率分布 $\hat{F}$ 代替式$(7-8)$里面的未知分布 F,得到 $\bar{x}$ 的估计标准误差的估计

$$\hat{\sigma} \equiv \sigma(\hat{F}) = \sqrt{\frac{\mu_2(\hat{F})}{n}} \qquad (7-9)$$

这就是自助估计.当要评估比 $\bar{x}$ 复杂得多的统计量的标准误差 $\sigma(\hat{F})$ 时,因为

$$\hat{\mu}_2 \equiv \mu_2(\hat{F}) = \frac{1}{n} \sum_{i=1}^{n} (x_i - \bar{x})^2$$

所以 $\hat{\sigma}$ 与 σ 之间有一定的误差,但是在绝大多数应用中,这个误差是很小的,可以忽略.

但是当我们想估计比均值 $\bar{x}$ 更加复杂的统计量的标准误差的时候,麻烦就来了,如一个中位数、一个相关系数、一个稳健回归的斜率系数等.在大多数情况下,没有像式$(7-8)$那样的式子来表示抽样分布 F 的标准误差 $\sigma(F)$,所以,对大多数统计量来说,式$(7-8)$都是不存在的.

这就是为什么基于计算机技术的自助法会进入的关键.事实证明,在 $\sigma(F)$ 不存在简单公式的情况下,我们仍然可以用 Bootstrap 方法来估计 $\hat{\sigma} = \sigma(\hat{F})$,而且不管统计量有多复杂,自助法都可以给出类似于 $\bar{\sigma} = \sqrt{\frac{\bar{\mu}_2}{n}}$ 的简单有效的统计公式.

下面举一个简单的例子.有 10 个相互独立的观察值,分布 F 是未知的,我们想估计其均值的标准误差.首先从观察值里有放回地抽取 10 次,得到一个样本(样本 1).在这个抽取过程中,可能有的数据被抽到多次,而有的数据一次都没有抽到.然后重复 B 次,获得 B 个样本,并且分别计算每一次的均值.最后计算所有均值的标准误差.实证研究表明:重复抽样的次数越多,所得到的数据越接近原始数据,结果就会越好.

Bootstrap 算法如下.

假设 X_1，X_2，$\cdots$，X_n 是来自总体 X 的一个简单随机样本，其观察值记为 x_1，x_2，$\cdots$，x_n，并假设 X 的分布函数未知，记为 F [或 $F(x)$].

记 $\boldsymbol{X}=(X_1$，X_2，$\cdots$，$X_n)$ 和 $x=(x_1$，x_2，$\cdots$，$x_n)$ 分别表示随机样本和观测值．给定一个感兴趣的统计量 $\theta=S(\boldsymbol{X})$，它可能既依赖于观测值 $\boldsymbol{X}$，也可能依赖于未知分布 F．在观测数据 $\boldsymbol{x}$ 的基础上估计 θ 的分布．

(1) 构造 $\boldsymbol{X}$ 的经验分布 $\hat{F}$．

(2) 固定 $\hat{F}$，并从 $\hat{F}$ 中有放回地随机抽取 n 个样本，即 X_1^*，X_2^*，$\cdots$，X_n^* 独立同分布于 $\hat{F}$，相应观察值记为 x_1^*，x_2^*，$\cdots$，x_n^*．令 $\boldsymbol{X}^*=(X_1^*$，X_2^*，$\cdots$，$X_n^*)$ 和 $x^*=(x_1^*$，x_2^*，$\cdots$，$x_n^*)$，且称其为自助样本．

注意，$\boldsymbol{x}^*$ 是从样本集 $\{x_1$，x_2，$\cdots$，$x_n\}$ 中有放回地随机抽取的，$\hat{F}$ 是经验分布．

(3) 用 $\hat{\theta}^*=S(\boldsymbol{X}^*)$ 的自助分布近似估计 $\theta=S(\boldsymbol{X})$ 的样本分布．

(4) 从 $\boldsymbol{X}$ 有放回地随机抽取，生成 B 个相互独立的自助样本 X^{*1}，X^{*2}，$\cdots$，X^{*B}．对于标准误差，B 的取值一般介于 $25 \sim 200$．

(5) 对每个 X^{*b}，求 $\hat{\theta}$ 的估计值

$$\hat{\theta}^*(b)=S(X^{*b}), \quad b=1, 2, \cdots, B$$

(6) 最后，Bootstrap 估计的标准误差 se_B 就是 $\hat{\theta}^*(b)$ $(b=1, 2, \cdots, B)$ 的标准误差，即

$$\mathrm{se}_B=\sqrt{\frac{1}{B-1}\sum_{b=1}^{B}\left[\hat{\theta}^*(b)-\hat{\theta}^*(\cdot)\right]^2}$$

式中，$\hat{\theta}^*(\cdot)=\dfrac{1}{B}\sum_{b=1}^{B}\hat{\theta}^*(b)$．

当感兴趣的统计量是 $\theta=S(\boldsymbol{X})=\bar{X}$，由概率理论可知，当 B 足够大的时候，$\mathrm{se}_B=\sqrt{\dfrac{1}{B-1}\sum_{b=1}^{B}\left[\hat{\theta}^*(b)-\hat{\theta}^*(\cdot)\right]^2}$ 很接近于 $\sqrt{\dfrac{1}{n}\sum_{i=1}^{n}(x_i-\bar{x})^2}$．

2. Bootstrap 置信区间

下面介绍求取参数区间估计的 Bootstrap 方法（简称 Bootstrap 置信区间）．

设 X_1，X_2，$\cdots$，X_n 是来自总体 X 的一个简单样本，其对应的观察值记为 x_1，x_2，$\cdots$，x_n，X 的分布函数为 $F(x, \theta)$，θ 是参数，可以是一维也可以是多维的（在此假设是一维的），已知有一种点估计方法可以得到参数 θ 的点估计 $\hat{\theta}$，现给定置信水平 $1-\alpha$，如何得到参数 θ 的 Bootstrap 置信区间？计算步骤如下．

第 1 步：令 $y_i^{(1)}=x_i(i=1, 2, \cdots, n)$，由样本观察值 $y_1^{(1)}$，$y_2^{(1)}$，$\cdots$，$y_n^{(1)}$，利用所给的点估计方法得到参数 θ 的点估计，记为 $\hat{\theta}_1$．

第 2 步：利用蒙特卡洛模拟的方法产生 $F(x, \hat{\theta}_1)$ 的容量为 n 的伪随机样本，记为 $y_1^{(2)}$，$y_2^{(2)}$，$\cdots$，$y_n^{(2)}$，利用所给的点估计方法得到参数 θ 的点估计，记为 $\hat{\theta}_2$．

第 3 步：利用蒙特卡洛模拟的方法产生 $F(x, \hat{\theta}_2)$ 的容量为 n 的伪随机样本，记为 $y_1^{(3)}, y_2^{(3)}, \cdots, y_n^{(3)}$，利用所给的点估计方法得到参数 θ 的点估计，记为 $\hat{\theta}_3$.

如此往复循环 N 次（例如 10 000 次，循环次数应该很大）.

第 N 步：利用蒙特卡洛模拟的方法产生 $F(x, \hat{\theta}_{N-1})$ 的容量为 n 的伪随机样本，记为 $y_1^{(N)}, y_2^{(N)}, \cdots, y_n^{(N)}$，利用所给的点估计方法得到参数 θ 的点估计，记为 $\hat{\theta}_N$.

将 $\hat{\theta}_1, \hat{\theta}_2, \cdots, \hat{\theta}_N$ 从小到大排列记为 $\hat{\theta}_{(1)}, \hat{\theta}_{(2)}, \cdots, \hat{\theta}_{(N)}$，则参数 θ 的 Bootstrap 置信区间为

$$\left[\hat{\theta}_{\left(N\frac{\alpha}{2}\right)}, \hat{\theta}_{\left[N\left(1-\frac{\alpha}{2}\right)\right]} \right]$$

第 8 章
假设检验

案例 8.1 假设检验的过程和逻辑

1. 假设检验的过程

一个顾客买了一包标示为 500 g 的红糖,觉得分量不足,于是找到监管部门.监管部门认为一包分量不够可能是随机情况,于是去商店称了 50 包同款红糖,得到均值(平均质量)是 498.35 g,的确比 500 g 少,但这是否能够说明厂家生产的这批红糖平均起来不够分量呢?不妨假定这一批袋装红糖的质量呈正态分布.

首先提出一个原假设:均值等于 500 g($\mu = 500$).这种原假设也称为零假设,记为 H_0.与此同时必须提出备择假设(或称备选假设),比如总体均值小于 500 g($\mu < 500$),记为 H_1.形式上,上面的关于总体均值的 H_0 相对于 H_1 的检验记为

$$H_0: \mu = 500 \leftrightarrow H_1: \mu < 500$$

备择假设的不等式应该按照实际数据所代表的方向来确定,即它通常是被认为可能比零假设更加符合数据所代表的现实.比如上面的 $H_1: \mu < 500$,这意味着,至少样本均值应该小于 500,至于是否显著,则应依检验结果而定.检验结果显著意味着有理由拒绝零假设.因此,假设检验也被称为显著性检验.

有了两个假设,就要根据数据来对它们进行判断.构造数据的函数在检验中被称为检验统计量.根据零假设(不是备择假设!)就可以得到该检验统计量的分布,然后再看这个统计量的数据实现属不属于小概率范畴,如果的确是小概率事件,那么就有可能拒绝零假设,或者说"该检验显著",否则说没有足够证据拒绝零假设,或者说"该检验不显著".

注意,在我们所涉及的问题中,零假设和备择假设在假设检验中并不对称.因检验统计量的分布是从零假设导出的,所以,如果发生矛盾,就对零假设不利了.不发生矛盾也不能说明零假设没有问题,只能说证据不足以拒绝零假设.

在零假设下,记检验统计量取其实现值(沿着备择假设的方向)及更加极端值的概率为 p.针对所涉及的单边和双边检验问题而言,假定某检验统计量 T 的样本实现值为 t,如果 T 越大就越有利于备择假设,则 p 值等于零假设下统计量 T 取其实现值及更极端值的概率 $P_{H_0}(T \geqslant t)$;类似地,如果 T 越小就越有利于备择假设,则 p 值等于 $P_{H_0}(T \leqslant t)$;而如果

绝对值 $|T|$ 越大就越有利于备择假设,则 p 值等于 $P_{H_0}(|T| \geqslant |t|)$. 可以看出,$p$ 值和检验统计量的实现值以及备择假设的方向有关.如果 p 值很小,就意味着在零假设下小概率事件发生了.如果小概率事件发生,是相信零假设,还是相信数据呢? 当然多半是相信数据,于是就拒绝零假设.但小概率事件也可能发生,仅仅是发生的概率很小罢了.拒绝正确零假设的错误常被称为第一类错误.犯第一类错误的概率等于 p 值,或者不大于事先设定的显著性水平 α.

那什么是第二类错误呢? 备择假设正确时没能拒绝零假设的错误称为第二类错误.如果假设检验问题中的备择假设不是一个点,那么无法算出犯第二类错误的概率.注意,犯不犯错误是人们决策的结果,而零假设的状况(真还是伪)是我们不清楚的客观存在.

对于统计学家来说,检验的势就是当备择假设正确时,该检验拒绝零假设的概率.强势检验也称为高效率检验.检验的势越强越好.

零假设和备择假设哪一个正确是确定的,没有概率可言.可能犯错误的是人.涉及假设检验的犯错误的概率就是犯第一类错误的概率和犯第二类错误的概率.因此,无论做出什么决策,都应该给出该决策可能犯错误的概率.

p 值到底多小时才能够拒绝零假设呢? 这要看具体应用的需要.但在一般的统计书和软件中,使用最多的标准是在零假设下(或零假设正确时)根据样本所得的数据来拒绝零假设的概率应小于 0.05,当然也可能是小于 0.01、0.005、0.001 等.这种事先规定的概率称为显著性水平,用 α 表示.α 并不一定越小越好,因为这很可能导致不容易拒绝零假设,使得犯第二类错误的概率增大.当 p 值小于或等于 α 时,就拒绝零假设.所以,α 是所允许的犯第一类错误概率的最大值.当 p 值小于或等于 α 时,就说这个检验是显著的.无论统计学家用多大的 α 作为显著性水平,都不能脱离实际问题的背景.统计显著不一定等价于实际显著,反过来也一样.

归纳起来,假设检验的步骤如下.

(1) 写出零假设和备择假设.

(2) 确定检验统计量.

(3) 确定显著性水平 α.

(4) 根据数据计算检验统计量的实现值.

(5) 根据这个实现值计算 p 值.

(6) 进行判断:如果 p 值小于或等于 α,就拒绝零假设,这时犯(第一类)错误的概率最多为 α;如果 p 值大于 α,就不拒绝零假设,因为证据不足.

实际上,多数计算机软件仅仅给出 p 值,而不给出 α.这有很多方便之处,比如 $\alpha=0.05$,而假定所得到的 p 值等于 0.001.这时如果采用 p 值作为新的显著性水平,即新的 $\alpha=0.001$,于是就可以说,在显著性水平为 0.001 时,拒绝零假设.这样,拒绝零假设时犯错误的概率实际只有千分之一,而不是旧的 α 所表明的百分之五.在这个意义上,p 值又称为观测的显著性水平.根据数据产生的 p 值来减少 α 的值以展示结果的精确性总是没有害处的.这好比一个身高 180 cm 的男生可能愿意被认为高于或等于 180 cm,而不愿意说他高于或等于 155 cm,

虽然第二种说法在数学上没有丝毫错误.

2. 关于"临界值"

作为概率的显著性水平 α,实际上相应于一个检验统计量取值范围的一个临界值,它定义为统计量取该值或更极端的值的概率等于 α. 也就是说,"统计量的实现值比临界值更极端"等价于"p 值小于 α".使用临界值的概念进行的检验不计算 p 值,只比较统计量的取值和临界值的大小.使用临界值而不是 p 值来判断拒绝与否是前计算机时代的产物,当时计算 p 值不易,只采用临界值的概念.但从给定的 α 求临界值同样也不容易,好在习惯上仅仅在教科书中列出相应于特定分布的几个有限的 α 临界值(比如 $\alpha = 0.05$,0.025,0.01,0.005,0.001 等),或者根据分布表反过来查临界值(很不方便,也很粗糙).现在的计算机软件大都不给出 α 和临界值,但都给出 p 值和统计量的实现值,让用户自己决定显著性水平是多少.

在一些统计学教科书中会有不能拒绝零假设就"接受零假设"的说法.这种说法是不严格的.首先,如果"接受零假设",那么就应该负责任地提供接受零假设时可能犯第二类错误的概率.这就要算出在备择假设正确的情况下错误地接受零假设的概率.但是,这只有在备择假设仅仅是一个与零假设不同的确定值(而不是范围)时才有可能.多数基本统计学教科书的备择假设是一个范围,例如前面提到的检验问题 H_0:$\mu = 500 \leftrightarrow H_1$:$\mu < 500$ 的情况.这时根本无法确定犯第二类错误的概率.在许多(诸如应用回归分析等领域)的教科书中,也往往把一系列不能拒绝零假设的检验当成接受这些假设的通行证.比如不能拒绝某样本的正态性就变成证明了该样本是正态的,等等.其实,不能拒绝这些零假设,仅仅说明根据所使用的检验方法(或检验统计量)和当前的数据没有足够的证据拒绝这些假设而已.对于同一个假设检验问题,往往有多个检验统计量,而且人们还在构造更优良的检验统计量.人们不可能把所有的目前存在的和将来可能存在的检验都实施.因此,在不能拒绝零假设时,只能够说,按照目前的证据和检验方法,不足以拒绝零假设而已,采用"接受零假设"的说法是不妥当的.统计工作者必须给用户一个没有偏见的信息,而不是代替用户做没有指明风险的决策.

3. 假设检验中的两类错误

假设检验是以样本信息为依据、基于小概率原理来判断的,所以检验结论不一定正确.假设检验中可能犯两类错误:① 原假设为真时认为原假设不真,即拒绝了正确的原假设,这类错误称为第一类错误(弃真).犯第一类错误的概率为 α(即显著性水平).② 原假设不真时误认为原假设为真,即未拒绝错误的原假设,这类错误称为第二类错误(采伪).犯第二类错误的概率常用 β 表示,$1-\beta$ 为不犯第二类错误的概率,称为检验的功效,也称为检验的势函数.

进行假设检验时我们总希望犯两类错误的可能性很小,然而,在其他条件不变的情况下,α 和 β 是此消彼长的关系,二者不可能同时减小.若要同时减小 α 和 β,只能增大样本量 n.一般总是控制 α,使犯第一类错误的概率不大于 α,即 α 是允许犯弃真错误的最大概率值

（而 p 值相当于根据样本计算的犯弃真错误的概率值,故 p 值又称为观测的显著性水平）.但确定 α 时必须注意,如果犯第一类错误的代价比较大,α 可取小些;反之,如果犯第二类错误的代价较大,则 α 宜取大些(以使 β 较小).

β 等于备择假设为真时检验统计量的值落在不能拒绝原假设区域的概率.如果备择假设中参数的值是一个点,则可计算出 β 的值.通常备择假设中的参数取值是一个区域,所以一般无法计算出 β 的确切数值,但可以计算出 β 随假设的参数值变化而变化的曲线.

4. 怎样提出原假设和备择假设

原假设和备择假设的提出应根据所检验问题的具体背景而定,通常与所要检验的问题的性质、决策者的目的和经验等有关.

首先根据研究问题的方向性确定假设检验的类型是双侧还是单侧.如果只关心总体参数与某个数值有无差异,不关心差异的方向,就采用双侧检验.如果不仅关心有无差异,更在乎差异的方向(即关心总体参数是否比某个数值偏大或偏小),就应该采用单侧检验.

对于单侧检验,应选择左侧还是右侧呢? 有以下三条参考准则.

准则 8.1 采取"不轻易拒绝原假设"的原则,把没有充分理由不能轻易否定的命题作为原假设,而相应地把没有足够把握就不能轻易肯定的命题作为备择假设.因为拒绝原假设犯错误的概率 α 是受到控制的,而且 α 通常很小,因此拒绝原假设(即承认备择假设)的结论一般都非常有说服力.

准则 8.2 把样本显示的信息(即我们获取的事实,代表"现实世界")作为备择假设 H_1,再将相反的命题作为原假设 H_0(它往往代表已往的经验、原来的状态、看法或理论).例如,某企业以前产品的次品率为 1%,样本中次品率为 3%,显然样本信息显示的是次品率可能会比 1% 更高.因此,提出备择假设 H_1: $p > 1\%$,相应地,H_0: $p \leqslant 1\%$（或简记为 H_0: $p = 1\%$）.

准则 8.3 把想要证明的命题或想要支持的结论作为备择假设 H_1,再将相反的命题作为原假设 H_0.

由于原假设和备择假设是互斥的(对立假设),严格地讲,单侧检验中原假设应该用"$\leqslant$"或"$\geqslant$"表示,且必须包括"$=$".但实际检验时,只取其边界值,该值能够拒绝,其他值就更有理由拒绝.所以,原假设中一般可省略大于或小于符号而只用等号表示.

5. 假设检验结果的正确解释

根据原假设检验的决策准则,如果 p 值 小于 α,或检验统计量的实现值比临界值更偏远,就应该拒绝原假设、支持备择假设;反之,则不能拒绝原假设.在解释和应用假设检验的结论时,必须注意以下两点.

其一,"不能拒绝原假设"并不等于"原假设正确",所以不能说"接受原假设".这是因为假设检验运用的是概率性质的反证法,我们用于推断的依据只是一个样本.我们知道,要用一个反例去推翻一个命题,理由是充足的,因为一个命题成立时不允许有反例存在.但用一个实例去证明某个命题是正确的,这在逻辑上是不充分的.不能拒绝原假设,只能说明否定原假设的理由还不充分,换言之,还没有发现对原假设不利的有力证据.但事实上,有可能原假设不正确,而我们根据有限的样本信息误认为它正确,也就是说,我们的判断有可能犯第二类错误,而我们通常无法明确得知犯第二类错误的概率 β 的大小.

其二,拒绝原假设时我们通常说检验是显著的,即总体参数的真值与原假设值的差异在统计上是显著的.但统计显著并不意味着实际显著.统计显著应该是指差异是可识别的,并不说明参数的真实值与原假设值的差异很大或这种差异具有重要意义.例如,对某批产品的次品率进行假设检验,H_0:次品率 $=5\%\leftrightarrow H_1$:次品率 $>5\%$,但拒绝 H_0 时可认为总体次品率大于 5%.但到底比 5% 大多少? 假设检验的结论并不能告诉我们,所以不能说总体次品率与 5% 之间存在显著(很大)的差异.

实际上,是否得出拒绝原假设 H_0 的结论,不仅取决于样本信息是否与原假设的差异有关,也取决于其是否与 α,n 有关.在这种差异和 n 相同的情况下,α 大,就容易拒绝原假设.

在 α 一定的情况下,不管多么小的差异,只要 n 增加,从检验统计量的计算公式可知,统计量实现值的绝对值必然增大,从而就必然会拒绝原假设.所以,拒绝原假设并不能说明实际差异很显著.换一种思路来理解,当 n 较小时,由于随机抽样而产生的误差较大,我们很难辨明检验样本信息与原假设之差是由于抽样的随机误差引起的,还是由于总体参数真值的确与假设值不同引起的,这时往往容易得出"不能拒绝原假设"的结论.如果增加样本量,抽样误差范围缩小了,当统计量的值与假设值之间的差异大于估计的抽样误差,就可以推断这种差异属于后者(参数真值与假设值确实有差异,即属于非抽样误差),因而比较容易得出"拒绝原假设"的结论.极端情况是,抽样误差趋于 0,样本统计量的实现值与原假设值之间的任意小的差异都是在统计上显著的.这也进一步说明不能拒绝原假设并不意味着就可以"接受原假设",有可能原假设并不成立,而我们没有充足理由来拒绝(样本量 n 不够大).反之,拒绝原假设也只能说明存在差异,而不能说明差异在实际问题中的含义.

案例 8.2　功效函数

功效函数是描述假设检验的两类错误的统一工具,功效函数可以清楚地呈现两类错误的概率大小和相互关系,也是检验最优性描述的基本工具.

1. 两类错误与功效函数

设总体 X 的未知参数 θ 的取值范围——参数空间为 Θ,Θ 可分为不相交的两个子集 Θ_0 和 Θ_1,对于一对给定的假设:H_0:$\theta \in \Theta_0 \leftrightarrow H_1$:$\theta \in \Theta_1$,一个检验法则(简称检验)是指确定样本空间 Ω 的一个子集 $\boldsymbol{x}_0$,当样本 $(x_1, x_2, \cdots, x_n) \in \boldsymbol{x}_0$ 时,就拒绝 H_0(也即接受 H_1).子集 $\boldsymbol{x}_0$ 称为检验问题 H_0 对 H_1 的拒绝域.

应该注意到,当根据抽样结果而接受或拒绝一个假设时,这只是我们的一种判断.由于样本有随机性,这个判断有可能犯错误.例如,一批产品次品率只有 0.01,对这批产品而言,"$p \leqslant 0.03$"的假设正确,但由于抽样的随机性,样本中也可能包含较多的次品,而导致拒绝"$p \leqslant 0.03$",这就犯了弃真错误(第一类错误).反过来,产品的次品率实际上是 0.05,也就是说假设"$p \leqslant 0.03$"不成立,但由于样本的随机性,该假设也有可能被接受,这就犯了采伪错误(第二类错误).当然,我们希望尽量降低犯这种错误的可能性,而这也正是假设检验的主要目标.

对于一个确定的假设检验问题,拒绝域 $\boldsymbol{\mathcal{X}}_0$ 给出后,检验法则也就随之确定.此时,检验的特性(包括两类错误的概率)可用功效函数来描述.

定义 8.1 一个拒绝域为 $\boldsymbol{\mathcal{X}}_0$ 的检验的功效函数定义为

$$g(\theta) = P((X_1, X_2, \cdots, X_n) \in \boldsymbol{\mathcal{X}}_0 \mid \theta), \quad \theta \in \Theta$$

记 $\alpha(\theta)$ 为检验犯了第一类错误的概率,$\beta(\theta)$ 为检验犯第二类错误的概率,则有

$$g(\theta) = \begin{cases} \alpha(\theta), & \theta \in \Theta_0 \\ 1 - \beta(\theta), & \theta \in \Theta_1 \end{cases}$$

例 8.2.1 某厂制造的防腐剂在两年后有效率仅为 25%,现在试制一种新的但费用较高的防腐剂.我们想测定其是否在同样的时间内对同样的物品有更强的防腐作用.以 p 记这种新防腐剂两年后的有效率,而提出假设检验问题

$$H_0: p \leqslant 0.25 \leftrightarrow H_1: p > 0.25$$

这里,原假设表示新防腐剂的效率不比旧的好,而备择假设则表示新的优于旧的.

为检验这个假设,我们准备 20 份样品,都用这种新防腐剂去保存,两年时间内保存完好的数目 X 是随机变量,$X \sim B(20, p)$,易见 X 取值越大对原假设越不利(提供了更多的否定证据),对备择假设越有利(提供了更多的支持证据),按照这个逻辑,上述原假设的拒绝域应该是形如 $\{N, N+1, \cdots, 20\}$ 的集合,其中 N 是一个适当选择的整数.考虑如下两个检验法则:

检验 I:拒绝域 $\{9, 10, 11, \cdots, 20\}$, 检验 II:拒绝域 $\{8, 9, 10, \cdots, 20\}$

按照定义 8.1,这两个检验的功效函数分别为

$$g_1(p) = P(X \geqslant 9 \mid p) = 1 - \sum_{k=0}^{8} C_{20}^k p^k (1-p)^{20-k}$$

$$g_2(p) = P(X \geqslant 8 \mid p) = 1 - \sum_{k=0}^{7} C_{20}^k p^k (1-p)^{20-k}$$

由功效函数,可以计算两类错误的概率大小,对于这两个检验,当 H_0 成立时,有

$$g_1(p) \leqslant g_1(0.25) \approx 0.040\,9, \quad g_2(p) \leqslant g_2(0.25) \approx 0.101\,8$$

说明检验 I 和检验 II 犯第一类错误的概率分别不超过 0.040 9 和 0.101 8.

注 对 $0 \leqslant x \leqslant 1$，以及正整数 k $(1 \leqslant k \leqslant n)$，$g_k(x) = \sum\limits_{i=k}^{n} C_n^i (1-x)^i x^{n-i}$ 是 x 的严格单调减函数，进而 $g_1(p)$，$g_2(p)$ 是 p 的严格单调增函数.

第二类错误的概率要在 $p > 0.25$ 的情况下计算，计算结果与 p 的具体值有关，p 越大，表示新的防腐剂效率越高，它被误认为"不优于旧防腐剂"的概率就越小.在此取 $p = 0.5$ 为例来计算：

$$\beta_1(0.5) = 1 - g_1(0.5) \approx 0.251\,7, \quad \beta_2(0.5) = 1 - g_2(0.5) \approx 0.131\,6$$

可见，检验 I 犯弃真错误的概率小，但犯采伪错误的概率大.要同时控制犯两类错误的概率是不现实的.解决这个问题的一个策略是，在限定犯第一类错误的概率的条件下，尽可能控制犯第二类错误的概率.

定义 8.2 对于检验问题 $H_0: \theta \in \Theta_0$，如果一个检验的功效函数 $g(\theta)$ 满足条件 $\sup\limits_{\theta \in \Theta_0} g(\theta) \leqslant \alpha$，则称该检验是显著性水平为 α 的检验，简称为水平 α 检验.

按照定义，例 8.2.1 中的检验 I 是水平 0.040\,9 检验，检验 II 是水平 0.101\,8 检验.在实际问题中，显著性水平 α 是事先给定的（通常取 0.01、0.05、0.1 等），是犯第一类错误概率的上界（可能不可达），控制其大小就控制了犯第一类错误的概率，这时如果我们拒绝原假设，就说明样本提供的信息与原假设有显著差异，这正是"显著性"名称的由来.但是应该注意到，α 的控制应适当，α 过小，β 就大，要通过适当控制 α 而制约 β.

例 8.2.2（单个正态总体均值的假设检验） 设 $X_1, X_2, \cdots, X_n$ 来自正态总体 $X \sim N(\mu, \sigma_0^2)$ 的一个简单随机样本，其中 σ_0^2 已知.考虑如下假设检验问题：

(1) $H_0: \mu = \mu_0 \leftrightarrow H_1: \mu \neq \mu_0$.

(2) $H_0: |\mu - \mu_0| \leqslant 1 \leftrightarrow H_1: |\mu - \mu_0| > 1$.

(3) $H_0: \mu \geqslant \mu_0 \leftrightarrow H_1: \mu < \mu_0$.

(4) $H_0: \mu \leqslant \mu_0 \leftrightarrow H_1: \mu > \mu_0$.

首先根据检验的证据原理，确定拒绝域的形式，然后计算相应的功效函数.

对检验问题 (1)，若 H_0 正确，则样本均值 $\bar{X}$ 作为 μ 的良好估计与 μ_0 的"距离"不应太大，这个"距离"越大就提供了对原假设越不利的证据.于是可以这样确定拒绝域：当 $|\bar{X} - \mu_0| > C$ 时，拒绝 H_0，C 是一个适当选取的正常数.于是，拒绝域形式为 $\boldsymbol{\mathcal{X}}_{01} = \{(x_1, x_2, \cdots, x_n): |\bar{x} - \mu_0| > C\}$.

对检验问题 (2)，若 H_0 正确，则样本均值 $\bar{X}$ 作为 μ 的良好估计与 μ_0 的"距离"不应超过 1 太多.于是，当 $|\bar{X} - \mu_0| > 1 + C$ 时，拒绝 H_0，C 是一个适当选取的正常数.于是，拒绝域形如 $\boldsymbol{\mathcal{X}}_{02} = \{(x_1, x_2, \cdots, x_n): |\bar{x} - \mu_0| > 1 + C\}$.

对检验问题 (3)，$\bar{X}$ 相较 μ_0 越小就提供了对原假设越不利的证据.拒绝域应该为 $\boldsymbol{\mathcal{X}}_{03} = \{(x_1, x_2, \cdots, x_n): \bar{x} - \mu_0 < -C\}$，$C$ 是一个适当选取的正常数.

对检验问题 (4)，$\bar{X}$ 相较 μ_0 越大就提供了对原假设越不利的证据.拒绝域应该为 $\boldsymbol{\mathcal{X}}_{04} = \{(x_1, x_2, \cdots, x_n): \bar{x} - \mu_0 > C\}$，$C$ 是一个适当选取的正常数.

下面分别计算功效函数,然后利用功效函数和显著性水平确定常数 C.

$$g_1(\mu) = P_\mu(|\bar{X} - \mu_0| > C) = \Phi\left(\frac{\sqrt{n}(\mu_0 - \mu - C)}{\sigma_0}\right) + 1 - \Phi\left(\frac{\sqrt{n}(\mu_0 - \mu + C)}{\sigma_0}\right)$$

$$g_2(\mu) = P_\mu(|\bar{X} - \mu_0| > 1 + C)$$

$$= \Phi\left(\frac{\sqrt{n}(\mu_0 - \mu - 1 - C)}{\sigma_0}\right) + 1 - \Phi\left(\frac{\sqrt{n}(\mu_0 - \mu + 1 + C)}{\sigma_0}\right)$$

$$g_3(\mu) = P_\mu(\bar{X} - \mu_0 < -C) = \Phi\left(\frac{\sqrt{n}(\mu_0 - \mu - C)}{\sigma_0}\right)$$

$$g_4(\mu) = P_\mu(\bar{X} - \mu_0 > C) = 1 - \Phi\left(\frac{\sqrt{n}(\mu_0 - \mu + C)}{\sigma_0}\right)$$

2. 用功效函数确定第一类错误的概率

由定义 8.2 可知,功效函数在 Θ_0 上的最大值就是检验犯第一类错误的上界,也就是显著性水平.下面沿用例 8.2.2 的结果,对于给定的显著性水平 α,说明利用功效函数来确定具体的检验拒绝域.

对于检验(1), $\sup\limits_{\mu \leqslant \mu_0} g_1(\mu) = g_1(\mu_0) = 2 - 2\Phi\left(\frac{\sqrt{n}C}{\sigma_0}\right) = \alpha$, 得 $C = U_{\frac{\alpha}{2}} \dfrac{\sigma_0}{\sqrt{n}}$, 于是

$$\boldsymbol{\mathscr{X}}_{01} = \{(x_1, x_2, \cdots, x_n): \sqrt{n}\,|\bar{x} - \mu_0| > U_{\frac{\alpha}{1}}\sigma_0\}$$

对于检验(2), $\sup\limits_{|\mu - \mu_0| \leqslant 1} g_2(\mu) = g_2(\mu_0 + 1) = \Phi\left(\frac{\sqrt{n}(-2 - C)}{\sigma_0}\right) + 1 - \Phi\left(\frac{\sqrt{n}C}{\sigma_0}\right) = \alpha$,

注意到 $\Phi\left(\dfrac{\sqrt{n}(-2 - C)}{\sigma_0}\right) \approx 0$, 得 $C = U_\alpha \dfrac{\sigma_0}{\sqrt{n}}$, 于是

$$\boldsymbol{\mathscr{X}}_{02} = \left\{(x_1, x_2, \cdots, x_n): |\bar{x} - \mu_0| > 1 + U_\alpha \frac{\sigma_0}{\sqrt{n}}\right\}$$

对于检验(3), $\sup\limits_{\mu \geqslant \mu_0} g_3(\mu) = g_3(\mu_0) = 1 - \Phi\left(\frac{\sqrt{n}C}{\sigma_0}\right) = \alpha$, 得 $C = U_{\frac{\alpha}{2}} \dfrac{\sigma_0}{\sqrt{n}}$, 于是

$$\boldsymbol{\mathscr{X}}_{03} = \left\{(x_1, x_2, \cdots, x_n): \bar{x} - \mu_0 < -U_\alpha \frac{\sigma_0}{\sqrt{n}}\right\}$$

对于检验(4), $\sup\limits_{\mu \leqslant \mu_0} g_4(\mu) = g_4(\mu_0) = 1 - \Phi\left(\frac{\sqrt{n}C}{\sigma_0}\right) = \alpha$, 得 $C = U_{\frac{\alpha}{2}} \dfrac{\sigma_0}{\sqrt{n}}$, 于是

$$\boldsymbol{\mathscr{X}}_{04} = \left\{(x_1, x_2, \cdots, x_n): \bar{x} - \mu_0 > U_\alpha \frac{\sigma_0}{\sqrt{n}}\right\}$$

3. 用功效函数确定第二类错误的概率

第二类错误概率用功效函数表示为 $\beta(\theta)=1-g(\theta)$，是 $\theta\in\Theta_1$ 的函数，一个自然的想法是能否像显著性水平那样，取上确界作为确定第二类错误概率的度量？答案是否定的．从上面的例子容易看出第二类错误概率 $\beta(\theta)$ 的大小取决于三个要素：显著性水平 α、样本容量 n、$\theta\in\Theta_1$ 的真实值．

β 与 α 之间是此消彼长的关系，要控制 β，α 不易太小，定义 8.2 中的上确界尽可能可达，即检验的显著性水平要用足．对于固定的 $\theta\in\Theta_1$ 和 α 而言，随着样本容量 n 的增大，$\beta(\theta)$ 递减，但是总有 $\sup\{\beta(\theta)\colon\theta\in\Theta_1\}=1-\alpha$，这说明要整体控制 $\beta(\theta)$ 不太可能，我们不知道 $\theta\in\Theta_1$ 的真实取值．

一个可行的策略是选择一个适当的代表值 $\theta_1\in\Theta_1$，然后计算和控制 $\beta(\theta_1)=1-g(\theta_1)$ 的值．问题是如何选择这个适当的代表 θ_1 呢？原则是这个代表离 Θ_0 不宜太远也不宜太近，要有实际显著(不是统计显著)可辨识的差距．"实际显著差距"依赖于研究者对假设检验问题本身的认识，可以是研究者的主观需要，也可以通过样本预估获得．对于例 8.2.2 中的检验问题，可以采用统计学中的马氏距离来度量这种差距．

两个正态分布 $N(\mu_0,\sigma_0^2)$ 和 $N(\mu_1,\sigma_0^2)$ 之间的马氏距离定义为 $d=\dfrac{|\mu_1-\mu_0|}{\sigma_0}$．$d$ 可以作为备择假设与原假设实际可辨识的差距度量，比如取 $d=0.5$，下面计算例 8.2.2 中相应的第二类错误的概率(假定 $\sigma_0=1$，$\alpha=0.05$，$n=25$)．

对于检验问题(1)，可取 $\mu_1=0.5$，相应的第二类错误概率为

$$\beta_1(0.5)=1-g_1(0.5)=\Phi(U_{\frac{\alpha}{2}}-0.5\sqrt{n})+\Phi(U_{\frac{\alpha}{2}}+0.5\sqrt{n})-1\approx 0.2946$$

对于检验问题(2)，可取 $\mu_1=1+0.5=1.5$，相应的第二类错误概率为

$$\beta_2(1.5)=1-g_2(1.5)=\Phi(U_{\frac{\alpha}{2}}-0.5\sqrt{n})+\Phi(U_{\frac{\alpha}{2}}+0.5\sqrt{n})-1\approx 0.2946$$

对于检验问题(3)，可取 $\mu_1=-0.5$，相应的第二类错误概率为

$$\beta_3(-0.5)=1-g_3(-0.5)=\Phi(\sqrt{n}(C-0.5))=\Phi(U_{\frac{\alpha}{2}}-0.5\sqrt{n})\approx 0.1962$$

对于检验问题(4)，可取 $\mu_1=0.5$，相应的第二类错误概率为

$$\beta_4(0.5)=1-g_4(0.5)=\Phi(\sqrt{n}(C-0.5))=\Phi(U_{\frac{\alpha}{2}}-0.5\sqrt{n})\approx 0.1962$$

4. 用功效函数确定样本容量

前面已经说明，第二类错误概率 $\beta(\theta)$ 的大小取决于三个要素：显著性水平 α、样本容量 n、$\theta\in\Theta_1$ 的真实值．给定显著性水平 α 就相当于控制了第一类错误的概率，如果我们在实际问题中还要控制第二类错误 $\beta(\theta)$ 在某个指定点 $\theta_1\in\Theta_1$ 处的值，则对样本容量有一定的要求，这就是样本容量的确定问题．

下面仍然以例 8.2.2 中的检验问题(1)为例,对于实际显著差距 d 和相应的第二类错误概率界 β,样本容量的确定问题就相当于求解不等式

$$\beta_1(d) = \Phi\left(U_{\frac{\alpha}{2}} - d\sqrt{n}\right) + \Phi\left(U_{\frac{\alpha}{2}} + d\sqrt{n}\right) - 1 \leqslant \beta$$

对于 $\beta = 0.05, 0.10, 0.15, 0.20$, $d = 0.2, 0.5$,算得样本容量 n 的最小值如表 8-1 所示.

表 8-1 两个 d 值和四个 β 值所对应的样本容量

n	$\beta = 0.05$	$\beta = 0.10$	$\beta = 0.15$	$\beta = 0.20$
$d = 0.5$	52	43	36	32
$d = 0.2$	325	263	225	197

从表 8-1 可以看出,第二类错误概率 β 越小,要求的样本容量越大;实际显著差距 d 越小,要求的样本容量也越大.

案例 8.3 正态分布总体均值、方差的假设检验

(1) 正态总体方差 σ_0^2 已知,关于均值 μ 的假设检验的拒绝域可否通过检验统计量 $\left(\dfrac{\bar{X} - \mu}{\dfrac{\sigma_0}{\sqrt{n}}}\right)^2$ 得到?

针对检验问题(1)　　　　$H_0: \mu = \mu_0 \leftrightarrow H_1: \mu \neq \mu_0$

检验统计量为 $\dfrac{\bar{X} - \mu_0}{\dfrac{\sigma_0}{\sqrt{n}}} \sim N(0, 1)$,得到检验的拒绝域为 $\left|\dfrac{\bar{X} - \mu_0}{\dfrac{\sigma_0}{\sqrt{n}}}\right| > U_{\frac{\alpha}{2}}$. 如采用检验统计量 $\left(\dfrac{\bar{X} - \mu_0}{\dfrac{\sigma_0}{\sqrt{n}}}\right)^2 \sim \chi^2(1)$,得到检验的拒绝域为 $\left(\dfrac{\bar{X} - \mu_0}{\dfrac{\sigma_0}{\sqrt{n}}}\right)^2 > \chi_\alpha^2(1)$. 易见上述通过两种不同的检验统计量得到的检验拒绝域是一样的.

针对检验问题(2)　　　　$H_0: \mu \leqslant \mu_0 \leftrightarrow H_1: \mu > \mu_0$

检验统计量为 $\dfrac{\bar{X} - \mu_0}{\dfrac{\sigma_0}{\sqrt{n}}} \sim N(0, 1)$,得到检验的拒绝域为 $\dfrac{\bar{X} - \mu_0}{\dfrac{\sigma_0}{\sqrt{n}}} > U_\alpha$. 如采用检验统计

量 $\left(\dfrac{\bar{X}-\mu_0}{\frac{\sigma_0}{\sqrt{n}}}\right)^2 \sim \chi^2(1)$，下面考虑其拒绝域.给定显著性水平 α，$\left(\dfrac{\bar{X}-\mu_0}{\frac{\sigma_0}{\sqrt{n}}}\right)^2 > \chi_\alpha^2(1)$ 等

价于 $\dfrac{\bar{X}-\mu_0}{\frac{\sigma_0}{\sqrt{n}}} > \sqrt{\chi_\alpha^2(1)}$ 或 $\dfrac{\bar{X}-\mu_0}{\frac{\sigma_0}{\sqrt{n}}} < -\sqrt{\chi_\alpha^2(1)}$.考虑到所涉及假设检验问题，此处应取

$$\frac{\bar{X}-\mu_0}{\frac{\sigma_0}{\sqrt{n}}} > \sqrt{\chi_\alpha^2(1)}$$

而 $\qquad P\left(\dfrac{\bar{X}-\mu_0}{\frac{\sigma_0}{\sqrt{n}}} > \sqrt{\chi_\alpha^2(1)}\right) = P\left(\dfrac{\bar{X}-\mu_0}{\frac{\sigma_0}{\sqrt{n}}} > U_{\frac{\alpha}{2}}\right) = \dfrac{\alpha}{2}$

由于显著性水平是 α，所以此检验问题的拒绝域为 $\dfrac{\bar{X}-\mu_0}{\frac{\sigma_0}{\sqrt{n}}} > U_\alpha$.易见上述通过两种不同

的检验统计量得到的检验拒绝域是一样的.

针对检验问题(3) $\qquad H_0: \mu \geqslant \mu_0 \leftrightarrow H_1: \mu < \mu_0$

检验统计量为 $\dfrac{\bar{X}-\mu_0}{\frac{\sigma_0}{\sqrt{n}}} \sim N(0,1)$，得到检验的拒绝域为 $\dfrac{\bar{X}-\mu_0}{\frac{\sigma_0}{\sqrt{n}}} < -U_\alpha$.如采用检验统

计量 $\left(\dfrac{\bar{X}-\mu_0}{\frac{\sigma_0}{\sqrt{n}}}\right)^2 \sim \chi^2(1)$，下面考虑其拒绝域.给定显著性水平 α，$\left(\dfrac{\bar{X}-\mu_0}{\frac{\sigma_0}{\sqrt{n}}}\right)^2 > \chi_\alpha^2(1)$ 等

价于 $\dfrac{\bar{X}-\mu_0}{\frac{\sigma_0}{\sqrt{n}}} > \sqrt{\chi_\alpha^2(1)}$ 或 $\dfrac{\bar{X}-\mu_0}{\frac{\sigma_0}{\sqrt{n}}} < -\sqrt{\chi_\alpha^2(1)}$.考虑到所涉及假设检验问题，此处应取

$$\frac{\bar{X}-\mu_0}{\frac{\sigma_0}{\sqrt{n}}} < -\sqrt{\chi_\alpha^2(1)}$$

而 $\qquad P\left(\dfrac{\bar{X}-\mu_0}{\frac{\sigma_0}{\sqrt{n}}} < -\sqrt{\chi_\alpha^2(1)}\right) = P\left(\dfrac{\bar{X}-\mu_0}{\frac{\sigma_0}{\sqrt{n}}} < -U_{\frac{\alpha}{2}}\right) = \dfrac{\alpha}{2}$

由于显著性水平是 α，所以此检验问题的拒绝域为 $\dfrac{\bar{X}-\mu_0}{\frac{\sigma_0}{\sqrt{n}}} < -U_\alpha$.易见上述通过两种不

同的检验统计量得到的检验拒绝域是一样的.

（2）正态总体均值 μ_0 已知,关于方差 σ^2 的假设检验的拒绝域可否通过检验统计量 $\left(\dfrac{\bar{X}-\mu_0}{\frac{\sigma}{\sqrt{n}}}\right)^2$ 得到?

针对检验问题（1） $H_0:\sigma^2=\sigma_0^2\leftrightarrow H_1:\sigma^2\neq\sigma_0^2$

检验统计量为 $\dfrac{1}{\sigma_0^2}\sum_{i=1}^n(X_i-\mu_0)^2\sim\chi^2(n)$,得到检验的拒绝域为

$$\frac{1}{\sigma_0^2}\sum_{i=1}^n(X_i-\mu_0)^2<\chi_{1-\frac{\alpha}{2}}^2(n)\quad\text{或}\quad\frac{1}{\sigma_0^2}\sum_{i=1}^n(X_i-\mu_0)^2>\chi_{\frac{\alpha}{2}}^2(n)$$

如采用检验统计量 $\left(\dfrac{\bar{X}-\mu_0}{\frac{\sigma_0}{\sqrt{n}}}\right)^2\sim\chi^2(1)$,由于 $n(\bar{X}-\mu_0)^2$ 可以作为 σ^2 的估计,于是拒绝域为

$$\frac{n(\bar{X}-\mu_0)^2}{\sigma_0^2}<\chi_{1-\frac{\alpha}{2}}^2(1)\quad\text{或}\quad\frac{n(\bar{X}-\mu_0)^2}{\sigma_0^2}>\chi_{\frac{\alpha}{2}}^2(1)$$

易见通过检验统计量 $\left(\dfrac{\bar{X}-\mu_0}{\frac{\sigma}{\sqrt{n}}}\right)^2$ 得到的拒绝域比较小.

针对检验问题（2） $H_0:\sigma^2\leqslant\sigma_0^2\leftrightarrow H_1:\sigma^2>\sigma_0^2$

检验统计量为 $\dfrac{1}{\sigma_0^2}\sum_{i=1}^n(X_i-\mu_0)^2\sim\chi^2(n)$,得到检验的拒绝域为 $\dfrac{1}{\sigma_0^2}\sum_{i=1}^n(X_i-\mu_0)^2$ $>\chi_\alpha^2(n)$.如采用检验统计量 $\left(\dfrac{\bar{X}-\mu_0}{\frac{\sigma_0}{\sqrt{n}}}\right)^2\sim\chi^2(1)$,得到检验的拒绝域为 $\dfrac{n(\bar{X}-\mu_0)^2}{\sigma_0^2}$ $>\chi_\alpha^2(1)$.易见通过检验统计量 $\left(\dfrac{\bar{X}-\mu_0}{\frac{\sigma}{\sqrt{n}}}\right)^2$ 得到的拒绝域比较小.

针对检验问题（3） $H_0:\sigma^2\geqslant\sigma_0^2\leftrightarrow H_1:\sigma^2<\sigma_0^2$

检验统计量为 $\dfrac{1}{\sigma_0^2}\sum_{i=1}^n(X_i-\mu_0)^2\sim\chi^2(n)$,检验的拒绝域为 $\dfrac{1}{\sigma_0^2}\sum_{i=1}^n(X_i-\mu_0)^2<\chi_{1-\alpha}^2(n)$.

如采用检验统计量为 $\left(\dfrac{\bar{X}-\mu_0}{\frac{\sigma_0}{\sqrt{n}}}\right)^2\sim\chi^2(1)$,得到检验的拒绝域为 $\dfrac{n(\bar{X}-\mu_0)^2}{\sigma_0^2}>\chi_{1-\alpha}^2(1)$.

易见通过检验统计量 $\left(\dfrac{\bar{X}-\mu_0}{\dfrac{\sigma}{\sqrt{n}}}\right)^2$ 得到的拒绝域比较小.

案例 8.4 正态分布总体两样本 t 检验

当两样本容量较小(如 $n_1 \leqslant 60$,$n_2 \leqslant 60$),且均来自正态总体时,要根据两总体方差是否相等而采用不同的检验方法.

1. 总体方差相等的 t 检验

当两总体方差相等,即 $\sigma_1^2 = \sigma_2^2$ 时,可将两样本方差合并,求两者的共同方差——合并方差 S_c^2. 原假设

$$H_0: \mu_1 - \mu_2 = \mu_v = 0$$

检验统计量

$$t = \frac{\bar{X}_1 - \bar{X}_2}{S_c\sqrt{\dfrac{1}{n_1}+\dfrac{1}{n_2}}} \sim t(n_1 + n_2 - 2)$$

式中,$S_c^2 = \dfrac{(n_1-1)S_1^2 + (n_2-1)S_2^2}{n_1+n_2-2}$.

例 8.4.1 为研究国产四类新药阿卡波糖胶囊的降血糖效果,某医院用 40 名 Ⅱ 型糖尿病患者进行同期随机对照试验.研究者将这些患者随机等分到试验组(用阿卡波糖胶囊)和对照组(用拜唐苹胶囊),分别测得试验开始前和试验 8 周时的空腹血糖,空腹血糖下降值如表 8-2 所示,能否认为该国产四类新药阿卡波糖胶囊与拜唐苹胶囊对空腹血糖的降糖效果不同($\alpha = 0.05$)?

表 8-2 阿卡波糖胶囊组与拜唐苹胶囊组空腹血糖下降值

组 别	血糖下降值/(mmol/L)									
阿卡波糖胶囊组	−0.70	−5.60	2.00	2.80	0.70	3.50	4.00	5.80	7.10	−0.50
$X_1(n_1 = 20)$	2.50	−1.60	1.70	3.00	0.40	4.50	4.60	2.50	6.00	−1.40
拜唐苹胶囊组	3.70	6.50	5.00	5.20	0.80	0.20	0.60	3.40	6.60	−1.10
$X_2(n_2 = 20)$	6.00	3.80	2.00	1.60	2.00	2.20	1.20	3.10	1.70	−2.00

(1)建立检验假设:$H_0: \mu_1 = \mu_2$,即阿卡波糖胶囊组与拜唐苹胶囊组空腹血糖下降值的总体均值相等;$H_1: \mu_1 \neq \mu_2$,即阿卡波糖胶囊组与拜唐苹胶囊组空腹血糖下降值的总体

均值不等.

（2）计算检验统计量

$$\bar{x}_1 = 2.065\,0 \text{ mmol/L}, \quad s_1 = 3.060\,1 \text{ mmol/L}$$

$$\bar{x}_2 = 2.625\,0 \text{ mmol/L}, \quad s_2 = 2.420\,5 \text{ mmol/L}, \quad n_1 + n_2 - 2 = 38$$

$$t = \frac{\bar{x}_1 - \bar{x}_2}{\sqrt{\dfrac{(n_1-1)s_1^2 + (n_2-1)s_2^2}{n_1+n_2-2}\left(\dfrac{1}{n_1}+\dfrac{1}{n_2}\right)}} = \frac{2.065 - 2.625\,0}{\sqrt{\dfrac{3.060\,1^2 + 2.420\,5^2}{20}}} = -0.642$$

（3）确定 p 值，做出推断结论，查 t 分布得 $p > 0.50$，而 $\alpha = 0.05$，不拒绝 H_0，差异无统计学意义，即尚不能认为阿卡波糖胶囊与拜唐苹胶囊对空腹血糖的降糖效果不同.

2. 总体方差不等的 Cochran & Cox 近似 t 检验

Cochran & Cox 法的检验统计量为 $t' = \dfrac{\bar{X}_1 - \bar{X}_2}{\sqrt{\dfrac{S_1^2}{n_1} + \dfrac{S_2^2}{n_2}}}$，由于 t' 分布比较复杂，故常利用其近似临界值 t_α'.

$$t_\alpha' = \frac{\dfrac{S_1^2}{n_1}t_\alpha(n_1-1) + \dfrac{S_2^2}{n_2}t_\alpha(n_2-1)}{\dfrac{S_1^2}{n_1} + \dfrac{S_2^2}{n_2}}$$

注意，用双尾概率时 t_α' 取 $t_{\frac{\alpha}{2}}'$，$t_\alpha(n_1-1)$ 取 $t_{\frac{\alpha}{2}}(n_1-1)$，$t_\alpha(n_2-1)$ 取 $t_{\frac{\alpha}{2}}(n_2-1)$.

例 8.4.2 在例 8.4.1 的国产四类新药阿卡波糖胶囊的降血糖效果研究中，测得用拜唐苹胶囊的对照组 20 例患者和用阿卡波糖胶囊的试验组 20 例患者在 8 周时糖化血红蛋白 $HbA_1c(\%)$ 下降值如表 8-3 所示，问使用两种不同药物的患者其 HbA_1c 下降值是否不同.

表 8-3 拜唐苹胶囊组和阿卡波糖胶囊组 HbA_1c 下降值

分　　组	n	$\bar{x}$	s
拜唐苹胶囊（对照）组	20	1.46	1.36
阿卡波糖胶囊（试验）组	20	1.13	0.70

由于拜唐苹胶囊（对照）组方差是阿卡波糖胶囊（试验）组方差的 3.27 倍，认为两组的总体方差不等，故利用近似 t 检验（$\alpha = 0.05$）.

（1）建立检验假设：$H_0: \mu_1 = \mu_2$，即拜唐苹胶囊组和阿卡波糖胶囊组患者 HbA_1c 下降值的总体均值相等；$H_1: \mu_1 \neq \mu_2$，即拜唐苹胶囊组和阿卡波糖胶囊组患者 HbA_1c 下降值的总体均值不等.

（2）计算检验统计量　$t' = \dfrac{1.46 - 1.13}{\sqrt{\dfrac{1.36^2}{20} + \dfrac{0.70^2}{20}}} = 0.965$

（3）确定 p 值，做出推断结论　$t_{\frac{0.05}{2}}(19) = 2.093$

$$t'_{\frac{0.05}{2}} = \dfrac{\dfrac{1.36^2}{20} \times 2.093 + \dfrac{0.70^2}{20} \times 2.039}{\dfrac{1.36^2}{20} + \dfrac{0.70^2}{20}} = 2.093$$

由 $0.965 < 2.093$，得 $p > 0.05$，不拒绝 H_0，差异无统计学意义，尚不能认为用两种不同药物的患者其 HbA_1c 下降值不同.

3. 总体方差不等的 Satterthwaite 近似 t 检验

Cochran & Cox 法是对临界值校正，而 Satterthwaite 法则是对自由度校正.
　　检验统计量为

$$t' = \dfrac{\bar{X}_1 - \bar{X}_2}{\sqrt{\dfrac{S_1^2}{n_1} + \dfrac{S_2^2}{n_2}}}, \quad v = \dfrac{\left(\dfrac{S_1^2}{n_1} + \dfrac{S_2^2}{n_2}\right)^2}{\dfrac{\left(\dfrac{S_1^2}{n_1}\right)^2}{n_1 - 1} + \dfrac{\left(\dfrac{S_2^2}{n_2}\right)^2}{n_2 - 1}}$$

对例 8.4.2，如按 Satterthwaite 法，则

$$v = \dfrac{\left(\dfrac{1.36^2}{20} + \dfrac{0.70^2}{20}\right)^2}{\dfrac{\left(\dfrac{1.36^2}{20}\right)^2}{20 - 1} + \dfrac{\left(\dfrac{0.70^2}{20}\right)^2}{20 - 1}} = 28.4$$

以 $v = 28$，$t' = 0.965$，查表得 $0.20 < p < 0.40$，结论同前.

4. 总体方差不等的 Welch 近似 t 检验

Welch 法也是对自由度进行校正.
　　检验统计量为

$$t' = \dfrac{\bar{X}_1 - \bar{X}_2}{\sqrt{\dfrac{S_1^2}{n_1} + \dfrac{S_2^2}{n_2}}}, \quad v = \dfrac{\left(\dfrac{S_1^2}{n_1} + \dfrac{S_2^2}{n_2}\right)^2}{\dfrac{\left(\dfrac{S_1^2}{n_1}\right)^2}{n_1 + 1} + \dfrac{\left(\dfrac{S_2^2}{n_2}\right)^2}{n_2 + 1}} - 2$$

对例 8.4.2，如按 Welch 法，则

$$v = \frac{\left(\dfrac{1.36^2}{20} + \dfrac{0.70^2}{20}\right)^2}{\dfrac{\left(\dfrac{1.36^2}{20}\right)^2}{20+1} + \dfrac{\left(\dfrac{0.70^2}{20}\right)^2}{20+1}} - 2 = 29.4$$

以 $v = 29$，$t' = 0.965$，查表得 $0.20 < p < 0.40$，结论同前.

案例 8.5　妇女嗜酒是否影响下一代的健康？影响有多大？

某医生观察了母亲在妊娠时曾患慢性酒精中毒的 6 名 7 岁儿童（称为甲组），同时为了比较，以母亲的年龄、文化程度及婚姻状况与前 6 名儿童的母亲相同或相近但不饮酒的 46 名 7 岁儿童作为对照组（称为乙组），测定两组儿童的智商，结果如下.

甲组人数 $n_1 = 6$，智商平均数 $\bar{x} = 78$，修正的样本标准差 $s_1 = 19$；

乙组人数 $n_2 = 46$，智商平均数 $\bar{y} = 99$，修正的样本标准差 $s_2 = 16$.

假定两组儿童的智商服从正态分布.由此结果推断妇女嗜酒是否影响下一代的智力.若有影响，推断其影响的程度有多大？

解　智商一般受诸多随机因素的影响，两组儿童的智商服从正态分布 $X \sim N(\mu_1, \sigma_1^2)$ 和 $Y \sim N(\mu_2, \sigma_2^2)$.本问题实际是检验甲组总体均值 μ_1 是否比乙组总体均值 μ_2 显著偏小，若是，这个差异的范围有多大.前一问题属假设检验，后一问题属区间估计.

由于两个总体的方差均未知，而甲组的样本容量较小，因此大家采用大样本下两总体均值比较的 U 检验.这里采用方差相等（但未知）时，两正态总体均值比较的 t 检验方法对第一个问题做出回答.为此首先要利用样本检验两总体的方差相等，即假设检验

$$H_0: \sigma_1^2 = \sigma_2^2 \leftrightarrow H_1: \sigma_1^2 \neq \sigma_2^2$$

当 H_0 成立时，检验统计量　　$F = \dfrac{S_1^2}{S_2^2} \sim F(n_1 - 1, n_2 - 1)$

求得 F 的观测值　　　　　　　$F = \dfrac{19^2}{16^2} = 1.41$

如果显著性水平取 $\alpha = 0.10$，则

$$F_{\frac{\alpha}{2}}(n_1 - 1, n_2 - 1) = F_{0.05}(5, 45) = 2.43$$

$$F_{1-\frac{\alpha}{2}}(n_1 - 1, n_2 - 1) = F_{0.95}(5, 45) = \frac{1}{F_{0.05}(45, 5)} = \frac{1}{4.45} = 0.22$$

可见 $F_{0.95}(5, 45) < F < F_{0.05}(5, 45)$，故不拒绝 H_0，即认为两总体的方差相等.

下面利用 t 检验法检验 μ_1 是否比 μ_2 显著偏小.在此取 $\mu_1 = \mu_2$ 为原假设，即检验假设

$$H_0: \mu_1 = \mu_2 \leftrightarrow H_1: \mu_1 < \mu_2$$

当 H_0 成立时,检验统计量

$$T = \frac{\bar{Y} - \bar{X}}{\sqrt{\dfrac{(n_1-1)S_1^2 + (n_2-1)S_2^2}{n_1+n_2-2}}\sqrt{\dfrac{1}{n_1}+\dfrac{1}{n_2}}} \sim t(n_1+n_2-2)$$

计算可求得 T 的观察值 $t = 2.96$,如果显著性水平取 $\alpha = 0.01$,$t_\alpha(n_1+n_2-2) = t_{0.01}(50)$ $= 2.40$,由于 $t > t_{0.01}(50)$,故拒绝 H_0,因而认为甲组儿童的智商比乙组儿童的智商显著偏小,即认为母亲嗜酒会对儿童的智力发育产生不良影响.

如果求出 $\mu_2 - \mu_1$ 的区间估计,便可在一定的置信度之下估计母亲嗜酒对下一代智商影响的程度.可知,在此情况下,$\mu_2 - \mu_1$ 的置信度为 $1-\alpha$ 的置信区间为

$$\bar{Y} - \bar{X} \pm \sqrt{\frac{(n_1-1)S_1^2 + (n_2-1)S_2^2}{n_1+n_2-2}}\sqrt{\frac{1}{n_1}+\frac{1}{n_2}} t_{\frac{\alpha}{2}}(n_1+n_2-2)$$

如果显著性水平取 $\alpha = 0.01$,$t_{0.005}(50) = 2.68$,故得置信水平为 99% 的置信区间为

$$(99-78) \pm 16.32 \times 2.68 \times \sqrt{\frac{1}{6}+\frac{1}{46}} = 21 \pm 18.98 = [2.02, 39.98]$$

根据所给的数据可以断言,在 99% 的置信水平下,嗜酒妇女所生的孩子在 7 岁时的智商比正常妇女所生孩子在 7 岁时的智商平均水平要低 $2.02\sim39.98$.

读者可能已注意到,在解决此问题的过程中,两次假设检验所取的显著性水平不同.在检验方差相等时,取 $\alpha = 0.10$;而在检验均值是否相等时,取 $\alpha = 0.01$,前者远比后者大.α 愈小,说明对原假设的保护愈充分.在 α 较大时,若能接受 H_0,说明 H_0 为真的依据就充足.同样,在 α 很小时,仍能拒绝 H_0,说明 H_0 不真的理由就更充足.本例中,对 $\alpha = 0.10$,仍得出 $\sigma_1^2 = \sigma_2^2$ 可被接受,以及对 $\alpha = 0.01$,$\mu_1 = \mu_2$ 可被拒绝的结论,说明在所给数据下得出相应的结论有很充足的理由.另外,在区间估计中,取较小的显著性水平 $\alpha = 0.01$(即较大的置信度),从而使得区间估计的范围较大.当然,若取较大的显著性水平,可以减少估计区间的长度,使得区间估计更精确,但相应地就要冒更大的风险.

案例 8.6 卡路里的摄入

有科学家认为,相对那些早餐不食用高纤维谷类食品的人而言,食用的人们在午餐中平均摄入的卡路里要少一些.如果结论属实,那些高纤维谷类食品生产厂家就可以声称,食用高纤维谷类食品可以帮助减肥者减肥.在这个结论的初步验证中,调查者随机抽出了 150 人,并询问他们通常早餐和午餐都吃些什么.将受访者分为高纤维谷类食品消费者或非高纤维谷类食品消费者两类.同时他们午餐的卡路里含量分别记录如下.

高纤维谷类食品的消费者午餐摄入的卡路里(单位:kcal):

568，646，607，555，530，714，593，647，650，498，636，529，565，566，639，
551，580，629，589，739，637，568，687，693，683，532，651，681，539，617，
584，694，556，667，467，540，596，633，607，566，473，649，622.

非高纤维谷类食品的消费者午餐摄入的卡路里（单位：kcal）：

705，754，740，569，593，637，563，421，514，536，819，741，688，547，723，
553，733，812，580，833，706，628，539，710，730，620，664，547，624，644，
509，537，725，679，701，679，625，643，566，594，613，748，711，674，672，
599，655，693，709，596，582，663，607，505，685，566，466，624，518，750，
601，526，816，527，800，484，462，549，554，582，608，541，426，679，663，
739，603，726，623，788，787，462，773，830，369，717，646，645，747，573，
719，480，602，596，642，588，794，583，428，754，632，765，758，663，476，
790，573.

(1) 在 95% 的置信水平下，估计早餐食用高纤维谷类食品者和不食用高纤维谷类食品者午餐摄入的卡路里数均值之差的置信区间.

(2) 在 5% 的显著性水平下，该科学家能从中验证相对那些早餐不吃高纤维谷类食品的人而言，早餐食用高纤维谷类食品的人们在午餐中平均摄入的卡路里要少一些吗？

解 (1) 易知

$$n_1 = 43, \quad \bar{x}_1 = 604.02, \quad s_1^2 = 4\,103, \quad n_2 = 107, \quad \bar{x}_2 = 633.23, \quad s_2^2 = 10\,670$$

则自由度

$$\nu = \frac{\left(\dfrac{s_1^2}{n_1} + \dfrac{s_2^2}{n_2}\right)^2}{\dfrac{\left(\dfrac{s_1^2}{n_1}\right)^2}{n_1 - 1} + \dfrac{\left(\dfrac{s_2^2}{n_2}\right)^2}{n_2 - 1}} = \frac{\left(\dfrac{4\,103}{43} + \dfrac{10\,670}{107}\right)^2}{\dfrac{\left(\dfrac{4\,103}{43}\right)^2}{43 - 1} + \dfrac{\left(\dfrac{10\,670}{107}\right)^2}{107 - 1}} = 122.6 \approx 123$$

$$\alpha = 0.05, \quad t_{\frac{\alpha}{2}}(\nu) = t_{0.025}(123) = 1.980$$

早餐食用高纤维谷类食品者和不食用高纤维谷类食品者午餐摄入的卡路里数均值之差的置信区间如下：

$$(\bar{x}_1 - \bar{x}_2) \pm t_{\frac{\alpha}{2}}(\nu) \sqrt{\frac{s_1^2}{n_1} + \frac{s_2^2}{n_2}} = (604.02 - 633.23) \pm 1.980 \sqrt{\frac{4\,103}{43} + \frac{10\,670}{107}}$$

$$= -29.21 \pm 27.65$$

所以上下限分别是 -1.56 和 -56.86，即早餐不食用高纤维谷类食品者午饭的卡路里比早餐食用高纤维谷类食品者多 $1.56 \sim 56.86$ kcal.

(2) 该问题是要检验两个均值的差 $\mu_1 - \mu_2$. 待检验的是，高纤维谷类食品的消费者午

餐摄入的平均卡路里数 μ_1 是否小于非高纤维谷类食品的消费者午餐摄入的平均卡路里数 μ_2. 因此可建立如下假设:

$$H_0: \mu_1 = \mu_2 \leftrightarrow H_1: \mu_1 < \mu_2$$

当 H_0 成立时,检验统计量为　$T = \dfrac{\bar{X} - \bar{Y}}{\sqrt{\dfrac{S_1^2}{n_1} + \dfrac{S_2^2}{n_2}}} \overset{.}{\sim} t(v)$

$$\nu = \frac{\left(\dfrac{s_1^2}{n_1} + \dfrac{s_2^2}{n_2}\right)^2}{\dfrac{\left(\dfrac{s_1^2}{n_1}\right)^2}{n_1 - 1} + \dfrac{\left(\dfrac{s_2^2}{n_2}\right)^2}{n_2 - 1}} = \frac{\left(\dfrac{4\,103}{43} + \dfrac{10\,670}{107}\right)^2}{\dfrac{\left(\dfrac{4\,103}{43}\right)^2}{43 - 1} + \dfrac{\left(\dfrac{10\,670}{107}\right)^2}{107 - 1}} = 122.6 \approx 123$$

$$-t_a(\nu) = -t_{0.05}(123) = -1.658$$

由于　$t = \dfrac{\bar{x}_1 - \bar{x}_2}{\sqrt{\dfrac{s_1^2}{n_1} + \dfrac{s_2^2}{n_2}}} = \dfrac{604.02 - 633.23}{\sqrt{\dfrac{4\,103}{43} + \dfrac{10\,670}{107}}} = -2.09 < -1.658$

则拒绝 H_0,有充分证据可以推断,高纤维谷类食品的消费者午餐摄入的卡路里数较少.

案例 8.7　孟德尔的遗传定律

奥地利植物学家孟德尔关于豌豆的试验是近代遗传学上起决定作用的基因学说的起源.试验的大致情况如下:孟德尔观察到在一定试验安排下,豌豆黄、绿两种颜色数目之比总是接近 3 : 1.为解释这个现象,他认为豌豆的颜色取决于一个实体,这实体有黄、绿两种状态,父本母本配合时,一共有如下四种情况:

(黄,黄),(黄,绿),(绿,黄),(绿,绿)

孟德尔认为只有后面一种产生绿色豌豆,前三种均是黄色,这就解释了 3 : 1 的比例.在 20 世纪初,他所说的这种实体被命名为基因.

在实际观察中,由于有随机性,观察数不会恰好呈 3 : 1 的比例,因此就有必要进行统计检验.皮尔逊 χ^2 检验正好可解决此问题,孟德尔的许多观察数据后人都曾用 χ^2 检验法检验,符合 3 : 1 的假设,这对确立孟德尔的学说起到了一定的促进作用.

在一个更为复杂的情况下,孟德尔同时考虑了豌豆的颜色和形状,一共有四种组合:(黄,圆),(黄,皱),(绿,圆),(绿,皱).按孟德尔的理论,这四类应有 9 : 3 : 3 : 1 的比例.在一次具体观察中,发现这四类的观察数分别为 315、101、108 和 32.试在显著性水平 $\alpha = 0.05$ 之下检验比例 9 : 3 : 3 : 1 的正确性?

解 此时检验假设为

$$H_0: p_1 = \frac{9}{16},\ p_2 = \frac{3}{16},\ p_3 = \frac{3}{16},\ p_4 = \frac{1}{16} \leftrightarrow H_1: 所考虑的四种情况不符合上述分布$$

在 H_0 成立的条件下,检验统计量 $\chi^2 = \sum\limits_{i=1}^{4} \dfrac{(n_i - np_i)^2}{np_i} \sim \chi^2(4-1)$,即 $\chi^2(3)$. 其中

$$n_1 = 315,\quad n_2 = 101,\quad n_3 = 108,\quad n_4 = 32,\quad n = \sum_{i=1}^{4} n_i = 556,\quad \chi^2_{0.05}(3) = 7.81$$

$$\chi^2 = \frac{\left(315 - 556 \times \frac{9}{16}\right)^2}{556 \times \frac{9}{16}} + \frac{\left(101 - 556 \times \frac{3}{16}\right)^2}{556 \times \frac{3}{16}}$$

$$+ \frac{\left(108 - 556 \times \frac{3}{16}\right)^2}{556 \times \frac{3}{16}} + \frac{\left(32 - 556 \times \frac{1}{16}\right)^2}{556 \times \frac{1}{16}}$$

$$= 0.47$$

由于 $\chi^2_{0.05}(3) = 7.81 > \chi^2 = 0.47$,故不拒绝 H_0,即根据观察数据,在水平 $\alpha = 0.05$ 下可认为 9∶3∶3∶1 的比例是正确的.

案例 8.8 某遗传模型的拟合检验

某种动物的后代按体格的属性分三类,各类的数目是 10、53、46. 按照某种遗传模型,其频率之比应为 $p^2 : 2p(1-p) : (1-p)^2$,问数据与模型是否相符($\alpha = 0.05$)?

解 设 $p_1 = p^2$,$p_2 = 2p(1-p)$,$p_3 = (1-p)^2$,原假设 H_0:频率之比为 $p_1 : p_2 : p_3$,现观察到的三类数量分别为 n_1,n_2,n_3,记 $n = n_1 + n_2 + n_3$,因有一未知参数 p,采用极大似然估计求出 $\hat{p}$,似然函数

$$L(p) = C^+ (p^2)^{n_1} \left[2p(1-p)\right]^{n_2} \left[(1-p)^2\right]^{n_3}$$

式中,C^+ 为正常数.

$$\ln L(p) = \ln C^+ + 2n_1 \ln p + n_2 \ln 2 + n_2 \ln p + n_2 \ln(1-p) + 2n_3 \ln(1-p)$$

$$= \ln C^+ + n_2 \ln 2 + (2n_1 + n_2)\ln p + (n_2 + 2n_3)\ln(1-p)$$

$$\frac{\mathrm{d}\ln L(p)}{\mathrm{d}p} = \frac{2n_1 + n_2}{p} - \frac{n_2 + 2n_3}{1-p}$$

令 $\dfrac{\mathrm{d}\ln L(p)}{\mathrm{d}p} = 0$,得

$$\frac{2n_1 + n_2}{p} - \frac{n_2 + 2n_3}{1-p} = 0$$

即

$$2n_1 + n_2 - p(2n_1 + n_2) - pn_2 - 2n_3 p = 0$$

则

$$\hat{p} = \frac{2n_1 + n_2}{2n}$$

而

$$\frac{\mathrm{d}^2 \ln L(p)}{\mathrm{d}p^2} = -\frac{2n_1 + n_2}{p^2} - \frac{n_2 + 2n_3}{(1-p)^2} < 0$$

则 p 的极大似然估计为 $\hat{p} = \dfrac{2n_1 + n_2}{2n}$, 其值 $\hat{p} = \dfrac{20 + 53}{218} = 0.335$, 由此 $\hat{p}_1 = \hat{p}^2 = 0.112$, $\hat{p}_2 = 2\hat{p}(1-\hat{p}) = 0.45$, $\hat{p}_3 = (1-\hat{p})^2 = 0.44$.

在 H_0 成立的条件下有 $\chi^2 = \sum\limits_{i=1}^{3} \dfrac{(n_i - n\hat{p}_i)^2}{n\hat{p}_i} \overset{\cdot}{\sim} \chi^2(3-1-1)$, 即 $\chi^2(1)$.

$$\alpha = 0.05, \quad \chi^2_{0.05}(1) = 3.84$$

$$\chi^2 = \frac{(10 - 109 \times 0.112)^2}{109 \times 0.112} + \frac{(53 - 109 \times 0.45)^2}{109 \times 0.45} + \frac{(46 - 109 \times 0.44)^2}{109 \times 0.44} = 0.801$$

由于 $0.801 < 3.84$, 所以不拒绝 H_0, 即认为数据与模型相符.

案例 8.9　啤酒的偏好与性别

　　某啤酒厂生产和经销三种类型的啤酒: 淡啤酒、普通啤酒和黑啤酒. 公司市场研究小组通过对三种啤酒的市场部分的分析, 提出这样的问题: 在啤酒饮用者中, 男性和女性对这三种啤酒的偏好是否存在差异? 如果对啤酒的偏好与啤酒饮用者的性别相互独立, 就会针对所有的啤酒进行广告宣传; 如果啤酒的偏好与啤酒饮用者的性别相关, 公司就会针对不同的目标市场进行促销活动. 假定抽取了 150 名啤酒饮用者作为一个简单随机样本, 在品尝了每种酒后, 要求每个人说出他们的偏好或第一选择, 回答结果如表 8-4 所示.

表 8-4　150 名啤酒饮用者的偏好情况

性　别	啤酒偏好/人			总计/人
	淡啤酒	普通啤酒	黑啤酒	
男	20	40	20	80
女	30	30	10	70
总　计	50	70	30	150

试问啤酒的偏好与啤酒饮用者的性别是否相互独立（$\alpha = 0.05$）？

解 检验假设 H_0：啤酒的偏好与啤酒饮用者的性别独立

$$\chi^2 = \sum_{i=1}^{2}\sum_{j=1}^{3} \frac{\left(n_{ij} - \dfrac{n_{i.}n_{.j}}{n}\right)^2}{\dfrac{n_{i.}n_{.j}}{n}}$$

$$= \frac{\left(20 - 80 \times \frac{50}{150}\right)^2}{80 \times \frac{50}{150}} + \frac{\left(40 - 80 \times \frac{70}{150}\right)^2}{80 \times \frac{70}{150}} + \frac{\left(20 - 80 \times \frac{30}{150}\right)^2}{80 \times \frac{30}{150}}$$

$$+ \frac{\left(30 - 70 \times \frac{50}{150}\right)^2}{70 \times \frac{50}{150}} + \frac{\left(30 - 70 \times \frac{70}{150}\right)^2}{70 \times \frac{70}{150}} + \frac{\left(10 - 70 \times \frac{30}{150}\right)^2}{70 \times \frac{30}{150}}$$

$$= 6.13$$

而 $\chi^2_{0.05}(2) = 5.99$，由于 $6.13 > 5.99$，所以拒绝 H_0，即可以认为啤酒的偏好与啤酒饮用者的性别不相互独立.

案例 8.10　经理的营销策略

某公司有 A、B、C 三位业务员在甲、乙、丙三个地区开展营销业务活动.他们的年销售额如表 8-5 所示.

表 8-5　三位业务员业绩表

	甲	乙	丙	行总数
A	150	140	260	550
B	160	170	290	620
C	110	130	180	420
列总数	420	440	730	1 590

现在公司的营销经理需要评价这三个业务员在三个不同地区营销业绩的差异是否显著.如果差异是显著的,说明对于这三位业务员来说,某个业务员特别适合在某个地区开展业务;如果差异不显著,则把每一位分配在哪一个地区对销售额都不会有影响.这一问题的关键就是要决定这两个因素对营销业绩的影响是独立还是相互关联的（$\alpha = 0.05$）.

解 营销业绩差异计算结果如表 8-6 所示.

表 8-6 营销业绩差异的计算结果

观察值	$\dfrac{n_i.n._j}{n}$	$n_{ij}-\dfrac{n_i.n._j}{n}$	$\left(n_{ij}-\dfrac{n_i.n._j}{n}\right)^2$	$\dfrac{\left(n_{ij}-\dfrac{n_i.n._j}{n}\right)^2}{\dfrac{n_i.n._j}{n}}$
150	145	5	25	0.172
140	152	−12	144	0.947
260	253	7	49	0.194
160	164	−4	16	0.098
170	172	−2	4	0.023
290	285	5	25	0.088
110	111	−1	1	0.001
130	116	14	196	1.690
180	193	−13	169	0.876

由于 $\chi^2=\sum\limits_{i=1}^{3}\sum\limits_{j=1}^{3}\dfrac{\left(n_{ij}-\dfrac{n_i.n._j}{n}\right)^2}{\dfrac{n_i.n._j}{n}}=4.089<\chi^2_{0.05}(4)=9.488$，所以我们没有理由拒绝

原假设，即销售人员与地区两个因素是独立的. 也就是说我们不能认为某个销售员特别适合于在某个地区工作.

案例 8.11　色盲是否与性别有关?

随机调查 1 000 人, 按性别和是否色盲将这 1 000 人分类, 分类结果如下: 男性正常、女性正常、男性色盲和女性色盲人数分别为 442、514、38、6, 试问色盲与性别是否相互关联 $(\alpha=0.05)$?

解　建立假设 H_0: 色盲与性别是相互独立的.

$$\frac{n._1n_1.}{n}=\frac{956\times480}{1\,000}=458.88, \qquad \frac{n._2n_1.}{n}=\frac{44\times480}{1\,000}=21.12$$

$$\frac{n._1n_2.}{n}=\frac{956\times520}{1\,000}=497.12, \qquad \frac{n._2n_2.}{n}=\frac{44\times520}{1\,000}=22.88$$

$$\chi^2 = \frac{(442-458.88)^2}{442} + \frac{(514-497.12)^2}{514} + \frac{(38-21.12)^2}{38} + \frac{(6-22.88)^2}{6}$$

$$= 0.644\,6 + 0.554\,3 + 7.498\,3 + 47.489\,1$$

$$= 56.186\,3$$

因为 $\chi^2 = 56.186\,3 > 3.84 = \chi^2_{0.05}(1)$，所以拒绝 H_0，也可以认为色盲与性别之间是相互关联的.

案例 8.12　手足口病的负二项分布拟合

手足口病是一种由肠道病毒引起的传染病,以学龄前儿童较为常见,我国于 2008 年 5 月将该病定为法定传染病.近年来,受环境、气候等因素的影响,人群中手足口病的发病率呈上升趋势,该病如果得到及时的治疗,能够在短期内痊愈.自手足口病被定为法定传染病以来,逐渐引起大家的关注,为了解本地区手足口病的发病趋势及发病特征,现对 2009—2013 年北票市手足口病病例数以乡为单位进行统计,并进行负二项分布拟合.

手足口病疫情资料来自国家"疾病监测信息报告管理系统"中的监测数据.以乡为单位进行负二项分布拟合,并用皮尔逊 χ^2 拟合优度检验进行结果比较.

1. 病例分布特征

北票市共辖 38 个乡镇,2009 年手足口病发病数为 541 例,发病率为 90.83/10 万,分布在 34 个乡镇;2010 年手足口病发病数为 49 例,发病率为 8.37/10 万,分布在 16 个乡镇;2011 年手足口病发病数为 42 例,发病率为 7.21/10 万,分布在 18 个乡镇;2012 年手足口病发病数为 94 例,发病率为 16.18/10 万,分布在 29 个乡镇;2013 年手足口病发病数为 126 例,发病率为 21.89/10 万,分布在 34 个乡镇.

2009—2013 年,北票市手足口病发病年龄为 0~20 岁,最小为 1 个月,最大为 17 岁,主要集中在 0~5 岁,分别占当年总发病数的 82.26%、79.59%、76.19%、80.85%、88.89%. 2009—2013 年,发病男女性别比分别为 1.57∶1、1.04∶1、2.23∶1、1.94∶1、2.07∶1,男性多于女性.2009—2013 年,发病者的职业分布排在前三位的分别是散居儿童、幼托儿童、学生,以散居儿童为主.散居儿童分别占当年总发病数的 72.01%、83.67%、66.67%、79.79%、72.22%.

2. 负二项分布拟合

北票市 2010 年和 2011 年手足口病病例乡镇负二项分布拟合计算结果如表 8-7 和表 8-8 所示.

表 8 - 7　北票市 2010 年手足口病病例乡镇负二项分布拟合计算

病例数/人	实际频数 A	理论概率 P	理论频数 T	$\frac{(A-T)^2}{T}$
0	21	0.541 3	20.028 1	0.047 2
1	7	0.184 5	6.826 5	0.004 4
2	5			
3	1			
5	1	0.274 2	10.145 4	0.129 3
6	1			
18	1			

对于表 8 - 7 的结果,取置信水平 $\alpha = 0.05$,由于 $\chi^2 = 0.047\,2 + 0.004\,4 + 0.129\,3 = 0.180\,9$, $\chi^2_{0.05}(1) = 3.841\,5$,所以 $\chi^2 < \chi^2_{0.05}(1)$.

表 8 - 8　北票市 2011 年手足口病病例乡镇负二项分布拟合计算

病例数	实际频数 A	理论概率 P	理论频数 T	$\frac{(A-T)^2}{T}$
0	21	0.588 8	22.963 2	0.167 8
1	7	0.196 3	7.655 7	0.056 2
2	5			
3	3			
5	1	0.236 4	9.219 6	0.066 1
11	1			

对表 8 - 8 的结果,取置信水平 $\alpha = 0.05$,由于 $\chi^2 = 0.167\,8 + 0.005\,62 + 0.066\,1 = 0.290\,1$, $\chi^2_{0.05}(1) = 3.841\,5$,所以 $\chi^2 < \chi^2_{0.05}(1)$.

从表 8 - 7 和表 8 - 8 中可以看到对 2010 年和 2011 年拟合非常满意.

3. 2009—2013 年发病情况及拟合结果

对 2009—2013 年北票市各乡镇病例进行拟合计算后,发现 2009 年、2013 年拟合结果聚集性不好,而 2010 年、2011 年、2012 年拟合结果聚集性明显,如表 8 - 9 所示.

表 8 - 9　北票市 2009—2013 年手足口病发病数及拟合结果

年　份	2009	2010	2011	2012	2013
病例数/人	541	49	42	94	126
χ^2	9.046 7	0.180 9	0.290 1	0.727 1	8.539 7

4. 讨论

负二项分布是流行病学常用的分析模型,是一种常用非随机的集聚性概率模型.理论上,负二项分布常用于描述弱传播现象,如在结核病的应用上非常令人满意,用于其他的传染病则差异较大.短期内有大量病例出现的肯定不适宜用负二项分布进行拟合,但手足口病在某地区发病病例较少的年份则可以使用.我们不能说手足口病在流行病上是弱传播现象,只是传染源少,在人群中的传播力还不强,实际上这也是采取防控措施的好时机.北票市2010—2012 年的发病数在空间分布上符合负二项分布,这三年病例少,但发病集中,聚集特别明显,拟合结果的 χ^2 值小于 1.这三年县城内病例少,只在周边集聚,如果县城内病例多,传播力会明显变强.城市人口多,人与人接触多,人流物流辐射面大,使传染病容易流行,这一城市特征是转变的主要因素.一些文献也报道了城镇手足口病的聚集特征.

案例 8.13　四川地区 5 级以上地震时间间隔分析

地震发生时间间隔的分布特征一直以来都是地震学家等专业人士感兴趣的话题,了解地区的地震发生时间间隔对地震区划、地震预报、地震危险性分析和地震灾害预测具有重要意义.中国位于环太平洋地震带和欧亚地震带的交汇部位,地震活动频度高、强度大、震源浅、分布广,是一个震灾严重的国家.基于地质的地震研究的作用不可否认,通过运用沉积地质学、地貌学和构造地质学等常用方法有助于评估未来地震发生的概率.然而,这些方法的局限性在于许多地震不会在确定的断层出现,因此,将统计学应用到地震发生和预测上很有意义.自从概率统计方法与地震预报研究相结合以来,许多学者对地震发生时间间隔的统计规律进行了不同程度的研究.下面的分析研究是将地震发生看作一个统计过程,假设地震发生的时间间隔是与一些概率分布模型相关联的随机变量,找出地震发生时间间隔的最佳拟合的概率分布函数,它的分布特征对研究地震活动的复发和预测未来的地震有重要作用.

2008 年 5 月 12 日,四川汶川发生 8.0 级大地震,破坏性极强、波及范围广,造成了非常严重的人员伤亡和经济损失.在四川发生过的中小地震更是数不胜数,因此下面选取四川地区发生的中强地震作为研究对象,从指数分布、伽马分布、对数正态分布和威布尔分布 4 种概率分布出发,分别研究 1970—2007 年和 1970—2020 年发生的 5 级以上地震,通过拟合优度检验找出地震发生时间间隔的最佳拟合分布,并评估未来发生 5 级以上地震的概率.

1. 地震数据

根据国家地震科学数据中心记载(提供了 1970 年 1 月 1 日—2020 年 12 月 31 日的地震数据),四川 1970—2020 年共发生过 164 次 5 以上的地震.由于 2008 年汶川地震余震过于频繁,若使用 2008 年全部地震数据预测未来发生强震则会导致概率值偏高,因此剔除2008 年发生的余震数据,用于分析的数据如表 8 - 10 所示,共 121 条.

表 8 - 10　四川 1970—2021 年的地震数据

震　级	发震日期	地　　点	震　级	发震日期	地　　点
5.8	2020/4/1	四川石渠	5.2	2013/8/28	四川得荣
5	2020/2/3	四川青白江	5.4	2013/4/21	四川芦山
5.1	2019/12/18	四川资中	5	2013/4/21	四川芦山
5.4	2019/9/8	四川威远	5.4	2013/4/20	四川芦山
5.5	2019/7/4	四川珙县	5	2013/4/20	四川芦山
5.6	2019/6/22	四川长宁	7	2013/4/20	四川芦山
5.1	2019/6/18	四川长宁	5.5	2013/1/18	四川白玉
5.3	2019/6/17	四川珙县	5.2	2011/11/1	四川青川
6	2019/6/17	四川长宁	5.4	2011/4/10	四川炉霍
5.1	2019/1/3	四川珙县	5	2010/5/25	四川汶川
5.7	2018/12/16	四川兴文	5	2010/4/28	四川道孚
5.1	2018/10/31	四川西昌	5	2009/11/28	四川彭州
5.4	2017/9/30	四川青川	5	2009/6/30	四川什邡
7	2017/8/8	四川九寨沟	5.5	2009/6/30	四川什邡
5.2	2016/9/23	四川理塘	8	2008/5/12	四川汶川
5.2	2016/9/23	四川理塘	5.3	2005/8/5	云南会泽与四川会东间
5	2015/1/14	四川金口河			
5.9	2014/11/25	四川康定	5	2003/8/21	四川盐源
6.4	2014/11/22	四川康定	5.8	2001/5/24	四川盐源
5.2	2014/10/1	四川越西	6	2001/2/23	四川雅江

震　级	发震日期	地　点	震　级	发震日期	地　点
5	2001/2/14	四川雅江	6	1982/6/15	四川
6.1	1998/11/19	四川	5	1981/5/22	四川
5.3	1998/10/2	四川	6.9	1981/1/23	四川
5.6	1996/12/21	四川	5.8	1980/2/2	四川
5.4	1996/2/28	四川	5	1979/11/5	四川
6.6	1995/10/23	四川	5.6	1978/8/31	四川
5.6	1994/12/29	四川	5.4	1978/7/12	四川
5.1	1991/4/11	四川	5.1	1977/5/3	四川
5.1	1991/2/18	四川	5.1	1977/2/7	四川
5	1990/4/8	四川	5	1976/12/13	四川
5.3	1989/11/20	四川	6.4	1976/12/13	四川
6.5	1989/9/22	四川	5.1	1976/11/7	四川
5.9	1989/7/21	四川	5.6	1976/11/6	四川
5	1989/6/9	四川	6.7	1976/11/6	四川
5.1	1989/5/3	四川	5.2	1976/9/20	四川
6.3	1989/5/3	四川	5.2	1976/9/3	四川
6.3	1989/5/3	四川	5.1	1976/9/1	四川
5.2	1989/4/30	四川	7.2	1976/8/23	四川
6.6	1989/4/25	四川	6.7	1976/8/21	四川
6.6	1989/4/15	四川	5.9	1976/8/19	四川
5	1989/3/1	四川	5	1976/8/16	四川
5.2	1989/1/18	四川	7.2	1976/8/16	四川
5	1988/6/2	四川	5.3	1975/3/7	四川
5.4	1988/4/15	四川	6.2	1975/1/15	四川
5.4	1986/8/12	四川	5.2	1974/7/9	四川
5.5	1986/8/6	四川	5.2	1974/6/15	四川

续 表

震 级	发震日期	地 点	震 级	发震日期	地 点
5	1974/6/15	四川	5.7	1972/9/29	四川
5.7	1974/6/15	四川	5.6	1972/9/29	四川
5	1974/6/5	四川	5.6	1972/9/27	四川
5.2	1974/6/5	四川	5.2	1972/4/8	四川
7.1	1974/5/10	四川	5.4	1971/10/23	四川
5.7	1974/1/15	四川	5.4	1971/9/23	四川
5	1973/9/9	四川	5.4	1971/8/23	四川
5.8	1973/9/9	四川	5	1971/8/17	四川
6.5	1973/8/11	四川	5.4	1971/8/16	四川
5.2	1973/6/29	四川	5.7	1971/8/16	四川
5.4	1973/6/28	四川	5.9	1971/8/16	四川
5.5	1973/3/23	四川	5.5	1970/11/8	四川
6	1973/2/7	四川	5.5	1970/9/5	四川
5	1973/2/7	四川	5.4	1970/7/31	四川
7.9	1973/2/6	四川	6.2	1970/2/24	四川

2. 模型介绍

采用如下 4 种概率分布模型,其概率密度函数、模型参数如表 8 - 11 所示.

表 8 - 11   4 种分布模型的概率密度函数和模型参数

分布模型	概率密度函数	模 型 参 数
指数分布	$f(t) = \lambda \mathrm{e}^{-\lambda t}\ (t > 0)$	$\lambda > 0$
伽马分布	$f(t) = \dfrac{\beta^{\alpha}}{\Gamma(\alpha)} t^{\alpha-1} \mathrm{e}^{-\beta t}\ (t > 0)$	$\alpha > 0, \beta > 0$
对数正态分布	$f(t) = \dfrac{1}{\sqrt{2\pi}\sigma t} \exp\left[-\dfrac{(\ln t - \mu)^2}{2\sigma^2}\right]\ (t > 0)$	$-\infty < \mu < +\infty, \sigma > 0$
威布尔分布	$f(t) = \dfrac{m}{\beta}\left(\dfrac{t}{\beta}\right)^{m-1} \exp\left[-\left(\dfrac{t}{\beta}\right)^{m}\right]\ (t > 0)$	$m > 0, \beta > 0$

（1）指数分布.指数分布是伽马分布和威布尔分布的特殊形式,具有无记忆性,即对随机变量 T,有 $P(T>s+t \mid T>t)=P(T>s)$ $(t,s>0)$,常用来表示独立随机事件发生的时间间隔,其参数 λ 表示单位时间内地震发生的平均次数.

（2）伽马分布.伽马分布的参数 α 为形状参数,β 为尺度参数,当 $\alpha=1$ 时,伽马分布为指数分布.通常当地震的发生为相互独立事件且仅依赖于时间间隔,与时间起点无关时,可以认为地震发生时间服从伽马分布.

（3）对数正态分布.对数正态分布的参数 μ 为位置参数,σ 为形状参数,与正态分布相似,在可靠性研究中,数据若不符合正态分布,则常取其对数使之符合正态分布,因此称作对数正态分布.

（4）威布尔分布.威布尔分布的参数 η 为比例参数,m 为形状参数,当 $m=1$ 时,威布尔分布为指数分布.

3. 模型验证

使用如下三种模型选择方法——赤池信息准则（Akaike information criterion，AIC）、贝叶斯信息准则（Bayesian moditication of the AIC，BIC）和 K-S 检验.

AIC 可以衡量统计模型拟合的优良性,它建立在熵的概念上,提供了权衡估计模型复杂度和拟合数据优良性的标准.AIC 定义为

$$AIC=2k-2\ln L$$

式中,k 为模型参数个数,L 为似然函数.从一组可供选择的模型中选择最佳模型时,通常选择 AIC 最小的模型.

AIC 为模型选择提供了有效的规则,但也有不足之处.当样本容量很大时,在 AIC 中拟合误差提供的信息会受到样本容量增大的影响,而参数个数的惩罚因子却和样本容量没关系,因此当样本容量很大时,使用 AIC 准则选择的模型不收敛于真实模型,它通常比真实模型所含的未知参数个数要多.

BIC 与 AIC 相似,可用于模型选择,并且改进了 AIC 的不足之处.BIC 定义为

$$BIC=k\ln n-2\ln L$$

式中,k 为模型参数个数,n 为样本数量,L 为似然函数.BIC 值越小,说明模型拟合程度越高.

K-S 检验是一种拟合优度的非参数检验方法,利用样本数据推断总体是否服从某一理论分布.K-S 检验一般返回两个值：D 和 p.其中,D 表示两条累计分布曲线之间的最大垂直距离,所以 D 越小,这两个分布的差距越小,分布越一致.p 是假设检验里面的 p,如果 p 大于 0.05,那么就不能拒绝原假设,所以 p 越大,分布越一致.

下面首先拟合四川省 2008 年以前发生 5 级以上地震时间间隔的概率分布模型,计算参数值,并根据 AIC、BIC、D 和 p 来检验指数分布、伽马分布、对数正态分布和威布尔分布对地震发生时间间隔的拟合程度,运算结果如表 8-12 所示.并且根据数据的累积概率对应 4 种分布累积概率绘制概率分布图（见图 8-1）,可以直观地看出样本数据是否服从某一分布.

表 8‑12 四川 1970—2007 年地震数据建模的拟合检验结果

	参 数 估 计	AIC	BIC	D	p
指数分布	$\hat{\lambda} = 0.006\ 565\ 31$	1 026.412	1 028.855	0.296 79	3.923×10^{-7}
伽马分布	$\hat{\alpha} = 0.328\ 664\ 413$ $\hat{\beta} = 0.002\ 158\ 008$	910.631 5	915.516 8	0.071 093	0.756 4
对数正态分布	$\hat{\mu} = 2.959\ 390$ $\hat{\sigma} = 2.844\ 259$	926.017 3	930.902 6	0.167 78	0.014 66
威布尔分布	$\hat{m} = 0.457\ 269\ 3$ $\hat{\beta} = 71.203\ 236\ 0$	911.663 6	916.548 9	0.095 646	0.393 5

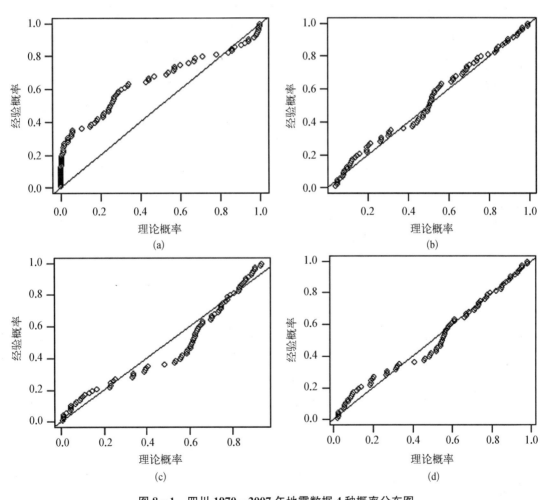

图 8‑1 四川 1970—2007 年地震数据 4 种概率分布图

（a）指数分布；（b）伽马分布；（c）对数正态分布；（d）威尔布分布

由于指数分布的 AIC 和 BIC 相较于其他 3 种分布偏大很多,说明拟合效果最差.比较伽马分布、对数正态分布和威布尔分布的 K-S 距离,可以看到在 K-S 检验中,伽马分布返回的 D 最小,p 最大.由图 8-1 可见,样本数据与伽马分布拟合得较好.因此,选用伽马分布作为四川省 2008 年以前发生 5 级以上地震时间间隔的最佳拟合分布.

2008 年汶川 8.0 级地震发生之后大小余震不断,使用 2008 年的全部地震数据预测未来并不合理,因此使用剔除 2008 年余震数据以后的地震数据,对四川发生 5 级以上地震时间间隔的概率分布模型进行拟合检验,运算结果如表 8-13 所示.根据数据的累积概率对应 4 种分布累积概率绘制概率分布图(见图 8-2).

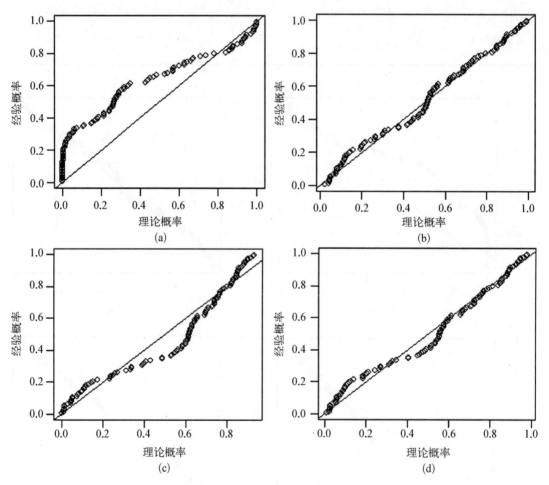

图 8-2　1970 年至今地震数据(不含 2008 年余震)4 种概率分布图

(a) 指数分布;(b) 伽马分布;(c) 对数正态分布;(d) 威尔布分布

指数分布和对数正态分布未通过拟合检验,伽马分布的 AIC、BIC、D 均最小,p 最大.并且通过图 8-2 可以直观地看出样本数据与伽马分布更加接近.因此,可以认为伽马分布对四川省 1973 年以来 5 级以上地震时间间隔数据的拟合程度最高.

表 8 - 13　四川 1970 年至今地震数据(剔除 2008 年余震数据)建模的拟合检验结果

	参 数 估 计	AIC	BIC	D	p
指数分布	$\hat{\lambda} = 0.006\ 557\ 463$	1 448.516	1 451.304	0.274 46	2.817×10^{-8}
伽马分布	$\hat{\alpha} = 0.330\ 194\ 129$ $\hat{\beta} = 0.002\ 166\ 107$	1 285.927	1 291.502	0.064 692	0.696 8
对数正态分布	$\hat{\mu} = 2.971\ 084$ $\hat{\sigma} = 2.953\ 777$	1 317.546	1 323.121	0.173 86	0.001 414
威布尔分布	$\hat{m} = 0.457\ 020\ 5$ $\hat{\beta} = 74.097\ 061\ 9$	1 291.433	1 297.008	0.104 51	0.145 4

4. 地震危险性评估

　　现对四川的地震危险性进行预测.根据四川 2008 年以前发生 5 级及以上地震数据求得的伽马分布累积函数(见图 8 - 3),其横坐标表示地震发生的时间间隔,单位为天;纵坐标表示某一时间地震发生的概率.将上一次发生地震的时间作为坐标原点,则从图 8 - 3 中可得出自上一次地震发生之后再发生一次地震的累积概率.由表 8 - 10 可知,2008 年 5 月 12 日发生强震的前一次地震在 2005 年 8 月 5 日,从图 8 - 3 可以看到,在 2005 年 8 月 5 日之后的 2 000 天中,发生地震的概率随时间的增加而增大,365 天(一年)后发生 5 级以上地震的概率为 0.87 左右;739 天(两年)后发生 5 级以上地震的概率为 0.95 左右;预测到在 1 011 天(约 2.77 年)时,即 2008 年 5 月 12 日发生 5 级以上地震的概率高达 0.98,这与事实基本吻合,说明伽马分布的预测效果较好.

　　根据上述方法,使用全部样本数据预测未来发生 5 级以上地震的概率(见图 8 - 4).由

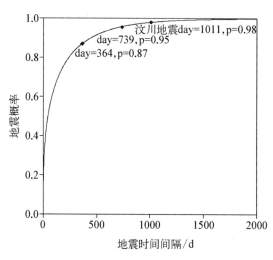
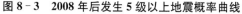

图 8 - 3　2008 年后发生 5 级以上地震概率曲线

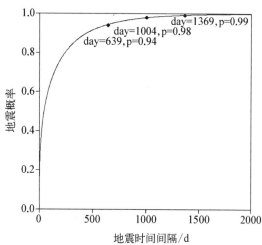

图 8 - 4　四川未来发生 5 级以上地震概率曲线

表 8-10 可知,截至 2020 年 12 月 31 日,四川发生上一次强震的日期为 2020 年 4 月 1 日,在图 8-4 中,设 2020 年 4 月 1 日为坐标原点,可以看到,639 天后(即 2021 年年底)发生 5 级以上地震的概率大约为 0.94;1 004 天后(即 2022 年底)发生 5 级以上地震的概率大约为 0.98;1 369 天后(即 2023 年底)发生 5 级以上地震的概率为 0.99.

案例 8.14　基于正态分布的新型冠状病毒肺炎潜伏期的研究

2019 年 12 月底,武汉爆发了不明原因的肺炎疫情.2020 年 1 月 30 日,世界卫生组织(World Health Organization, WHO)将此次疫情的病原体命名为新型冠状病毒,2020 年 2 月 11 日,WHO 将新型冠状病毒肺炎(简称新冠肺炎)命名为 COVID-19.此后,新型冠状病毒肺炎在中国多省、市、自治区流行,而后疫情流行的势头得到了有效控制.2020 年 3 月 11 日,WHO 将此疫情定性为全球大流行.

为更好地遏制新型冠状病毒的传播,对病毒传播特点的充分了解是十分必要的.SARS 病毒也为冠状病毒,其在潜伏期是没有传染性的,而新型冠状病毒即使在潜伏期也具有很强的传染性,由此,对新型冠状病毒的潜伏期的精确把控就显得尤为重要.传染病潜伏期的确定在流行病学调查和制定传染病的防控措施中具有极其重要的意义和用途.根据潜伏期可判断患者受感染的时间,以便追踪传染源,确定传播途径及接触者的留验、医学观察或检疫期限.

潜伏期是指从病原体侵入机体至临床症状出现(无症状感染者以检测试剂呈阳性为准)的这段时间.根据潜伏期长短可判断患者受感染的时间,便于追踪传染源,确定传播途径;可为制定接触者的医学观察时间或隔离时间提供依据;确切的潜伏期也有助于医生根据患者的症状做出准确的诊断;根据潜伏期还可以确定接触者免疫接种的最佳时间.

最长潜伏期的确定有助于制定密切接触者的隔离时间:如果隔离时间少于最长潜伏期,则将有相当一部分处于潜伏期内的病例由于过早解除隔离或医学观察而进入社会,并将再度成为传染源引起疫情的流行.如果隔离时间大于最长潜伏期,则将有应该被解除检疫的正常人一直被实施隔离或医学观察,造成卫生资源和社会资源的极大浪费.由此可以看到,潜伏期定的过长或过短,对社会安定和防控都将十分不利,所以潜伏期确定的精准性尤其重要.

2020 年 2 月 5 日,国家卫生健康委员会发布了《新型冠状病毒感染的肺炎诊疗方案(试行第五版)》,首次明确提到新型冠状病毒的"潜伏期为 1～14 天,一般为 3～7 天";2020 年 2 月 18 日国家卫生健康委员会又发布了《新型冠状病毒感染的肺炎诊疗方案(试行第六版)》,其中提到"基于目前的流行病学调查,潜伏期为 1～14 天,多为 3～7 天";而后更新的版本关于潜伏期的时长也基本沿用了第六版的说明.这 14 天的最长潜伏期是通过流行病学调查专家对病情演变总结计算出来的.那么人们不禁要问"隔离 14 天没有发病是否代表并没有被病毒感染?"如果隔离了 14 天也没有出现发病症状,那么说明身体比较健康,基本上可以认定没有感染.但是任何一种疾病都会有一个大致的潜伏期,并非过 14 天后就一定不会发病,这并不是百分之百的事情,只能说若 14 天内没有发病,那么在 14 天后发病的概率就非常低了,这只是针对绝大多数人而言的.实际上,国内外都有潜伏期多于 14 天甚至更长的报道.

1. 数据来源

通常的新型冠状病毒肺炎的潜伏期计算方法为潜伏期＝发病日期－感染日期＋1.应该指出的是,也有一些文献中的潜伏期为发病日期与感染日期的差值.

下面选取涡阳县、南丰县以及某地的新型冠状病毒肺炎患者的潜伏期数据(见表 8－14).

表 8－14 潜伏期数据

所在地	各病例的潜伏期时长/d
涡阳	8, 10, 7, 7, 7, 8, 8, 8, 8, 8, 3, 6, 14, 3, 2, 3, 4
南丰	7, 7, 2, 3, 7, 13
某地	5, 4, 2, 4, 4, 4, 5, 4, 11, 2, 7, 8, 10, 10, 8, 7, 10, 6, 6, 6, 7, 11, 8, 10, 6

2. 实证研究

(1)正态性检验.采用 Shapiro－Wilk 检验,其 P 值如表 8－15 所示,从中可以看到表 8－14 中的三组潜伏期数据均服从正态分布.

表 8－15 Shapiro－Wilk 检验结果

所在地	检验统计量	P
涡阳	0.901 8	0.072 9
南丰	0.889 6	0.315 6
某地	0.942 9	0.173 0

(2)方差齐性检验.采用 Levene 方差齐性检验,其 P 值如表 8－16 所示,从中可以看到表 8－14 中的三组潜伏期数据服从的正态分布方差相等.

表 8－16 Levene 方差齐性检验结果

Levene 统计量	自由度 1	自由度 2	P
0.154 4	2	45	0.857 4

（3）方差分析.由于三组潜伏期数据服从正态分布,且方差相等,由此可以进行方差分析,其结果如表 8 - 17 所示,从中可以看到三组潜伏期数据服从的正态分布均值没有显著差异.

表 8 - 17　方差分析表

	平方和	自由度	均　方	F	P
组间	0.220 6	2	0.110 3	0.012 6	0.987 5
组内	395.029 4	45	8.778 4	—	—
总数	395.2 500	47	—	—	—

（4）参数估计及区间估计.由方差分析结果可得均值与标准差的估计分别为

$$\hat{\mu} = 6.625\,0, \quad \hat{\sigma} = 2.899\,9$$

给定置信水平 0.95, 均值 μ 的置信区间为 $[5.782\,9, 7.467\,1]$. 如果按隔离 14 天,此时感染新型冠状病毒肺炎的患者能够被检出的概率为

$$\Phi\left(\frac{14 - 6.625}{2.899\,9}\right) = \Phi\left(\frac{7.375}{2.899\,9}\right) = \Phi(2.543\,2) = 0.994\,508$$

如果按隔离 21 天,此时感染新型冠状病毒肺炎的患者能够被检出的概率为

$$\Phi\left(\frac{21 - 6.625}{2.899\,9}\right) = \Phi\left(\frac{14.375}{2.899\,9}\right) = \Phi(4.957\,1) \approx 0.999\,999$$

这意味着,若有 10 000 个新型冠状病毒肺炎确诊病例,如果从每例的暴露日期算起,21 天内几乎都出现了临床症状或检测试剂呈阳性,大约有 55 名感染者在其感染后的 14 天内没有被检出.或者说,每 200 个新型冠状病毒肺炎确诊病例,大约有 1 名感染者在其感染后的 14 天内没有被检出.这与实际防控情况相当吻合.

有学者尝试用两参数 Weibull 分布与两参数对数正态分布拟合新型冠状病毒的潜伏期,其相应的分布函数如下.

两参数 Weibull 分布

$$F_{\mathrm{W}}(t) = 1 - \exp\left\{-\left(\frac{t}{8.149\,554}\right)^{1.788\,954}\right\}, \quad t > 0$$

两参数对数正态分布　　$F_{\mathrm{LN}}(t) = \Phi\left(\frac{\ln t - 1.782\,603\,2}{0.716\,377\,4}\right), \quad t > 0$

易见　　　　　　$F_{\mathrm{W}}(14) = 1 - \exp\left\{-\left(\frac{14}{8.149\,554}\right)^{1.788\,954}\right\} = 0.928\,113$

$$F_{\mathrm{LN}}(14) = \Phi\left(\frac{\ln 14 - 1.782\,603\,2}{0.716\,377\,4}\right) = \Phi(1.195\,53) = 0.884\,061$$

$$F_{\mathrm{W}}(21) = 1 - \exp\left\{-\left(\frac{21}{8.149\,554}\right)^{1.788\,954}\right\} = 0.995\,650$$

$$F_{\mathrm{LN}}(21) = \Phi\left(\frac{\ln 21 - 1.782\,603\,2}{0.716\,377\,4}\right) = \Phi(1.761\,53) = 0.960\,926$$

于是有 $0.994\,508 > 0.928\,113 > 0.884\,061$，$0.999\,999 > 0.995\,650 > 0.960\,926$.

也就是说,如果分别采用两参数 Weibull 分布和两参数对数正态分布拟合新型冠状病毒肺炎的潜伏期,那么每 200 个新型冠状病毒肺炎确诊病例,大约分别有 14 名和 23 名感染者在其感染后的 14 天内没有被检出,大约分别有 1 名和 8 名感染者在其感染后的 21 天内没有被检出.这与实际情况差异很大.

经过上述的分析结果可以看到,用正态分布来拟合潜伏期比 Weibull 分布与对数正态分布更合适、更具有优势.

案例 8.15　区间估计与假设检验的关联

置信区间与假设检验是统计学中的两种重要的统计推断,乍看起来,似乎没有什么联系,但实际上两者存在很大的关联.关于置信区间与假设检验之间关系有许多学者做了探讨,认为两者在结果的解释上是不同的,而两者的关联是利用参数的假设检验可得到参数的置信区间,通过参数的置信区间可得到假设检验的结果.不过大多数文献在阐述两者关联时比较模糊,以至于许多学生在学习这一内容时也常感困惑.

1. 单个正态总体参数的假设检验

设总体 $X \sim N(\mu, \sigma^2)$,给定显著性水平 α, $X_1, X_2, \cdots, X_n$ 为总体 X 的容量为 n 的一个简单随机样本, $x_1, x_2, \cdots, x_n$ 为其观察值,记 $\bar{x} = \frac{1}{n}\sum_{i=1}^{n} x_i$, $s^2 = \frac{1}{n-1}\sum_{i=1}^{n}(x_i - \bar{x})^2$. 另外,文中所涉及的分位数都是指的上侧分位数(即指尾部概率).

1) 方差已知情况下($\sigma^2 = \sigma_0^2$ 已知)正态总体均值的检验

(1) 检验问题　　　$H_0: \mu \leqslant \mu_0 \leftrightarrow H_1: \mu > \mu_0 (\mu_0$ 已知$)$

当 H_0 成立时,检验统计量为　$Z = \dfrac{\bar{X} - \mu_0}{\dfrac{\sigma_0}{\sqrt{n}}} \sim N(0, 1)$

拒绝域为　$\boldsymbol{x}_0 = \left\{(x_1, x_2, \cdots, x_n): \bar{x} > \mu_0 + \frac{\sigma_0}{\sqrt{n}}U_\alpha\right\} \hat{=} \left\{\bar{x} > \mu_0 + \frac{\sigma_0}{\sqrt{n}}U_\alpha\right\}$

由此可以看到,在显著性水平 α 下,根据原假设 H_0 成立条件下统计量的分布将样本空间 Ω 划分为两个不相交的区域,一个是拒绝原假设 H_0 的样本值的全体组成,称为拒绝域,记为 $\boldsymbol{\mathcal{X}}_0$;另一个是接受原假设 H_0 的样本值的全体组成,称为接受域,记为 $\boldsymbol{\mathcal{X}}_1$. 然后判断所观察到的样本值是属于拒绝域 $\boldsymbol{\mathcal{X}}_0$(即拒绝原假设 H_0)还是属于接受域 $\boldsymbol{\mathcal{X}}_1$(即不拒绝假设 H_0).

而在显著性水平 α 下,由总体信息与样本信息可以得到参数 μ 的置信水平 $1-\alpha$ 的置信下限为 $\bar{x} - \dfrac{\sigma_0}{\sqrt{n}} U_\alpha$,其置信区间为

$$\left[\bar{x} - \frac{\sigma_0}{\sqrt{n}} U_\alpha, +\infty \right)$$

而上述置信区间从频率的角度不包含参数 μ 的真值是一个小概率事件,由此针对检验问题可得到如下判断法则:若 $\left\{ \mu_0 < \bar{x} - \dfrac{\sigma_0}{\sqrt{n}} U_\alpha \right\}$ 时,拒绝原假设 H_0;若 $\left\{ \mu_0 \geqslant \bar{x} - \dfrac{\sigma_0}{\sqrt{n}} U_\alpha \right\}$ 时,不拒绝原假设 H_0. 易见通过置信区间得到的该检验问题的拒绝域 $\left\{ \mu_0 < \bar{x} - \dfrac{\sigma_0}{\sqrt{n}} U_\alpha \right\}$ 其实就是 $\boldsymbol{\mathcal{X}}_0$.

(2) 检验问题 $\qquad H_0: \mu \geqslant \mu_0 \leftrightarrow H_1: \mu < \mu_0$

当 H_0 成立时,检验统计量为 $\quad Z = \dfrac{\bar{X} - \mu_0}{\dfrac{\sigma_0}{\sqrt{n}}} \sim N(0, 1)$

拒绝域为 $\qquad\qquad\qquad \boldsymbol{\mathcal{X}}_0 = \left\{ \bar{x} < \mu_0 - \dfrac{\sigma_0}{\sqrt{n}} U_\alpha \right\}$

而在显著性水平 α 下,由总体信息与样本信息可以得到参数 μ 的置信水平 $1-\alpha$ 的置信上限为 $\bar{x} + \dfrac{\sigma_0}{\sqrt{n}} U_\alpha$,其置信区间为

$$\left(-\infty, \bar{x} + \frac{\sigma_0}{\sqrt{n}} U_\alpha \right]$$

而从频率的角度,上述置信区间不包含参数 μ 的真值是一个小概率事件,由此针对检验问题可得到如下判断法则:若 $\left\{ \mu_0 > \bar{x} + \dfrac{\sigma_0}{\sqrt{n}} U_\alpha \right\}$ 时,拒绝原假设 H_0;若 $\left\{ \mu_0 > \bar{x} + \dfrac{\sigma_0}{\sqrt{n}} U_\alpha \right\}$ 时,不拒绝原假设 H_0. 易见通过置信区间得到的该检验问题的拒绝域 $\left\{ \mu_0 > \bar{x} + \dfrac{\sigma_0}{\sqrt{n}} U_\alpha \right\}$ 其实就是 $\boldsymbol{\mathcal{X}}_0$.

（3）检验问题　　　　　　$H_0 : \mu = \mu_0 \leftrightarrow H_1 : \mu \neq \mu_0$

当 H_0 成立时，检验统计量为　　$Z = \dfrac{\bar{X} - \mu_0}{\dfrac{\sigma_0}{\sqrt{n}}} \sim N(0, 1)$

拒绝域为　　　　　　$\boldsymbol{\mathcal{X}}_0 = \left\{ \bar{x} < \mu_0 - \dfrac{\sigma_0}{\sqrt{n}} U_{\frac{\alpha}{2}} \right\} \cup \left\{ \bar{x} > \mu_0 + \dfrac{\sigma_0}{\sqrt{n}} U_{\frac{\alpha}{2}} \right\}$

而在显著性水平 α 下，由总体信息与样本信息可以得到参数 μ 的置信水平 $1-\alpha$ 的置信区间为

$$\left[\bar{x} - \dfrac{\sigma_0}{\sqrt{n}} U_{\frac{\alpha}{2}} , \ \bar{x} + \dfrac{\sigma_0}{\sqrt{n}} U_{\frac{\alpha}{2}} \right]$$

而从频率的角度，上述置信区间不包含参数 μ 的真值是一个小概率事件，由此针对检验问题可得到如下判断法则：若 $\left\{ \mu_0 < \bar{x} - \dfrac{\sigma_0}{\sqrt{n}} U_{\frac{\alpha}{2}} \right\} \cup \left\{ \mu_0 > \bar{x} + \dfrac{\sigma_0}{\sqrt{n}} U_{\frac{\alpha}{2}} \right\}$ 时，拒绝原假设 H_0；若 $\left\{ \bar{x} - \dfrac{\sigma_0}{\sqrt{n}} U_{\frac{\alpha}{2}} < \mu_0 < \bar{x} + \dfrac{\sigma_0}{\sqrt{n}} U_{\frac{\alpha}{2}} \right\}$ 时，不拒绝原假设 H_0. 易见通过置信区间得到的该检验问题的拒绝域 $\left\{ \mu_0 < \bar{x} - \dfrac{\sigma_0}{\sqrt{n}} U_{\frac{\alpha}{2}} \right\} \cup \left\{ \mu_0 > \bar{x} + \dfrac{\sigma_0}{\sqrt{n}} U_{\frac{\alpha}{2}} \right\}$ 其实就是 $\boldsymbol{\mathcal{X}}_0$.

将上述通过置信区间来判断该假设检验问题的法则写成如表 8-18 所示的形式.

表 8-18　正态总体均值的假设检验（方差 $\boldsymbol{\sigma} = \boldsymbol{\sigma}_0$ 已知）

原假设 H_0	参数 μ 的置信区间	拒绝域 $\boldsymbol{\mathcal{X}}_0$
$\mu = \mu_0$	$\left[\bar{x} - \dfrac{\sigma_0}{\sqrt{n}} U_{\frac{\alpha}{2}} , \ \bar{x} + \dfrac{\sigma_0}{\sqrt{n}} U_{\frac{\alpha}{2}} \right]$	$\boldsymbol{\mathcal{X}}_0 = \left\{ \mu_0 < \bar{x} - \dfrac{\sigma_0}{\sqrt{n}} U_{\frac{\alpha}{2}} \right\} \cup \left\{ \mu_0 > \bar{x} + \dfrac{\sigma_0}{\sqrt{n}} U_{\frac{\alpha}{2}} \right\}$
$\mu \leqslant \mu_0$	$\left[\bar{x} - \dfrac{\sigma_0}{\sqrt{n}} U_{\alpha} , \ +\infty \right)$	$\boldsymbol{\mathcal{X}}_0 = \left\{ \mu_0 < \bar{x} - \dfrac{\sigma_0}{\sqrt{n}} U_{\alpha} \right\}$
$\mu \geqslant \mu_0$	$\left(-\infty , \ \bar{x} + \dfrac{\sigma_0}{\sqrt{n}} U_{\alpha} \right)$	$\boldsymbol{\mathcal{X}}_0 = \left\{ \mu_0 > \bar{x} + \dfrac{\sigma_0}{\sqrt{n}} U_{\alpha} \right\}$

　　例 8.15.1　某批发商欲从厂家购进一批灯泡，根据合同规定，灯泡的使用寿命平均不能低于 1 000 h. 已知灯泡燃烧寿命服从正态分布，标准差为 200 h. 在总体中随机抽取了 100 灯泡，得知样本均值为 960 h，批发商是否应该购买这批灯泡（$\alpha = 0.05$）？（求解过程可扫描本章二维码查看.）

2）方差未知情况下正态总体均值的检验

与方差已知类似，只要用 $t(n-1)$ 替换 $N(0,1)$ 即可，其通过置信区间来判断该假设检验问题的法则写成如表 8-19 所示的形式.

表 8-19　正态总体均值的假设检验（方差 σ 未知）

原假设 H_0	参数 μ 的置信区间	拒绝域 $\mathscr{X}_0$
$\mu = \mu_0$	$\left[\bar{x} - \dfrac{s}{\sqrt{n}} t_{\frac{\alpha}{2}}(n-1),\ \bar{x} + \dfrac{s}{\sqrt{n}} t_{\frac{\alpha}{2}}(n-1) \right]$	$\mathscr{X}_0 = \left\{ \mu_0 < \bar{x} - \dfrac{s}{\sqrt{n}} t_{\frac{\alpha}{2}}(n-1) \right\}$ $\cup \left\{ \mu_0 > \bar{x} + \dfrac{s}{\sqrt{n}} t_{\frac{\alpha}{2}}(n-1) \right\}$
$\mu \leqslant \mu_0$	$\left[\bar{x} - \dfrac{s}{\sqrt{n}} t_{\alpha}(n-1),\ +\infty \right)$	$\mathscr{X}_0 = \left\{ \mu_0 < \bar{x} - \dfrac{s}{\sqrt{n}} t_{\alpha}(n-1) \right\}$
$\mu \geqslant \mu_0$	$\left(-\infty,\ \bar{x} + \dfrac{s}{\sqrt{n}} t_{\alpha}(n-1) \right]$	$\mathscr{X}_0 = \left\{ \mu_0 > \bar{x} + \dfrac{s}{\sqrt{n}} t_{\alpha}(n-1) \right\}$

例 8.15.2　某机器制造出的肥皂厚度为 $5\,\mathrm{cm}$，今欲了解机器性能是否良好，随机抽取 10 块肥皂作为样本，测得平均厚度为 $5.3\,\mathrm{cm}$，修正的标准差为 $0.3\,\mathrm{cm}$，试以 0.05 的显著性水平检验机器性能良好的假设（假定机器制造出的肥皂厚度服从正态分布）.（求解过程可扫描本章二维码查看.）

3）正态总体方差的检验

其通过置信区间来判断该假设检验问题的法则写成如表 8-20 所示的形式.

表 8-20　正态总体方差的假设检验

原假设 H_0	参数 σ^2 的置信区间	拒绝域 $\mathscr{X}_0$
$\sigma^2 = \sigma_0^2$	$\left[\dfrac{(n-1)s^2}{\chi_{\frac{\alpha}{2}}^2(n-1)},\ \dfrac{(n-1)s^2}{\chi_{1-\frac{\alpha}{2}}^2(n-1)} \right]$	$\mathscr{X}_0 = \left\{ \sigma_0^2 < \dfrac{(n-1)s^2}{\chi_{\frac{\alpha}{2}}^2(n-1)} \right\} \cup \left\{ \sigma_0^2 > \dfrac{(n-1)s^2}{\chi_{1-\frac{\alpha}{2}}^2(n-1)} \right\}$
$\sigma^2 \leqslant \sigma_0^2$	$\left[\dfrac{(n-1)s^2}{\chi_{\alpha}^2(n-1)},\ +\infty \right)$	$\mathscr{X}_0 = \left\{ \sigma_0^2 < \dfrac{(n-1)s^2}{\chi_{\alpha}^2(n-1)} \right\}$
$\sigma^2 \geqslant \sigma_0^2$	$\left(0,\ \dfrac{(n-1)s^2}{\chi_{1-\alpha}^2(n-1)} \right]$	$\mathscr{X}_0 = \left\{ \sigma_0^2 > \dfrac{(n-1)s^2}{\chi_{1-\alpha}^2(n-1)} \right\}$

例 8.15.3　灌装机是用来包装各种液体的机器，包括牛奶、软饮料、油漆涂料等.在理想状态下，每罐中的液体量的变化应该很小，因为差异太大会导致有些容器装得太少

（等于欺骗顾客），而有些容器装得太满（导致浪费）.一家公司新研发了一种灌装机，该公司的总裁声称这种新机器能连续稳定地灌装 1 L(1 000 mL) 的容器，灌装液体量的方差低于 1 mL.为了验证该公司总裁的声明是否属实，随机抽取了 25 罐 1 L 灌装作为一个样本，并记录了试验数据如下（单位：mL）：1 000.3，1 001.0，999.5，999.7，999.3，999.8，998.7，1 000.6，999.4，999.4，1 001.0，999.4，999.5，998.5，1 001.3，999.6，999.8，1 000.0，998.5，1 001.4，998.1，1 000.7，999.1，1 001.1，1 000.7.问能否在 5% 的显著性水平下认为总裁的声明是正确的？（求解过程可扫描本章二维码查看.）

2. 两个正态总体参数的假设检验

设总体 $X \sim N(\mu_1, \sigma_1^2)$，总体 $Y \sim N(\mu_2, \sigma_2^2)$，$X_1, X_2, \cdots, X_{n_1}$ 来自总体 X 的一个简单随机样本，其观察值为 $x_1, x_2, \cdots, x_{n_1}$，$Y_1, Y_2, \cdots, Y_{n_2}$ 来自总体 Y 的一个简单随机样本，其观察值为 $y_1, y_2, \cdots, y_{n_2}$，且两个样本相互独立.

记

$$\bar{x} = \frac{1}{n_1} \sum_{i=1}^{n_1} x_i, \quad s_1^2 = \frac{1}{n_1-1} \sum_{i=1}^{n_1} (x_i - \bar{x})^2, \quad \bar{y} = \frac{1}{n_2} \sum_{i=1}^{n_2} y_i, \quad s_2^2 = \frac{1}{n_2-1} \sum_{i=1}^{n_2} (y_i - \bar{y})^2$$

$$s_w = \sqrt{\frac{(n_1-1)s_1^2 + (n_2-1)s_2^2}{n_1 + n_2 - 2}}, \quad v = \frac{\left(\frac{s_1^2}{n_1} + \frac{s_2^2}{n_2}\right)^2}{\frac{\left(\frac{s_1^2}{n_1}\right)^2}{n_1-1} + \frac{\left(\frac{s_2^2}{n_2}\right)^2}{n_2-1}}$$

1) 方差已知时均值的检验

其通过置信区间来判断该假设检验问题的法则写成如表 8 - 21 所示的形式.

表 8 - 21　两个正态总体方差已知时均值的假设检验

原假设 H_0	$\mu_1 - \mu_2$ 的置信区间	拒绝域 $\mathcal{X}_0$
$\mu_1 = \mu_2$	$\left[\bar{x} - \bar{y} - \sqrt{\frac{\sigma_1^2}{n_1} + \frac{\sigma_2^2}{n_2}} U_{\frac{\alpha}{2}},\right.$ $\left.\bar{x} - \bar{y} + \sqrt{\frac{\sigma_1^2}{n_1} + \frac{\sigma_2^2}{n_2}} U_{\frac{\alpha}{2}}\right]$	$\mathcal{X}_0 = \left\{0 < \bar{x} - \bar{y} - \sqrt{\frac{\sigma_1^2}{n_1} + \frac{\sigma_2^2}{n_2}} U_{\frac{\alpha}{2}}\right\}$ $\cup \left\{\bar{x} - \bar{y} + \sqrt{\frac{\sigma_1^2}{n_1} + \frac{\sigma_2^2}{n_2}} U_{\frac{\alpha}{2}} < 0\right\}$
$\mu_1 \leqslant \mu_2$	$\left[\bar{x} - \bar{y} - \sqrt{\frac{\sigma_1^2}{n_1} + \frac{\sigma_2^2}{n_2}} U_\alpha, +\infty\right)$	$\mathcal{X}_0 = \left\{0 < \bar{x} - \bar{y} - \sqrt{\frac{\sigma_1^2}{n_1} + \frac{\sigma_2^2}{n_2}} U_\alpha\right\}$
$\mu_1 \geqslant \mu_2$	$\left(-\infty, \bar{x} - \bar{y} + \sqrt{\frac{\sigma_1^2}{n_1} + \frac{\sigma_2^2}{n_2}} U_\alpha\right]$	$\mathcal{X}_0 = \left\{\bar{x} - \bar{y} + \sqrt{\frac{\sigma_1^2}{n_1} + \frac{\sigma_2^2}{n_2}} U_\alpha < 0\right\}$

例 **8.15.4** 有两种方法可用于制造某种以抗拉强度为重要特征的产品.根据以往的资料得知：第一种方法生产出的产品抗拉强度的标准差为 8 kg,第二种方法的标准差为 10 kg.从两种方法生产的产品中各抽一个随机样本,样本量分别为 $n_1 = 32$, $n_2 = 40$, 测得 $\bar{x} = 50$ kg, $\bar{y} = 44$ kg. 问这两种方法生产出来的产品平均抗拉强度是否有显著差别（$\alpha = 0.05$）?（求解过程可扫描本章二维码查看.）

2）方差未知且相等($\sigma_1^2 = \sigma_2^2 = \sigma^2$)时均值的检验

其通过置信区间来判断该假设检验问题的法则写成如表 8-22 所示的形式.

表 8-22　两个正态总体方差未知且相等时均值的假设检验

原假设 H_0	$\mu_1 - \mu_2$ 的置信区间	拒绝域 $\mathcal{X}_0$
$\mu_1 = \mu_2$	$\left[\bar{x} - \bar{y} - s_w \sqrt{\dfrac{1}{n_1} + \dfrac{1}{n_2}} t_{\frac{\alpha}{2}}(n_1 + n_2 - 2), \right.$ $\left. \bar{x} - \bar{y} + s_w \sqrt{\dfrac{1}{n_1} + \dfrac{1}{n_2}} t_{\frac{\alpha}{2}}(n_1 + n_2 - 2) \right]$	$\mathcal{X}_0 = \left\{ 0 < \bar{x} - \bar{y} - s_w \sqrt{\dfrac{1}{n_1} + \dfrac{1}{n_2}} t_{\frac{\alpha}{2}}(n_1 + n_2 - 2) \right\} \cup \left\{ \bar{x} - \bar{y} + s_w \sqrt{\dfrac{1}{n_1} + \dfrac{1}{n_2}} t_{\frac{\alpha}{2}}(n_1 + n_2 - 2) < 0 \right\}$
$\mu_1 \leqslant \mu_2$	$\left[\bar{x} - \bar{y} - s_w \sqrt{\dfrac{1}{n_1} + \dfrac{1}{n_2}} t_{\alpha}(n_1 + n_2 - 2), +\infty \right)$	$\mathcal{X}_0 = \left\{ 0 < \bar{x} - \bar{y} - s_w \sqrt{\dfrac{1}{n_1} + \dfrac{1}{n_2}} t_{\alpha}(n_1 + n_2 - 2) \right\}$
$\mu_1 \geqslant \mu_2$	$\left(-\infty, \bar{x} - \bar{y} + s_w \sqrt{\dfrac{1}{n_1} + \dfrac{1}{n_2}} t_{\alpha}(n_1 + n_2 - 2) \right]$	$\mathcal{X}_0 = \left\{ \bar{x} - \bar{y} + s_w \sqrt{\dfrac{1}{n_1} + \dfrac{1}{n_2}} t_{\alpha}(n_1 + n_2 - 2) < 0 \right\}$

3）方差未知且不等时均值的检验

其通过置信区间来判断该假设检验问题的法则写成如表 8-23 所示的形式.

表 8-23　两个正态总体方差未知且不等时均值的假设检验

原假设 H_0	$\mu_1 - \mu_2$ 的置信区间	拒绝域 $\mathcal{X}_0$
$\mu_1 = \mu_2$	$\left[\bar{x} - \bar{y} - \sqrt{\dfrac{s_1^2}{n_1} + \dfrac{s_2^2}{n_2}} t_{\frac{\alpha}{2}}(v), \right.$ $\left. \bar{x} - \bar{y} + \sqrt{\dfrac{s_1^2}{n_1} + \dfrac{s_2^2}{n_2}} t_{\frac{\alpha}{2}}(v) \right]$	$\mathcal{X}_0 = \left\{ 0 < \bar{x} - \bar{y} - \sqrt{\dfrac{s_1^2}{n_1} + \dfrac{s_2^2}{n_2}} t_{\frac{\alpha}{2}}(v) \right\} \cup \left\{ \bar{x} - \bar{y} + \sqrt{\dfrac{s_1^2}{n_1} + \dfrac{s_2^2}{n_2}} t_{\frac{\alpha}{2}}(v) < 0 \right\}$

原假设 H_0	$\mu_1 - \mu_2$ 的置信区间	拒绝域 $\mathcal{X}_0$
$\mu_1 \leqslant \mu_2$	$\left[\bar{x} - \bar{y} - \sqrt{\dfrac{s_1^2}{n_1} + \dfrac{s_2^2}{n_2}}\, t_\alpha(v),\ +\infty\right)$	$\mathcal{X}_0 = \left\{0 < \bar{x} - \bar{y} - \sqrt{\dfrac{s_1^2}{n_1} + \dfrac{s_2^2}{n_2}}\, t_\alpha(v)\right\}$
$\mu_1 \geqslant \mu_2$	$\left(-\infty,\ \bar{x} - \bar{y} + \sqrt{\dfrac{s_1^2}{n_1} + \dfrac{s_2^2}{n_2}}\, t_\alpha(v)\right]$	$\mathcal{X}_0 = \left\{\bar{x} - \bar{y} + \sqrt{\dfrac{s_1^2}{n_1} + \dfrac{s_2^2}{n_2}}\, t_\alpha(v) < 0\right\}$

4）方差的检验

其通过置信区间来判断该假设检验问题的法则写成如表 8 - 24 所示的形式.

表 8 - 24　两个正态总体方差的假设检验

原假设 H_0	$\dfrac{\sigma_1^2}{\sigma_2^2}$ 的置信区间	拒绝域 $\mathcal{X}_0$
$\dfrac{\sigma_1^2}{\sigma_2^2} = 1$	$\left[\dfrac{\dfrac{s_1^2}{s_2^2}}{F_{\frac{\alpha}{2}}(n_1 - 1, n_2 - 1)},\ \dfrac{\dfrac{s_1^2}{s_2^2}}{F_{1-\frac{\alpha}{2}}(n_1 - 1, n_2 - 1)}\right]$	$\mathcal{X}_0 = \left\{1 < \dfrac{\dfrac{s_1^2}{s_2^2}}{F_{\frac{\alpha}{2}}(n_1 - 1, n_2 - 1)}\right\}$ $\cup \left\{\dfrac{\dfrac{s_1^2}{s_2^2}}{F_{1-\frac{\alpha}{2}}(n_1 - 1, n_2 - 1)} < 1\right\}$
$\dfrac{\sigma_1^2}{\sigma_2^2} \leqslant 1$	$\left[\dfrac{\dfrac{s_1^2}{s_2^2}}{F_\alpha(n_1 - 1, n_2 - 1)},\ +\infty\right)$	$\mathcal{X}_0 = \left\{1 < \dfrac{\dfrac{s_1^2}{s_2^2}}{F_\alpha(n_1 - 1, n_2 - 1)}\right\}$
$\dfrac{\sigma_1^2}{\sigma_2^2} \geqslant 1$	$\left(0,\ \dfrac{\dfrac{s_1^2}{s_2^2}}{F_{1-\alpha}(n_1 - 1, n_2 - 1)}\right)$	$\mathcal{X}_0 = \left\{\dfrac{\dfrac{s_1^2}{s_2^2}}{F_{1-\alpha}(n_1 - 1, n_2 - 1)} < 1\right\}$

例 8.15.5　为比较甲、乙两种安眠药的疗效,将 20 名患者分成两组,每组 10 人,如服药后延长的睡眠时间分别服从正态分布,其数据如下(单位：h).

甲：5.5,　4.6,　4.4,　3.4,　1.9,　1.6,　1.1,　0.8,　0.1,　-0.1

乙：3.7,　3.4,　2.0,　2.0,　0.8,　0.7,　0,　-0.1,　-0.2,　-1.6

问在显著性水平 $\alpha = 0.05$ 下两种药的疗效有无显著差别.(求解过程可扫描本章二维码查看.)

案例 8.16　多样本方差齐性检验

在进行方差分析时要求所对比的各组(即各样本)的总体方差必须是相等的,这一般需要在做方差分析之前先对资料的方差齐性进行检验,特别是在样本方差相差悬殊时,应注意这个问题.下面介绍多样本(也适用于两样本)方差比较的 Hartley 检验、Bartlett 检验和 Levene 检验.值得指出的是:Hartley 检验、Bartlett 检验法要求资料具有正态性;而 Levene 检验法在用于对多总体方差进行齐化检验时,所分析的资料可不具有正态性. Hartley 检验仅适用于样本容量相等的场合;Bartley 检验可用于样本容量相等或不等的场合,但是每个样本量不低于 5;修正的 Bartley 检验在样本容量较小或较大、相等或不等场合均可使用.

1. Hartley 检验

假设检验　　$H_0: \sigma_1^2 = \sigma_2^2 = \cdots = \sigma_k^2 = \sigma^2 \leftrightarrow H_1$:各总体方差不全相等

当各水平下试验重复次数相等时,即 $n_1 = n_2 = \cdots = n_k = n$,Hartley 提出检验方差相等的检验统计量

$$H = \frac{\max\{S_1^2,\ S_2^2,\ \cdots,\ S_k^2\}}{\min\{S_1^2,\ S_2^2,\ \cdots,\ S_k^2\}}$$

它是 k 个样本方差的最大值与最小值之比.这个统计量的分布尚无明显的表达式,但在诸方差相等条件下,可通过随机模拟方法获得 H 分布的分位数,该分布依赖于水平数 k 和样本方差的自由度 $n-1$.

直观上看,当 H_0 成立,即诸方差相等($\sigma_1^2 = \sigma_2^2 = \cdots = \sigma_k^2$)时,$H$ 的值应接近于 1.当 H 的值较大时,诸方差间的差异就大,H 愈大,诸方差间的差异就愈大,这时应拒绝 H_0.

2. Bartlett 检验

设在 k 个正态总体中,分别独立地随机抽取 k 个样本,记各样本容量为 n_i,样本方差为 $S_i^2 (i=1,\ 2,\ \cdots,\ k)$,假设检验为

$$H_0: \sigma_1^2 = \sigma_2^2 = \cdots = \sigma_k^2 = \sigma^2 \leftrightarrow H_1 \text{:各总体方差不全相等}$$

在 H_0 成立的条件下,Bartlett 检验统计量为

$$\chi^2 = \frac{\sum_{i=1}^{k} (n_i - 1) \ln \frac{S_c^2}{S_i^2}}{1 + \frac{1}{3(k-1)} \left\{ \sum_{i=1}^{k} (n_i - 1)^{-1} - \left[\sum_{i=1}^{k} (n_i - 1) \right]^{-1} \right\}} \sim \chi^2(k-1)$$

式中,合并方差 $S_c^2 = \dfrac{\sum\limits_{i=1}^{k}(n_i-1)S_i^2}{\sum\limits_{i=1}^{k}(n_i-1)}$.

给定置信水平 $1-\alpha$,若 $\chi^2 \leqslant \chi_\alpha^2(k-1)$,则不拒绝 H_0;若 $\chi^2 > \chi_\alpha^2(k-1)$,则拒绝 H_0,接受 H_1.

例8.16.1 某医生为了研究一种降血脂新药的临床疗效,按统一纳入标准选择 120 名高血脂患者,按照完全随机化方法将患者等分为 4 组,进行双盲试验.6 周后测得低密度脂蛋白作为试验结果,如表 8-25 所示.

表 8-25　4 个处理组低密度脂蛋白测量值

分　组	测量值/(mmol/L)	统　计　量			
		n	$\bar{x}_i$	$\sum x_i$	$\sum x_i^2$
安慰剂组	3.53, 4.59, 4.34, 2.66, 3.59, 3.13, 2.64, 2.56, 3.50, 3.25, 3.30, 4.04, 3.53, 3.56, 3.85, 4.07, 3.52, 3.93, 4.19, 2.96, 1.37, 3.93, 2.33, 2.98, 4.00, 3.55, 2.96, 4.30, 4.16, 2.59	30	3.43	102.91	367.85

降血脂新药	测量值/(mmol/L)	统　计　量			
		n	$\bar{x}_i$	$\sum x_i$	$\sum x_i^2$
2.4 g 组	2.42, 3.36, 4.32, 2.34, 2.68, 2.95, 1.56, 3.11, 1.81, 1.77, 1.98, 2.63, 2.86, 2.93, 2.17, 2.72, 2.65, 2.22, 2.90, 2.97, 2.36, 2.56, 2.52, 2.27, 2.98, 3.72, 2.80, 3.57, 4.02, 2.31	30	2.72	81.46	233.00
4.8 g 组	2.86, 2.28, 2.39, 2.28, 2.48, 2.28, 3.21, 2.23, 2.32, 2.68, 2.66, 2.32, 2.61, 3.64, 2.58, 3.65, 2.66, 3.68, 2.65, 3.02, 3.48, 2.42, 2.41, 2.66, 3.29, 2.70, 3.04, 2.81, 1.97, 1.68	30	2.70	80.94	225.54
7.2 g 组	0.89, 1.06, 1.08, 1.27, 1.63, 1.89, 1.19, 2.17, 2.28, 1.72, 1.98, 1.74, 2.16, 3.37, 2.97, 1.69, 0.94, 2.11, 2.81, 2.52, 1.31, 2.51, 1.88, 1.41, 3.19, 1.92, 2.47, 1.02, 2.10, 3.71	30	1.97	58.99	132.13

试分析各处理组的低密度脂蛋白值是否满足方差齐性 ($\alpha = 0.1$).(求解过程可扫描本章二维码查看.)

3. 修正的 Bartlett 检验

针对样本容量低于 5 时不能使用 Bartlett 检验的缺点,Box 提出修正的 Bartlett 检验统计量

$$B' = \frac{f_2 BC}{f_1 (A - BC)}$$

式中

$$B = \frac{\sum\limits_{i=1}^{k} (n_i - 1) \ln \dfrac{S_c^2}{S_i^2}}{1 + \dfrac{1}{3(k-1)} \left\{ \sum\limits_{i=1}^{k} (n_i - 1)^{-1} - \left[\sum\limits_{i=1}^{k} (n_i - 1) \right]^{-1} \right\}}$$

$$C = 1 + \frac{1}{3(k-1)} \left(\sum_{i=1}^{k} \frac{1}{n_i - 1} - \frac{1}{N-k} \right)$$

$$N = \sum_{i=1}^{k} n_i, \quad f_1 = k-1, \quad f_2 = \frac{k+1}{(C-1)^2}, \quad A = \frac{f_2}{2 - C + \dfrac{2}{f_2}}$$

在原假设 $H_0: \sigma_1^2 = \sigma_2^2 = \cdots = \sigma_k^2$ 成立的条件下,Box 证明了统计量 B' 的近似分布是 $F(f_1, f_2)$,对给定的显著性水平 α,该检验的拒绝域为 $\{B' \geqslant F_\alpha(f_1, f_2)\}$. 若 f_2 的值不是整数,可通过对 F 分布的分位数采用内插法得到近似分位数.

4. Levene 检验

与 Bartlett 检验法比较,Levene 检验法在用于对多总体方差进行齐化检验时,所分析的资料可不具有正态性.设从 k 个总体独立随机抽取的 k 个样本,记第 i 个样本容量为 n_i,其第 j 个观察值为 x_{ij},均值为 $\bar{x}_i (i=1, 2, \cdots, k)$,假设检验为 $(\alpha = 0.10)$

$$H_0: \sigma_1^2 = \sigma_2^2 = \cdots = \sigma_k^2 = \sigma^2 \leftrightarrow H_1: \text{各总体方差不全相等}$$

在 H_0 成立的条件下,Levene 检验统计量为

$$F = \frac{\left(\sum\limits_{i=1}^{k} n_i - k \right) \sum\limits_{i=1}^{k} n_i (\bar{z}_i - \bar{z})^2}{(k-1) \sum\limits_{i=1}^{k} \sum\limits_{j=1}^{n_i} (z_{ij} - \bar{z}_i)^2} \sim F\left(k-1, \sum_{i=1}^{k} n_i - k\right)$$

z_{ij} 可根据资料选择下列三种计算方法.

(1) $z_{ij} = |x_{ij} - \bar{x}_i|$ $(i=1, 2, \cdots, k, j=1, 2, \cdots, n_i)$.

(2) $z_{ij} = |x_{ij} - M_{d_i}|$,式中,$M_{d_i}$ 为第 i 个样本的中位数 $(i=1, 2, \cdots, k, j=1, 2, \cdots, n_i)$.

(3) $z_{ij} = |x_{ij} - \bar{x}_i'|$,式中,$\bar{x}_i'$ 为第 i 个样本截除样本容量 10% 后的均数 $(i=1, 2, \cdots, k, j=1, 2, \cdots, n_i)$.

按 $\alpha = 0.1$,查 $F_{0.1}\left(k-1, \sum\limits_{i=1}^{k} n_i - k\right)$,若 $F < F_{0.1}\left(k-1, \sum\limits_{i=1}^{k} n_i - k\right)$,则 $P > 0.1$,不拒绝 H_0;若 $F \geqslant F_{0.1}\left(k-1, \sum\limits_{i=1}^{k} n_i - k\right)$,则 $P \leqslant 0.1$,拒绝 H_0,接受 H_1.

Levene 检验的计算量较大,一般都借助统计软件来完成.

案例 8.17　正态分布的拟合检验

正态分布的拟合优度检验除了皮尔逊 χ^2 检验、柯尔莫哥洛夫检验之外,专门针对正态分布的分布检验还有图检验、偏峰度检验、Shapiro - Wilk 检验、Epps - Pulley 检验等.

1. 图检验

在正态概率纸上画出观测值的累积分布函数.这种概率纸的纵坐标轴的刻度是非线性的,它是按标准正态分布函数的值刻画的,对具体数据则标出其累积相对频率的值;横坐标轴刻度是线性的,顺序标出 X 的值.正态变量 X 的观测值的累积分布函数在正态概率纸上应近似为一条直线.

如果在正态概率纸上所绘制的点散布在一条直线附近,则它对样本来自正态分布提供了一个粗略的支持.而当点的散布对直线出现系统偏差时,该图还可以提示一种可供考虑的分布模型.

图形方法的重要性在于它容易提供对正态分布偏离的视觉信息.必须注意,图检验并不是严格意义上的正态检验方法,因此,图检验要与其他检验方法联合使用.

图检验首先把观测值从小到大顺序排列为 $(x_{(1)}, x_{(2)}, \cdots, x_{(n)})$,然后在正态概率纸上对应 $x_{(k)}$ 的坐标为 $P_k = \dfrac{k - \dfrac{3}{8}}{n + \dfrac{1}{4}}$,$P_k = \dfrac{k - 0.5}{n}$ 或 $P_k = \dfrac{k}{n + 1}$.

应该注意,两端的观测值比中段的观测值有较大的离差,并且累积相对频率的标度尺往两个端点的方向会变宽.因此,当累积分布的两端有个别值明显偏离由中段值所确定的直线时,不能简单地认为这是偏离正态分布的标志.当然,样本量越大,从图形获得的结论就越可靠.如果在观测值的累积分布函数的图形中,较大的值明显地落在由其他值确定的直线的下方,即 $y = \lg x$ 或 $y = \sqrt{x}$ 等变换会使图形更符合直线.

　　例 8.17.1　对某种高温合金钢的 15 个试样在 580℃ 的温度和 15.5 kg/ mm^2 的压力下进行试验,其断裂时间为 t(单位:h),表 8 - 26 给出了由小到大排列的 $x_{(k)}$,$\dfrac{k - \dfrac{3}{8}}{n + \dfrac{1}{4}}$ 及对数变化下的值 $\lg(10x_{(k)})$($k = 1, 2, \cdots, 15$),试用正态概率纸法分析高温合金钢的寿命分布.(求解过程可扫描本章二维码查看.)

表 8 - 26 断裂时间表

k	$\dfrac{k-\dfrac{3}{8}}{n+\dfrac{1}{4}}$	$x_{(k)}$	$\lg(10x_{(k)})$
1	0.041	0.200	0.301
2	0.107	0.330	0.519
3	0.172	0.445	0.648
4	0.238	0.490	0.690
5	0.303	0.780	0.892
6	0.369	0.920	0.964
7	0.434	0.950	0.978
8	0.500	0.970	0.997
9	0.566	1.040	1.017
10	0.631	1.710	1.233
11	0.697	2.220	1.346
12	0.762	2.275	1.357
13	0.828	3.650	1.562
14	0.893	7.000	1.845
15	0.959	8.800	1.944

2. 有方向检验(偏峰度检验,适用于样本量 $n \geqslant 8$)

正态分布的检验根据备择假设的不同可分为两种.当在备择假设中指定对正态分布偏离的形式时,检验称为有方向检验;当在备择假设中未指定对正态分布偏离的形式时,检验称为无方向检验.

有方向检验基于以下事实:正态分布的偏度为 0,峰度为 0.如果样本所代表的分布偏度不等于 0,就不是正态分布;峰度不等于 0,也不是正态分布.因此,可以通过样本偏度和峰度是否接近 0 来判断数据是否服从正态分布.

记 v_3 为三阶中心距, v_4 为四阶中心距, σ^2 为方差.偏度与峰度分别为

$$\beta_1 = \frac{v_3}{\sigma^3}, \quad \beta_2 = \frac{v_4}{\sigma^4} - 3$$

偏度指描述分布密度函数的对称程度,分布密度越对称,偏度越小.而峰度指描述分布密度函数的陡峭程度,分布密度越陡峭,峰度越大.

仅当有与真实分布与正态分布存在差别的特定信息时,使用有方向检验才是恰当的.这样的信息可能来自数据的物理特征或者可能影响数据产生过程的各类干扰.例如,变量是非负的,其均值与标准差相比更接近于零,可能是有正偏度的一种物理原因.类似地,数据产生过程中受到干扰,使它与相同均值不同方差的正态分布混合时,会得到一个 $\beta_2 > 0$ 的非正态分布.

总体的分布函数为 $F(x)$,抽取容量为 n 的样本 x_1,x_2,$\cdots$,x_n,则可由样本矩得到总体偏度和峰度的估计.样本均值 $\bar{x} = \dfrac{1}{n} \sum\limits_{i=1}^{n} x_i$,样本二阶中心矩 $s_n^2 = \dfrac{1}{n} \sum\limits_{i=1}^{n} (x_i - \bar{x})^2$,样本三阶中心矩 $b_3 = \dfrac{1}{n} \sum\limits_{i=1}^{n} (x_i - \bar{x})^3$,样本四阶中心矩 $b_4 = \dfrac{1}{n} \sum\limits_{i=1}^{n} (x_i - \bar{x})^4$,将它们代入 β_1,β_2,得 $\hat{\beta}_1 = \dfrac{b_3}{s_n^3}$,$\hat{\beta}_2 = \dfrac{b_4}{s_n^4} - 3$,即为样本的偏度和峰度,看其是否接近 0,然后做出数据是否服从正态分布的判断.具体的判断方法如下.

1)偏度检验

偏度检验要检验原假设 H_0:$\beta_1 = 0$,即原假设认为分布密度是对称的.如果偏度 β_1 估计 $\hat{\beta}_1$ 的绝对值超过它的 $1-\alpha$ 分位数,则在显著性水平 α 下拒绝原假设,而检验估计量 $|\beta_1|$ 的 $1-\alpha$ 分位数可查阅参考文献[31].

2)峰度检验

峰度检验要检验原假设 H_0:$\beta_2 = 0$.如果 $\beta_2 > 0$,则说明峰度过度,这时的备择假设为 H_1:$\beta_2 > 0$,而如果 $\beta_2 < 0$,则说明峰度不足,这时的备择假设为 H_1:$\beta_2 < 0$.

在峰度过度的检验中,备择假设为 H_1:$\beta_2 > 0$.在预先确定的显著性水平 α 下,例如 $\alpha = 0.05$ 或 $\alpha = 0.01$,如果计算所得的 β_2 估计超过样本量 n 对应的检验统计量的 $1-\alpha$ 分位数,则拒绝原假设,认为峰度过度.在峰度不足的检验中,备择假设为 H_1:$\beta_2 < 0$.在预先确定的显著性水平 α 下,例如 $\alpha = 0.05$ 或 $\alpha = 0.01$,如果计算所得的 β_2 估计小于样本量 n 对应的检验统计量的 α 分位数,则拒绝原假设,认为峰度不足.其中,检验统计量 β_2 的临界值可查阅参考文献[31].

例 8.17.2 某样本寿命数观测值(单位:h)为 2,11,11,13,17,18,20,24,27,29,29,29,30,39,44.试计算其偏度和峰度,并初步选择其分布.(求解过程可扫描本章二维码查看.)

3. 无方向检验

当不存在关于正态分布偏离的形式的实质性的信息时,推荐使用无方向检验.下面给出两个无方向检验：Shapiio - Wilk 检验和 Epps - Pulley 检验.在两者之间选择的余地很小.一个经验的规则是，当以往的资料提示备择假设为一个近似对称的低峰分布$\left(\text{如 } \beta_1 < \dfrac{1}{2} \text{ 和}\right.$

$\left.\beta_2 < 0\right)$或非对称分布$\left(\text{如 } |\beta_1| > \dfrac{1}{2}\right)$时，选用 Shapiio - Wilk 检验；否则，选用 Epps - Pulley 检验.

1）Shapio - Wilk 检验

这个检验在$8 \leqslant n \leqslant 50$时可以使用.Shapiio - Wilk 检验是基于次序统计量对它们期望值的回归，它是一个完全样本的方差分析形式的检验.检验统计量为样本次序统计量线性组合的平方与通常的方差估计量的比值.

这个检验是建立在次序观测值的基础上的，具体检验步骤如下.

（1）将样本从小到大排列为次序统计量

$$x_{(1)} \leqslant x_{(2)} \leqslant \cdots \leqslant x_{(n)}$$

（2）查表得对应 n 值的 $\alpha_{k,n}$ 值$(k = 1, 2, \cdots, l)$

$$l = \begin{cases} \dfrac{n}{2}, & n \text{ 为偶数} \\ \dfrac{n-1}{2}, & n \text{ 为奇数} \end{cases}$$

（3）计算检验统计量 $\quad Z = \dfrac{\left[\displaystyle\sum_{k=1}^{l} \alpha_{k,n}(x_{(n+1-k)} - x_{(k)})\right]^2}{\displaystyle\sum_{k=1}^{n}(x_{(k)} - \bar{x})^2}$

（4）根据显著性水平 α 和 n，查表得 Z 的临界值 Z_α.

（5）做出判断：若 $Z \leqslant Z_\alpha$，拒绝 H_0；否则，接受 H_0.

例 8.17.3 某种材料的抗拉强度为 X，通过测量得到样本量 $n = 10$ 的一组数据：25.00，21.32，25.09，23.79，20.92，25.53，24.50，23.58，23.62，26.38.问能否认为抗拉强度服从正态分布？（求解过程可扫描本章二维码查看.）

2）Epps - Pulley 检验

这个检验适用于样本量 $n \geqslant 8$ 的情形.Epps - Pulley 检验利用样本的特征函数与正态分布的特征函数的差的模的平方产生的一个加权积分，属于积分型检验.

设通过观测得到的 n 个观测值 $x_j(j = 1, 2, \cdots, n)$

$$\bar{x} = \frac{1}{n}\sum_{j=1}^{n} x_j, \quad s_n^2 = \frac{1}{n}\sum_{j=1}^{n}(x_j - \bar{x})^2$$

检验统计量选择为

$$T_{EP} = 1 + \frac{n}{\sqrt{3}} + \frac{2}{n} \sum_{k=2}^{n} \sum_{j=1}^{k-1} \exp\left[-\frac{(x_j - x_k)^2}{2s_n^2}\right] - \sqrt{2} \sum_{j=1}^{n} \exp\left[-\frac{(x_j - \bar{x})^2}{4s_n^2}\right]$$

如果计算出的检验统计量 T_{EP} 的值大于给定显著性水平 α 和样本量 n 所确定的 $1-\alpha$ 分位数,则拒绝原假设,判定数据不服从正态分布;否则,不拒绝原假设,认为数据服从正态分布.这里,观测值的顺序是随意的(不一定是非降的),但应特别注意在整个计算中选定的顺序必须保持不变,而检验统计量 T_{EP} 的临界值可查阅参考文献[31].

例 8.17.4 如表 8-27 所示为某种人造丝纱线的断裂强度的 25 个值,它们是在标准环境下采用适当单位得到的观测值.另外,给出了变换后的值 $z_j = \lg(204 - x_j)$,在正态概率纸上这些值看起来散布在一条直线附近.

表 8-27 人造丝纱线的断裂强度

测量值 x_j	变换值 z_j	测量值 x_j	变换值 z_j
147	1.756	99	2.021
186	1.255	156	1.681
141	1.799	176	1.447
183	1.322	160	1.643
190	1.146	174	1.477
123	1.908	153	1.208
155	1.690	162	1.623
164	1.602	167	1.568
183	1.322	179	1.398
150	1.732	78	2.100
134	1.846	173	1.491
170	1.531	168	1.556
144	1.778	—	—

首先,检验断裂强度是否服从正态分布.计算检验统计量 $T_{EP} = 0.612$,查表 $n = 25$,$1-\alpha = 0.99$ 对应的 $1-\alpha$ 分位数等于 0.567. 可见,计算得到的 T_{EP} 大于临界值,因此,在显著性水平 0.01 下,拒绝原假设,即认为断裂强度不服从正态分布.其次,检验断裂强度的对数变换 Z 是否服从正态分布.计算检验统计量 $T_{EP} = 0.006$,显然,这个值小于临界值,因此,可

以认为这些 Z_j 服从正态分布,即人造丝纱线断裂强度服从于正态分布.

案例 8.18 位置-刻度参数族分布的似然比检验

关于分布的拟合检验,通常的做法是对所希望的分布先做出假设,然后应用 χ^2 检验或柯尔莫哥洛夫检验方法.但也经常会遇到如下场合,即希望在某两个指定的分布模型中选择一个模型.例如在寿命试验中,希望在对数正态分布和威布尔分布中选择一个.此类问题在用 χ^2 检验或柯尔莫哥洛夫检验时,结果都不拒绝原假设.这样就需要在不拒绝的几个寿命分布中进行选择.针对要区分两个具有未知位置参数和刻度参数的分布,似然比检验方法是行之有效的.

1. 似然比检验方法

设 $X_1, X_2, \cdots, X_n$ 为来自总体密度函数 $f_0(x)$ 或密度函数 $f_1(x)$ 的一个简单随机样本,$X_{(1)}, X_{(2)}, \cdots, X_{(n)}$ 为次序统计量,而 $x_1, x_2, \cdots, x_n$ 为样本观察值,$x_{(1)}, x_{(2)}, \cdots,$ $x_{(n)}$ 为次序观察值.

记 $f_0(x) = f_0(x; \mu_0, \sigma_0) = \dfrac{1}{\sigma_0} g_0 \left(\dfrac{x - \mu_0}{\sigma_0} \right), \quad -\infty < \mu_0 < +\infty, \sigma_0 > 0$

$$f_1(x) = f_1(x; \mu_1, \sigma_1) = \dfrac{1}{\sigma_1} g_1 \left(\dfrac{x - \mu_1}{\sigma_1} \right), \quad -\infty < \mu_1 < +\infty, \sigma_1 > 0$$

下面建立一个检验方法,来区分样本是来自总体分布 $f_0(x)$ 还是 $f_1(x)$.为此建立如下假设.

原假设 H_0:总体分布为 $f_0(x; \mu_0, \sigma_0) = \dfrac{1}{\sigma_0} g_0 \left(\dfrac{x - \mu_0}{\sigma_0} \right)$

备择假设 H_1:总体分布为 $f_1(x; \mu_1, \sigma_1) = \dfrac{1}{\sigma_1} g_1 \left(\dfrac{x - \mu_1}{\sigma_1} \right)$

建立似然比 RML 为

$$\text{RML} = \frac{\max\limits_{\mu_1, \sigma_1} \prod\limits_{i=1}^{n} f_1(x; \mu_1, \sigma_1)}{\max\limits_{\mu_0, \sigma_0} \prod\limits_{i=1}^{n} f_0(x; \mu_0, \sigma_0)} = \frac{\prod\limits_{i=1}^{n} f_1(x; \hat{\mu}_1, \hat{\sigma}_1)}{\prod\limits_{i=1}^{n} f_0(x; \hat{\mu}_0, \hat{\sigma}_0)}$$

式中,$\hat{\mu}_0, \hat{\sigma}_0, \hat{\mu}_1, \hat{\sigma}_1$ 分别为参数 $\mu_0, \sigma_0, \mu_1, \sigma_1$ 的极大似然估计.

可以证明在 H_0 成立的条件下,RML 的分布与位置参数和刻度参数无关.给定置信水平 $1 - \alpha$,记检验统计量 RML 的上侧 α 分位数为 RML_α,如果检验统计量观察值大于 RML_α,则拒绝原假设 H_0.

2. 区分正态分布与两参数指数分布

1) 原假设 $H_0: X \sim N(\mu_0, \sigma_0^2) \leftrightarrow$ 备择假设 $H_1: X \sim \mathrm{Exp}\left(\mu, \dfrac{1}{\theta}\right)$

易见
$$f_0(x) = \frac{1}{\sqrt{2\pi}\sigma_0} \mathrm{e}^{-\frac{(x-\mu_0)^2}{2\sigma_0^2}}, \quad f_1(x) = \frac{1}{\theta_1} \mathrm{e}^{-\frac{x-\mu_1}{\theta_1}}$$

在原假设 H_0 下，μ_0，σ_0 的极大似然估计为

$$\hat{\mu}_0 = \bar{X} = \frac{1}{n}\sum_{i=1}^{n} X_i, \quad \hat{\sigma}_0^2 = S_n^2 = \frac{1}{n}\sum_{i=1}^{n}(X_i - \bar{X})^2$$

在备择假设 H_1 下，μ_1，θ_1 的极大似然估计为

$$\hat{\mu}_1 = X_{(1)}, \quad \hat{\theta}_1 = \bar{X} - X_{(1)}$$

$$\mathrm{RML} = \frac{\displaystyle\prod_{i=1}^{n} \frac{1}{\hat{\theta}_1} \mathrm{e}^{-\frac{x_i - \hat{\mu}_1}{\hat{\theta}_1}}}{\displaystyle\prod_{i=1}^{n} \frac{1}{\sqrt{2\pi}\hat{\sigma}_0} \mathrm{e}^{-\frac{(x_i - \hat{\mu}_0)^2}{2\hat{\sigma}_0^2}}} = (2\pi)^{\frac{n}{2}} \mathrm{e}^{-\frac{n}{2}} \left(\frac{\hat{\sigma}_0}{\hat{\theta}_1}\right)^n = (2\pi)^{\frac{n}{2}} \mathrm{e}^{-\frac{n}{2}} \left[\frac{\sqrt{n\displaystyle\sum_{i=1}^{n}(X_i - \bar{X})^2}}{\displaystyle\sum_{i=1}^{n} X_i - n X_{(1)}}\right]^n$$

记 $D = \dfrac{\hat{\sigma}_0}{\hat{\theta}_1} = \dfrac{\sqrt{n\displaystyle\sum_{i=1}^{n}(X_i - \bar{X})^2}}{\displaystyle\sum_{i=1}^{n} X_i - n X_{(1)}}$，用 D 作为检验统计量，给定置信水平 $1-\alpha$，检验统

计量 D 的上侧 α 分位数记为 D_α，若 D 的观察值 d 大于 D_α，则拒绝原假设 H_0.

给定样本容量 $n = 5(1)50$，显著性水平 $\alpha = 0.001, 0.005, 0.01, 0.025, 0.05, 0.10$，通过 10 000 次蒙特卡洛模拟得到检验统计量 D 的上侧 α 分位数 D_α，如表 8-28 所示.

表 8-28　区分正态分布与两参数指数分布的检验统计量的上侧 α 分位数

n	α											
	$H_0: X \sim N(\mu, \sigma^2)$						$H_0: X \sim \mathrm{Exp}\left(\mu, \dfrac{1}{\theta}\right)$					
	0.10	0.05	0.025	0.01	0.005	0.001	0.10	0.05	0.025	0.01	0.005	0.001
5	0.999 3	1.100 3	1.194 3	1.335 3	1.411 7	1.562 6	1.495 9	1.639 3	1.746 5	1.852 5	1.907 2	1.968 9
6	0.949 9	1.037 3	1.135 3	1.252 1	1.331 8	1.479 5	1.472 0	1.608 2	1.718 8	1.883 8	1.971 8	2.080 8
7	0.903 3	0.988 9	1.067 2	1.165 0	1.239 6	1.428 7	1.461 2	1.590 5	1.715 8	1.858 2	1.953 4	2.187 7
8	0.864 4	0.939 9	1.018 4	1.107 0	1.180 9	1.330 0	1.449 0	1.578 2	1.693 6	1.840 4	1.948 8	2.110 7

续 表

n	α											
	$H_0: X \sim N(\mu, \sigma^2)$						$H_0: X \sim \text{Exp}\left(\mu, \dfrac{1}{\theta}\right)$					
	0.10	0.05	0.025	0.01	0.005	0.001	0.10	0.05	0.025	0.01	0.005	0.001
9	0.835 3	0.903 0	0.967 6	1.041 7	1.108 6	1.227 8	1.410 6	1.539 2	1.646 9	1.797 3	1.888 5	2.092 1
10	0.810 6	0.878 8	0.934 8	1.016 1	1.080 4	1.222 5	1.405 7	1.526 9	1.634 2	1.761 1	1.863 8	2.088 7
11	0.783 1	0.841 7	0.898 0	0.969 4	1.019 0	1.133 3	1.388 5	1.497 6	1.595 4	1.719 4	1.809 6	2.058 7
12	0.768 3	0.825 9	0.875 9	0.943 9	0.992 4	1.075 3	1.374 5	1.483 9	1.588 0	1.703 2	1.801 4	1.990 4
13	0.748 9	0.807 1	0.864 3	0.928 5	0.977 7	1.053 0	1.366 2	1.468 8	1.560 8	1.682 7	1.774 9	1.975 5
14	0.735 5	0.787 9	0.838 0	0.901 1	0.940 4	1.034 0	1.352 9	1.451 3	1.548 8	1.665 1	1.755 4	1.927 5
15	0.723 2	0.772 2	0.821 3	0.878 7	0.920 0	1.006 0	1.343 1	1.441 6	1.526 5	1.627 0	1.714 2	1.905 9
16	0.707 8	0.760 2	0.808 3	0.865 2	0.906 6	1.018 5	1.334 0	1.424 2	1.511 3	1.624 8	1.698 1	1.892 6
17	0.695 8	0.745 8	0.793 5	0.853 7	0.886 9	0.951 5	1.316 4	1.414 5	1.500 8	1.597 5	1.673 9	1.840 4
18	0.689 0	0.736 7	0.779 5	0.836 7	0.876 8	0.942 5	1.314 2	1.408 1	1.491 8	1.587 1	1.669 1	1.840 3
19	0.679 1	0.726 3	0.770 9	0.827 3	0.863 7	0.938 3	1.312 9	1.400 9	1.486 4	1.583 7	1.652 7	1.833 3
20	0.666 6	0.711 2	0.754 3	0.795 7	0.826 5	0.911 6	1.303 7	1.387 6	1.466 1	1.555 7	1.624 9	1.771 7
21	0.660 2	0.704 5	0.746 3	0.794 3	0.825 6	0.887 5	1.290 8	1.370 5	1.445 0	1.549 9	1.617 6	1.726 4
22	0.655 2	0.697 0	0.736 6	0.775 1	0.816 3	0.884 3	1.283 8	1.362 6	1.433 1	1.530 8	1.582 0	1.7 000
23	0.648 2	0.689 4	0.722 8	0.771 5	0.808 2	0.882 9	1.279 1	1.352 5	1.426 0	1.508 6	1.565 9	1.687 0
24	0.641 6	0.680 2	0.717 9	0.760 3	0.792 0	0.862 9	1.275 0	1.345 9	1.421 2	1.5 000	1.555 5	1.682 4
25	0.631 1	0.671 5	0.705 7	0.756 2	0.784 2	0.860 3	1.267 9	1.343 2	1.408 9	1.492 3	1.551 3	1.673 0
26	0.625 6	0.663 9	0.700 6	0.743 7	0.775 0	0.843 0	1.266 8	1.342 3	1.407 6	1.481 3	1.544 9	1.663 7
27	0.622 2	0.661 7	0.694 7	0.737 8	0.763 9	0.833 5	1.255 9	1.331 5	1.394 1	1.474 1	1.520 4	1.639 5
28	0.616 9	0.658 3	0.692 1	0.732 3	0.763 4	0.817 7	1.250 7	1.319 8	1.383 2	1.457 7	1.501 1	1.625 2
29	0.616 4	0.652 7	0.685 5	0.724 4	0.753 7	0.809 6	1.246 1	1.310 8	1.377 0	1.444 7	1.490 4	1.596 6
30	0.607 3	0.645 0	0.681 0	0.719 4	0.748 3	0.806 2	1.245 8	1.314 0	1.373 8	1.442 7	1.486 7	1.589 0
31	0.604 5	0.640 1	0.673 8	0.711 8	0.741 4	0.785 7	1.241 1	1.308 8	1.368 1	1.442 8	1.492 7	1.594 5
32	0.598 4	0.637 1	0.665 9	0.699 9	0.734 0	0.786 8	1.236 5	1.303 6	1.364 1	1.445 4	1.479 3	1.594 7

续　表

n	$H_0: X \sim N(\mu, \sigma^2)$						$H_0: X \sim \mathrm{Exp}\left(\mu, \dfrac{1}{\theta}\right)$					
	0.10	0.05	0.025	0.01	0.005	0.001	0.10	0.05	0.025	0.01	0.005	0.001
33	0.593 4	0.629 2	0.662 8	0.697 9	0.725 4	0.777 0	1.234 1	1.301 1	1.360 5	1.424 6	1.485 3	1.561 7
34	0.592 0	0.627 3	0.658 8	0.693 6	0.719 3	0.775 4	1.231 6	1.295 8	1.357 6	1.425 0	1.473 3	1.561 6
35	0.588 4	0.622 1	0.649 3	0.687 4	0.712 3	0.771 0	1.228 9	1.290 9	1.346 8	1.415 9	1.458 6	1.566 0
36	0.584 0	0.618 4	0.647 2	0.685 7	0.703 8	0.762 0	1.224 1	1.283 9	1.337 8	1.411 1	1.446 8	1.543 7
37	0.582 2	0.615 4	0.644 3	0.679 7	0.703 6	0.758 4	1.220 2	1.277 5	1.333 2	1.402 8	1.440 4	1.526 5
38	0.578 3	0.611 1	0.638 5	0.672 1	0.699 1	0.750 6	1.225 2	1.285 2	1.337 0	1.392 1	1.431 5	1.513 6
39	0.574 2	0.605 5	0.636 0	0.669 6	0.698 1	0.748 0	1.216 4	1.273 7	1.325 9	1.397 2	1.442 3	1.520 7
40	0.573 0	0.604 7	0.634 5	0.667 1	0.688 6	0.734 0	1.215 2	1.274 6	1.324 5	1.381 0	1.428 5	1.514 2
41	0.565 2	0.599 3	0.628 1	0.662 4	0.683 3	0.726 8	1.209 8	1.267 5	1.326 1	1.383 6	1.436 0	1.527 2
42	0.563 7	0.595 5	0.625 6	0.659 6	0.678 7	0.718 8	1.202 1	1.261 1	1.316 1	1.381 3	1.417 4	1.499 1
43	0.562 7	0.594 8	0.620 5	0.655 7	0.675 5	0.718 4	1.205 6	1.265 3	1.314 6	1.370 2	1.403 0	1.477 9
44	0.559 9	0.591 3	0.619 7	0.648 7	0.673 9	0.710 2	1.205 1	1.261 0	1.311 5	1.366 3	1.403 2	1.486 1
45	0.556 7	0.587 0	0.610 8	0.642 2	0.661 8	0.707 6	1.203 4	1.253 2	1.297 4	1.355 0	1.405 2	1.502 3
46	0.553 2	0.583 4	0.610 5	0.639 9	0.657 6	0.704 6	1.195 6	1.250 1	1.301 5	1.356 8	1.399 3	1.503 1
47	0.549 7	0.578 2	0.604 9	0.634 1	0.655 8	0.700 3	1.193 7	1.251 9	1.304 1	1.361 3	1.406 3	1.494 6
48	0.548 7	0.577 7	0.602 5	0.631 8	0.655 6	0.697 7	1.202 5	1.253 5	1.296 9	1.358 8	1.392 7	1.482 1
49	0.546 5	0.575 8	0.599 7	0.625 2	0.651 7	0.696 8	1.190 3	1.247 1	1.291 7	1.346 5	1.390 5	1.476 6
50	0.545 5	0.572 6	0.597 0	0.623 8	0.645 4	0.692 2	1.190 6	1.242 7	1.288 8	1.349 4	1.386 2	1.466 7

2) 原假设 $H_0: X \sim \mathrm{Exp}\left(\mu_0, \dfrac{1}{\theta_0}\right) \leftrightarrow$ 备择假设 $H_1: X \sim N(\mu_1, \sigma_1^2)$

类似地

$$\mathrm{RML} = \frac{\prod\limits_{i=1}^{n} \dfrac{1}{\sqrt{2\pi}\hat{\sigma}_1} \mathrm{e}^{-\frac{(x_i - \hat{\mu}_1)^2}{2\hat{\sigma}_1^2}}}{\prod\limits_{i=1}^{n} \dfrac{1}{\hat{\theta}_0} \mathrm{e}^{-\frac{x_i - \hat{\mu}_0}{\hat{\theta}_0}}} = (2\pi)^{-\frac{n}{2}} \mathrm{e}^{\frac{n}{2}} \left(\frac{\hat{\theta}_0}{\hat{\sigma}_1}\right)^n = (2\pi)^{-\frac{n}{2}} \mathrm{e}^{\frac{n}{2}} \left[\frac{\sum\limits_{i=1}^{n} \dot{X}_i - n X_{(1)}}{\sqrt{n \sum\limits_{i=1}^{n} (X_i - \bar{X})^2}}\right]^n$$

$$记\ E = \frac{\hat{\theta}_0}{\hat{\sigma}_1} = \frac{\displaystyle\sum_{i=1}^{n} X_i - n X_{(1)}}{\sqrt{n \displaystyle\sum_{i=1}^{n} (X_i - \bar{X})^2}}，用\ E\ 作为检验统计量，给定置信水平\ 1-\alpha，检验统$$

计量 E 的上侧 α 分位数记为 E_α，若 E 的观察值 e 大于 E_α，则拒绝原假设 H_0.

例 8.18.1 测量 20 个某种产品的强度，得数据：35.15，44.62，40.85，45.32，36.08，38.97，32.48，34.36，38.05，26.84，33.68，42.90，33.57，36.64，33.82，42.26，37.88，38.57，32.05，41.50，试问这批数据是来自正态总体还是两参数指数分布总体？

根据本文方法：给定置信水平 $1-\alpha = 0.95$，若 H_0：$X \sim N(\mu, \sigma^2)$，D 的观察值 $d = 0.441\,0 < D_{0.05} = 0.711\,2$，则不能拒绝原假设 H_0；若 H_0：$X \sim \mathrm{Exp}\left(\mu, \dfrac{1}{\theta}\right)$，$E$ 的观察值 $e = 2.267\,5 > E_{0.05} = 1.387\,6$，则拒绝原假设 H_0. 由此可以认为这批数据来自正态总体.

3. 区分对数正态分布与威布尔分布

1）原假设 H_0：$X \sim LN(\mu_0, \sigma_0^2) \leftrightarrow$ 备择假设 H_1：$X \sim W(m_1, \beta_1)$

易见 $\quad f_0(x) = \dfrac{1}{\sqrt{2\pi}\,\sigma_0 x}\,\mathrm{e}^{-\frac{(\ln x - \mu_0)^2}{2\sigma_0^2}}，\quad f_1(x) = \dfrac{m_1 x^{m_1 - 1}}{\beta_1^{m_1}}\,\mathrm{e}^{-\left(\frac{x}{\beta_1}\right)^{m_1}}$

令 $Y = \ln X$，$y = \ln x$，$Y_i = \ln X_i$，$y_i = \ln x_i (i = 1, 2, \cdots, n)$. 在原假设 H_0 下，μ_0，σ_0 的极大似然估计为

$$\hat{\mu}_0 = \bar{Y}，\quad \hat{\sigma}_0^2 = \frac{1}{n} \sum_{i=1}^{n} (Y_i - \bar{Y})^2$$

在备择假设 H_1 下，m_1 的极大似然估计 $\hat{m}_1$ 为如下方程的根：

$$\frac{\displaystyle\sum_{i=1}^{n} X_i^m \ln X_i}{\displaystyle\sum_{i=1}^{n} X_i^m} - \frac{1}{m} = \frac{1}{n} \sum_{i=1}^{n} \ln X_i = \bar{Y}$$

而参数 β_1 的极大似然估计为 $\quad \hat{\beta}_1 = \left(\dfrac{1}{n} \displaystyle\sum_{i=1}^{n} X_i^{\hat{m}_1}\right)^{\frac{1}{\hat{m}_1}}$

$$\mathrm{RML} = \frac{\displaystyle\prod_{i=1}^{n} f_1(x_i; \hat{m}_1, \hat{\beta}_1)}{\displaystyle\prod_{i=1}^{n} \frac{1}{\sqrt{2\pi}\,\hat{\sigma}_0 x_i}\,\mathrm{e}^{-\frac{(\ln x_i - \hat{\mu}_0)^2}{2\hat{\sigma}_0^2}}} = (2\pi)^{\frac{n}{2}}\,(\hat{\sigma}_0^2)^{\frac{n}{2}}\,\Big(\prod_{i=1}^{n} x_i\Big)\,\mathrm{e}^{\frac{n}{2}} \prod_{i=1}^{n} f_1(x_i; \hat{m}_1, \hat{\beta}_1)$$

$$= (2\pi \mathrm{e} \hat{\sigma}_0^2)^{\frac{n}{2}} \prod_{i=1}^{n} x_i f_1(x_i; \hat{m}_1, \hat{\beta}_1)$$

记 $D=(\text{RML})^{\frac{1}{n}}=(2\pi e\hat{\sigma}_0^2)^{\frac{1}{2}}\left[\prod_{i=1}^{n}x_if_1(x_i;\hat{m}_1,\hat{\beta}_1)\right]^{\frac{1}{n}}$，用 D 作为检验统计量，给定置信水平 $1-\alpha$，检验统计量 D 的上侧 α 分位数记为 D_α，若 D 的观察值 d 大于 D_α，则拒绝原假设 H_0.

给定样本容量 $n=5(1)50$，显著性水平 $\alpha=0.001,0.005,0.01,0.025,0.05,0.10$，通过 10 000 次蒙特卡洛模拟得到检验统计量 D 的上侧 α 分位数 D_α，如表 8-29 所示.

表 8-29　区分对数正态分布与威布尔分布的检验统计量的上侧 α 分位数

n	α											
	$H_0: X \sim LN(\mu,\sigma^2)$						$H_0: X \sim W(m,\beta)$					
	0.10	0.05	0.025	0.01	0.005	0.001	0.10	0.05	0.025	0.01	0.005	0.001
5	1.127 0	1.180 5	1.233 1	1.300 6	1.337 4	1.373 8	1.119 3	1.160 2	1.191 8	1.218 2	1.230 8	1.245 8
6	1.118 3	1.168 0	1.222 1	1.290 3	1.331 3	1.394 1	1.108 8	1.149 7	1.182 1	1.221 6	1.241 8	1.274 4
7	1.110 6	1.160 7	1.205 1	1.269 2	1.326 5	1.418 9	1.103 2	1.144 1	1.179 5	1.215 5	1.244 6	1.288 5
8	1.099 8	1.144 0	1.194 4	1.256 0	1.298 6	1.405 0	1.093 6	1.130 6	1.165 2	1.206 2	1.237 0	1.289 4
9	1.091 6	1.134 3	1.177 0	1.226 3	1.269 0	1.353 3	1.090 2	1.127 8	1.161 6	1.202 3	1.233 2	1.278 8
10	1.087 2	1.132 7	1.176 2	1.229 7	1.263 2	1.354 6	1.082 1	1.121 0	1.151 1	1.189 1	1.216 9	1.286 6
11	1.079 3	1.117 7	1.156 5	1.207 0	1.243 5	1.337 0	1.075 1	1.109 4	1.140 5	1.179 0	1.203 7	1.263 2
12	1.071 1	1.110 0	1.142 6	1.191 0	1.228 1	1.298 1	1.069 3	1.104 3	1.136 2	1.172 0	1.201 8	1.270 9
13	1.066 3	1.103 5	1.140 5	1.183 7	1.213 1	1.262 4	1.065 1	1.096 3	1.126 1	1.168 8	1.187 3	1.241 8
14	1.059 8	1.099 0	1.131 3	1.175 3	1.204 9	1.277 7	1.062 5	1.094 5	1.119 8	1.155 6	1.178 9	1.240 3
15	1.058 6	1.094 9	1.124 9	1.161 8	1.189 0	1.267 1	1.058 8	1.090 9	1.119 2	1.159 8	1.185 3	1.239 6
16	1.055 0	1.088 7	1.116 5	1.154 9	1.186 9	1.247 2	1.052 2	1.082 7	1.110 0	1.139 9	1.172 9	1.227 1
17	1.051 4	1.085 1	1.114 9	1.155 3	1.182 5	1.254 3	1.050 1	1.079 6	1.104 6	1.136 0	1.164 6	1.193 0
18	1.045 8	1.076 9	1.102 5	1.143 5	1.166 5	1.229 0	1.049 7	1.079 2	1.106 7	1.136 1	1.156 5	1.192 9
19	1.043 1	1.072 6	1.102 5	1.134 3	1.169 4	1.254 4	1.045 2	1.074 0	1.099 8	1.128 7	1.151 7	1.193 2
20	1.041 2	1.069 5	1.098 4	1.134 0	1.161 2	1.206 9	1.042 7	1.070 4	1.095 9	1.123 5	1.147 8	1.188 4
21	1.038 3	1.065 6	1.092 3	1.126 3	1.151 9	1.198 9	1.041 7	1.069 1	1.093 0	1.122 8	1.146 8	1.197 3
22	1.035 7	1.065 1	1.088 4	1.123 4	1.144 6	1.212 7	1.038 4	1.066 7	1.089 7	1.118 6	1.139 5	1.177 9
23	1.033 3	1.060 6	1.090 0	1.123 9	1.144 0	1.197 4	1.033 3	1.059 7	1.084 5	1.113 6	1.134 6	1.181 0

n	α											
	$H_0: X \sim LN(\mu, \sigma^2)$						$H_0: X \sim W(m, \beta)$					
	0.10	0.05	0.025	0.01	0.005	0.001	0.10	0.05	0.025	0.01	0.005	0.001
24	1.031 0	1.060 0	1.084 6	1.113 6	1.134 0	1.185 4	1.031 6	1.058 6	1.082 1	1.111 5	1.130 8	1.172 7
25	1.028 7	1.054 9	1.078 5	1.106 5	1.127 4	1.175 2	1.028 4	1.053 0	1.076 7	1.103 5	1.125 7	1.162 5
26	1.026 8	1.054 3	1.078 2	1.108 1	1.126 7	1.172 9	1.028 0	1.053 4	1.077 5	1.109 1	1.126 1	1.155 2
27	1.026 4	1.052 8	1.075 3	1.104 4	1.122 7	1.174 6	1.027 0	1.051 7	1.071 4	1.096 8	1.113 5	1.150 5
28	1.025 4	1.047 5	1.070 7	1.100 5	1.118 0	1.164 2	1.025 5	1.049 7	1.072 1	1.100 0	1.117 1	1.153 9
29	1.022 7	1.047 0	1.070 1	1.104 2	1.123 6	1.154 6	1.025 1	1.050 3	1.071 2	1.097 8	1.113 6	1.147 3
30	1.019 7	1.043 0	1.066 5	1.090 0	1.112 6	1.162 8	1.020 3	1.044 0	1.066 9	1.093 1	1.107 1	1.145 2
31	1.018 1	1.041 0	1.060 8	1.085 7	1.107 4	1.142 9	1.019 9	1.042 4	1.063 5	1.087 9	1.103 2	1.139 7
32	1.016 1	1.039 9	1.061 5	1.088 8	1.110 1	1.147 0	1.020 4	1.043 2	1.061 8	1.088 1	1.107 3	1.142 8
33	1.015 7	1.040 3	1.060 2	1.085 8	1.105 7	1.143 9	1.016 7	1.038 9	1.059 8	1.082 3	1.098 6	1.137 6
34	1.015 1	1.039 5	1.058 5	1.084 5	1.101 9	1.142 5	1.014 5	1.037 3	1.056 7	1.080 5	1.095 0	1.127 9
35	1.012 9	1.033 8	1.053 9	1.078 5	1.096 7	1.139 6	1.012 6	1.035 6	1.056 9	1.078 9	1.094 4	1.132 8
36	1.012 6	1.034 9	1.054 7	1.077 5	1.096 3	1.138 0	1.013 2	1.036 4	1.055 5	1.079 6	1.097 2	1.119 6
37	1.011 9	1.032 5	1.050 1	1.075 4	1.091 0	1.133 1	1.011 8	1.032 6	1.051 3	1.071 3	1.084 3	1.123 9
38	1.010 3	1.031 6	1.049 6	1.073 1	1.089 1	1.127 9	1.011 1	1.032 9	1.051 5	1.073 5	1.090 5	1.127 6
39	1.008 3	1.029 0	1.048 0	1.071 7	1.088 9	1.127 6	1.008 7	1.030 7	1.049 5	1.075 0	1.090 7	1.120 3
40	1.007 6	1.029 7	1.048 6	1.073 3	1.092 1	1.123 2	1.010 1	1.030 5	1.048 9	1.068 0	1.084 8	1.110 2
41	1.006 9	1.028 9	1.045 9	1.066 3	1.082 7	1.117 7	1.007 7	1.028 6	1.046 4	1.068 5	1.083 3	1.119 3
42	1.006 0	1.024 9	1.043 1	1.061 7	1.077 4	1.107 8	1.004 2	1.025 4	1.040 5	1.061 0	1.074 0	1.107 8
43	1.004 4	1.024 1	1.043 8	1.066 4	1.082 1	1.114 4	1.004 5	1.025 4	1.044 3	1.062 7	1.075 7	1.100 8
44	1.004 8	1.024 3	1.041 7	1.061 9	1.073 5	1.108 6	1.004 0	1.025 6	1.043 5	1.062 1	1.078 0	1.110 4
45	1.004 1	1.022 3	1.040 5	1.061 3	1.077 5	1.110 2	1.004 0	1.023 0	1.040 9	1.061 0	1.076 5	1.105 3
46	1.003 5	1.022 0	1.039 1	1.058 1	1.073 9	1.102 7	1.002 1	1.021 7	1.041 1	1.059 2	1.072 8	1.100 1
47	1.002 0	1.020 7	1.037 8	1.058 3	1.071 8	1.098 4	1.001 5	1.021 8	1.039 6	1.058 9	1.073 5	1.095 9

续 表

n	$H_0: X \sim LN(\mu, \sigma^2)$						$H_0: X \sim W(m, \beta)$					
	α											
	0.10	0.05	0.025	0.01	0.005	0.001	0.10	0.05	0.025	0.01	0.005	0.001
48	1.001 4	1.021 1	1.037 0	1.057 9	1.069 7	1.095 6	1.001 2	1.019 7	1.036 3	1.057 7	1.071 6	1.098 8
49	0.998 9	1.018 7	1.035 7	1.054 8	1.068 3	1.102 9	0.997 5	1.016 6	1.034 4	1.056 0	1.067 1	1.089 4
50	0.998 1	1.017 4	1.033 8	1.051 6	1.065 8	1.091 3	0.998 2	1.016 7	1.034 4	1.050 4	1.064 8	1.092 8

2) 原假设 $H_0: X \sim W(m_0, \beta_0) \leftrightarrow$ 备择假设 $H_1: X \sim LN(\mu_1, \sigma_1^2)$

易见
$$f_0(x) = \frac{m_0 x^{m_0-1}}{\beta_0^{m_0}} e^{-\left(\frac{x}{\beta_0}\right)^{m_0}}, \quad f_1(x) = \frac{1}{\sqrt{2\pi}\sigma_1 x} e^{-\frac{(\ln x - \mu_1)^2}{2\sigma_1^2}}$$

令 $Y = \ln X$, $y = \ln x$, $Y_i = \ln X_i$, $y_i = \ln x_i (i=1, 2, \cdots, n)$. 在原假设 H_0 下, m_0 的极大似然估计 $\hat{m}_0$ 为如下方程的根:

$$\frac{\sum_{i=1}^{n} X_i^m \ln X_i}{\sum_{i=1}^{n} X_i^m} - \frac{1}{m} = \frac{1}{n} \sum_{i=1}^{n} \ln X_i = \bar{Y}$$

而参数 β_0 的极大似然估计为
$$\hat{\beta}_0 = \left(\frac{1}{n} \sum_{i=1}^{n} X_i^{\hat{m}_0}\right)^{\frac{1}{\hat{m}_0}}$$

在备择假设 H_1 下, μ_1, σ_1 的极大似然估计为

$$\hat{\mu}_1 = \bar{Y}, \quad \hat{\sigma}_1^2 = \frac{1}{n} \sum_{i=1}^{n} (Y_i - \bar{Y})^2$$

$$\text{RML} = \frac{\prod_{i=1}^{n} \frac{1}{\sqrt{2\pi}\hat{\sigma}_1 x_i} e^{-\frac{(\ln x_i - \hat{\mu}_1)^2}{2\hat{\sigma}_1^2}}}{\prod_{i=1}^{n} f_0(x_i; \hat{m}_0, \hat{\beta}_0)} = (2\pi)^{-\frac{n}{2}} (\hat{\sigma}_1^2)^{-\frac{n}{2}} \left(\prod_{i=1}^{n} x_i^{-1}\right) e^{-\frac{n}{2}} \prod_{i=1}^{n} f_0^{-1}(x_i; \hat{m}_0, \hat{\beta}_0)$$

$$= (2\pi e \hat{\sigma}_1^2)^{-\frac{n}{2}} \left[\prod_{i=1}^{n} x_i f_0(x_i; \hat{m}_0, \hat{\beta}_0)\right]^{-1}$$

记 $E = (\text{RML})^{\frac{1}{n}} = (2\pi e \hat{\sigma}_1^2)^{-\frac{1}{2}} \left[\prod_{i=1}^{n} x_i f_0(x_i; \hat{m}_0, \hat{\beta}_0)\right]^{-\frac{1}{n}}$, 用 E 作为检验统计量, 给定置信水平 $1-\alpha$, 检验统计量 E 的上侧 α 分位数记为 E_α, 若 E 的观察值 e 大于 E_α, 则拒绝原假设 H_0.

给定样本容量 $n = 5(1)50$, 显著性水平 $\alpha = 0.001, 0.005, 0.01, 0.025, 0.05, 0.10$, 通

过 10 000 次蒙特卡洛模拟得到检验统计量 E 的上侧 α 分位数 E_α,如表 8 - 29 所示.

例 8.18.2 判定一批球轴承的使用寿命是威布尔分布还是对数正态分布.从这批球轴承中任取 23 个进行寿命试验,得数据如下(单位:百万转):17.88,28.92,33.00,41.52,42.12,45.60,48.48,51.84,51.96,54.12,55.56,67.80,68.64,68.64,68.88,84.12,93.12,98.64,105.12,105.84,127.92,128.04,173.40.

根据本文方法:给定置信水平 $1-\alpha=0.95$,若 H_0: $X \sim LN(\mu, \sigma^2)$,D 的观察值 $d=0.975\,8 < D_{0.05}=1.060\,6$,其对应 P_1 值约为 $0.320\,3$,则不能拒绝原假设 H_0;若 H_0: $X \sim W(m, \beta)$,E 的观察值 $e=1.024\,8 < E_{0.05}=1.059\,7$,其对应 P_2 值约为 $0.126\,7$,则不能拒绝原假设 H_0.又由于 $P_1 > P_2$,可以认为这批球轴承的使用寿命更有可能来自对数正态分布.

4. 区分正态分布与威布尔分布

1) 原假设 H_0: $X \sim N(\mu_0, \sigma_0^2) \leftrightarrow$ 备择假设 H_1: $X \sim W(m_1, \beta_1)$

易见
$$f_0(x) = \frac{1}{\sqrt{2\pi}\sigma_0} e^{-\frac{(x-\mu_0)^2}{2\sigma_0^2}}, \quad f_1(x) = \frac{m_1 x^{m_1-1}}{\beta_1^{m_1}} e^{-\left(\frac{x}{\beta_1}\right)^{m_1}}$$

在原假设 H_0 下,μ_0,σ_0 的极大似然估计为

$$\hat{\mu}_0 = \bar{X}, \quad \hat{\sigma}_0^2 = \frac{1}{n} \sum_{i=1}^{n} (X_i - \bar{X})^2$$

令 $Y = \ln X$,$y = \ln x$,$Y_i = \ln X_i$,$y_i = \ln x_i (i = 1, 2, \cdots, n)$.在备择假设 H_1 下,m_1 的极大似然估计 $\hat{m}_1$ 为如下方程的根:

$$\frac{\sum_{i=1}^{n} X_i^m \ln X_i}{\sum_{i=1}^{n} X_i^m} - \frac{1}{m} = \frac{1}{n} \sum_{i=1}^{n} \ln X_i = \bar{Y}$$

而参数 β_1 的极大似然估计为 $\quad \hat{\beta}_1 = \left(\frac{1}{n} \sum_{i=1}^{n} X_i^{\hat{m}_1}\right)^{\frac{1}{\hat{m}_1}}$

$$\text{RML} = \frac{\prod_{i=1}^{n} f_1(x_i; \hat{m}_1, \hat{\beta}_1)}{\prod_{i=1}^{n} \frac{1}{\sqrt{2\pi}\hat{\sigma}_0} e^{-\frac{(x_i-\hat{\mu}_0)^2}{2\hat{\sigma}_0^2}}} = (2\pi)^{\frac{n}{2}} (\hat{\sigma}_0^2)^{\frac{n}{2}} e^{\frac{n}{2}} \prod_{i=1}^{n} f_1(x_i; \hat{m}_1, \hat{\beta}_1)$$

$$= (2\pi e \hat{\sigma}_0^2)^{\frac{n}{2}} \prod_{i=1}^{n} f_1(x_i; \hat{m}_1, \hat{\beta}_1)$$

记 $D = (\text{RML})^{\frac{1}{n}} = (2\pi e \hat{\sigma}_0^2)^{\frac{1}{2}} \left[\prod_{i=1}^{n} f_1(x_i; \hat{m}_1, \hat{\beta}_1)\right]^{\frac{1}{n}}$,用 D 作为检验统计量,给定置信水平 $1-\alpha$,检验统计量 D 的上侧 α 分位数记为 D_α,若 D 的观察值 d 大于 D_α,则拒绝原

假设 H_0.

给定样本容量 $n = 5(1)50$，显著性水平 $\alpha = 0.001$，0.005，0.01，0.025，0.05，0.10，通过 10 000 次蒙特卡洛模拟得到检验统计量 D 的上侧 α 分位数 D_α，如表 8-30 所示.

表 8-30　区分正态分布与威布尔分布的检验统计量的上侧 α 分位数

n	α											
	$H_0 : X \sim N(\mu, \sigma^2)$						$H_0 : X \sim W(m, \beta)$					
	0.10	0.05	0.025	0.01	0.005	0.001	0.10	0.05	0.025	0.01	0.005	0.001
5	1.121 5	1.180 0	1.232 3	1.289 0	1.314 2	1.355 2	0.986 5	1.020 9	1.060 5	1.120 4	1.165 6	1.217 8
6	1.115 3	1.168 8	1.219 3	1.282 9	1.330 2	1.396 5	0.978 5	1.008 8	1.048 0	1.105 0	1.153 7	1.251 3
7	1.104 3	1.152 3	1.193 9	1.253 0	1.301 3	1.397 3	0.969 9	1.000 3	1.037 9	1.090 3	1.143 9	1.234 2
8	1.097 2	1.142 5	1.182 3	1.247 0	1.293 6	1.366 6	0.958 4	0.992 1	1.025 2	1.074 6	1.118 3	1.251 0
9	1.089 3	1.133 6	1.174 0	1.219 8	1.254 5	1.338 6	0.943 7	0.981 3	1.013 7	1.065 3	1.095 8	1.183 6
10	1.079 1	1.121 4	1.162 2	1.208 9	1.243 4	1.325 3	0.935 0	0.973 6	1.004 1	1.050 5	1.082 6	1.166 9
11	1.079 4	1.120 1	1.157 9	1.204 9	1.240 3	1.343 8	0.930 8	0.967 0	0.998 9	1.038 7	1.065 5	1.168 8
12	1.072 1	1.111 7	1.147 7	1.193 8	1.226 4	1.306 4	0.914 2	0.953 5	0.987 5	1.026 9	1.065 8	1.144 0
13	1.067 1	1.105 1	1.138 6	1.178 3	1.202 0	1.281 7	0.905 5	0.944 7	0.973 6	1.010 4	1.042 2	1.106 0
14	1.062 5	1.101 1	1.136 3	1.173 4	1.198 9	1.257 7	0.897 4	0.936 0	0.970 5	1.004 1	1.032 3	1.098 5
15	1.057 1	1.089 2	1.113 3	1.155 0	1.185 4	1.237 5	0.890 7	0.932 6	0.964 2	0.998 1	1.023 8	1.065 3
16	1.054 2	1.086 9	1.116 4	1.155 7	1.183 6	1.234 1	0.884 6	0.921 4	0.953 2	0.986 8	1.009 6	1.061 3
17	1.049 8	1.078 3	1.108 0	1.140 9	1.162 2	1.221 2	0.879 2	0.916 0	0.948 0	0.981 0	1.004 2	1.059 2
18	1.047 8	1.078 5	1.107 3	1.141 0	1.165 8	1.215 6	0.873 4	0.909 7	0.941 6	0.973 6	1.000 0	1.050 5
19	1.043 1	1.073 5	1.099 8	1.134 9	1.160 0	1.204 7	0.866 3	0.904 9	0.935 4	0.966 1	0.990 6	1.045 3
20	1.043 5	1.070 7	1.096 0	1.130 3	1.151 9	1.207 5	0.861 8	0.899 4	0.932 6	0.964 1	0.990 5	1.039 2
21	1.037 8	1.069 4	1.091 4	1.129 7	1.151 2	1.210 4	0.855 2	0.892 7	0.922 3	0.955 7	0.977 0	1.032 1
22	1.040 1	1.065 2	1.091 9	1.125 1	1.150 9	1.187 2	0.853 0	0.888 4	0.917 7	0.948 5	0.973 1	1.024 4
23	1.034 6	1.059 9	1.083 7	1.114 0	1.130 4	1.181 4	0.849 3	0.887 3	0.916 5	0.949 0	0.969 8	1.022 0
24	1.033 4	1.060 3	1.083 8	1.117 3	1.137 8	1.189 4	0.845 6	0.881 5	0.910 2	0.945 8	0.971 0	1.010 8
25	1.029 1	1.054 0	1.077 2	1.106 2	1.131 4	1.179 5	0.841 5	0.875 1	0.904 6	0.938 2	0.959 8	1.014 0

n	α											
	$H_0: X \sim N(\mu, \sigma^2)$						$H_0: X \sim W(m, \beta)$					
	0.10	0.05	0.025	0.01	0.005	0.001	0.10	0.05	0.025	0.01	0.005	0.001
26	1.027 5	1.050 9	1.075 1	1.108 3	1.124 4	1.169 7	0.836 8	0.870 3	0.902 3	0.934 6	0.957 8	1.002 7
27	1.025 6	1.049 3	1.072 2	1.098 5	1.120 6	1.156 0	0.835 0	0.867 7	0.896 0	0.926 0	0.945 1	0.989 2
28	1.026 5	1.050 5	1.070 2	1.094 1	1.113 2	1.153 0	0.832 4	0.867 6	0.896 9	0.925 7	0.948 2	0.988 3
29	1.023 3	1.048 4	1.069 5	1.093 3	1.110 7	1.146 3	0.830 8	0.863 9	0.890 7	0.920 3	0.938 5	0.987 1
30	1.021 8	1.044 3	1.065 4	1.090 9	1.115 6	1.149 0	0.827 2	0.861 3	0.888 9	0.922 2	0.946 0	0.981 7
31	1.019 7	1.042 5	1.064 7	1.088 9	1.106 2	1.145 8	0.823 1	0.856 5	0.883 0	0.913 8	0.935 9	0.987 9
32	1.019 7	1.040 0	1.061 0	1.084 3	1.099 1	1.137 8	0.819 7	0.853 1	0.881 0	0.910 6	0.931 5	0.970 4
33	1.018 6	1.040 3	1.059 8	1.082 2	1.098 1	1.142 4	0.818 7	0.850 4	0.878 4	0.910 7	0.932 5	0.978 9
34	1.019 2	1.040 6	1.058 7	1.080 5	1.095 8	1.140 8	0.815 9	0.848 6	0.876 6	0.906 9	0.926 8	0.973 9
35	1.016 9	1.038 2	1.056 9	1.081 2	1.099 3	1.129 2	0.812 3	0.842 3	0.867 3	0.896 9	0.919 7	0.963 2
36	1.014 0	1.035 4	1.053 4	1.073 2	1.087 1	1.129 4	0.811 1	0.841 3	0.869 3	0.902 9	0.925 9	0.959 3
37	1.011 7	1.034 3	1.052 1	1.076 7	1.094 1	1.128 3	0.811 4	0.839 8	0.865 3	0.892 3	0.915 6	0.952 6
38	1.014 4	1.034 8	1.052 8	1.074 9	1.088 9	1.116 4	0.804 3	0.835 0	0.861 3	0.896 9	0.918 2	0.952 0
39	1.010 1	1.030 3	1.048 2	1.070 3	1.085 6	1.117 9	0.803 3	0.835 1	0.859 8	0.887 4	0.911 4	0.951 2
40	1.008 5	1.028 0	1.044 8	1.067 3	1.082 1	1.110 8	0.805 5	0.832 3	0.857 5	0.889 2	0.908 6	0.945 1
41	1.010 0	1.029 4	1.048 2	1.068 7	1.081 1	1.113 2	0.800 8	0.830 5	0.852 9	0.882 7	0.902 6	0.943 3
42	1.008 8	1.027 8	1.046 0	1.064 1	1.080 6	1.110 4	0.799 9	0.829 0	0.854 8	0.885 5	0.906 1	0.943 0
43	1.008 4	1.028 5	1.044 7	1.065 4	1.079 4	1.116 3	0.797 1	0.826 4	0.850 1	0.878 5	0.893 5	0.930 7
44	1.008 3	1.026 5	1.042 8	1.063 4	1.076 1	1.104 3	0.796 3	0.824 9	0.848 8	0.877 0	0.900 7	0.929 5
45	1.007 2	1.025 6	1.040 9	1.060 8	1.075 7	1.109 6	0.793 4	0.821 7	0.846 2	0.872 5	0.890 8	0.929 0
46	1.007 6	1.026 5	1.042 8	1.060 6	1.072 0	1.101 7	0.794 7	0.822 0	0.846 5	0.873 3	0.888 1	0.927 7
47	1.005 6	1.024 3	1.039 4	1.058 6	1.075 1	1.100 5	0.788 7	0.816 2	0.841 4	0.869 8	0.886 3	0.926 7
48	1.004 5	1.021 4	1.036 5	1.056 1	1.066 3	1.094 5	0.789 6	0.815 8	0.839 9	0.869 2	0.889 4	0.924 3
49	1.003 0	1.021 1	1.036 6	1.053 1	1.066 7	1.096 7	0.788 8	0.815 3	0.839 3	0.867 5	0.886 3	0.924 2
50	1.002 4	1.021 5	1.036 7	1.053 8	1.068 2	1.095 2	0.785 3	0.812 9	0.838 2	0.864 7	0.886 8	0.912 7

2) 原假设 H_0: $X \sim W(m_0, \beta_0) \leftrightarrow$ 备择假设 H_1: $X \sim N(\mu_1, \sigma_1^2)$

易见 $\qquad f_0(x) = \dfrac{m_0 x^{m_0-1}}{\beta_0^{m_0}} \mathrm{e}^{-\left(\frac{x}{\beta_0}\right)^{m_0}}$, $\qquad f_1(x) = \dfrac{1}{\sqrt{2\pi}\sigma_1} \mathrm{e}^{-\frac{(x-\mu_1)^2}{2\sigma_1^2}}$

令 $Y = \ln X$, $y = \ln x$, $Y_i = \ln X_i$, $y_i = \ln x_i (i = 1, 2, \cdots, n)$. 在原假设 H_0 下, m_0 的极大似然估计 $\hat{m}_0$ 为如下方程的根:

$$\frac{\displaystyle\sum_{i=1}^{n} X_i^m \ln X_i}{\displaystyle\sum_{i=1}^{n} X_i^m} - \frac{1}{m} = \frac{1}{n} \sum_{i=1}^{n} \ln X_i = \bar{Y}$$

而参数 β_0 的极大似然估计为 $\qquad \hat{\beta}_0 = \left(\dfrac{1}{n} \sum\limits_{i=1}^{n} X_i^{\hat{m}_0}\right)^{\frac{1}{\hat{m}_0}}$

在备择假设 H_1 下, μ_1, σ_1 的极大似然估计为

$$\hat{\mu}_1 = \bar{X}, \qquad \hat{\sigma}_1^2 = \frac{1}{n} \sum_{i=1}^{n} (X_i - \bar{X})^2$$

$$\mathrm{RML} = \frac{\displaystyle\prod_{i=1}^{n} \frac{1}{\sqrt{2\pi}\hat{\sigma}_1} \mathrm{e}^{-\frac{(x_i - \hat{\mu}_1)^2}{2\hat{\sigma}_1^2}}}{\displaystyle\prod_{i=1}^{n} f_0(x_i; \hat{m}_0, \hat{\beta}_0)} = (2\pi)^{-\frac{n}{2}} (\hat{\sigma}_1^2)^{-\frac{n}{2}} \mathrm{e}^{-\frac{n}{2}} \prod_{i=1}^{n} f_0^{-1}(x_i; \hat{m}_0, \hat{\beta}_0)$$

$$= (2\pi \mathrm{e}\hat{\sigma}_1^2)^{-\frac{n}{2}} \left[\prod_{i=1}^{n} f_0(x_i; \hat{m}_0, \hat{\beta}_0)\right]^{-1}$$

记 $E = (\mathrm{RML})^{\frac{1}{n}} = (2\pi \mathrm{e}\hat{\sigma}_1^2)^{-\frac{1}{2}} \left[\prod\limits_{i=1}^{n} f_0(x_i; \hat{m}_0, \hat{\beta}_0)\right]^{-\frac{1}{n}}$, 用 E 作为检验统计量, 给定置信水平 $1-\alpha$, 检验统计量 E 的上侧 α 分位数记为 E_α, 若 E 的观察值 e 大于 E_α, 则拒绝原假设 H_0.

给定样本容量 $n = 5(1)50$, 显著性水平 $\alpha = 0.001$, 0.005, 0.01, 0.025, 0.05, 0.10, 通过 10 000 次蒙特卡洛模拟得到检验统计量 E 的上侧 α 分位数 E_α, 如表 8-30 所示.

例 8.18.3 通过蒙特卡洛模拟产生一组来自总体 $X \sim W(2, 1.5)$ 的样本容量为 20 的简单随机样本: $0.505\,9$, $0.773\,1$, $0.694\,5$, $0.327\,3$, $1.124\,4$, $0.456\,0$, $0.272\,0$, $1.637\,1$, $1.509\,4$, $1.410\,4$, $2.418\,3$, $1.494\,4$, $2.586\,3$, $1.036\,3$, $1.290\,1$, $0.229\,5$, $0.333\,8$, $2.569\,4$, $0.591\,9$, $1.233\,3$.

根据本文方法: 给定置信水平 $1-\alpha = 0.95$, 若 H_0: $X \sim N(\mu, \sigma^2)$, D 的观察值 $d = 1.142\,0 > D_{0.05} = 1.070\,7$, 则拒绝原假设 H_0; 若 H_0: $X \sim W(m, \beta)$, E 的观察值 $e = 0.875\,7 < E_{0.05} = 0.899\,4$, 则不能拒绝原假设 H_0. 由此可以认为这批数据来自威布尔总体.

例 8.18.4 某聚集性病例共统计出 25 名病例的潜伏期如下: 5, 4, 2, 4, 4, 4, 5, 4,

11，2，7，8，10，10，8，7，10，6，6，6，7，11，8，10，6，判定这批数据是来自正态分布总体还是威布尔分布总体.

根据本文方法：给定置信水平 $1-\alpha=0.95$，若 $H_0: X \sim N(\mu, \sigma^2)$，$D$ 的观察值 d $=1.0198 < D_{0.05}=1.0540$，则不能拒绝原假设 H_0；若 $H_0: X \sim W(m, \beta)$，E 的观察值 e $=0.9806 > E_{0.05}=0.8751$，则拒绝原假设 H_0. 由此可以认为这批数据来自正态总体.

5. 区分对数正态分布与正态分布

1）原假设 $H_0: X \sim LN(\mu_0, \sigma_0^2) \leftrightarrow$ 备择假设 $H_1: X \sim N(\mu_1, \sigma_1^2)$

易见 $$f_0(x)=\frac{1}{\sqrt{2\pi}\sigma_0 x}\mathrm{e}^{-\frac{(\ln x-\mu_0)^2}{2\sigma_0^2}}, \quad f_1(x)=\frac{1}{\sqrt{2\pi}\sigma_1}\mathrm{e}^{-\frac{(x-\mu_1)^2}{2\sigma_1^2}}$$

令 $Y=\ln X$，$y=\ln x$，$Y_i=\ln X_i$，$y_i=\ln x_i (i=1, 2, \cdots, n)$. 在原假设 H_0 下，μ_0，σ_0 的极大似然估计为 $$\hat{\mu}_0=\bar{Y}, \quad \hat{\sigma}_0^2=\frac{1}{n}\sum_{i=1}^{n}(Y_i-\bar{Y})^2$$

在备择假设 H_1 下，μ_1，σ_1 的极大似然估计为

$$\hat{\mu}_1=\bar{X}, \quad \hat{\sigma}_1^2=\frac{1}{n}\sum_{i=1}^{n}(X_i-\bar{X})^2$$

$$\mathrm{RML}=\frac{\displaystyle\prod_{i=1}^{n}\frac{1}{\sqrt{2\pi}\hat{\sigma}_1}\mathrm{e}^{-\frac{(x_i-\hat{\mu}_1)^2}{2\hat{\sigma}_1^2}}}{\displaystyle\prod_{i=1}^{n}\frac{1}{\sqrt{2\pi}\hat{\sigma}_0 x_i}\mathrm{e}^{-\frac{(\ln x_i-\hat{\mu}_0)^2}{2\hat{\sigma}_0^2}}}=\left(\frac{\hat{\sigma}_0}{\hat{\sigma}_1}\right)^n\prod_{i=1}^{n}x_i$$

记 $D=\dfrac{\hat{\sigma}_0}{\hat{\sigma}_1}\left(\prod_{i=1}^{n}x_i\right)^{\frac{1}{n}}$，用 D 作为检验统计量，给定置信水平 $1-\alpha$，检验统计量 D 的上侧 α 分位数记为 D_α，若 D 的观察值 d 大于 D_α，则拒绝原假设 H_0.

给定样本容量 $n=5(1)50$，显著性水平 $\alpha=0.001, 0.005, 0.01, 0.025, 0.05, 0.10$，通过 10 000 次蒙特卡洛模拟得到检验统计量 D 的上侧 α 分位数 D_α，如表 8-31 所示.

表 8-31 区分对数正态分布与正态分布的检验统计量的上侧 α 分位数

n	α					
	$H_0: X \sim LN(\mu, \sigma^2) \leftrightarrow H_1: X \sim N(\mu, \sigma^2)$					
	0.10	0.05	0.025	0.01	0.005	0.001
5	1.0820	1.1736	1.2577	1.3647	1.4330	1.5950
6	1.0653	1.1483	1.2434	1.3570	1.4327	1.5922

续 表

n	α					
	$H_0: X \sim LN(\mu, \sigma^2) \leftrightarrow H_1: X \sim N(\mu, \sigma^2)$					
	0.10	0.05	0.025	0.01	0.005	0.001
7	1.043 5	1.130 1	1.213 2	1.324 4	1.424 1	1.537 1
8	1.012 0	1.092 9	1.170 2	1.271 1	1.341 9	1.536 2
9	0.994 3	1.075 2	1.153 8	1.248 9	1.308 7	1.495 7
10	0.972 2	1.051 2	1.133 4	1.220 1	1.302 7	1.478 6
11	0.959 3	1.035 8	1.103 9	1.192 8	1.267 5	1.434 2
12	0.938 2	1.009 8	1.076 4	1.155 6	1.229 1	1.363 7
13	0.928 7	0.997 9	1.063 1	1.144 1	1.199 2	1.332 6
14	0.912 5	0.979 7	1.044 5	1.113 6	1.167 6	1.267 7
15	0.900 5	0.971 9	1.029 4	1.100 2	1.143 8	1.254 4
16	0.896 0	0.960 9	1.019 4	1.102 2	1.145 9	1.250 3
17	0.879 1	0.945 7	1.004 9	1.067 1	1.108 4	1.219 1
18	0.872 4	0.940 2	0.992 9	1.057 9	1.105 7	1.205 7
19	0.863 0	0.929 0	0.985 1	1.040 9	1.089 2	1.181 6
20	0.856 6	0.913 1	0.967 1	1.019 7	1.061 6	1.154 1
21	0.846 8	0.905 5	0.963 1	1.016 0	1.056 9	1.143 3
22	0.839 1	0.900 3	0.948 6	1.006 1	1.052 9	1.142 0
23	0.828 6	0.885 8	0.935 6	0.993 6	1.042 4	1.135 9
24	0.829 7	0.890 4	0.940 3	0.998 1	1.031 3	1.119 6
25	0.813 4	0.873 0	0.923 9	0.980 4	1.020 2	1.095 5
26	0.812 9	0.870 1	0.914 1	0.964 9	1.010 0	1.086 8
27	0.807 1	0.863 3	0.911 7	0.963 2	0.993 4	1.075 2
28	0.804 2	0.858 3	0.905 6	0.957 7	0.993 7	1.062 6
29	0.800 1	0.850 5	0.901 0	0.954 6	0.987 7	1.055 5
30	0.791 5	0.846 4	0.890 8	0.935 5	0.973 0	1.042 5

续 表

n	α					
	$H_0: X \sim LN(\mu, \sigma^2) \leftrightarrow H_1: X \sim N(\mu, \sigma^2)$					
	0.10	0.05	0.025	0.01	0.005	0.001
31	0.789 8	0.841 6	0.886 3	0.932 9	0.962 5	1.040 1
32	0.785 7	0.837 4	0.886 0	0.936 7	0.975 2	1.037 7
33	0.782 2	0.831 6	0.877 1	0.926 9	0.958 2	1.038 9
34	0.771 4	0.822 7	0.863 0	0.915 6	0.950 4	1.034 7
35	0.770 4	0.822 1	0.874 2	0.925 7	0.958 0	1.031 1
36	0.765 6	0.816 9	0.859 7	0.905 2	0.939 5	1.023 5
37	0.764 1	0.812 6	0.858 9	0.911 3	0.944 5	1.022 4
38	0.761 2	0.810 0	0.852 9	0.898 7	0.934 0	1.011 4
39	0.757 3	0.806 5	0.851 2	0.893 2	0.925 4	0.993 2
40	0.754 3	0.802 0	0.843 7	0.888 9	0.912 8	0.984 7
41	0.751 0	0.798 7	0.842 6	0.882 5	0.921 5	0.979 5
42	0.744 5	0.792 8	0.832 3	0.877 8	0.917 8	0.973 9
43	0.745 8	0.791 6	0.828 5	0.875 1	0.912 1	0.970 4
44	0.744 6	0.791 8	0.830 7	0.874 1	0.902 3	0.966 6
45	0.736 4	0.781 1	0.820 4	0.863 2	0.894 9	0.957 9
46	0.738 7	0.786 1	0.824 3	0.867 8	0.895 1	0.953 7
47	0.731 2	0.774 8	0.816 5	0.857 8	0.888 5	0.951 1
48	0.732 2	0.778 4	0.813 7	0.860 3	0.889 5	0.948 0
49	0.730 7	0.773 0	0.811 7	0.853 1	0.886 0	0.943 4
50	0.727 6	0.773 1	0.809 8	0.852 6	0.878 5	0.936 9

2) 原假设 $H_0: X \sim N(\mu_0, \sigma_0^2) \leftrightarrow$ 备择假设 $H_1: X \sim LN(\mu_1, \sigma_1^2)$

易见 $\qquad f_0(x) = \dfrac{1}{\sqrt{2\pi}\sigma_0} \mathrm{e}^{-\frac{(x-\mu_0)^2}{2\sigma_0^2}}, \quad f_1(x) = \dfrac{1}{\sqrt{2\pi}\sigma_1 x} \mathrm{e}^{-\frac{(\ln x - \mu_1)^2}{2\sigma_1^2}}$

在原假设 H_0 下，μ_0, σ_0 的极大似然估计为

$$\hat{\mu}_0 = \bar{X}, \quad \hat{\sigma}_0^2 = \frac{1}{n} \sum_{i=1}^{n} (X_i - \bar{X})^2$$

令 $Y = \ln X$，$y = \ln x$，$Y_i = \ln X_i$，$y_i = \ln x_i (i = 1, 2, \cdots, n)$. 在备择假设 H_1 下，μ_1, σ_1 的
极大似然估计为 $\quad \hat{\mu}_1 = \bar{Y}, \quad \hat{\sigma}_1^2 = \frac{1}{n} \sum_{i=1}^{n} (Y_i - \bar{Y})^2$

考虑到原假设 H_0 是正态分布 $N(\mu_0, \sigma_0^2)$，其观察值 $x_1, x_2, \cdots, x_n$ 也有可能在 $(0, 1)$ 之间，由此其取对数后会出现负值，进而影响 μ_1 的估计.

于是针对原假设 $H_0: X \sim N(\mu_0, \sigma_0^2) \leftrightarrow$ 备择假设 $H_1: X \sim LN(\mu_1, \sigma_1^2)$ 不再给出检验法则，而是通过"原假设 $H_0: X \sim LN(\mu_0, \sigma_0^2) \leftrightarrow$ 备择假设 $H_1: X \sim N(\mu_1, \sigma_1^2)$"的检验问题得到.

例8.18.5 通过蒙特卡洛模拟产生一组来自总体 $X \sim LN(0, 1)$ 的样本容量为 20 的简单随机样本：0.314 8，1.106 1，0.668 3，1.245 9，0.908 8，0.199 5，0.585 5，0.261 0，1.672 2，1.048 3，2.127 7，0.276 7，0.363 1，1.604 2，0.271 3，0.684 1，2.456 2，0.645 3，0.494 7，0.127 7.

根据本文方法：给定置信水平 $1 - \alpha = 0.95$，在 $H_0: X \sim LN(\mu, \sigma^2)$ 下，D 的观察值 $d = 0.782\ 8 < D_{0.05} = 0.913\ 1$，则不能拒绝原假设 H_0，由此可以认为这批数据来自对数正态总体.

例8.18.6 通过蒙特卡洛模拟产生一组来自总体 $X \sim N(2, 1)$ 的样本容量为 20 的简单随机样本：3.430 8，1.623 1，3.643 0，4.092 3，3.188 9，2.566 6，1.097 3，2.108 2，1.908 9，2.014 8，2.009 7，1.557 1，4.054 7，2.807 1，1.283 0，1.388 9，3.245 6，0.811 7，0.242 5，1.621 5.

根据本文方法：给定置信水平 $1 - \alpha = 0.95$，在 $H_0: X \sim LN(\mu, \sigma^2)$ 下，D 的观察值 $d = 1.151\ 3 > D_{0.05} = 0.913\ 1$，则拒绝原假设 H_0，由此可以认为这批数据来自正态总体.

案例 8.19　柯尔莫哥洛夫检验、斯米尔诺夫检验以及 A^2 与 W^2 检验

1. 柯尔莫哥洛夫检验

χ^2 检验是比较样本频率与总体的概率的.尽管它对于离散型和连续型总体分布都适用，但它是依赖于区间划分的.因为即使原假设 $H_0: F(x) = F_0(x)$ 不成立，在某种划分下还是可能有 $F(a_i) - F(a_{i-1}) = F_0(a_i) - F_0(a_{i-1}) = p_i (i = 1, 2, \cdots, k)$，从而不影响 $\chi^2 = \sum_{i=1}^{k} \frac{(n_i - np_i)^2}{np_i}$ 的值，也就是有可能把不真的原假设接受.由此看到，用 χ^2 检验实际上只是检验了 $F_0(a_i) - F_0(a_{i-1}) = p_i (i = 1, 2, \cdots, k)$ 是否是真，而并未真正地检验总体分布 $F(x)$ 是否为 $F_0(x)$. 柯尔莫哥洛夫对连续型总体的分布提出了一种检验方法，一般称为柯

尔莫哥洛夫检验或 D_n-检验.这个检验法是比较样本经验分布函数 $F_n^*(x)$ 和总体分布函数 $F(x)$ 的.它不是在划分区间上考虑 $F_n^*(x)$ 与原假设的分布函数之间的偏差,而是在每一点上考虑它们之间的偏差,这就克服了 χ^2 检验依赖于区间划分的缺点,但总体分布必须假定是连续的.

根据格列汶科定理,如果原假设成立,样本经验分布函数与总体分布函数差距一般不应太大.提出了一个统计量: $D_n = \sup\limits_{x} | F_n^*(x) - F(x) |$,并且得到了这个统计量的精确分布与极限分布 $K(\lambda)$.

定理 8.1 设总体 X 有连续分布函数 $F(x)$,从中抽取容量为 n 的样本,并设经验分布函数为 $F_n^*(x)$,则 $D_n = \sup\limits_{x} | F_n^*(x) - F(x) |$ 的分布函数为

$$P\left(D_n \leqslant \frac{1}{2n} + \lambda\right) = \begin{cases} 0, & \lambda < 0 \\ \int_{\frac{1}{2n}-\lambda}^{\frac{1}{2n}+\lambda} \int_{\frac{3}{2n}-\lambda}^{\frac{3}{2n}+\lambda} \cdots \int_{\frac{2n-1}{2n}-\lambda}^{\frac{2n-1}{2n}+\lambda} f(y_1, y_2, \cdots, y_n)\mathrm{d}y_1\mathrm{d}y_2\cdots\mathrm{d}y_n, & 0 \leqslant \lambda < \dfrac{2n-1}{2n} \\ 1, & \lambda \geqslant \dfrac{2n-1}{2n} \end{cases}$$

式中

$$f(y_1, y_2, \cdots, y_n) = \begin{cases} n!, & 0 < y_1 < y_2 < \cdots < y_n < 1 \\ 0, & 其他 \end{cases}$$

在 $n \to +\infty$ 时有极限分布函数

$$P(\sqrt{n}D_n \leqslant \lambda) \to K(\lambda) = \begin{cases} \sum\limits_{j=-\infty}^{+\infty} (-1)^j \exp(-2j^2\lambda^2), & \lambda > 0 \\ 0, & \lambda \leqslant 0 \end{cases}$$

在一般的数理统计教科书中都列出了柯尔莫哥洛夫检验临界值表和 D_n 的极限分布函数表.在应用柯尔莫哥洛夫检验时,应注意的是,原假设的分布的参数值原则上应是已知的,但在参数为未知时,也有人对某些总体分布(如正态分布和指数分布)用以下两种方法估计:① 用另一个大容量样本来估计未知参数;② 如果原来样本容量很大,也可用来估计未知参数.不过此时 D_n 检验是近似的.在检验时取较大的显著性水平为宜,一般取 $\alpha = 0.10 \sim 0.20$.用 D_n 检验来检验总体有连续分布函数 $F(x)$ 这个假设的步骤如下.

(1) 从总体抽取容量为 n $(n \geqslant 50)$ 的样本,并把样本观测值由小到大的次序排列.

(2) 求出经验分布函数

$$F_n^*(x) = \begin{cases} 0, & x < x_{(1)} \\ \dfrac{n_j(x)}{n}, & x_{(j)} \leqslant x < x_{(j+1)}, j = 1, 2, \cdots, n \\ 1, & x_{(n)} \leqslant x \end{cases}$$

(3) 在原假设成立的条件下,计算观测值处的理论分布函数 $F(x)$ 的值.

（4）对每一个 x_i 算出经验分布函数与理论分布函数的差的绝对值 $|F_n^*(x_{(i)})-F(x_{(i)})|$ 与 $|F_n^*(x_{(i+1)})-F(x_{(i)})|$.

（5）由第（4）步算出统计量

$$D_n=\sup_x |F_n^*(x)-F(x)|=\sup_x\{|F_n^*(x_{(i)})-F(x_{(i)})|,$$

$$|F_n^*(x_{(i+1)})-F(x_{(i)})|, i=1, 2, \cdots, n\}$$

的值.

（6）给出显著性水平 α，由柯尔莫哥洛夫检验的临界值表查出 $P(D_n>D_{n, \alpha})=\alpha$ 的临界值 $D_{n, \alpha}$. 当 $n\geqslant 100$ 时，可通过 $D_{n, \alpha}\approx\dfrac{\lambda_{1-\alpha}}{\sqrt{n}}$，查 D_n 的极限分布函数数值表得 $\lambda_{1-\alpha}$，从而求出 $D_{n, \alpha}$ 的近似值.

（7）若由第（5）步算出 $D_n>D_{n, \alpha}$，则拒绝原假设；若 $D_n\leqslant D_{n, \alpha}$，则不拒绝原假设，并认为原假设的理论分布函数与样本数据是拟合得好的.

例 8.19.1 设总体 X 分布函数为 $F(x)$，检验假设 H_0：$F(x)=\Phi\left(\dfrac{x-\mu}{\sigma}\right)$，即检验 X 是否服从正态分布 $N(\mu, \sigma^2)$，显著性水平为 $\alpha=0.10$，从总体中抽取一个容量为 50 的样本，其观测值如下：

1.369 6,1.547 6,1.642 0,1.709 6,1.809 2,1.809 2,1.849 6,1.885 6,1.918 4,1.948 8,
1.977 6,2.004 4,2.054 8,2.054 8,2.078 8,2.146 0,2.146 0,2.146 0,2.188 4,2.188 4,
2.208 8,2.229 6,2.249 6,2.310 0,2.310 0,2.310 0,2.370 4,2.370 4,2.370 4,2.432 8,
2.432 8,2.432 8,2.454 0,2.476 0,2.498 4,2.521 2,2.545 2,2.569 6,2.651 2,2.651 2,
2.651 2,2.681 6,2.714 4,2.790 8,2.790 8,2.836 4,2.958 0,2.958 0,3.052 4,3.230 4.

本例求解过程可扫描本章二维码查看.

2. 斯米尔诺夫检验

斯米尔诺夫按照柯尔莫哥洛夫拟合检验的思想方法，比较两个样本经验分布函数，得出一个检验两个样本是否来自同一个总体的检验.

设有两个具有连续分布函数 $F_1(x)$ 和 $F_2(y)$ 的总体，从中分别抽取两个独立的随机样本 $X_1, X_2, \cdots, X_{n_1}$ 和 $Y_1, Y_2, \cdots, Y_{n_2}$，现在要检验原假设 H_0：$F_1(x)=F_2(x)$ $(-\infty<x<+\infty)$，由两个样本的经验分布函数

$$F_{1n_1}^*(x)=\begin{cases}0, & x<x_{(1)} \\ \dfrac{n_j(x)}{n_1}, & x_{(j)}\leqslant x<x_{(j+1)}, j=1, 2, \cdots, n_1 \\ 1, & x\geqslant x_{(n_1)}\end{cases}$$

$$F_{2n_2}^*(y)=\begin{cases}0, & y<y_{(1)}\\ \dfrac{n_l(y)}{n_2}, & y_{(l)}\leqslant y<y_{(l+1)}, l=1,2,\cdots,n_2\\ 1, & y\geqslant y_{(n_2)}\end{cases}$$

构造统计量 $D_{n_1n_2}=\sup_x|F_{1n_1}^*(x)-F_{2n_2}^*(x)|$ $(-\infty<x<+\infty)$，斯米尔诺夫证明了柯尔莫哥洛夫-斯米尔诺夫定理：

定理8.2 当样本容量 n_1 和 n_2 分别趋向于 $+\infty$ 时，统计量 $D_{n_1n_2}=\sup_x|F_{1n_1}^*(x)$ $-F_{2n_2}^*(x)|$ 有极限分布函数

$$P\left[\sqrt{\frac{n_1n_2}{n_1+n_2}}D_{n_1n_2}\leqslant\lambda\right]\to K(\lambda)=\begin{cases}\sum_{j=-\infty}^{+\infty}(-1)^j\exp(-2j^2\lambda^2), & \lambda>0\\ 0, & \lambda\leqslant 0\end{cases}$$

这里没有给出统计量 $D_{n_1n_2}$ 的精确分布，但当 n_1 和 n_2 都较小时，可采用两样本秩和检验来代替这里的检验.

例8.19.2 在自动车床上加工某一种零件，在工人刚接班时，抽取 $n_1=150$ 只零件作为第一个样本，在自动车床工作两个小时后再抽取 $n_2=100$ 只零件作为第二个样本. 测定每个零件距离标准的偏差 x，其数值如表 8-32 所示.试问两个样本是否来自同一总体（$\alpha=0.05$）？

表 8-32 零件标准偏差数据

偏差 x 的测量区间/μm	频数 n_{ij}	
	样本 1: n_{1j}	样本 2: n_{2j}
$[-15,-10)$	10	—
$[-10,-5)$	27	7
$[-5,0)$	43	17
$[0,5)$	38	30
$[5,10)$	23	29
$[10,15)$	8	15
$[15,20)$	1	1
$[20,25)$	—	1
—	$n_1=150$	$n_2=100$

本例求解过程可扫描本章二维码查看.

3. A^2 与 W^2 检验

柯尔莫哥洛夫和斯米尔诺夫用经验分布函数 $F_n^*(x)$ 和总体分布函数 $F(x)$ 差的上确界作为两者之间差别的一种度量.从函数空间的观点,用下面的量来度量两者之间的差别显得更加自然.

如总体的分布是连续型的,即

$$Z = n\int_{-\infty}^{+\infty} \left[F_n^*(x) - F(x)\right]^2 \psi(x) f(x) \mathrm{d}x$$

若总体的分布是离散型的,即

$$Z = n\sum_{k=1}^{+\infty} \left[F_n^*(x_k) - F(x_k)\right]^2 \psi(x_k) p_k$$

式中,$\psi(x)$ 是某个适当的函数.

若令 $\psi \equiv 1$,相应的统计量称为 W^2 统计量,其最早是由克拉默和冯·米泽斯建议,并由斯米尔诺夫于 1936 年建立的,即有

$$W^2 = n\int_{-\infty}^{+\infty} \left[F_n^*(x) - F(x)\right]^2 f(x) \mathrm{d}x$$

$$W^2 = n\sum_{k=1}^{+\infty} \left[F_n^*(x_k) - F(x_k)\right]^2 p_k$$

若令 $\psi(x) = \{F(x)[1 - F(x)]\}^{-1}$,相应的统计量称为 A^2 统计量,其是由安德森和达林于 1954 年提出来的,即有

$$A^2 = n\int_{-\infty}^{+\infty} \left[F_n^*(x) - F(x)\right]^2 \{F(x)[1 - F(x)]\}^{-1} f(x) \mathrm{d}x$$

$$A^2 = n\sum_{k=1}^{+\infty} \left[F_n^*(x_k) - F(x_k)\right]^2 \{F(x_k)[1 - F(x_k)]\}^{-1} p_k$$

但上述 W^2 和 A^2 的计算并不方便,因此有必要导出它们便于计算的简单形式.

令随机变量 $X \sim F(x)$,$Z = F(X)$,$F(x)$ 连续且严格单调上升,易见 $Z \sim U(0, 1)$,Z 的分布函数为

$$F_Z(z) = \begin{cases} 0, & z < 0 \\ z, & 0 \leqslant z < 1 \\ 1, & z \geqslant 1 \end{cases}$$

令 $Z_i = F(X_i)$ $(i = 1, 2, \cdots, n)$,其中 $X_1, X_2, \cdots, X_n$ 是从总体 $F(x)$ 中抽取的样本,由 $\{Z_i, i = 1, 2, \cdots, n\}$ 构成的经验分布函数,记作 $F_n^*(z)$,相应的次序统计量记为 $Z_{(1)} \leqslant Z_{(2)} \leqslant \cdots \leqslant Z_{(n)}$,可以证明有如下关系:

$$F_n^*(x) - F(x) = F_n^*(z) - F_Z(z) = F_n^*(z) - z, \quad 0 \leqslant z < 1$$

由此得到
$$W^2 = \sum_{i=1}^{n}\left(Z_{(i)} - \frac{2i-1}{2n}\right)^2 + \frac{1}{12n}$$

$$A^2 = -n - \frac{1}{n}\sum_{i=1}^{n}(2i-1)\left[\ln Z_{(i)} + \ln(1 - Z_{(n+1-i)})\right]$$

或者
$$A^2 = -n - \frac{1}{n}\sum_{i=1}^{n}\left[(2i-1)\ln Z_{(i)} + (2n+1-2i)\ln(1-Z_{(i)})\right]$$

显然,利用这些公式来计算 W^2 与 A^2 是颇为方便的.

综上所述,可得到 A^2 与 W^2 检验的一般步骤.

(1) 把样本 X_1, X_2, $\cdots$, X_n 按由小到大次序进行重排为 $X_{(1)} \leqslant X_{(2)} \leqslant \cdots \leqslant X_{(n)}$.

(2) 计算 $Z_{(i)} = F(X_{(i)})$ $(i = 1, 2, \cdots, n)$.

(3) 计算统计量 W^2 与 A^2.

(4) 为了便于造表,通常计算 W^2 的修正统计量 $W^{*2} = \left(W^2 - \frac{0.4}{n} + \frac{0.6}{n^2}\right)\left(1 + \frac{1}{n}\right)$.

而 A^2 统计量不必修正.由于做分布拟合检验的 n 不能太小,下面给出的分位点适用于 $n \geqslant 5$.对照"上百分位点 α",如果统计量的值超过表 8-33 中的值,则在显著性水平 α 下拒绝原假设 H_0.

表 8-33　分位数表

统计量 T	修正形式 T^*	上百分位点 (α)							
		0.25	0.15	0.10	0.05	0.025	0.01	0.005	0.001
W^2	$\left(W^2 - \frac{0.4}{n} + \frac{0.6}{n^2}\right)\left(1 + \frac{1}{n}\right)$	0.209	0.284	0.347	0.461	0.581	0.743	0.869	1.167
A^2	对所有 $n \geqslant 5$	1.248	1.610	1.933	2.492	3.070	3.857	4.500	6.000
统计量 T	修正形式 T^*	下百分位点							
		0.25	0.15	0.10	0.05	0.025	0.01	0.005	0.001
W^2	$\left(W^2 - \frac{0.03}{n}\right)\left(1 + \frac{0.5}{n}\right)$	—	0.054	0.046	0.037	0.030	0.025	—	—
A^2	对所有 $n \geqslant 5$	—	0.399	0.346	0.283	0.217	0.201	—	—

例 8.19.3 现从随机数表中随机地抽取 20 个数值如下:0.54,0.81,0.87,0.21,0.31,0.40,0.46,0.17,0.62,0.63,0.78,0.99,0.71,0.14,0.12,0.64,0.51,0.68,0.65,0.60.试检验随机数表的均匀性.(求解过程可扫描本章二维码查看.)

4. 参数未知的 A^2 与 W^2 检验

在大多数实际问题中,总体分布包含参数,当参数完全已知时,分布拟合检验比较简单;而当参数未知时,情况比较复杂.但当未知参数是位置参数或尺度参数时,如果用适当的方法对它们进行估计(通常采用极大似然估计),则 W^2 与 A^2 统计量的分布将不依赖于未知参数的真值,这是它们的一大优点.

1) 正态分布

欲检验总体分布为正态分布 $N(\mu, \sigma^2)$,它的密度函数为

$$f(x; \mu, \sigma) = \frac{1}{\sqrt{2\pi}\sigma} e^{-\frac{(x-\mu)^2}{2\sigma^2}}, \quad -\infty < x < +\infty$$

$$H_0: \text{样本 } X_1, X_2, \cdots, X_n \text{ 来自总体 } N(\mu, \sigma^2)$$

当 μ 和 σ^2 至少有一个未知时,有如下三种可能情况.

(1) μ 未知,σ^2 已知,此时用 $\bar{X}$ 来估计 μ.

(2) μ 已知,σ^2 未知,此时用 $S_1^2 = \frac{1}{n}\sum_{j=1}^{n}(X_j - \mu)^2$ 来估计 σ^2.

(3) μ 和 σ^2 均未知,此时分别用 $\bar{X}$ 和 $S^2 = \frac{1}{n-1}\sum_{j=1}^{n}(X_j - \bar{X})^2$ 来估计 μ 和 σ^2.

情况(3)在实际中最重要,对于这三种情况,做检验的步骤如下.

(a) 计算 $W_i (i = 1, 2, \cdots, n)$,其中,对情况(1):$W_i = \dfrac{X_{(i)} - \bar{X}}{\sigma}$;对情况(2):$W_i = \dfrac{X_{(i)} - \mu}{S_1}$;对情况(3):$W_i = \dfrac{X_{(i)} - \bar{X}}{S}$.

(b) 计算 $Z_{(i)} = \Phi(W_i) (i = 1, 2, \cdots, n)$,其中,$\Phi(x)$ 为 $N(0, 1)$ 的分布函数.

(c) 计算统计量 W^2 与 A^2.

(d) 对情况(1)和情况(2),利用表 8-34,如果在显著性水平 α 下,W^2 与 A^2 的值超过表中所对应的值,则拒绝 H_0;对情况(3),利用表 8-35,如果在显著性水平 α 下,修正统计量的值超过表中所对应的值,则拒绝 H_0.

表 8-34　情况(1)和情况(2)的分位数表

统 计 量	显著性水平 α							
	0.25	0.15	0.10	0.05	0.025	0.01	0.005	0.002 5
W^2［情况(1)］	0.094	0.117	0.134	0.165	0.197	0.238	0.270	0.302
W^2［情况(2)］	0.190	0.263	0.327	0.442	0.562	0.725	0.851	0.978

统 计 量	显著性水平 α							
	0.25	0.15	0.10	0.05	0.025	0.01	0.005	0.002 5
A^2［情况(1)］	0.644	0.782	0.894	1.087	1.285	1.551	1.756	1.964
A^2［情况(2)］	1.072	1.430	1.743	2.308	2.893	3.702	4.324	4.954

表 8-35　情况(3)的分位数表

统计量	修正统计量	显著性水平 α							
		0.50	0.25	0.15	0.10	0.05	0.025	0.01	0.005
W^2	$W^2\left(1+\dfrac{0.5}{n}\right)$	0.051	0.074	0.091	0.104	0.126	0.148	0.179	0.201
A^2	$A^2\left(1+\dfrac{0.75}{n}+\dfrac{2.25}{n^2}\right)$	0.341	0.470	0.561	0.631	0.752	0.873	1.035	1.159

2）极值分布

检验总体分布为极值分布 $\mathrm{EV}(\alpha, \beta)$，即分布函数为

$$F(x; \alpha, \beta) = \exp\left\{-\exp\left[-\frac{x-\alpha}{\beta}\right]\right\}, \quad \beta > 0$$

H_0：样本 $X_1, X_2, \cdots, X_n$ 来自总体 $\mathrm{EV}(\alpha, \beta)$

当 α 和 β 至少有一个未知时，有如下三种可能情况.

（1）β 已知，α 未知，此时 $\hat{\alpha} = -\beta\ln\left[\dfrac{1}{n}\sum\limits_{i=1}^{n}\exp\left(-\dfrac{X_i}{\beta}\right)\right]$.

（2）α 已知，β 未知，此时 $\hat{\beta}$ 由如下方程迭代解出：

$$\hat{\beta} = \frac{1}{n}\left\{\sum_{i=1}^{n}(X_i-\alpha) - \sum_{i=1}^{n}(X_i-\alpha)\exp\left[-\frac{X_i-\alpha}{\hat{\beta}}\right]\right\}$$

（3）α 和 β 均未知，此时 β 的极大似然估计 $\hat{\beta}$ 由方程 $\hat{\beta} = \bar{X} - \dfrac{\sum\limits_{i=1}^{n}X_i\exp\left(-\dfrac{X_i}{\hat{\beta}}\right)}{\sum\limits_{i=1}^{n}\exp\left(-\dfrac{X_i}{\hat{\beta}}\right)}$ 迭代解

出，而 α 的极大似然估计 $\hat{\alpha} = -\hat{\beta}\ln\left[\dfrac{1}{n}\sum\limits_{i=1}^{n}\exp\left(-\dfrac{X_i}{\hat{\beta}}\right)\right]$.

检验步骤如下.

（1）求未知参数的估计.

（2）计算 $Z_{(i)} = F(X_{(i)}; \alpha, \beta)$ $(i = 1, 2, \cdots, n)$.

（3）计算 W^2 与 A^2 统计量.

（4）根据表 8-36 计算修正统计量的值,在显著性水平 α 下,如果它们的值大于表中所对应的值,则拒绝原假设 H_0.

表 8-36　分位数表

统　计　量	修正统计量	显著性水平 α				
		0.25	0.10	0.05	0.025	0.01
W^2 [情况(1)]	$W^2\left(1 + \dfrac{0.16}{n}\right)$	0.116	0.175	0.222	0.271	0.338
W^2 [情况(2)]	没有	0.186	0.320	0.431	0.547	0.705
W^2 [情况(3)]	$W^2\left(1 + \dfrac{0.2}{\sqrt{n}}\right)$	0.073	0.102	0.124	0.146	0.175
A^2 [情况(1)]	$A^2\left(1 + \dfrac{0.3}{n}\right)$	0.736	1.062	1.321	1.591	1.959
A^2 [情况(2)]	没有	1.060	1.725	2.277	2.854	3.640
A^2 [情况(3)]	$A^2\left(1 + \dfrac{0.2}{\sqrt{n}}\right)$	0.474	0.637	0.757	0.877	1.038

第9章
方差分析

案例 9.1 苹果汁的营销策略

　　某苹果汁厂家开发了一种新产品——浓缩苹果汁,一包该果汁与水混合后可配出 1 L 的普通苹果汁.该产品有一些吸引消费者的特性:第一,它比目前市场销售的罐装苹果汁方便;第二,由于市场上的罐装苹果汁事实上也是通过浓缩果汁制造而成,因此新产品的质量至少不会差于罐装果汁;第三,新产品的生产成本略低于罐装苹果汁.营销经理需要决定的是应如何宣传这种新产品,她可以通过强调产品的便利性、高质量或价格优势的广告来推销.除了营销策略不同,厂商还决定使用两种媒体中的一种来刊登广告:电视或报纸.于是,试验按照如下的方法进行.选择 6 个不同的小城市:在城市 1 中,营销的重点是便利性,广告采用电视形式;在城市 2 中,营销的重点依然是便利性,但广告采用报纸形式;在城市 3 中,营销的重点是质量,广告采用电视形式;在城市 4 中,营销的重点也是质量,但广告采用报纸形式;城市 5 和城市 6 的营销重点都是价格,但城市 5 采用电视形式,而城市 6 采用报纸形式.记录下每个城市 10 周中每周的销售情况,数据如表 9 - 1 所示.

表 9 - 1　苹果汁的销售情况

因素 B:媒体	因素 A:策略		
	便利性	质　量	价　格
电视	491	677	575
	712	627	614
	558	590	706
	447	632	484
	479	683	478
	624	760	650
	546	690	583

续 表

因素 B：媒体	因素 A：策略		
	便利性	质 量	价 格
电视	444	548	536
	582	579	579
	672	644	795
报纸	464	689	803
	559	650	584
	759	704	525
	557	652	498
	528	576	812
	670	836	565
	534	628	708
	657	798	546
	557	497	616
	474	841	587

试问营销策略和媒体分别对销售量有无显著影响，并问两者对销售量有无显著交互作用（$\alpha = 0.05$）．

解 通过计算可以得到

$$S_T = \sum_{i=1}^{r} \sum_{j=1}^{s} \sum_{l=1}^{t} (x_{ijl} - \bar{x})^2 = 614\,757, \quad rst - 1 = 59$$

$$S_A = st \sum_{i=1}^{r} (\bar{x}_{i..} - \bar{x})^2 = 98\,839, \quad r - 1 = 2, \quad MS_A = \frac{S_A}{r-1} = 49\,419$$

$$S_B = rt \sum_{j=1}^{s} (\bar{x}_{.j.} - \bar{x})^2 = 13\,172, \quad s - 1 = 1, \quad MS_B = \frac{S_B}{s-1} = 13\,172$$

$$S_{A \times B} = t \sum_{i=1}^{r} \sum_{j=1}^{s} (\bar{x}_{ij.} - \bar{x}_{i..} - \bar{x}_{.j.} + \bar{x})^2 = 1\,610, \quad (r-1)(s-1) = 2$$

$$MS_{A \times B} = \frac{S_{A \times B}}{(r-1)(s-1)} = 805$$

$$S_e = \sum_{i=1}^{r} \sum_{j=1}^{s} \sum_{l=1}^{t} (x_{ijl} - \bar{x}_{ij.})^2 = 501\,137, \quad rs(t-1) = 54, \quad MS_e = \frac{S_e}{rs(t-1)} = 9\,280$$

$$F_A = \frac{MS_A}{MS_e} = 5.33, \quad F_B = \frac{MS_B}{MS_e} = 1.42, \quad F_{A\times B} = \frac{MS_{A\times B}}{MS_e} = 0.09$$

上述计算结果可以列成如表 9-2 所示的方差分析表.

表 9-2　苹果汁销售量的方差分析表

方差来源	平方和	自由度	均　方	F
因素 A（营销策略）	98 839	2	49 419	5.33*
因素 B（媒体）	13 172	1	13 172	1.42
交互作用 $A\times B$	1 610	2	805	0.09
随机误差 e	501 137	54	9 280	—
总和	614 757	59	—	—

而 $F_{0.05}(2, 54)=3.15$, $F_{0.05}(1, 54)=4.00$, 由于 $F_A > 3.15$, $F_B < 4.00$, $F_{A\times B} < 3.15$, 所以, 营销策略对销售量有显著影响, 媒体对销售量无显著影响, 而营销策略和媒体对销售量无显著的交互作用.

案例 9.2　如何保证零件镀铬的质量？

为了保证某零件镀铬的质量, 需重点考察通电方法和液温的影响. 通电方法选取三个水平: A_1（现行方法）、A_2（改进方案一）、A_3（改进方案二）；液温选取两个水平: B_1（现行温度）、B_2（增加 $10\,^{\circ}\!\text{C}$）. 每个水平组合进行两次试验, 所得结果如表 9-3 所示（指标值以大为好）, 问通电方法、液温和它们的交互作用对该质量指标有无显著影响（$\alpha=0.01$）？

表 9-3　试验结果

因素 A	因素 B	
	B_1	B_2
A_1	9.2　9.0	9.8　9.8
A_2	9.8　9.8	10　10
A_3	10　9.8	10　10

解　由题意, $r=3$, $s=2$, $t=2$, 由表 9-3 及相关计算公式, 可得各样本平均值如表 9-4 所示.

表 9-4 各样本平均值

	B_1	B_2	$\bar{x}_{i..}$
A_1	9.1	9.8	9.45
A_2	9.8	10	9.9
A_3	9.9	10	9.95
$\bar{x}_{.j.}$	9.6	9.93	$\bar{x} = 9.77$

计算得 $S_A = 0.61$，$S_B = 0.33$，$S_{A\times B} = 0.21$，$S_e = 0.04$，$S_T = 0.19$

从而得到 $F_A = 45.75$，$F_B = 49.50$，$F_{A\times B} = 15.75$

对 $\alpha = 0.01$，查表得 $F_\alpha(r-1, rs(t-1)) = F_{0.01}(2, 6) = 10.92$

$$F_\alpha(s-1, rs(t-1)) = F_{0.01}(1, 6) = 13.75$$

$$F_\alpha((r-1)(s-1), rs(t-1)) = F_{0.01}(2, 6) = 10.92$$

得如表 9-5 所示的方差分析表.

表 9-5 方差分析表

方差来源	平方和	自由度	F	F 临界值
因素 A	$S_A = 0.61$	2	$F_A = 45.75$	$F_{0.01}(2, 6) = 10.92$
因素 B	$S_B = 0.33$	1	$F_B = 49.50$	$F_{0.01}(1, 6) = 13.75$
交互作用 $A\times B$	$S_{A\times B} = 0.33$	2	$F_{A\times B} = 15.75$	$F_{0.01}(2, 6) = 10.92$
随机误差 e	$S_E = 0.04$	6	—	—
总和	$S_T = 1.19$	11	—	—

从方差分析表知：$F_A > F_{0.01}(2, 6)$，$F_B > F_{0.01}(1, 6)$，$F_{A\times B} > F_{0.01}(2, 6)$，说明通电方法、液温和它们的交互作用对该质量指标都有显著影响.从样本平均值看出，$\bar{x}_{22.} = \bar{x}_{32.}$ 最大，所以选择水平组合 (A_2, B_2) 和 (A_3, B_2) 为好.对于因素 A 的两个水平 A_2 和 A_3 还可以根据具体情况，从中选出一个更好的.

案例 9.3 小麦种植试验

在一个小麦种植试验中,考察 4 种不同的肥料(因素 A)与 3 种不同的品种(因素 B),

选择 12 块形状大小尽量一致的地块,每块上施加 $4 \times 3 = 12$ 种选择之一的肥料,试验结果如表 9-6 所示,给定显著性水平 $\alpha = 0.05$ 检验假设:(1) 使用不同肥料的小麦平均产量有无差异? (2) 使用不同品种的小麦平均产量有无差异?

表 9-6 小麦种植的试验结果

A	B			
	B_1	B_2	B_3	$\bar{X}_{i \cdot}$
A_1	164	175	174	171
A_2	155	157	147	153
A_3	159	166	158	161
A_4	158	157	153	156
$\bar{X}_{\cdot j}$	159	163.75	158	—

解 计算得 $S_T = 662$,$S_A = 498$,$S_B = 56$,$S_e = S_T - S_A - S_B = 662 - 498 - 56 = 108$,它们的自由度分别为 $rs - 1 = 11$,$r - 1 = 3$,$s - 1 = 2$,$(r-1)(s-1) = 6$.

把计算结果整理成如表 9-7 所示的方差分析表.

表 9-7 小麦种植试验的方差分析表

方差来源	平方和	自由度	均　方	F 值
肥料 A	498	3	166	9.22*
品种 B	56	2	28	1.56
随机误差 e	108	6	18	—
总和	662	11	—	—

由于 $F_{0.05}(3, 6) = 4.76$,$F_{0.05}(2, 6) = 5.14$,$9.22 > 4.76$,应拒绝原假设(1);又由于 $F_{0.01}(3, 6) = 9.78 > 9.22$,在水平 0.01 之下不能拒绝原假设(1),也就是说,不同肥料对小麦亩产量影响显著而非高度显著.又 $1.56 < F_{0.05}(2, 6) = 5.14$,故应接受假设(2),即认为三个品种对小麦亩产无差异.

案例 9.4　品牌与销售地区对饮料的销售量是否有影响?

有两种品牌的软饮料拟在三个地区进行销售,为了分析饮料的品牌和销售地区对销售量的影响,对每种品牌在各地区的销售量取得对应数据,如表 9-8 所示.试分析品牌和销售地区对饮料的销售量是否有显著影响(显著性水平取为 0.05)?

表 9-8 两种品牌的软饮料在三个地区的销售量

品牌因素	地 区 因 素		
	地区 1	地区 2	地区 3
品牌 1	558	627	484
品牌 2	464	528	616

解 提出如下假设.

对行因素(品牌)提出原假设

$$H_0 : \alpha_1 = \alpha_2 , \quad 行因素(品牌)对销售量无显著性影响$$

对列因素(地区)提出原假设

$$H_0 : \beta_1 = \beta_2 = \beta_3 , \quad 列因素(地区)对销售量无显著性影响$$

计算检验统计量的值

$$S_T = 22\,496.833\,3 , \quad S_A = 4\,466.333 , \quad S_B = 620.166\,7$$

$$S_e = S_T - S_A - S_B = 17\,410.33 , \quad MS_A = \frac{S_A}{(r-1)} = 4\,466.333$$

$$MS_B = \frac{S_B}{s-1} = 310.083\,4 , \quad MS_e = \frac{S_e}{(r-1)(s-1)} = 8\,705.166\,7$$

$$F_A = \frac{MS_A}{MS_e} = 0.513\,1 , \quad F_B = \frac{MS_B}{MS_e} = 0.035\,6$$

把计算结果整理成如表 9-9 所示的方差分析表.

表 9-9 饮料销售量的方差分析表

方差来源	平方和	自由度	均 方	F
因素 A	4 466.333	1	4 466.333	0.513 1
因素 B	620.166 7	2	310.083 4	0.035 6
随机误差 e	17 410.33	2	8 705.167	——
总和	22 496.83	5	——	——

因为 $F_{0.05}(2, 2)=0.795\,84$，所以不拒绝关于因素 A 的原假设，即认为地区因素对销售量无显著影响.因为 $F_{0.05}(1, 2)=0.814\,54$，所以不拒绝关于因素 B 的原假设，即认为品牌因素对销售量也无显著影响.

案例 9.5 地理位置与患抑郁症之间是否有关系？

有美国学者做过一项调查，主要研究地理位置与患抑郁症之间的关系.他们选择了 60 个 65 岁以上的健康老人，其中 20 人居住在佛罗里达，20 人居住在纽约，20 人居住在北卡罗来纳.对选中的每个人给出了测量抑郁症的一个标准化检验，搜集到如表 9-10 所示的数据资料，较高的得分表示较高的抑郁症水平.在显著性水平 $\alpha=0.05$，用单因素方差分析法判断不同地理位置时，健康老人患抑郁症的测试水平是否相同［假定三个地区健康老人得抑郁症的水平均服从正态分布 $X_i \sim N(\mu_i, \sigma^2)$ $(i=1, 2, 3)$］？

表 9-10 测量抑郁症的标准化检验

地 区	数 据																			
佛罗里达	3	7	7	3	8	8	8	5	5	2	6	2	6	6	9	7	5	4	7	3
纽 约	8	11	9	7	8	7	8	4	13	10	6	8	12	8	6	8	5	7	7	8
北卡罗来纳	10	7	3	5	11	8	4	3	7	8	8	7	3	9	8	12	6	3	8	11

解 （1）分别将测得的三个地区 65 岁以上健康老人的抑郁症水平作为三个正态总体 X_1，X_2，X_3.设 $X_i \sim N(\mu_i, \sigma^2)$ $(i=1, 2, 3)$.则问题归结为检验假设

$$H_0: \mu_1=\mu_2=\mu_3 \leftrightarrow H_1: \mu_1, \mu_2, \mu_3 \text{ 不全相等}$$

（2）由所给数据计算三个地区的样本均值为

$$\bar{x}_1=5.55, \quad \bar{x}_2=8, \quad \bar{x}_3=7.05, \quad \bar{x}=6.87$$

组间离差平方和

$$SSA=\sum_{i=1}^{3} n_i (\bar{x}_i-\bar{x})^2=20 \times [(5.55-6.87)^2+(8-6.87)^2+(7.05-6.87)^2]$$

$$=61.033\,33$$

其自由度为 $3-1=2$，均方为 $\dfrac{SSA}{3-1}=\dfrac{61.033\,33}{2}=30.516\,67$. 组内离差平方和

$$SSE=\sum_{i=1}^{3}\sum_{j=1}^{20} (x_{ij}-\bar{x}_i)^2=\sum_{j=1}^{20} (x_{1j}-\bar{x}_1)^2+\sum_{j=1}^{20} (x_{2j}-\bar{x}_2)^2+\sum_{j=1}^{20} (x_{3j}-\bar{x}_3)^2$$

$$=331.9$$

其自由度为 $3 \times (20-1) = 57$，均方为 $\dfrac{\text{SSE}}{3 \times (20-1)} = \dfrac{331.9}{57} = 5.822\,807$. 总方差为

$$\text{SST} = \text{SSA} + \text{SSE} = 61.033\,33 + 331.9 = 392.933\,33$$

其自由度为

$$(3-1) + 3 \times (20-1) = 59$$

（3）计算方差比

$$F = \frac{30.516\,67}{5.822\,807} = 5.240\,886$$

而 $F_{0.05}(2, 57) = 3.158\,846$，由此单因素方差分析如表 9-11 所示.

表 9-11　单因素方差分析表

方差来源	平方和	自由度	均　方	F
组间 SSA	61.033 33	2	30.516 67	5.240 886*
组内 SSE	331.9	57	5.822 807	—
总和 SST	392.933 3	59	—	—

（4）决策.由于 $5.240\,886 > 3.158\,846$，故有理由拒绝原假设.即地理位置对健康人群得抑郁症的水平有显著影响.

案例 9.6　二手手机价格对比分析

1. 研究背景

德勤在《移动消费大未来 2015 中国移动消费者行为》报告中称，仅有 1‰ 的用户购买新数字设备是为了替代旧产品，这个结果显示当用户对新设备有很高的兴趣时，对价格并不敏感.消费者更关注的是手机（新数字设备）能够带来什么样的新功能，而并非以价格决定一切.

对于一个手机发烧友来说，手机已不是坏了才换，而是像更新玩具一样更新，因此，市场上出现了许多二手手机.近十多年以来，随着社会的发展，手机回收行业发生了巨大的变化，不断涌入的新鲜血液加速行业走向专业正规化，众多专业回收平台也爆发式地出现.

如果玩家想在恰当时机出售二手手机，首先通过专业回收平台的估价系统估价，在估价系统中，针对同品牌、同型号的二手手机，又会根据不同颜色、不同网络制式、不同存储容量、不同运行内存、不同型号等情况给出不同的整机报价.那么这些细分后的整机报价是否真的存在差异？

2. 数据来源

本例研究二手手机整机市场报价的细分项为网络制式及报价日期.研究的数据取自

2017 年 1 月初至 3 月中旬共计 11 周的"爱回收"官网对华为 P9 不同网络制式二手手机的市场报价(整机报价),如表 9-12 所示.

表 9-12　华为 P9 不同网络制式二手手机 11 周内市场报价(单位：元)

日　期	电信版	联通版	全网通	移动版
第 1 周	1 215	1 385	1 550	1 300
第 2 周	1 215	1 385	1 550	1 300
第 3 周	1 260	1 345	1 590	1 345
第 4 周	1 260	1 345	1 590	1 345
第 5 周	1 260	1 345	1 570	1 345
第 6 周	1 530	1 615	1 860	1 615
第 7 周	1 260	1 345	1 590	1 345
第 8 周	1 385	1 465	1 710	1 465
第 9 周	1 385	1 465	1 710	1 465
第 10 周	1 245	1 325	1 570	1 325
第 11 周	1 080	1 165	1 410	1 165

3. 方差分析

设因子 A 有 I 种处理,因子 B 有 J 种处理.两个因子共有 IJ 种不同的处理组合.如果每种处理组合只测得一个观测值,则有 IJ 个观测值,这样的试验属于无重复试验.下面只研究探讨主效应,而不考虑交互效应,即只考虑不同网络制式、不同日期的报价,不考虑不同网络制式和不同日期交互作用时的报价,数学模型为

$$y_{ij} = \mu + \alpha_i + \beta_j + \varepsilon_{ij}, \quad i = 1, 2, \cdots, I, j = 1, 2, \cdots, J$$

$$\mu_{ij} = \mu + \alpha_i + \beta_j, \quad i = 1, 2, \cdots, I, j = 1, 2, \cdots, J$$

基本假定如下：y_{ij} 相互独立；$y_{ij} \sim N(\mu_{ij}, \sigma^2)$,即同服从正态分布,且方差齐性.其中,$y_{ij}$ 表示因子 A 的第 i 个处理和因子 B 的第 j 个处理组合的观测值；μ 表示不考虑因子 A 和因子 B 的影响时观测值总的平均值,它是模型的常数项(截距)；α_i 表示因子 A 的第 i 个处理的效应；β_j 表示因子 B 的第 j 个处理的效应处理误差；ε_{ij} 表示因子 A 第 i 个处理和因子 B 的第 j 个处理组合中的观测值的随机误差,同时假定 ε_{ij} 服从均值为 0、方差为 σ^2 的正态分布.

检验二手手机网络制式对市场报价效应的假设为

$$H_0: \alpha_1 = \alpha_2 = \alpha_3 = \alpha_4 \leftrightarrow H_1: \alpha_1, \alpha_2, \alpha_3, \alpha_4 \text{ 不全相等}$$

检验不同日期对市场报价效应的假设为

$$H_0: \beta_1 = \beta_2 = \cdots = \beta_{11} \leftrightarrow H_1: \beta_1, \beta_2, \cdots, \beta_{11} \text{ 不全相等}$$

取显著性水平 $\alpha = 0.05$，方差分析表如表 9-13 所示.

表 9-13　方差分析表

来　源	平方和	自由度	均　方	F	P
网络制式	649 860.795	3	216 620.265	734.683	0.000
日　期	519 072.727	10	51 907.273	176.047	0.000
误　差	8 845.455	30	294.848	—	—
总　计	1 177 778.977	43	—	—	—

方差分析表明不同网络制式的二手手机报价差异显著,不同日期的二手手机报价差异也显著.不同网络制式、不同日期的二手手机报价均值如表 9-14 和表 9-15 所示.

表 9-14　不同网络制式的二手手机报价均值

网络制式	电信版	联通版	全网通	移动版
均值/元	1 281.364	1 380.455	1 609.091	1 365.000

表 9-15　不同日期的二手手机报价均值

日期	第1周	第2周	第3周	第4周	第5周	第6周	第7周	第8周	第9周	第10周	第11周
均值/元	1 362.50	1 362.50	1 385.00	1 385.00	1 380.00	1 655.00	1 385.00	1 506.25	1 506.25	1 366.25	1 205.00

对于华为 P9 二手手机整机的市场细分报价,在网络制式方面,全网通的市场报价显著高于电信、移动版及联通版;而在不同的报价日期方面,第 6 周的市场报价高于其他周,且第 6 周的市场报价显著高于第 11 周.

第 10 章
回归分析和相关分析

案例 10.1　两种预测区间

预测是指通过自变量 x 的取值来预测因变量 y 的取值.通常只适用于内插,而不适用于外推.下面以一元线性回归为例说明两种预测区间.

1. 点估计

利用估计的回归方程,对于 x 的一个特定值 x_0 求出 y 的一个估计值就是点估计.点估计可分为两种:一是平均值的点估计,二是个别值的点估计.由于 $E(y_0) = \beta_0 + \beta_1 x_0$,即得这两种的点估计是一样的.

平均值的点估计是利用估计的回归方程,对于 x 的一个特定值 x_0 求出 y 的平均值的一个估计值 $E(y_0)$.而个别值的点估计是利用估计的回归方程,对于 x 的一个特定值 x_0 求出 y 的一个个别值的估计值 $\hat{y}_0$.对于同一个 x_0,平均值的点估计和个别值的点估计的结果是一样的,但在区间估计中则有所不同.

2. 区间估计

利用估计的回归方程,对于 x 的一个特定值 x_0 求出 y 的一个估计值的区间就是区间估计.区间估计也有两种类型:一是置信区间估计,它是对 x 的一个特定值 x_0 求出 y 的平均值 $E(y_0)$ 的估计区间,这一区间称为置信区间;二是预测区间估计,它是对 x 的一个特定值 x_0 求出 y 的一个个别值 y_0 的估计区间,这一区间称为预测区间.

1) y 的平均值 $E(y_0)$ 的置信区间

回归方程为 $\hat{y} = \hat{\beta}_0 + \hat{\beta}_1 x$,需要对给定的自变量 $x = x_0$,以 $\hat{y}_0 = \hat{\beta}_0 + \hat{\beta}_1 x_0$ 作为 $E(y_0)$ 的预测值.下面求 $E(y_0)$ 的置信水平 $1 - \alpha$ 的置信区间.

假定 y_0 与 $y_1, y_2, \cdots, y_n$ 相互独立,$y_0 = \beta_0 + \beta_1 x_0 + \varepsilon_0$,$\varepsilon_0 \sim N(0, \sigma^2)$,$\varepsilon_0$ 与 ε_1,$\varepsilon_2, \cdots, \varepsilon_n$ 独立.又

$$E(\hat{y}_0) = E(\hat{\beta}_0 + \hat{\beta}_1 x_0) = \beta_0 + \beta_1 x_0 = E(y_0)$$

$$D(\hat{y}_0) = D(\hat{\beta}_0 + \hat{\beta}_1 x_0) = D(\hat{\beta}_0) + x_0^2 D(\hat{\beta}_1) + 2x_0 \mathrm{cov}(\hat{\beta}_0, \hat{\beta}_1)$$

$$= \sigma^2 \left(\frac{1}{n} + \frac{\bar{x}^2}{l_{xx}} \right) + \frac{\sigma^2 x_0^2}{l_{xx}} - 2 \frac{x_0 \bar{x} \sigma^2}{l_{xx}} = \sigma^2 \left[\frac{1}{n} + \frac{(x_0 - \bar{x})^2}{l_{xx}} \right]$$

则　$\hat{y}_0 \sim N \left(E(y_0), \sigma^2 \left[\frac{1}{n} + \frac{(x_0 - \bar{x})^2}{l_{xx}} \right] \right)$, 　$\dfrac{\hat{y}_0 - E(y_0)}{\sigma \sqrt{\dfrac{1}{n} + \dfrac{(x_0 - \bar{x})^2}{l_{xx}}}} \sim N(0, 1)$

又 $\dfrac{(n-2)\hat{\sigma}^2}{\sigma^2} \sim \chi^2(n-2)$, 且 $\hat{y}_0$ 与 $\hat{\sigma}^2$ 相互独立, 则

$$\dfrac{\dfrac{\hat{y}_0 - E(y_0)}{\sigma \sqrt{\dfrac{1}{n} + \dfrac{(x_0 - \bar{x})^2}{l_{xx}}}}}{\sqrt{\dfrac{(n-2)\hat{\sigma}^2}{(n-2)\sigma^2}}} = \dfrac{\hat{y}_0 - E(y_0)}{\hat{\sigma} \sqrt{\dfrac{1}{n} + \dfrac{(x_0 - \bar{x})^2}{l_{xx}}}} \sim t(n-2)$$

若记 $s_{\hat{y}_0} = \hat{\sigma} \sqrt{\dfrac{1}{n} + \dfrac{(x_0 - \bar{x})^2}{l_{xx}}}$, 则有 $\dfrac{\hat{y}_0 - E(y_0)}{s_{\hat{y}_0}} \sim t(n-2)$, 对于给定的 x_0,

$E(y_0)$ 在 $1-\alpha$ 置信水平下的置信区间可表示为 $\left[\hat{y}_0 - t_{\frac{\alpha}{2}}(n-2) s_{\hat{y}_0}, \ \hat{y}_0 + t_{\frac{\alpha}{2}}(n-2) s_{\hat{y}_0} \right]$.

当 $x_0 = \bar{x}$ 时, $\hat{y}_0$ 的标准差的估计量最小, 此时有 $s_{\hat{y}_0} = \hat{\sigma} \sqrt{\dfrac{1}{n}}$. 这就是说, 当 $x_0 = \bar{x}$ 时, 估计是最准确的; x_0 偏离 $\bar{x}$ 越远, y 的平均值的置信区间就变得越宽, 估计的效果也就越不好.

2) y 的个别值 y_0 的预测区间

回归方程为 $\hat{y} = \hat{\beta}_0 + \hat{\beta}_1 x$, 需要对给定的自变量 $x = x_0$ 预测因变量 y_0, 以 $\hat{y}_0 = \hat{\beta}_0 + \hat{\beta}_1 x_0$ 作为 y_0 的预测值. 然而, 实际问题还需要知道所谓预测精度, 也就是希望给出一个类似于置信区间的预测区间, 也即在给定的显著性水平 α 下, 找到一个正数 δ, 使 $P(|y_0 - \hat{y}_0| < \delta) = 1 - \alpha$, 为此, 必须求出 $y_0 - \hat{y}_0$ 的分布.

假定 y_0 与 $y_1, y_2, \cdots, y_n$ 相互独立, $y_0 = \beta_0 + \beta_1 x_0 + \varepsilon_0$, $\varepsilon_0 \sim N(0, \sigma^2)$, ε_0 与 ε_1, $\varepsilon_2, \cdots, \varepsilon_n$ 独立, 易知: $y_0 - \hat{y}_0$ 也服从于正态分布, 且 y_0 与 $\hat{y}_0$ 相互独立. 又

$$E(\hat{y}_0) = E(\hat{\beta}_0 + \hat{\beta}_1 x_0) = \beta_0 + \beta_1 x_0, \quad D(\hat{y}_0) = \sigma^2 \left[\frac{1}{n} + \frac{(x_0 - \bar{x})^2}{l_{xx}} \right]$$

于是　　　　　$E(y_0 - \hat{y}_0) = E(y_0) - E(\hat{y}_0) = \beta_0 + \beta_1 x_0 - \beta_0 - \beta_1 x_0 = 0$

$$D(y_0 - \hat{y}_0) = D(y_0) + D(\hat{y}_0) = \sigma^2 + \sigma^2 \left[\frac{1}{n} + \frac{(x_0 - \bar{x})^2}{l_{xx}} \right] = \sigma^2 \left[1 + \frac{1}{n} + \frac{(x_0 - \bar{x})^2}{l_{xx}} \right]$$

即有

$$y_0 - \hat{y}_0 \sim N \left(0, \sigma^2 \left[1 + \frac{1}{n} + \frac{(x_0 - \bar{x})^2}{l_{xx}} \right] \right), \quad \dfrac{y_0 - \hat{y}_0}{\sigma \sqrt{1 + \dfrac{1}{n} + \dfrac{(x_0 - \bar{x})^2}{l_{xx}}}} \sim N(0, 1)$$

又 $\dfrac{(n-2)\hat{\sigma}^2}{\sigma^2} \sim \chi^2(n-2)$，且 $y_0 - \hat{y}_0$ 与 $\hat{\sigma}^2$ 相互独立，则

$$\dfrac{\dfrac{(y_0 - \hat{y}_0)}{\sigma \sqrt{1 + \dfrac{1}{n} + \dfrac{(x_0 - \bar{x})^2}{l_{xx}}}}}{\sqrt{\dfrac{(n-2)\hat{\sigma}^2}{(n-2)\sigma^2}}} = \dfrac{y_0 - \hat{y}_0}{\hat{\sigma} \sqrt{1 + \dfrac{1}{n} + \dfrac{(x_0 - \bar{x})^2}{l_{xx}}}} \sim t(n-2)$$

记 $s_0 = \hat{\sigma} \sqrt{1 + \dfrac{1}{n} + \dfrac{(x_0 - \bar{x})^2}{l_{xx}}}$，若给定的显著性水平 α，对于给定的 x_0，y 的个别值 y_0 在 $1-\alpha$ 置信水平下的预测区间可表示为 $[\hat{y}_0 - t_{\frac{\alpha}{2}}(n-2)s_0, \hat{y}_0 + t_{\frac{\alpha}{2}}(n-2)s_0]$，该区间以 $\hat{y}_0$ 为中点，长度为 $2t_{\frac{\alpha}{2}}(n-2)s_0$，中点 $\hat{y}_0$ 随 x_0 线性地变化，其长度在 $x = \bar{x}$ 处最短，x_0 越远离 $\bar{x}$，长度就越长. 因此预测区间的上限与下限的曲线对称地落在回归直线的两侧，而呈喇叭形. 一般只有当 x_0 比较靠近 $\bar{x}$ 时，才能做出比较精确的预测.

当 n 较大且 x_0 较接近 $\bar{x}$ 时有 $\sqrt{1 + \dfrac{1}{n} + \dfrac{(x_0 - \bar{x})^2}{l_{xx}}} \approx 1$，此时预测区间可近似为

$$[\hat{y}_0 - t_{\frac{\alpha}{2}}(n-2)\hat{\sigma}, \hat{y}_0 + t_{\frac{\alpha}{2}}(n-2)\hat{\sigma}]$$

再者，当 n 很大且 x_0 较接近 $\bar{x}$ 时，$t(n-2)$ 近似于 $N(0,1)$，$t_{\frac{\alpha}{2}}(n-2) \approx U_{\frac{\alpha}{2}}$，此时预测区间可近似为

$$[\hat{y}_0 - U_{\frac{\alpha}{2}}\hat{\sigma}, \hat{y}_0 + U_{\frac{\alpha}{2}}\hat{\sigma}]$$

3）两种类型的区间估计的比较

y 的个别值的预测区间要比 y 的平均值的预测宽一些. 两者的差别表明，估计 y 的平均值比预测 y 的一个特定值或个别值更精确. 同样，当 $x_0 = \bar{x}$ 时，预测区间是最精确的.

案例 10.2　黏虫孵化历期平均温度与历期天数的关系

有学者研究黏虫孵化历期平均温度 x 与历期天数 y 之间的关系，试验资料如表 10-1 所示.

表 10-1　黏虫孵化历期平均温度与历期天数

x /℃	11.8	14.7	15.6	16.8	17.1	18.8	19.5	20.4
y /d	30.1	17.3	16.7	13.6	11.9	10.7	8.3	6.7

试：（1）建立一元直线回归方程 $\hat{y} = \hat{a} + \hat{b}x$；（2）计算回归平方、剩余平方和；（3）用 F 检验的方法检验直线回归关系的显著性；（4）用 t 检验的方法检验回归关系的显著性；（5）计

算回归截距和回归系数的 95% 置信区间;(6) 估计当黏虫孵化历期平均温度为 15℃时,该年的历期天数为多少天(取 95% 置信概率);(7) 求黏虫孵化历期平均温度与历期天数的相关系数;(8) 检验所求相关系数的显著性.

解　(1)　$n=8$,　$\sum\limits_{i=1}^{n}x_i=134.7$,　$\sum\limits_{i=1}^{n}x_i^2=2\,323.19$,　$\sum\limits_{i=1}^{n}y_i=115.3$

$$\sum_{i=1}^{n}y_i^2=2\,039.03,\quad \sum_{i=1}^{n}x_iy_i=1\,801.67,\quad l_{xx}=\sum_{i=1}^{n}x_i^2-\frac{1}{n}\left(\sum_{i=1}^{n}x_i\right)^2=55.178\,8$$

$$l_{yy}=\sum_{i=1}^{n}y_i^2-\frac{1}{n}\left(\sum_{i=1}^{n}y_i\right)^2=377.268\,8$$

$$l_{xy}=\sum_{i=1}^{n}x_iy_i-\frac{1}{n}\left(\sum_{i=1}^{n}x_i\right)\left(\sum_{i=1}^{n}y_i\right)=-139.693\,7$$

$$\bar{x}=\frac{1}{n}\sum_{i=1}^{n}x_i=16.837\,5,\quad \bar{y}=\frac{1}{n}\sum_{i=1}^{n}y_i=14.412\,5$$

$$\hat{b}=\frac{l_{xy}}{l_{xx}}=-2.531\,7,\quad \hat{a}=\bar{y}-\hat{b}\bar{x}=57.040\,0$$

故黏虫孵化历期天数依历期平均温度的直线回归方程为

$$\hat{y}=57.040\,0-2.531\,7x\quad \text{或}\quad \hat{y}=14.412\,5-2.531\,7(x-16.837\,5)$$

(2) $U=\hat{b}^2l_{xx}=353.662\,5$, $S_e=l_{yy}-U=23.606\,3$.

(3) 原假设 H_0:黏虫孵化历期平均温度 x 与历期天数 y 之间无线性关系;对立假设 H_1:二者存在线性关系.如表 10-2 所示为 F 检验的结果.

表 10-2　F 检验的结果

方差来源	平方和	自由度	均　方	F
回归	353.662 5	1	353.662 5	
剩余	23.606 3	6	3.934 4	89.89
总计	377.268 8	7	—	

由于 $F_{0.05}(1,6)=5.99$,$F_{0.01}(1,6)=13.74<89.89$,说明黏虫孵化历期平均温度与历期天数之间存在着极显著的直线回归关系.

(4) 通过计算得 $T=-9.48$,由于 $t_{0.01}(6)=3.707$,$|T|=9.48>t_{0.01}(6)$,应否定 H_0:$\beta=0$,接受 H_1:$\beta\neq0$,即认为黏虫孵化历期平均温度与历期天数间有真实直线回归关系.

(5) 在研究黏虫孵化历期平均温度与历期天数关系时,将有 95% 的总体回归截距落在 $[45.905\,4,68.174\,6]$ 区间内.黏虫孵化历期平均温度和历期天数的总体回归系数落在

[−3.185 0，−1.878 4] 区间的可靠度为 95%.

(6) 当 $x=15$ 时，有 $\hat{y}=\hat{a}+\hat{b}x=19.064\ 5$. 当黏虫孵化历期平均温度为 15℃时，历期平均天数的 95% 置信区间（y 平均值的置信区间）为 [16.970 1，21.158 9]. 当某年黏虫孵化历期平均温度为 15℃时，该年黏虫孵化历期天数的 95% 置信区间（y 个别值的预测区间）为 [13.778 2，24.350 8].

(7) $r=\dfrac{l_{xy}}{\sqrt{l_{xx}\cdot l_{yy}}}=-0.968\ 2$，黏虫孵化历期平均温度与历期天数呈负相关，即平均温度越高，历期天数越少.

(8) 做统计假设 $H_0:\rho=0\leftrightarrow H_1:\rho\neq 0$，$T=-9.48$，$t_{0.01}(6)=3.707<|T|$，$r=-0.968\ 2$ 落在 $\rho=0$ 总体的小概率内，说明黏虫孵化历期平均温度与历期天数之间存在着极显著的直线相关关系.

案例 10.3　克孜尔水库总渗流量与库水位的一元回归分析

克孜尔水库位于阿克苏地区拜城县境内，坝址西距拜城县约 60 km，东距库车县约 70 km，是目前塔里木河水系渭干河流域上的一座以灌溉、防洪为主，兼有水力发电、水产养殖和旅游等综合效益性的大型控制性水利枢纽工程. 克孜尔水库运行多年以来，最高蓄水位为 1 149.56 m，未达到正常蓄水位 1 149.60 m，实测大坝总渗流量最大值为 12.51 L/s，相应的库水位为 1 149.39 m. 为准确预测大坝渗流量，最大限度发挥水库的灌溉效益，下面采用一元线性回归方法，根据总渗流量与库水位的实测值推断大坝总渗流量与库水位的一元线性回归方程，并论证其合理性，以指导水库的安全运行.

克孜尔水库现有 6 口渗流井，分别布置在主坝 0+180 断面、廊道、副坝 1+137 断面、0+700 断面、圆井和溢洪道. 每个渗流井设置一台电磁流量计，采用 RS485 通信方式，通过光缆通信设备接入水库管理局中心机房的前置机，分别读取每个渗流井的渗流量. 选取水库蓄水过程中的 36 组库水位，其与总渗流量的对比如表 10-3 所示，绘制库水位与总渗流量的散点图，如图 10-1 所示，从散点图可以看出总渗流量与库水位存在相关性.

表 10-3　克孜尔水库总渗流量与库水位统计

序号	库水位/m	总渗流量/(L/s)	序号	库水位/m	总渗流量/(L/s)
1	1 140.79	3.94	5	1 141.78	4.81
2	1 141.00	4.99	6	1 142.89	5.68
3	1 141.27	4.10	7	1 142.81	5.24
4	1 141.78	4.26	8	1 142.57	5.58

序号	库水位/m	总渗流量/(L/s)	序号	库水位/m	总渗流量/(L/s)
9	1 142.72	6.44	23	1 147.01	8.95
10	1 142.88	6.36	24	1 147.24	8.28
11	1 143.42	6.48	25	1 147.71	8.74
12	1 143.73	6.22	26	1 147.79	10.37
13	1 144.43	6.92	27	1 147.94	10.39
14	1 144.68	6.84	28	1 148.1	10.47
15	1 144.85	7.06	29	1 148.26	10.59
16	1 145.00	7.38	30	1 148.44	10.85
17	1 145.26	7.75	31	1 148.57	10.71
18	1 145.51	7.51	32	1 148.72	11.48
19	1 145.79	7.41	33	1 148.86	11.48
20	1 146.05	7.78	34	1 149.26	11.75
21	1 146.33	7.96	35	1 149.39	11.96
22	1 146.54	7.92	36	1 149.48	11.65

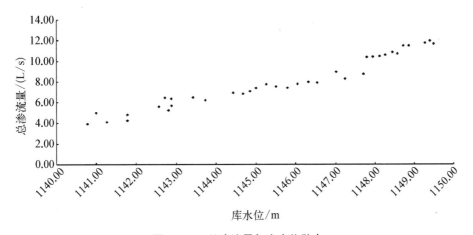

图 10-1　总渗流量与库水位散点

以库水位为自变量 x，总渗流量为因变量 y，计算得

$$\sum_{i=1}^{36} x_i = 41\,238.86, \quad \sum_{i=1}^{36} y_i = 286.28, \quad \sum_{i=1}^{36} x_i y_i = 328\,164.60, \quad \sum_{i=1}^{36} x_i^2 = 47\,240\,357.31$$

$$\bar{x} = 1\,145.52\ \text{m}, \quad \bar{y} = 7.95\ \text{L/s}$$

建立一元线性回归方程 $\qquad y = -991.665\,4 + 0.872\,6x$

根据表 10-3 计算得相关系数 $\qquad r = 0.97$

取显著性水平 $\alpha = 0.05$，自由度为 $n = 36 - 2 = 34$，查相关系数表得临界值为 $R_{0.05} = 0.349$，由于 $r = 0.97 > 0.349$，故通过检验，说明水库总渗流量与库水位线性相关合理.

方差分析与回归系数如表 10-4 所示.

表 10-4　方差分析与回归系数

模　型	平方和	自由度	均　方	F	P
回归	196.569	1	196.569	628.493	0.000
残差	10.634	34	0.313	—	—
总计	207.203	35	—	—	—

采用 F 检验考察回归方程的显著性.取显著性水平 $\alpha = 0.05$，$F_{0.05}(1, 34) = 4.13$，计算求得 F 的值为 628.493，即回归方程显著.

下面做 t 检验.根据相关计算（见表 10-5）可得 $t = 5.678$，$t_{0.05}(34) = 2.032\,2$，由于 $5.678 > 2.032\,2$，故在显著性水平 $\alpha = 0.05$ 下，回归系数显著，即 t 检验通过，说明水库总渗流量与库水位线性相关合理.

表 10-5　相关计算

序号	x_i	y_i	$x_i - \bar{x}$	$y_i - \bar{y}$	$(x_i - \bar{x})(y_i - \bar{y})$	$(x_i - \bar{x})^2$	$(y_i - \bar{y})^2$
1	1 140.79	3.94	−4.73	−4.01	18.97	22.37	16.08
2	1 141.00	4.99	−4.52	−2.96	13.38	20.43	8.76
3	1 141.27	4.10	−4.25	−3.85	16.36	18.06	14.82
4	1 141.78	4.26	−3.74	−3.69	13.80	13.99	13.62
5	1 141.78	4.81	−3.74	−3.14	11.74	13.99	9.86
6	1 142.89	5.68	−2.63	−2.27	5.97	6.92	5.15
7	1 142.81	5.24	−2.71	−2.71	7.34	7.34	7.34
8	1 142.57	5.58	−2.95	−2.37	6.99	8.70	5.62
9	1 142.72	6.44	−2.80	−1.51	4.23	7.84	2.28
10	1 142.88	6.36	−2.64	−1.59	4.20	6.97	2.53
11	1 143.42	6.48	−2.10	−1.47	3.09	4.41	2.16

序号	x_i	y_i	$x_i - \bar{x}$	$y_i - \bar{y}$	$(x_i - \bar{x})(y_i - \bar{y})$	$(x_i - \bar{x})^2$	$(y_i - \bar{y})^2$
12	1 143.73	6.22	−1.79	−1.73	3.10	3.20	2.99
13	1 144.43	6.92	−1.09	−1.03	1.12	1.19	1.06
14	1 144.68	6.84	−0.84	−1.11	0.93	0.71	1.23
15	1 144.85	7.06	−0.67	−0.89	0.60	0.45	0.79
16	1 145.00	7.38	−0.52	−0.57	0.30	0.27	0.32
17	1 145.26	7.75	−0.26	−0.20	0.05	0.07	0.04
18	1 145.51	7.51	−0.01	−0.44	0.01	0.00	0.19
19	1 145.79	7.41	0.27	−0.54	−0.15	0.07	0.29
20	1 146.05	7.78	0.53	−0.17	−0.09	0.28	0.03
21	1 146.33	7.96	0.81	0.01	0.01	0.66	0.00
22	1 146.54	7.92	1.02	−0.03	−0.03	1.04	0.00
23	1 147.01	8.95	1.49	1.00	1.49	2.22	1.00
24	1 147.24	8.28	1.72	0.33	0.57	2.96	0.11
25	1 147.71	8.74	2.19	0.79	1.73	4.80	0.62
26	1 147.79	10.37	2.27	2.42	5.49	5.15	5.86
27	1 147.94	10.39	2.42	2.44	5.90	5.86	5.95
28	1 148.1	10.47	2.59	2.52	6.53	6.71	6.35
29	1 148.26	10.59	2.74	2.64	7.23	7.51	6.97
30	1 148.44	10.85	2.92	2.90	8.47	8.53	8.41
31	1 148.57	10.71	3.05	2.76	8.42	9.30	7.62
32	1 148.72	11.48	3.20	3.53	11.30	10.24	12.46
33	1 148.86	11.48	3.34	3.53	11.79	11.16	12.46
34	1 149.26	11.75	3.74	3.80	14.21	13.99	14.44
35	1 149.39	11.96	3.87	4.01	15.52	14.98	16.08
36	1 149.48	11.65	3.96	3.70	14.65	15.68	13.69
合计	41 238.86	286.28	—	—	225.22	258.03	207.20
平均值	1 145.52	7.95	—	—	—	—	—

上述分析论证说明,克孜尔水库总渗流量与库水位存在一元线性相关性,其相关方程为 $y = -991.665\,4 + 0.872\,6x$,其相关性如图 10-2 所示.

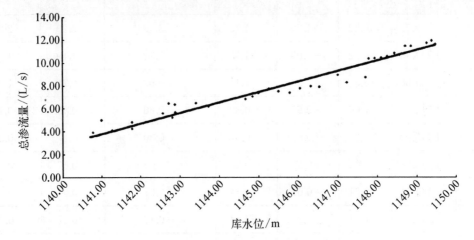

图 10-2 总渗流量与库水位关系

通过回归方程计算值与实测值对比(见表 10-6)可知,其误差在 5% 以内,说明总渗流量与库水位的相关性显著,回归方程合理可靠,可以用于相关预测.

表 10-6 克孜尔水库总渗流量与库水位统计

序号	x_i	y_i	$\hat{y}_i$	误差/%	序号	x_i	y_i	$\hat{y}_i$	误差/%
1	1 140.79	3.94	3.79	−3.86	10	1 147.01	8.95	9.22	2.97
2	1 141.27	4.10	4.21	2.60	11	1 147.79	10.37	9.90	−4.57
3	1 141.78	4.81	4.65	−3.29	12	1 147.94	10.39	10.03	−3.49
4	1 142.89	5.68	5.62	−1.05	13	1 148.1	10.47	10.18	−2.81
5	1 143.73	6.22	6.35	2.14	14	1 148.26	10.59	10.31	−2.68
6	1 144.43	6.92	6.96	0.64	15	1 148.44	10.85	10.46	−3.56
7	1 144.85	7.06	7.33	3.83	16	1 148.26	10.59	10.58	−1.24
8	1 145.00	7.38	7.46	1.11	17	1 149.26	11.75	11.18	−4.86
9	1 145.26	7.75	7.69	−0.79	18	1 149.48	11.65	11.37	−2.40

案例 10.4 我国数字图书馆文献的洛特卡定律研究

本书第 2 章中曾介绍过文献计量学中的洛特卡定律,本章则将着眼于我国数字图书馆,研究其中的洛特卡定律.

1. 数据来源

本案例数据是以重庆维普《中国科技期刊全义数据库》为检索系统,以"数字图书馆"为关键词,将 1999—2010 年间所有期刊论文作为统计分析源文献,检索得到相关文献 11 268 篇.

筛选数据的原则:① 仅选取研究性论文作为本文的研究对象,不选取非研究性论文及一稿多投的重复文献;② 在进行数据处理时,只统计第一作者;③ 合著者与著者不详的论文不计.据以上原则进行数据的整理,得到我国 1999—2010 年 12 年间的有关数字图书馆研究论文共 5 423 篇,涉及第一作者 2 378 人.我国数字图书馆相关作者在此 12 年间发表的论文数和发表了 x 篇论文的作者人数 y_x 的数量关系计算如表 10-7 所示.

表 10-7　我国数字图书馆研究性论文的作者分布数据

论文量 x/篇	作者量 y_x/人	论文数 xy_x/篇	与作者总量比(比重)	累计比重	论文量 x/篇	作者量 y_x/人	论文数 xy_x/篇	与作者总量比(比重)	累计比重
1	1 557	1 557	0.654 8	0.654 8	10	14	140	0.005 9	0.989 9
2	362	724	0.152 2	0.807 0	11	8	88	0.003 4	0.993 3
3	161	483	0.067 7	0.874 7	12	4	48	0.001 7	0.995 0
4	91	364	0.038 3	0.913 0	13	5	65	0.002 1	0.997 1
5	69	345	0.029 0	0.942 0	14	3	42	0.001 3	0.998 3
6	37	222	0.015 6	0.957 5	15	1	15	0.000 4	0.998 7
7	33	231	0.013 9	0.971 4	16	2	32	0.000 8	0.999 6
8	15	120	0.006 3	0.977 7	26	1	26	0.000 4	1
9	15	135	0.006 3	0.984 0	合计	2 378	5 324	1	—

2. 数字图书馆论文的洛特卡分布规律

通过对"数字图书馆"以期刊论文形式发表其科研成果的状况,应用洛特卡定律,即撰写 x 篇论文的作者数 y_x 与其撰写论文数 x 之间存在着如下关系:

$$x^\alpha y_x = c$$

式中,y_x 是发表某一学科论文 x 篇的作者数,α 和 c 是对数据估计出来的两个常数.于是,利用所收集的数据,估算指数 α 和 c 值,随后进行 K-S 拟合检验.

3. 指数 α 的估算

为了估算非线性方程 $x^\alpha y_x = c$ 的指数 α,需将该式稍加变换,两边取对数(可取自然对

数)后,变成 $\ln x$ 与 $\ln y$ 的一元线性关系,即

$$\alpha\ln x + \ln y_x = \ln c, \quad \ln y_x = \ln c + (-\alpha)\ln x$$

$\ln x$ 与 $\ln y_x$ 的这种直线关系,在高产作者点处有些失准.这一点洛特卡当年已察觉到.他将 1.02% 的高产物理学家和 1.30% 的高产化学家拒之其外,才分别得到物理学 $\alpha=2.021$,化学 $\alpha=1.888$. 普赖斯认为,α 值通常在 1.2～3.5 间浮动,他还明确地指出,对于物理学来说,$\alpha=2$ 是合理的,对于技术生命、社会与人文科学来说,α 值是增大的;同时,α 值还取决于科学合作的程度,合作研究频繁与规模较大的学科,α 值将变小.

为了保持 $\ln x$ 与 $\ln y_x$ 的线性关系,如何截删高产作者呢?维拉奇建议截删数量应当效仿 $\sqrt{\sum y_x}$ 主张.$\sqrt{\sum y_x}$ 是普赖斯对科学家中杰出人物的概算公式,例如,若有 1 000 名科学家的话,其中佼佼者为 $\sqrt{1\,000} \approx 31$ 人.由此,从表 10-7 的数据可知,统计的论文作者数为 2 378 人,可以截删的作者数为 $\sqrt{2\,378} \approx 49$ 人,占作者总人数的 2.06%.由于样本数据 $\ln x$ 与 $\ln y_x$ 的线性关系尚好,所以在估算中仅截删高产作者 12 人(仅为 0.505%),也就是表 10-7 中写出 13 篇以上的作者.

估算 α 值最普遍使用的方法是最小二乘法.其计算公式为

$$\hat\alpha = -\frac{N\sum_{i=1}^{N}X_iY_i - \sum_{i=1}^{N}X_i\sum_{i=1}^{N}Y_i}{N\sum_{i=1}^{N}X_i^2 - \left(\sum_{i=1}^{N}X_i\right)^2} = -\frac{\overline{XY}-\bar X\bar Y}{\overline{X^2}-\bar X^2}$$

$$\lg\hat c = \frac{1}{N}\sum_{i=1}^{N}Y_i + \hat\alpha\frac{1}{N}\sum_{i=1}^{N}X_i = \bar Y + \hat\alpha\bar X$$

式中,$X_i=\ln x_i$,$Y_i=\ln y_{xi}(i=1,2,\cdots,N)$,而 N 为被考察数据对的数量(由上面删截的作者数知,$N=12$).应该指出的是,参数 c 的估计不是用上述一元线性回归的计算公式计算的.

表 10-8 作者分布数据

所撰论文数 x	人数 y_x	$\ln x$	$\ln y_x$	$(\ln x)(\ln y_x)$	$(\ln x)^2$	$(\ln y_x)^2$
1	1 557	0	7.350 5	0	0	54.029 9
2	362	0.693 1	5.891 6	4.083 5	0.480 4	34.711 0
3	161	1.098 6	5.081 4	5.582 4	1.206 9	25.820 6
4	91	1.386 3	4.510 9	6.253 5	1.921 8	20.348 2
5	69	1.609 4	4.234 1	6.814 4	2.590 2	17.927 6
6	37	1.791 8	3.610 9	6.470 0	3.210 5	13.038 6

续　表

所撰论文数 x	人数 y_x	$\ln x$	$\ln y_x$	$(\ln x)(\ln y_x)$	$(\ln x)^2$	$(\ln y_x)^2$
7	33	1.945 9	3.496 5	6.803 8	3.786 5	12.225 5
8	15	2.079 4	2.708 1	5.631 2	4.323 9	7.333 8
9	15	2.197 2	2.708 1	5.950 2	4.827 7	7.333 8
10	14	2.302 6	2.639 1	6.076 8	5.302 0	6.964 8
11	8	2.397 9	2.079 4	4.986 2	5.749 9	4.323 9
12	4	2.484 9	1.386 3	3.444 7	6.174 7	1.921 8
$\sum$	—	19.987 1	45.696 9	62.096 8	39.574 5	—

则由表 10‑8 可得 α 的估计值为

$$\hat{\alpha} = -\frac{12 \times 62.096\,8 - 19.987\,1 \times 45.696\,9}{12 \times 39.574\,8 - 19.987\,1^2} = 2.23$$

4. c 值的计算

当 $\alpha > 1$ 时,级数和的公式 $c = \left(\sum\limits_{x=1}^{+\infty} x^{-\alpha}\right)^{-1}$,帕欧在 1985 年提出如下近似公式:

$$\sum_{x=1}^{+\infty} \frac{1}{x^\alpha} = \sum_{x=1}^{N-1} \frac{1}{x^\alpha} + \frac{1}{(\alpha-1)N^{\alpha-1}} + \frac{1}{2N^\alpha} + \frac{\alpha}{24(N-1)^{\alpha+1}} + \varepsilon$$

ε 为误差项,当 $N = 20$ 时,误差项 ε 可忽略不计,也就是说有足够的准确性. 即有

$$\sum_{x=1}^{+\infty} \frac{1}{x^\alpha} \approx \sum_{x=1}^{19} \frac{1}{x^\alpha} + \frac{1}{(\alpha-1)20^{\alpha-1}} + \frac{1}{2 \times 20^\alpha} + \frac{\alpha}{24 \times 19^{\alpha+1}}$$

于是,当 $\hat{\alpha} = 2.23$ 时,代入上式得

$$\sum_{x=1}^{\infty} \frac{1}{x^{3.030\,4}} = \sum_{x=1}^{19} \frac{1}{x^{3.030\,4}} + \frac{1}{2.030\,4 \times 20^{2.030\,4}} + \frac{1}{2 \times 20^{3.030\,4}} + \frac{3.030\,4}{24 \times 19^{4.030\,4}} = 1.472\,02$$

进而得 c 的估计值　　　　　$\hat{c} = \dfrac{1}{1.472\,02} = 0.679\,339$

至此,可以得出文献作者的洛特卡分布为 $y_x = 0.679\,339x^{-2.23}$.

5. K‑S 拟合检验

为了判明理论计算与实际统计分布的一致性,采用 K‑S 检验法进行统计检验:利用已

经计算出来的 α 值和常数 c，按 $y_x = 0.679\,339x^{-2.23}$ 计算出理论值.例如，计算 $x=2$ 的期望值，即 $y_2 = 0.679\,339 \times 2^{-2.23} = 0.144\,807$.

计算实际比重 $f_i = \dfrac{y_x}{\sum y_x}$ 和实际累计比重 $\sum f_i$，计算理论比重 $f_{0i} = 0.679\,339i^{-2.23}$ 和理论累计比重 $\sum f_{0i}$，然后计算两累计比重的差值的绝对值 $\left|\sum f_i - \sum f_{0i}\right|$，从中选出最大差值 D_{max}，即如表 10-9 所示标 * 的值 $D_{max} = 0.025\,5$.

表 10-9　用 K-S 检验法的数据

x	y_x	实际比重 $f_i = \dfrac{y_x}{\sum y_x}$	实际累计比重 $\sum f_i$	理论比重 $f_{0i} = 0.679\,339i^{-2.23}$	理论累计比重 $\sum f_{0i}$	$\sum f_i - \sum f_{0i}$
1	1 557	0.658 1	0.658 1	0.679 3	0.679 3	−0.021 2
2	362	0.153 0	0.811 1	0.144 8	0.824 1	−0.013 0
3	161	0.068 0	0.879 1	0.058 6	0.882 7	−0.003 6
4	91	0.038 5	0.917 6	0.030 9	0.913 6	0.004 0
5	69	0.029 2	0.946 8	0.018 8	0.932 4	0.014 4
6	37	0.015 6	0.962 4	0.012 5	0.944 9	0.017 5
7	33	0.013 9	0.976 3	0.008 9	0.953 8	0.022 5
8	15	0.006 3	0.982 6	0.006 6	0.960 4	0.022 2
9	15	0.006 3	0.988 9	0.005 1	0.965 5	0.023 4
10	14	0.005 9	0.994 8	0.004 0	0.969 5	0.025 3
11	8	0.003 4	0.998 2	0.003 2	0.972 7	0.025 5*
12	4	0.001 7	0.999 9	0.002 7	0.975 4	0.024 5

被统计的作者总数为 $\sum y_x$，则统计检验的 D 的临界值可按 $1.643/\sqrt{\sum y_x}$ 计算，即 $D_{临} = \dfrac{1.643}{\sqrt{2\,366}} = 0.033\,8$，若显著性水平按 0.01 计，则 $D_{max} = 0.025\,5 < 0.033\,8 = D_{临}$. 即可接受零假设，表明"数字图书馆"中论文作者队伍已形成，并且已具规模，其中大多数人（65.48%）是撰写 1 篇论文的作者，写作 3 篇以上论文的作者有 459 人，约占全体作者的 19.302%，著作量占总论文量的 57.156%，这同普赖斯对科学家著述能力的宏观估计是接近的.为了保持 $\ln x$ 与 $\ln y_x$ 的直线形态，以估算指数 α，截删了一些数据（其实仅是撰写超过 12 篇论文的

8 位作者).这说明"数字图书馆"中特别高产的作者并不多,这种情形不会导致 α 值锐增,尚未影响洛特卡的分布.鉴于这里统计的时间较长,且统计的作者集合较大(2 378 人),结果应是比较客观的.

6. 结果分析

通过对样本的相关数据进行测算,结果符合洛特卡分布规律.该研究结果表明,描述我国数字图书馆学科领域研究论文科学生产的洛特卡模型为 $y_x = 0.679\,339x^{-2.23}$,不是简单的倒数平方定律.洛特卡分布的参数 α 较大表明相关论文主要分散来自低产的作者,而目前的高产作者群相对较小,需要建立稳定高产作者研究队伍.

数字图书馆是一个新兴领域,关于这方面的研究方兴未艾,尤其是随着信息化社会的到来,相关领域专家开始重视数字图书馆,但是高产作者和高质量期刊较少,这还需要一段时间.数字图书馆的发展是一个国家信息基础水平的重要标志,在信息化社会的时代背景下,希望更多人关注并参与该领域的研究工作,让数字图书馆这一学科得以更加深入和完善.

案例 10.5　布拉德福定律及其近似计算在情报服务中的应用

1. 布拉德福定律

作为文献计量学三大定律之一的布拉德福定律,是英国著名的文献学家布拉德福在担任英国科学博物院图书馆馆长期间,于 1934 年通过统计"应用地球物理学"和"润滑"两个领域的文献时提出的定量描述文献无序动态结构的经验定律.

布拉德福发现,在整个科学领域中,由于科学的统一性,一个学科的论文常常会出现在另一个学科的期刊上.也就是说,一个专家所感兴趣的文献不仅刊登在该专家所在的学科的期刊上,还会刊登在与其相关的期刊上.而且,伴随着科学技术的发展和时间的推移,这种相关期刊的数量愈来愈大,但它们与该学科的关系则愈来愈松弛,刊载该学科的文献的数量也愈来愈少,最后,出现这样一种趋势:大量的文献相对地集中在一定数量的期刊品种上,而剩余部分的文献则依次分散在其他大量的相关期刊中.因此,布拉德福指出,如果将期刊按照其刊载某一学科的载文率的大小次序排列,并划分成若干区,使每区的文献量相同,可以看出,随着每区中期刊载文率的减少,期刊的品种数量会逐渐增大.

布拉德福并没有用具体的数学公式进行表述,而是使用语言进行区域表述:将期刊分为核心区、相关区和离散区等,随后用一个半对数曲线图进行图像表述:设定一个主题,将期刊按照该给定主题的论文数量(即论文载文率的大小)进行排序,可将这些期刊分成若干区域,其中包括有关该主题载文率最高的核心区,以及同核心区论文数量相等的其他区域.这时核心区及其他区的期刊数量形成了 $(1 : n : n^2 : \cdots)$ 的比例关系.

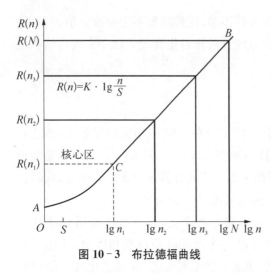

图 10 - 3 布拉德福曲线

布拉德福指出,统计中区 2 与区 1、区 3 与区 2 的比值大约为 5,也就是说第二区期刊数量是第一区的 5 倍,第三区是第一区或核心区的 5^2 倍.后来就把这个比值称作布拉德福常数或比例系数.同时还绘制了一个曲线(见图 10 - 3)来说明这个定律. x 轴取对数给出期刊序数 1,2,3,…,n,按与某学科相关的载文率的递减顺序排列;y 轴为论文的累积数 $R(n)$. 在把 $R(n)$ 对应于 $\lg n$ 绘制成曲线时,所得曲线开始为上升曲线 AC,在拐点 C 处平滑地变成直线 BC.

后来,莱姆库勒和布鲁克斯分别对其表述和图表进行数学公式化的描述,该定律的发展也由此向两个方向进行,一是按照区域法即语言描述;另一个是按照图像的图表法方向从而将该定律的语言描述公式化,图形描述完整化.前者从布拉德福的语言表述中推导出按顺序排列的期刊中论文分布的数学公式.后者从布拉德福曲线中导出相应的数学表达式.两者都强调的是论文在期刊中的分布规律.

同时布拉德福最初的语言描述中也没有区域与区域之间的系数的计算意识,而高夫曼提出的最小核心概念以及埃格着重于布拉德福系数和核心区数量的计算也完整补充了布拉德福定律的体系.

2. 从图像法角度使用布鲁克斯公式描述布拉德福定律

1969 年,布鲁克斯根据布拉德福曲线给出相应的数学公式

$$R(n)=\begin{cases} \alpha n^{\beta}, & 1\leqslant n\leqslant C \\ K\ln\dfrac{n}{S}, & C\leqslant n\leqslant N \end{cases}$$

上式中前一个式子用于核心区的布拉德福公式,后者用于核心区外其他区的布拉德福公式.另外,史谨行从理论上证明了当 N 很大时,$K=N$. 常数 K 可以用期刊总数表示.

上述公式中符号的含义如下:n 表示期刊按照载文量大小排列顺序后的排列序号;$R(n)$ 表示参考文献数,也就是前 n 种期刊载文量的累计和;α 为参数,在数值上等于载文量最多的期刊的文献数,也就是 $R(1)$;β 为小于 1 的参数,大小等于曲线的曲率;C 为核心区域的期刊数量;N 为期刊总数量;K 为分散曲线中直线部分的斜率;S 为与学科范围宽窄有关的参数,布鲁克斯认为 S 越小,学科范围越小.

可以利用布鲁克斯的公式来根据文献检索估算被检索期刊的最小数量,即了解该领域百分之几的内容需要选购的期刊范围和其包含的论文数量.同时也可以延伸到全部的专业论文数量和相应的期刊总数.由此可以得出检索某数据库包含该检索内容的完整性和检出的效率.

3. 布拉德福定律在情报服务中的应用

1）数据来源

以分析化学的方法之一"色谱法"的专题论文为例,下面详细描述布拉德福定律及其近似计算在情报服务中的应用方法和演算步骤.

应用布拉德福定律解决实际问题的前提是对所要研究的学科或领域的文献进行大量、全面、可靠的数据统计.为了确保客观真实地反映文献的实际分布状况,一般将统计的时限确定在 3～4 年为宜,同时选择检索工具也是十分关键的一环.目前国内大型综合性科技文献检索工具主要有"全国报刊索引"(科技版)、"中文科技期刊数据库".由于色谱技术应用广泛,除了应用于化学分析外,还广泛应用于生物、医学、农业、环保、石油、食品等领域,而"全国报刊索引"由于其学科体系分类线性排列的特点,使得其对科学技术交叉渗透的多元性知识的论文不易查全,因此在本例中选用"中文科技期刊数据库",采用主题词检索的方法,检索词为高效液相色谱、气相色谱、高效薄层色谱、离子色谱、电泳等,来统计"色谱法"文献三年中在各种专业期刊中的分布数量.该数据库汇集了 6 000 多种中文科技期刊,每年摘引文献题 30 多万条,并具有分类、主题词、著者、刊名等标引及检索口,是检索科技文献较方便的检索工具.

在对 1995—1997 年间"色谱法"文献在各种期刊中载文量逐条加以统计后知,3 年间刊载过有关"色谱法"文献的专业期刊合计 564 种,载文量合计 2 272 篇.把统计数据按每种期刊载文量的递减顺序按等级排列,如表 10-10 所示.

表 10-10　"色谱法"文献的布拉德福等级排列

n	r	N	$R(n)$	$\lg N$
1	227	1	227	0
1	125	2	352	0.301
1	81	3	433	0.477
1	68	4	501	0.602
1	57	5	558	0.699
1	53	6	611	0.788
1	39	7	650	0.845
1	37	8	687	0.903
2	35	10	757	1
2	34	12	825	1.079

续 表

n	r	N	$R(n)$	$\lg N$
6	27	18	987	1.255
7	18	25	1 113	1.398
12	13	37	1 269	1.568
21	8	58	1 437	1.763
19	5	77	1 532	1.886
22	4	99	1 620	1.996
39	3	138	1 737	2.140
109	2	247	1 955	2.393
317	1	564	2 272	2.751

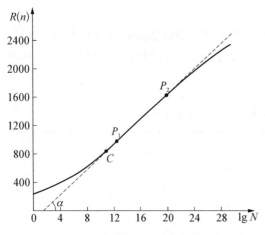

图 10-4 "色谱法"专题文献的布拉德福分布

表中,n 为某一载文量的期刊种数,r 为相应的期刊的载文篇数,N 为前 n 项的累积和,$R(n)$ 为 r 项的累积和,$\lg N$ 为期刊累积和的对数.

以期刊累积和 N 取对数 $\lg N$ 作为横坐标,以相应论文的累积量 $R(n)$ 为纵坐标,绘制"色谱法"专题文献的布拉德福分布图(见图 10-4),从中可看出,该曲线基本符合布拉德福分布规律.

2) 确定核心期刊

确定核心期刊对选择高密度的情报源具有实用意义.它可以帮助科研、情报人员定向地查找情报源,达到节约时间和人力、提高科研及情报服务的效率、缩短科研周期的目的.确定核心期刊的方法有很多,利用布拉德福分布规律来进行此项工作是重要的手段之一.最初,布拉德福定律没有核心数量之说,对分区及分区系数(后人称为布拉德福系数)也没有计算的意识和说明.最小核心是高夫曼等人提出来的.后来人们逐渐注意与开发了一些近似计算公式.这里采用的是比利时情报学家埃格的布拉德福核心区数量计算法,该法是 1990 年由埃格提出来的,即

$$r_0 = 2\ln(e^E Y) = 2(E + \ln Y)$$

式中,r_0 为核心数量,欧拉系数 $E = 0.577\,2$;Y 为最大载文量期刊的载文量,也就是 $R(1)$,本例取值为 227.

易见,本例中 $r_0 = 2(0.577\,2 + \ln 227) \approx 12$,即处于核心区域的期刊有 12 种,按其载文量大小依次排列的顺序是《色谱》《分析化学》《农药》《分析测试学报》《高等学校化学学报》《国外分析仪器技术与应用》《分析试验室》《化学学报》《分析测试技术与仪器》《石油化工》《分析科学学报》《分析仪器》.这 12 种期刊占被统计到的期刊总数的 2.13%,而文献量却占全部文献总数的 36%.可见,这 12 种刊物是"色谱法"专题文献密度较高的刊物.埃格的布拉德福核心区数量计算法的好处在于,只要知道最大载文量期刊的载文量即可得到核心区数量的估计值,从而为开发和利用核心情报源提供参考根据.

3) 估计全检专业论文和相应的期刊的总数

在情报检索中,为了对被检专业文献的总数有一个估计,可以利用布拉德福定律进行计算.

在本案例中,利用图 10 - 3,通过测量计算曲线的直线部分的斜率 $K = \tan \alpha$,利用布鲁克斯公式 $R(n) = K \ln \dfrac{n}{S}$,再根据 $N \approx K$,即可算出相关期刊数量和文献数量.

由图 10 - 3,在 C 点以外的直线 P_1,P_2 上取二点,它们的 $\lg n$ 和 $R(n)$ 值分别为 $(1.255,987)$ 和 $(1.996,1\,620)$

$$K = \tan \alpha = \frac{1\,620 - 987}{1.996 - 1.255} \approx 854$$

而 $S = \dfrac{r_0}{m}$,r_0 为核心区数量,m 为布拉德福系数.

按照布拉德福定律区域法的思想分为 3 个区,每个区的 $R(n)$ 大致相等.由埃格的布拉德福系数计数法

$$m = (e^E Y)^{\frac{1}{3}} = (1.781 \times 227)^{\frac{1}{3}} \approx 7$$

又

$$S = \frac{r_0}{m} \approx \frac{12}{7} = 1.714$$

再使用第二段的布鲁克斯公式,假设 $N = K$,由此可算出全部的专业论文数量和相应的期刊总数,即文献总量的计算值

$$R(854) = N \ln \frac{N}{S} = 854 \times \ln\left(\frac{854}{12} \times 7\right) \approx 5\,304$$

由此可估算出三年间刊载过有关"色谱法"文献的专业期刊合计 854 种,载文量合计约 5\,304 篇.也就是说,这三年期间,刊登过与"色谱法"相关的期刊有 854 种,载文数量合计约 5\,304 篇.

4) 根据文献检索要求估算被检索期刊的最小数量

在实际工作中,常有用户根据课题的需要,对文献检索提出具体要求.利用布拉德福定律,可以计算出需要检索多少期刊就能大致了解文献的总体情况,即估算出被检期刊的最小数量.

若设检出的文献与全部文献之比为 f，则

$$f = \frac{R(n)}{R(N)} = \frac{K \ln \dfrac{n}{S}}{K \ln \dfrac{N}{S}} = \frac{\ln \dfrac{n}{S}}{\ln \dfrac{N}{S}}$$

于是，被检期刊的最小数量为

$$n = S \left(\frac{N}{S} \right)^f$$

以"色谱法"文献为例，若要求检出率为 50%，又已知 $N = 854$，$S = 1.714$，则

$$n = 1.714 \times \left(\frac{854}{1.714} \right)^{\frac{1}{2}} \approx 38$$

即只要检索 38 种载文量最高的期刊，就能检索到 854 种期刊中所载全部相关论文的一半.

5）检出效率的计算和对检索工具完整性的测定

检索工具的完整性是衡量检索工具摘录文献源及文献全面程度的一项定量指标.在情报检索中应该对所使用的检索工具有一个基本的估计，以便做到心中有数.文献检出效率是评价检索工具的重要指标之一，其定义为

$$\text{期刊的检出效率 } \alpha = \frac{N \text{实测}}{N \text{计算}} \times 100\%, \quad \text{论文的检出效率 } \beta = \frac{R(N) \text{实测}}{R(N) \text{计算}} \times 100\%$$

在本案例中，论文及期刊的检出效率分别为

$$\alpha = \frac{564}{854} \approx 66\%, \quad \beta = \frac{2\,272}{5\,304} \approx 43\%$$

由此，可估算"中文科技期刊数据库"有 66% 的期刊完整性和 43% 的论文完整性.因此，在具体的情报检索过程中，如果用户要求查全率高的话，还需与一些专科性的检索工具（如《分析化学文摘》《中国农业文摘》《中国生物文摘》等）配合使用.

必须指出的是，布拉德福定律及其近似计算在情报服务中应用的科学性和可靠性会受到布拉德福理论自身的不完善性、统计误差、计算误差等因素的制约.但文献的计量同精密学科的计量在定量的意义和方式上是有显著差别的，不必用常规的十分严谨的观点对待文献的定量化.布拉德福定律及其近似计算对指导情报服务工作是一个简易的工具.如果不过分强调计算精确度的话，不妨试用.

案例 10.6 "二十大报告"齐普夫定律的拟合分析

1. 齐普夫定律简介

语言和文字是人类文明的起源，也是人类文明出现的两大标志.1932 年，齐普夫采用统计分析的方法发现了不同单词分布的经验规律——齐普夫定律.齐普夫定律表达了人们在

语言交流时,遵从省力法则,说话人只想使用少量的常用词进行交流,听话人只想通过没有歧义的词理解.这个规律已经被验证,在大规模文本中均存在,并且适用于多种语言,这也是文献计量学重要的定律之一.齐普夫定律描述了词频和词序存在着一定联系,揭示了语言学中的静态规律.齐普夫定律还告诉人们,语言中的常用词较少,但低频词的比例很大.基于这些思想,该定律在多个领域中都有应用,如文献计量学、文本特征选择、词典编撰、机器翻译和关键词抽取等均建立在该定律基础之上.齐普夫定律最早是语言学领域的一个经验规律,目前不仅局限于语言学领域,在很多领域有着广泛的应用(如语言学、情报学、地理学、经济学、信息科学等),而且取得了可喜的成果.值得指出的是,齐普夫定律是描述词频分布规律的强大数学工具,作为经验定律,它仍然有待进一步完善.例如,如何拟合齐普夫分布曲线还存在着一些问题,目前并没有统一认可的方法,简单的拟合可通过粗略的估计得到曲线.由于齐普夫曲线头部和尾部一般偏离整个拟合曲线,芒德布罗提出了 3 个参数的齐普夫定律.

美国哈佛大学语言学教授齐普夫在前人研究的基础上,收集了大量的文本语料,并进行了系统的分析,正式创立了词频分布定律,验证下面的公式:若把一篇较长的文章中每个词出现的频次从高到低进行递减排列,某个词在文中出现的频率次数 f(词频)与它的排列序号数 r(词序按照词频高低排列)的乘积为一个常数 C,即所谓的齐普夫第一定律(经典的齐普夫定律)

$$f \cdot r = C \tag{10-1}$$

进而有
$$\ln f + \ln r = \ln C$$

即将 f 和 r 放在双对数坐标系中,所绘出的曲线几乎为一条直线,并且斜率接近 -1.后来又提出更一般的公式

$$f(r) = \frac{C}{r^{\alpha}} \tag{10-2}$$

齐普夫定律表明,在自然语言文本中,文档中词汇的频次与其排序等级呈现反比例关系,即两者乘积保持为一常数.

易见,将其两边取对数,得到 $\ln f = \ln C - \alpha \ln r$,那么在双对数坐标系下,$-\alpha$ 即直线的斜率,$\ln C$ 是拟合直线在纵轴上的截距.

在不同语种的实验中,经验数据表明 $\alpha \approx 1$,不同文本中 α 非常相似,但不同语言的表现并不完全一样,如英文表现得非常符合,但中文并不严格符合,从已有研究来看,不同的语体之间存在着差异,甚至同一语言在不同时间还呈现出了不同的分布.

2. 分词原则与词语等级

分词原则是指切分词汇单位的基本原则,通常有如下原则.

(1)立足于国内外语言学界认识较为统一的观点,从汉语本身特点出发,同时兼顾各类汉语教学(尤其是对外汉语教学)的特点与需要.采用计算机自动分词统计时,以齐普夫定律理论为基础,根据汉语自身的语言特点,参考《现代汉语词典》条目所列出的词语形态,把保

留词语语义的完整性作为前提.

（2）注意到汉语信息处理标准化、自动化的需要.

（3）从汉语的实际应用出发,确定供统计的施用单位,全面地注意所切分单位的语义、语法、语用特点.

（4）地名、人名等这些专有名词要作为独立的词来进行划分.

（5）标点符号等非汉字书写符号在统计时不计入内.

切分成的最小单位可能是单字词,也可能是多字词.切分时应照顾到所切分的单位的结构成分能否单用、组合后含义有无显著改变、是否仍等于各成分意义的总和、字序变动后是否仍保留原意.同时应适当地考虑词语单位的长度因素,除结合紧密的成语和习惯用语外,对四音节以上的单位切分时,如不失去原义,则尽可能分成较小的单位.科技术语不宜硬性划小,采取最长切分原则,尽量保持词意的独立性.例如,"情报检索"就不必再切分成"情报"与"检索",常用的前后缀和类词缀单独分出统计.划分单位时兼顾语义与语用,着重考虑语言环境中的词汇语法功能.某些兼类词有时难以准确区别,为了统计方便,便把两类合并在一起,如"和(介词、连词)"归在一起统计.

在词语频次的统计中主要采用以下几种方法确定词语等级.

（1）随机法.齐普夫第一定律在确立时,最先使用的就是随机法.随机法是指词级在确立的过程中,如果遇到同频词,则按照统计文本中词语的自然词序或随机词序排列确定词语的等级,这样每个词的词级就是它的自然或随机词序.例如,词序为第 5~8 的词是同频词,那么它们的词级随机排列则是 5、6、7、8.

（2）并列法.并列法是指把遇到的同频词并列为一个词级,并延承上一个词级.例如,词序为第 5~8 的词是同频词,那么它们的词级就是 5;若词序为第 9~12 的词也是同频词,那么这些词的词级则要承接上一个词级成为 6.

（3）平均值法.遇到同频词,将其按顺序排列,内部词语排法任意.取这些同频词在文章中序值的算术平均数作为它们的词级(可以通过取它们首尾序值的平均值得到).显然,这些同频词具有相同的等级,而且其等级值不一定是整数.

（4）最小值法.对同频词任意排序后,取它们在文章中词序的最小值,即排在首位的词的词序值为它们的等级值.

（5）最大值法.对同频词任意排序,取它们序值的最大值,即排在同频词中最后一位词的词序值为这些同频词的等级.

显然,除随机法外,其余四种方法均把同频词放在一个等级上.

2022 年 10 月 16—22 日,中国共产党第二十次全国代表大会(简称"二十大")在北京人民大会堂隆重召开.习近平总书记代表第十九届中央委员会做了"高举中国特色社会主义伟大旗帜,为全面建设社会主义现代化国家而团结奋斗"的大会报告(简称"二十大报告").大会总结了过去五年的工作经验,明确了今后党和国家前进方向、奋斗目标、行动纲领,并选举了新一届中央领导集体.习近平总书记在"二十大报告"中的开篇部分开宗明义地指出,大会的主题是高举中国特色社会主义伟大旗帜,全面贯彻新时代中国特色社会主义思想,弘扬伟大建党精神,自信自强、守正创新、踔厉奋发、勇毅前行,为全面建设社会主义现代化国家、全面推进中华民族伟大复兴而团结奋斗.党的"二十大"为全国人民绘就了一幅更加美好的宏伟蓝图,阐明了以中国式现代化全面推进中华民族伟大复兴为使命的任务,提出了不断谱写马克思主义中国化、时代化新篇章的历史责任.新时代的十年,党和国家事业取得历史性成就、发生历史性变革.在迈上全面建设社会主义现代化国家新征程、向第二个百年奋斗目标奋进的关键时刻,坚持走中国特色社会主义道路,在党中央的坚强领导下,以中国式现代化推进中华民族伟大复兴."二十大报告"为党和国家事业发展进一步指明了方向、确立了行动指南,是党团结带领全国各族人民在新时代、新征程坚持和发展中国特色社会主义的政治宣言和行动纲领.

下面选用"二十大报告"为研究分析的来源资料,此文本共有 32 749 个书写字符,累计总词数 11 476 个.在筛选与统计的过程中,参考《现代汉语词典》,共计 2 050 个词汇.遵循上述原则,"二十大报告"切分与统计词汇(词素)结果如表 10-11 所示,表 10-12 至表 10-14 分别列出了"二十大报告"词汇分布及随机法、并列法以及最小值法、平均值法和最大值法确定的词语等级结果.

表 10-11 党的"二十大报告"词汇(词素)的统计一览表

词(词素)	出现频率	词(词素)	出现频率	词(词素)	出现频率
的	583	推进	110	战略,推动	61
和	376	全面	108	经济	60
发展	239	不	103	文化	58
化	198	现代	98	主义,问题	57
社会	193	为	95	世界,领导	56
党	189	制度,加强	94	全,创新,实现	55
中国	178	完全	91	实,好	54
人民	177	一,我们	87	高	53
坚持	173	治,力,以	83	国,特色,健全	52
建设	166	在	82	改革,加快	51
是	141	大	78	工作,治理…	50
国家	137	人,完善	77	中,民主	49
体系	119	有	72	历史,保障	48
社会主义	114	各	66	要,能力,基本…	47
性	112	政治	64	上,重大	46

续　表

词(词素)	出现频率	词(词素)	出现频率	词(词素)	出现频率
更,国际	45	战,向…	29	领,集中…	14
十,维,群…	44	新,心,从	28	生,经,正…	13
精神	42	奋斗,体制…	27	民,也…	12
等,层…	41	团结,统筹…	26	系,信…	11
思想,促进…	40	理,反,所…	25	本,族…	10
管,路,伟大…	39	区,五…	24	法,技术…	9
同,机制,必须	38	发,导…	23	善,改进…	8
观,进,护…	37	保,复兴…	22	们,特,法律…	7
强国,人才…	36	会,质量…	21	展,渠道…	6
命	35	才,稳定…	20	委,征程…	5
把,维护,保护	34	强,核心…	19	修,时刻…	4
用,实施…	33	行,强化…	18	题,篇章…	3
建,力量,群众…	32	现,创造…	17	届,逃,巍…	2
到,马克思	31	加,结构…	16	踔,毅,希…	1
最,文明,深入…	30	主,区域…	15		

表 10-12　党的"二十大报告"的随机法等级法词频分布

同频词数	词频 f	词序	等级 r	同频词数	词频 f	词序	等级 r
1	583	1	1	1	177	8	8
1	376	2	2	1	173	9	9
1	239	3	3	1	166	10	10
1	198	4	4	1	141	11	11
1	193	5	5	1	137	12	12
1	189	6	6	1	119	13	13
1	178	7	7	1	114	14	14

续　表

同频词数	词频 f	词序	等级 r	同频词数	词频 f	词序	等级 r
1	112	15	15	2	51	53～54	53, 54
1	110	16	16	4	50	55～58	55, 56, 57, 58
1	108	17	17	2	49	59～60	59, 60
1	103	18	18	2	48	61～62	61, 62
1	98	19	19	5	47	63～67	63, …, 67
1	95	20	20	2	46	68～69	68, 69
2	94	21～22	21, 22	2	45	70～71	70, 71
1	91	23	23	4	44	72～75	72, …, 75
2	87	24～25	24, 25	1	42	76	76
3	83	26～28	26, 27, 28	4	41	77～80	77, …, 80
1	82	29	29	5	40	81～85	81, …, 85
1	78	30	30	6	39	86～91	86, …, 91
2	77	31～32	31, 32	3	38	92～94	92, 93, 94
1	72	33	33	7	37	95～101	95, …, 101
1	66	34	34	6	36	102～107	101, …, 107
1	64	35	35	1	35	108	108
2	61	36～37	36, 37	3	34	109～111	109, 110, 111
1	60	38	38	6	33	112～117	112, …, 117
1	58	39	39	6	32	118～123	118, …, 123
2	57	40～41	40, 41	2	31	124～125	124, 125
2	56	42～43	42, 43	7	30	126～132	126, …, 132
3	55	44～46	44, 45, 46	5	29	133～137	133, …, 137
2	54	47～48	47, 48	3	28	138～140	138, 139, 140
1	53	49	49	5	27	141～145	141, …, 145
3	52	50～52	50, 51, 52	7	26	146～152	146, …, 152

同频词数	词频 f	词　序	等级 r	同频词数	词频 f	词　序	等级 r
7	25	153～159	153, …, 159	35	12	349～383	349, …, 383
6	24	160～165	160, …, 165	27	11	384～410	384, …, 410
8	23	166～173	166, …, 173	38	10	411～448	411, …, 448
13	22	174～186	174, …, 186	67	9	449～515	449, …, 515
13	21	187～199	187, …, 199	99	8	516～614	516, …, 614
13	20	200～212	200, …, 212	125	7	615～739	615, …, 739
11	19	213～223	213, …, 223	111	6	740～850	740, …, 850
14	18	224～237	224, …, 237	142	5	851～992	851, …, 992
15	17	238～252	238, …, 252	191	4	993～1 183	993, …, 1 183
14	16	253～266	253, …, 266	286	3	1 184～1 468	1 184, …, 1 468
29	15	267～295	267, …, 295	182	2	1 469～1 650	1 469, …, 1 650
23	14	296～318	296, …, 318	400	1	1 651～2 050	1 651, …, 2 050
30	13	319～348	319, …, 348				

表 10 - 13　党的"二十大报告"的并列法等级法词频分布

同频词数	词频 f	词　序	等级 r	同频词数	词频 f	词　序	等级 r
1	583	1	1	1	166	10	10
1	376	2	2	1	141	11	11
1	239	3	3	1	137	12	12
1	198	4	4	1	119	13	13
1	193	5	5	1	114	14	14
1	189	6	6	1	112	15	15
1	178	7	7	1	110	16	16
1	177	8	8	1	108	17	17
1	173	9	9	1	103	18	18

同频词数	词频 f	词序	等级 r	同频词数	词频 f	词序	等级 r
1	98	19	19	5	47	63～67	44
1	95	20	20	2	46	68～69	45
2	94	21～22	21	2	45	70～71	46
1	91	23	22	4	44	72～75	47
2	87	24～25	23	1	42	76	48
3	83	26～28	24	4	41	77～80	49
1	82	29	25	5	40	81～85	50
1	78	30	26	6	39	86～91	51
2	77	31～32	27	3	38	92～94	52
1	72	33	28	7	37	95～101	53
1	66	34	29	6	36	102～107	54
1	64	35	30	1	35	108	55
2	61	36～37	31	3	34	109～111	56
1	60	38	32	6	33	112～117	57
1	58	39	33	6	32	118～123	58
2	57	40～41	34	2	31	124～125	59
2	56	42～43	35	7	30	126～132	60
3	55	44～46	36	5	29	133～137	61
2	54	47～48	37	3	28	138～140	62
1	53	49	38	5	27	141～145	63
3	52	50～52	39	7	26	146～152	64
2	51	53～54	40	7	25	153～159	65
4	50	55～58	41	6	24	160～165	66
2	49	59～60	42	8	23	166～173	67
2	48	61～62	43	13	22	174～186	68

同频词数	词频 f	词序	等级 r	同频词数	词频 f	词序	等级 r
13	21	187~199	69	38	10	411~448	80
13	20	200~212	70	67	9	449~515	81
11	19	213~223	71	99	8	516~614	82
14	18	224~237	72	125	7	615~739	83
15	17	238~252	73	111	6	740~850	84
14	16	253~266	74	142	5	851~992	85
29	15	267~295	75	190	4	993~1 182	86
23	14	296~318	76	286	3	1 183~1 468	87
30	13	319~348	77	182	2	1 469~1 650	88
35	12	349~383	78	400	1	1 651~2 050	89
27	11	384~410	79				

表 10-14　党的"二十大报告"采用最小值、平均值与最大值法
确定词等级词频分布情况对照表

同频词数	词频 f	词序	等级 r			同频词数	词频 f	词序	等级 r		
			最小	平均	最大				最小	平均	最大
1	583	1	1	1	1	1	141	11	11	11	11
1	376	2	2	2	2	1	137	12	12	12	12
1	239	3	3	3	3	1	119	13	13	13	13
1	198	4	4	4	4	1	114	14	14	14	14
1	193	5	5	5	5	1	112	15	15	15	15
1	189	6	6	6	6	1	110	16	16	16	16
1	178	7	7	7	7	1	108	17	17	17	17
1	177	8	8	8	8	1	103	18	18	18	18
1	173	9	9	9	9	1	98	19	19	19	19
1	166	10	10	10	10	1	95	20	20	20	20

同频词数	词频 f	词序	等级 r 最小	等级 r 平均	等级 r 最大	同频词数	词频 f	词序	等级 r 最小	等级 r 平均	等级 r 最大
2	94	21～22	21	21.5	22	2	46	68～69	68	68.5	69
1	91	23	23	23	23	2	45	70～71	70	70.5	71
2	87	24～25	24	24.5	25	4	44	72～75	72	73.5	75
3	83	26～28	26	27	28	1	42	76	76	76	76
1	82	29	29	29	29	4	41	77～80	77	78.5	80
1	78	30	30	30	30	5	40	81～85	81	83	85
2	77	31～32	31	31.5	32	6	39	86～91	86	88.5	91
1	72	33	33	33	33	3	38	92～94	92	93	94
1	66	34	34	34	34	7	37	95～101	95	98	101
1	64	35	35	35	35	6	36	102～107	102	104.5	107
2	61	36～37	36	36.5	37	1	35	108	108	108	108
1	60	38	38	38	38	3	34	109～111	109	110	111
1	58	39	39	39	39	6	33	112～117	112	114.5	117
2	57	40～41	40	40.5	41	6	32	118～123	118	120.5	123
2	56	42～43	42	42.5	43	2	31	124～125	124	124.5	125
3	55	44～46	44	45	46	7	30	126～132	126	129	132
2	54	47～48	47	47.5	48	5	29	133～137	133	135	137
1	53	49	49	49	49	3	28	138～140	138	139	140
3	52	50～52	50	51	52	5	27	141～145	141	143	145
2	51	53～54	53	53.5	54	7	26	146～152	146	149	152
4	50	55～58	55	56.5	58	7	25	153～159	153	156	159
2	49	59～60	59	59.5	60	6	24	160～165	160	162.5	165
2	48	61～62	61	61.5	62	8	23	166～173	166	169.5	173
5	47	63～67	63	65	67	13	22	174～186	174	180	186

续　表

同频词数	词频 f	词序	等级 r			同频词数	词频 f	词序	等级 r		
			最小	平均	最大				最小	平均	最大
13	21	187~199	187	193	199	38	10	411~448	411	429.5	448
13	20	200~212	200	206	212	67	9	449~515	449	482	515
11	19	213~223	213	218	223	99	8	516~614	516	565	614
14	18	224~237	224	230.5	237	125	7	615~739	615	677	739
15	17	238~252	238	245	252	111	6	740~850	740	795	850
14	16	253~266	253	259.5	266	142	5	851~992	851	921.5	992
29	15	267~295	267	281	295	190	4	993~1 182	993	1 087.5	1 182
23	14	296~318	296	307	318	286	3	1 183~1 468	1 183	1 325.5	1 468
30	13	319~348	319	333.5	348	182	2	1 469~1 650	1 469	1 559.5	1 650
35	12	349~383	349	366	383	400	1	1 651~2 050	1 651	1 850.5	2 050
27	11	384~410	384	397	410						

3. 统计分析

令 $y=\ln f, x=\ln r, \beta=\ln C$，并记

$$l_{xx}=\sum_{i=1}^{n}(x_i-\bar{x})^2, \quad l_{xy}=\sum_{i=1}^{n}(x_i-\bar{x})(y_i-\bar{y})$$

则有 $y=\beta-\alpha x$，于是可利用最小二乘法分别得到 α, β 的估计值

$$\hat{\alpha}=-\frac{l_{xy}}{l_{xx}}, \quad \hat{\beta}=\bar{y}+\hat{\alpha}\bar{x}$$

进而得参数 C 的估计　　　　　　　　　$\hat{C}=\mathrm{e}^{\hat{\beta}}$

下面分别利用随机法、并列法、最小值法、平均值法与最大值法得到的词语等级，利用最小二乘法来估计参数 α, β, C.

由随机法得到的齐普夫对数分布的线性图（见图 10-5）可以看出，采用随机法分析"二十大报告"文本中的词频与词级，结果能够满足齐普夫分布定律，但拟合程度一般，而 R^2、方差分析以及回归系数估计和检验分别如表 10-15 至表 10-17 所示，回归方程与各系数都显著.此时

$$\hat{\alpha}=1.064, \quad \hat{\beta}=8.570, \quad \hat{C}=\mathrm{e}^{\hat{\beta}}=5\ 271.129\ 79$$

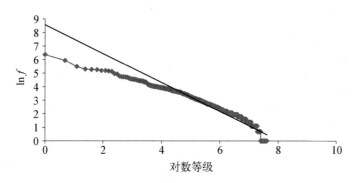

图 10‑5　随机法对数分布及线性回归

表 10‑15　随机法 R^2 和调整的 R^2

模　型	R	R^2	调整 R^2	标准估计的误差
随机法	0.948	0.899	0.899	0.353 791

表 10‑16　随机法方差分析

模　型	平方和	自由度	均　方	F	P
回　归	2 279.102	1	2 279.102	18 208.318	0.000
残　差	256.344	2 048	0.125	—	—
总　计	2 535.447	2 049	—	—	—

表 10‑17　随机法回归系数估计和检验

模　型	非标准化系数		t	P
	系　数	标准误差		
截　距	8.570	0.053	162.231	0.000
自变量	−1.064	0.008	−134.938	0.000

由并列法所得到的齐普夫对数分布的线性图(见图 10‑6)也可以看出,采用并列法分析"二十大报告"文本中的词频与词级,结果能够满足齐普夫分布定律,但拟合程度较差,而 R^2、方差分析以及回归系数估计和检验分别如表 10‑18 至表 10‑20 所示,回归方程与各系数都显著.此时

$$\hat{\alpha}=1.055,\quad \hat{\beta}=7.428,\quad \hat{C}=\mathrm{e}^{\hat{\beta}}=1\,682.439\,3$$

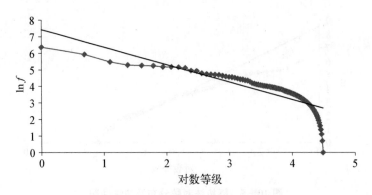

图 10 - 6　并列法对数分布及线性回归

表 10 - 18　并列法 R^2 和调整的 R^2

模　型	R	R^2	调整 R^2	标准估计的误差
随机法	0.860	0.740	0.737	0.580 997

表 10 - 19　并列法方差分析

模　型	平方和	自由度	均　方	F	P
回　归	83.429	1	83.429	247.154	0.000
残　差	29.368	87	0.338	—	—
总　计	112.796	88	—	—	—

表 10 - 20　并列法回归系数估计和检验

模　型	非标准化系数		t	P
	系　数	标准误差		
截距	7.428	0.244	30.381	0.000
自变量	−1.055	0.067	−15.721	0.000

由最小值法所得到的齐普夫对数分布的线性图（见图 10 - 7）可以看出，采用最小值法分析"二十大报告"文本中的词频与词级，结果很好地满足齐普夫分布定律，而 R^2、方差分析以及回归系数估计和检验分别如表 10 - 21 至表 10 - 23 所示，回归方程与各系数都显著.此时

$$\hat{\alpha}=0.733，\quad \hat{\beta}=6.760，\quad \hat{C}=\mathrm{e}^{\hat{\beta}}=862.642\ 2$$

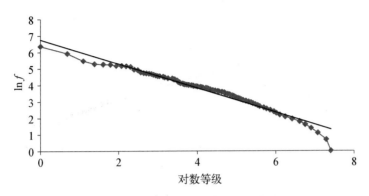

图 10-7　最小值法对数分布及线性回归

表 10-21　最小值法 R^2 和调整的 R^2

模　型	R	R^2	调整 R^2	标准估计的误差
随机法	0.980	0.960	0.960	0.227 528

表 10-22　最小值法方差分析

模　型	平方和	自由度	均　方	F	P
回　归	108.292	1	108.292	2 091.838	0.000
残　差	4.504	87	0.052	—	—
总　计	112.796	88	—	—	—

表 10-23　最小值法回归系数估计和检验

模　型	非标准化系数		t	P
	系　数	标准误差		
截距	6.760	0.071	95.278	0.000
自变量	−0.733	0.016	−45.737	0.000

　　由平均值法所得到的齐普夫对数分布的线性图(见图 10-8)可以看出,采用平均值法"二十大报告"文本中的词频与词级,结果也很好地满足齐普夫分布定律,而 R^2、方差分析以及回归系数估计和检验分别如表 10-24 至表 10-26 所示,回归方程与各系数都显著.此时

$$\hat{\alpha}=0.724,\quad \hat{\beta}=6.738,\quad \hat{C}=\mathrm{e}^{\hat{\beta}}=843.871\,3$$

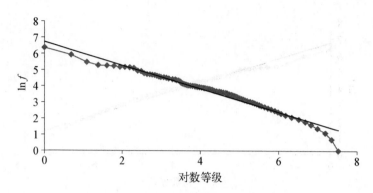

图 10 - 8　平均值法对数分布及线性回归

表 10 - 24　平均值法 R^2 和调整的 R^2

模 型	R	R^2	调整 R^2	标准估计的误差
随机法	0.981	0.963	0.962	0.219 59

表 10 - 25　平均值法方差分析

模 型	平方和	自由度	均　方	F	P
回　归	108.601	1	108.601	2 252.209	0.000
残　差	4.195	87	0.048	—	—
总　计	112.796	88	—	—	—

表 10 - 26　平均值法回归系数估计和检验

模 型	非标准化系数		t	P
	系　数	标准误差		
截距	6.738	0.068	99.158	0.000
自变量	−0.724	0.015	−47.457	0.000

　　由最大值法所得到的齐普夫对数分布的线性图(见图 10 - 9)可以看出,采用最大值法分析"二十大报告"文本中的词频与词级,也很好地满足齐普夫分布定律,而 R^2、方差分析以及回归系数估计和检验分别如表 10 - 27 至表 10 - 29 所示,回归方程与各系数都显著.此时

$$\hat{\alpha}=0.716, \quad \hat{\beta}=6.717, \quad \hat{C}=\mathrm{e}^{\hat{\beta}}=826.334\,78$$

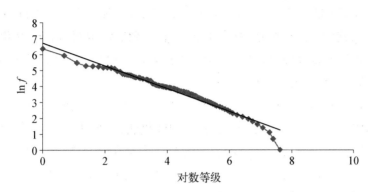

图 10－9　最大值法对数分布及线性回归

表 10－27　最大值法 R^2 和调整的 R^2

模　型	R	R^2	调整 R^2	标准估计的误差
随机法	0.982	0.965	0.965	0.213 141 5

表 10－28　最大值法方差分析

模　型	平方和	自由度	均　方	F	P
回归	108.844	1	108.844	2 395.895	0.000
残差	3.952	87	0.045	—	—
总计	112.796	88	—	—	—

表 10－29　最大值法回归系数估计和检验

模　型	非标准化系数		t	P
	系　数	标准误差		
截距	6.717	0.065	102.560	0.000
自变量	−0.716	0.015	−48.948	0.000

4. 总结

综合比较各方法调整的 R^2 的值，发现用最大值法拟合最佳，之后依次是平均值法、最小值法、随机法，而并列法最差.而对于各斜率 $-\alpha$ 的值，随机法与并列法都接近于设定值 -1，符合齐普夫第一定律，即满足式(10－1)；最小值法、平均法和最大值法相近，但都与设定值

—1有较大差距,即满足式(10-2).在"二十大报告"中,出现频次很高的词如下：发展、党、中国、人民、坚持、建设、国家、体系、社会主义、全面、现代等,此外,经济、文化、创新、特色、治理、民主等词的频次也比较高,这较好地体现了在党中央的坚强领导下,中国过去五年的发展状况以及未来五年的发展趋势.

以上主要基于对"二十大报告"文本中语料库的词频词序的统计和分析,对齐普夫定律在汉语中的适用性进行了研究和验证,分别采用随机法、并列法、最小值法、平均法与最大值法,对"二十大报告"文本语料库进行了数据的统计和分析,并依据散点分布图绘制出了齐普夫对数分布曲线,最小值法、平均法和最大值法呈现出较好的线性关系,符合齐普夫定律.可见,统计结果中的词频分布呈现出较为明显的齐普夫分布规律.

案例 10.7　称量设计

例 10.7.1　有一架天平称重时有随机误差 ε, $E(\varepsilon)=0$, $D(\varepsilon)=\sigma^2$, 设有四重物 A_1, A_2, A_3, A_4, 实重分别为 β_1, β_2, β_3, β_4（均未知）,用如下方法称重 4 次.

第 1 次：A_1, A_2, A_3, A_4 放在左盘,右盘砝码读数为 y_1.

第 k 次：A_1, A_k 放在左盘,其余放在右盘,加砝码使平衡,砝码读数为 y_k（砝码若在左盘读数为负；放在右盘读数为正）（$k=2, 3, 4$）.

试求 β_1, β_2, β_3, β_4 的最小二乘估计及方差.如果对 A_1, A_2, A_3, A_4 分别进行重复称重,需要多少次,才能得到同样精度（方差）的无偏估计?

解　$\begin{cases} y_1=\beta_1+\beta_2+\beta_3+\beta_4+\varepsilon_1 \\ y_2=\beta_1+\beta_2-\beta_3-\beta_4+\varepsilon_2 \\ y_3=\beta_1-\beta_2+\beta_3-\beta_4+\varepsilon_3 \\ y_4=\beta_1-\beta_2-\beta_3+\beta_4+\varepsilon_4 \end{cases}$, ε_1, ε_2, ε_3, ε_4 独立,且 $E(\varepsilon_i)=0$, $D(\varepsilon_i)=\sigma^2$（$i=1, 2, 3, 4$）.

$$X=\begin{pmatrix} 1 & 1 & 1 & 1 \\ 1 & 1 & -1 & -1 \\ 1 & -1 & 1 & -1 \\ 1 & -1 & -1 & 1 \end{pmatrix}, \quad Y=\begin{pmatrix} y_1 \\ y_2 \\ y_3 \\ y_4 \end{pmatrix}$$

$$X^TX=\begin{pmatrix} 4 & 0 & 0 & 0 \\ 0 & 4 & 0 & 0 \\ 0 & 0 & 4 & 0 \\ 0 & 0 & 0 & 4 \end{pmatrix}, \quad X^TY=\begin{pmatrix} y_1+y_2+y_3+y_4 \\ y_1+y_2-y_3-y_4 \\ y_1-y_2+y_3-y_4 \\ y_1-y_2-y_3+y_4 \end{pmatrix}$$

$$(\boldsymbol{X}^{\mathrm{T}}\boldsymbol{X})^{-1} = \begin{pmatrix} \frac{1}{4} & 0 & 0 & 0 \\ 0 & \frac{1}{4} & 0 & 0 \\ 0 & 0 & \frac{1}{4} & 0 \\ 0 & 0 & 0 & \frac{1}{4} \end{pmatrix}, \quad \hat{\boldsymbol{\beta}} = \begin{pmatrix} \hat{\beta}_1 \\ \hat{\beta}_2 \\ \hat{\beta}_3 \\ \hat{\beta}_4 \end{pmatrix} = (\boldsymbol{X}^{\mathrm{T}}\boldsymbol{X})^{-1}\boldsymbol{X}'\boldsymbol{Y} = \begin{pmatrix} \frac{1}{4}(y_1 + y_2 + y_3 + y_4) \\ \frac{1}{4}(y_1 + y_2 - y_3 - y_4) \\ \frac{1}{4}(y_1 - y_2 + y_3 - y_4) \\ \frac{1}{4}(y_1 - y_2 - y_3 + y_4) \end{pmatrix}$$

即 $\quad \hat{\beta}_1 = \frac{1}{4}(y_1 + y_2 + y_3 + y_4), \quad \hat{\beta}_2 = \frac{1}{4}(y_1 + y_2 - y_3 - y_4)$

$\quad\quad \hat{\beta}_3 = \frac{1}{4}(y_1 - y_2 + y_3 - y_4), \quad \hat{\beta}_4 = \frac{1}{4}(y_1 - y_2 - y_3 + y_4)$

且 $\quad D(\hat{\beta}_i) = \frac{1}{16}[D(y_1) + D(y_2) + D(y_3) + D(y_4)] = \frac{\sigma^2}{4}, \quad i = 1, 2, 3, 4$

对 $i = 1, 2, 3, 4$，设对 A_i 重复称 n 次，第 t 次测得的重量为 $y_{it}(t = 1, 2, \cdots, n)$，易见 β_i 的点估计为 $\hat{\beta}_i = \frac{1}{n}\sum_{t=1}^{n} y_{it}$，其为 β_i 的无偏估计，且 $D(\hat{\beta}_i) = \frac{1}{n^2}\sum_{t=1}^{n} D(y_{it}) = \frac{\sigma^2}{n}$，因此对 A_1, A_2, A_3, A_4 分别进行称量，对每一个要重复 4 次才能得到同样精度的无偏估计.

例 10.7.2 有三个物体甲、乙、丙，其质量 $\beta_1, \beta_2, \beta_3$ 均未知，为了估计它们，采取如表 10-30 所示的方案称重，共称六次，砝码在右盘 $y_i > 0$，左盘 $y_i < 0$，假设各次称重误差相互独立，均服从 $N(0, \sigma^2)$ 分布，试求 $\beta_1, \beta_2, \beta_3$ 的最小二乘估计及方差的估计.

表 10-30 称重方案

次 序	天平左盘置物	天平右盘置物	为使天平达到平衡时所加砝码重 y
1	甲，乙	丙	y_1
2	甲，丙	—	y_2
3	甲	乙	y_3
4	乙，丙	甲	y_4
5	—	甲，丙	y_5
6	—	甲，乙	y_6

解 $\quad y_1 = \beta_1 + \beta_2 - \beta_3 + \varepsilon_1, \quad y_2 = \beta_1 + \beta_3 + \varepsilon_2, \quad y_3 = \beta_1 - \beta_2 + \varepsilon_3$

$\quad\quad y_4 = -\beta_1 + \beta_2 + \beta_3 + \varepsilon_4, \quad y_5 = -\beta_1 - \beta_3 + \varepsilon_5, \quad y_6 = -\beta_1 - \beta_2 + \varepsilon_6$

设 $\varepsilon_i \sim N(0, \sigma^2)$ $(i=1, 2, \cdots, 6)$，且相互独立.令

$$
\boldsymbol{X} = \begin{pmatrix} 1 & 1 & -1 \\ 1 & 0 & 1 \\ 1 & -1 & 0 \\ -1 & 1 & 1 \\ -1 & 0 & -1 \\ -1 & -1 & 0 \end{pmatrix}, \quad \boldsymbol{Y} = \begin{pmatrix} y_1 \\ y_2 \\ y_3 \\ y_4 \\ y_5 \\ y_6 \end{pmatrix}, \quad \boldsymbol{\beta} = \begin{pmatrix} \beta_1 \\ \beta_2 \\ \beta_3 \end{pmatrix}, \quad \hat{\boldsymbol{\beta}} = (\boldsymbol{X}'\boldsymbol{X})^{-1}\boldsymbol{X}'\boldsymbol{Y}, \quad D(\hat{\boldsymbol{\beta}}) = \sigma^2 (\boldsymbol{X}'\boldsymbol{X})^{-1}
$$

$$
\boldsymbol{X}'\boldsymbol{X} = \begin{pmatrix} 6 & 0 & 0 \\ 0 & 4 & 0 \\ 0 & 0 & 4 \end{pmatrix}, \quad (\boldsymbol{X}'\boldsymbol{X})^{-1} = \begin{pmatrix} \dfrac{1}{6} & 0 & 0 \\ 0 & \dfrac{1}{4} & 0 \\ 0 & 0 & \dfrac{1}{4} \end{pmatrix}, \quad \boldsymbol{X}'\boldsymbol{Y} = \begin{pmatrix} y_1 + y_2 + y_3 - y_4 - y_5 - y_6 \\ y_1 - y_3 + y_4 - y_6 \\ -y_1 + y_2 + y_4 - y_5 \end{pmatrix}
$$

$$
\hat{\boldsymbol{\beta}} = (\boldsymbol{X}'\boldsymbol{X})^{-1}\boldsymbol{X}'\boldsymbol{Y} = \begin{pmatrix} \dfrac{y_1 + y_2 + y_3 - y_4 - y_5 - y_6}{6} \\ \dfrac{y_1 - y_3 + y_4 - y_6}{4} \\ \dfrac{-y_1 + y_2 + y_4 - y_5}{4} \end{pmatrix}, \quad D(\hat{\boldsymbol{\beta}}) = \begin{pmatrix} \dfrac{\sigma^2}{6} & 0 & 0 \\ 0 & \dfrac{\sigma^2}{4} & 0 \\ 0 & 0 & \dfrac{\sigma^2}{4} \end{pmatrix}
$$

案例 10.8 国内硫黄价格的实证分析

硫黄是基础化工原料，主要用于制备硫酸、磷肥、钛白粉、二硫化碳、己内酰胺、溴素、糖等.我国是硫黄净进口国，对外依存度高达 65%，主要货源来自中东、北美等地区.影响硫黄的价格因素主要有到岸价、港口库存量、原油价格，以及下游硫酸、一铵和二铵的开工率和价格等.下面选取硫黄到岸价、港口库存、原油价格等 6 个变量，以 2016—2018 年的数据为样本进行多元回归分析，运用回归模型可以预测将来硫黄价格走势.

1. 选择变量

针对影响硫黄价格的因素，选取进口到岸价、港口库存量、原油价格，以及下游硫酸、一铵和二铵的价格等 6 个自变量，硫黄价格 y 作为因变量.

（1）进口到岸价 x_1. 进口硫酸自合同签订约一个月之后到达国内港口，对国内现货市场价格影响较大.

（2）港口库存量 x_2. 国内除中国石化供应量较大外，中石油、地炼等硫黄供应量较小，

因此,港口库存量对现货交易价格影响较大.

（3）原油价格 x_3. 硫黄来自原油和天然气,原油价格变化对硫黄价格影响较小,选取西德克萨斯中间基(West Texas Intermediate,WTI)原油价格作为自变量 x_3.

（4）硫酸价格 x_4. 硫黄作为原料用来生产硫酸,因此硫酸价格高低对硫黄市场价格有一定的影响.

（5）一铵价格 x_5. 一铵价格变化直接影响硫黄市场价格波动.

（6）二铵价格 x_6. 二铵市场价格波动直接影响硫黄原材料价格变化.

2. 样本数据

选取 2016—2018 年的月度数据,如表 10-31 所示.

表 10-31 2016—2018 年各自变量的月度数据

序号	y/ (元/吨)	x_1/ (元/吨)	x_2/ (千吨)	x_3/ (美元/桶)	x_4/ (元/吨)	x_5/ (元/吨)	x_6/ (元/吨)
1	917	1 021	1 340	32	221	1 855	2 503
2	765	1 009	1 450	31	180	1 820	2 463
3	744	841	1 410	38	214	1 740	2 409
4	735	720	1 620	41	230	1 709	2 363
5	732	689	1 650	47	216	1 683	2 344
6	707	691	1 770	49	182	1 657	2 235
7	620	698	1 870	45	159	1 611	2 080
8	604	652	1 760	45	155	1 562	2 038
9	632	624	1 730	45	157	1 520	2 035
10	673	644	1 710	50	183	1 521	1 988
11	772	687	1 550	46	205	1 599	1 988
12	830	743	1 450	52	279	1 925	2 180
13	799	815	1 600	53	285	1 975	2 313
14	790	797	1 380	53	278	1 891	2 450
15	837	821	1 430	50	262	1 791	2 445
16	778	815	1 400	51	243	1 669	2 379

序号	$y/$ （元/吨）	$x_1/$ （元/吨）	$x_2/$ （千吨）	$x_3/$ （美元/桶）	$x_4/$ （元/吨）	$x_5/$ （元/吨）	$x_6/$ （元/吨）
17	778	806	1 490	49	230	1 668	2 325
18	801	748	1 110	45	202	1 701	2 305
19	830	742	1 110	47	218	1 798	2 313
20	881	783	1 150	48	240	1 808	2 350
21	892	839	1 380	50	250	1 793	2 350
22	1 060	917	1 240	52	254	1 993	2 375
23	1 360	1 105	1 340	57	326	2 380	2 540
24	1 333	1 331	1 410	58	365	2 431	2 650
25	1 214	1 313	1 430	64	358	2 397	2 675
26	1 016	1 209	1 460	62	343	2 291	2 675
27	1 110	1 041	1 360	63	340	2 169	2 635
28	1 050	1 058	1 430	66	312	2 096	2 613
29	1 053	1 013	1 390	70	298	2 114	2 596
30	1 047	1 072	1 600	67	332	2 165	2 589
31	1 037	1 143	1 720	71	351	2 215	2 681
32	1 135	1 150	1 440	68	386	2 227	2 710
33	1 259	1 212	1 580	70	437	2 305	2 720
34	1 392	1 347	1 490	71	472	2 382	2 739
35	1 343	1 429	1 550	57	477	2 373	2 763
36	1 260	1 349	1 370	49	414	2 267	2 797

3. 多元回归方程

建立如下多元回归方程：

$$y = 620.567\ 8 + 0.447\ 6x_1 - 2.187\ 0x_2 + 1.036\ 2x_3 + 0.797\ 1x_4 + 0.342\ 0x_5 - 0.297\ 5x_6$$

方差分析与回归系数如表 10-32 和表 10-33 所示.

表 10 - 32　方差分析

模　型	平方和	自由度	均　方	F	P
回　归	1 772 961.381	6	295 493.564	77.769	0.000
残　差	110 189.619	29	3 799.642	—	—
总　计	1 883 151	35	—	—	—

表 10 - 33　回归系数

模　型	非标准化系数		标准系数	t	P
	估　计	标准误差			
截　距	618.818	290.771	—	2.128	0.042
x_1	0.445	0.174	0.458	2.558	0.016
x_2	−0.218	0.069	−0.170	−3.184	0.003
x_3	1.024	1.834	0.047	0.558	0.581
x_4	0.799	0.353	0.304	2.265	0.031
x_5	0.344	0.138	0.432	2.494	0.019
x_6	−0.297	0.124	−0.298	−2.401	0.023

　　计算得 $R = 0.970\ 3$，$R^2 = 0.941\ 5$，表明进口到岸价等 6 个自变量与硫黄价格因变量 y 之间的关系为高度正相关，且用自变量 x_1—x_6 可解释因变量 y 的 94.15%；调整后 R^2 为 0.929 5，说明自变量能够解释因变量 y 的 92.95%，因变量 y 的 7.05% 要由其他因素来解释．标准误差为 61.606 6，数值较小，说明拟合程度较好.

　　在表 10 - 32 中，F 检验对应的 P 值为 $1.498\ 67 \times 10^{-16}$，远远小于显著性水平 0.05，说明硫黄价格多元回归方程效果显著，方程中至少有一个回归系数显著不为 0.

　　而 x_2 对应的 t 统计量的 P 值为 0.003，远远小于 0.05，说明自变量 x_2 与因变量 y 相关性最强，即港口库存量对国内硫黄价格影响最大. x_1，x_4，x_5，x_6 对应的 t 统计量的 P 值分别为 0.016、0.031、0.019、0.023，均小于 0.05，说明自变量 x_1，x_4，x_5，x_6 与因变量 y 相关性较强，但是比 x_2 差. x_3 对应的 t 统计量的 P 值为 0.581，大于 0.05，说明自变量 x_3 与因变量 y 不存在相关性，该回归系数不显著，即国际原油价格对硫黄价格影响不显著.

案例 10.9　四川省住户存款影响因素的实证分析

1. 住户存款的影响因素

住户存款是居民财富保值增值的重要途径,住户存款的多少反映了当地经济社会发展的程度.现根据四川省国民经济和社会发展主要统计指标数据,运用最小二乘法建立多元线性回归模型,通过多元线性模型分析四川省住户存款与居民可支配收入、居民消费价格指数、失业率、人口总数的关系.住户存款的影响因素主要如下.

(1) 居民人均可支配收入.根据凯恩斯理论,收入和储蓄是正相关关系,收入决定了储蓄,随着居民收入的增加,储蓄也会增加.居民的储蓄增加了,住户的存款就增加了.按照户口性质,居民又分为城镇居民与农村居民,分别计算城镇居民与农村居民的人均可支配收入.

(2) 居民消费价格指数.居民消费价格指数是反映居民消费品价格变动的指数.一般而言,指数的上升会导致人们的消费增长,居民储蓄减少.相关研究表明,当预知短期内物价即将上升时,人们会加大购买力度,即人们会抢在物价上涨前进行消费,或者储存更多物品,造成恐慌性购买,从而减少居民储蓄;而若预知长期内物价会持续上涨时,人们为了防范对未来经济不确定的风险,会适当调整分配自身财富,增加自身当前储蓄,导致储蓄率上升.因此,居民消费价格指数与居民储蓄有很大的相关性.

(3) 失业率.失业率是政府部门登记的有条件就业但没有就业的劳动力的比例,该指标通常用来衡量一个地区或者国家的就业情况.失业率与住户存款呈负相关关系,一般来说,失业率越高,就业的人数越少,居民的收入就越低,相应的住户存款就越少.

(4) 人口总数.人口总数又称总人口数,是城镇人口和农村人口的总和,该指标是人口统计的基本指标,也是研究国民经济的一个重要指标.一个地区人口数量的多少决定了这个地区的居民的总收入的多少,一般的人口越多,居民的总收入就越多,相应的住户的存款就越多.这个指标与住户存款是正相关关系.

(5) 城镇化率.农村向城镇的转化是经济社会发展的必然,也是国家经济发展的内需动力和拉动国内投资和消费的重要的加速器.城镇化指标是用城镇人口的数量除以城镇人口和农村人口的总数,该指标的高低反映了一个地区的城镇化程度,指标越高,说明该地区的城镇人口越多,农村人口越少,这也意味着该地区的居民收入水平会更高,从而也将对该地区的住户存款数量产生影响.根据统计,2019 年四川省城镇率已经达到 53.8%,比上一年提高了 1.5 个点.四川省积极推进农村脱贫,向城市转化,目的就是要帮助居民取得更多收入,让更多的农村居民也享受到社会保障的福利,能够跟城镇人口一样享受教育、医疗、养老等公共服务产品.城镇率高了,居民的收入才会增加得更多,也才能促进更多的消费.城镇化率与住户存款是正相关关系.

(6) 其他因素.住户存款的影响因素是复杂多变的,除了以上几个因素外,还有很多.由于无法定量统计到所有因素,通常将其他因素都作为误差项来处理,用随机变量 ε 来表示.

2. 数据来源

现收集四川省居民的住户存款、城镇及农村居民人均可支配收入、居民消费价格指数、失业率、人口总数及城镇化率的原始数据,整理后的数据如表 10-34 所示.

表 10-34　四川省国民经济和社会发展主要统计指标数据

年 份	住户存款/亿元	城镇居民人均可支配收入/元	农村居民人均可支配收入/元	居民消费价格指数/%	失业率/%	人口总数/万人	城镇化率/%
2002	3 665.2	6 661	2 108	99.7	4.5	8 110	19.8
2003	4 333.8	7 042	2 230	101.7	4.4	8 176	21.5
2004	5 019.4	7 710	2 580	104.9	4.4	8 090	31.1
2005	5 902.7	8 386	2 803	101.7	4.6	8 212	33.0
2006	6 787.7	9 350	3 013	102.3	4.5	8 169	34.3
2007	7 450.9	11 098	3 547	105.9	4.2	8 127	35.6
2008	9 646.7	12 633	4 121	105.1	4.6	8 138	37.4
2009	11 575.2	13 904	4 462	100.8	4.3	8 185	38.7
2010	13 650.8	15 461	5 140	103.2	4.1	8 045	40.2
2011	16 147.3	17 899	6 129	105.3	4.2	8 050	41.8
2012	19 438.3	20 307	7 001	102.5	4.0	8 076	43.5
2013	22 956.68	22 228	8 381	102.8	4.1	8 107	44.9
2014	25 731.62	24 234	9 348	101.6	4.2	8 140	46.3
2015	28 575.90	26 205	10 247	101.5	4.1	8 204	47.7
2016	31 950.42	28 335	11 203	101.9	4.2	8 262	49.2
2017	34 800.89	30 727	12 227	101.4	4.0	8 302	50.8
2018	38 402.77	33 216	13 331	101.7	3.5	8 341	52.3
2019	43 214.16	36 154	14 670	103.2	3.3	8 375	53.8

　　注:2012 年及 2012 年以前的城镇、农村居民人均可支配收入由四川省国民经济和社会发展统计公报得到,2013 年及 2013 年以后的城镇、农村居民人均可支配收入由国家统计局得到,其他指标由国家统计局、中国人民银行成都分行及《四川统计年鉴》得到.

考虑到城镇率跟居民的收入呈较强的相关性,计算得城镇居民人均可支配收入与城镇率的相关系数为 0.932,农村居民人均可支配收入与城镇率相关系数为 0.914,在多元回归分析时会出现共线情况,因此建立模型时,将城镇化率指标去除,只保留城镇居民人均可支配收入、农村居民人均可支配收入、居民消费价格指数、失业率及人口总数五个自变量.

从表 10-34 可以看出,2002—2019 年四川省居民住户存款连续上升,由 3 665 元到 43 214 元,增加了 39 545 元,增长速度为 1 079%;城镇居民可支配收入由 6 661 元增加到 36 154 元,增长速度为 442.77%;农村居民人均可支配收入由 2 108 元增加到 14 670 元,增长速度为 595.9%;失业率由 4.5% 降为 3.3%;人口总数由 8 110 万人增加到 8 375 万人;城镇化率由 19.8% 增加到 53.8%,增速为 171.7%.

3. 多元线性回归模型

建立如下多元线性回归模型:

$$y=\beta_0+\beta_1 x_1+\beta_2 x_2+\beta_3 x_3+\beta_4 x_4+\beta_5 x_5+\varepsilon$$

式中,因变量 y 是随机观察值,代表住户存款;β_0 是常数项,β_1,β_2,β_3,β_4,β_5 是偏回归系数,是其他自变量不变的情况下,自变量每变动一个单位时,其单独引起因变量 y 的平均变动量;ε 是随机误差项;x_1 是城镇居民人均可支配收入;x_2 是农村居民人均可支配收入;x_3 是居民消费价格指数;x_4 是失业率;x_5 是全省人口总数;β_0 是常数,代表其他因素.

给定显著性水平 $\alpha=0.05$,方差分析如表 10-35 所示.

表 10-35 方差分析

模 型	平方和	自由度	平均值平方	F	P
回 归	2 801 854 552.306	5	560 370 910.461	5 233.046	0.000
残 差	1 284 997.401	12	107 083.117	—	—
总 计	2 803 139 549.706	17	—	—	—

根据表 10-35,检验整个方程显著效果的 F 统计量的 P 值为 0,小于给定的显著性水平 0.05,说明该回归方程是高度显著的.基于以上两点,说明该方程线性回归的拟合程度很好,因变量与各自变量间的线性回归关系密切.

另外,相关系数 $r\approx1$,判定系数 $R^2\approx1$,调整以后的 $R^2=0.999$,相关系数、判定系数及调整后的系数等于或接近 1,说明建立的多元回归模型的拟合效果很好.

回归系数分析如表 10-36 所示.

表 10 - 36 回归系数分析

模 型	非标准化系数		标准化系数	t	P
	系 数	标准错误			
常数	−510.646	15 213.717		−0.034	0.974
城镇居民人均可支配收入	0.280	0.149	0.210	1.874	0.085
农村居民人均可支配收入	2.354	0.359	0.760	6.558	0.000
居民消费价格指数	−104.283	52.092	−0.014	−2.002	0.068
失业率	−909.035	450.884	−0.024	−2.016	0.067
人口总数	1.482	1.528	0.011	0.970	0.351

回归方程为

$$y = -510.646 + 0.28x_1 + 2.354x_2 - 104.283x_3 - 909.035x_4 + 1.482x_5$$

可以看到如下情况.

(1) 城镇居民人均可支配收入系数为 0.28,标准化系数为 0.21,这说明居民住户存款数量的多少与居民的可支配收入呈现正相关,但是相关程度较弱,回归系数的 t 检验的 $P = 0.085 > 0.05$,说明城镇居民人均可支配收入与住户存款关系不显著,究其原因可能就在于城镇居民房贷压力较大,收入大部分都用于还房贷.

(2) 农村居民人均可支配收入系数为 2.354,标准化系数为 0.76,回归系数的 t 检验的 $P = 0 < 0.05$,这说明住户存款数量与农村居民收入呈正相关关系. t 检验结果也说明了农村居民的人均可支配收入对住户存款产生非常显著的影响,主要原因就在于四川省农村居民近年在国家大力发展乡村经济、扶贫、农村电商发展等背景下,收入有了很大提高,同时农村居民无房贷压力,所以能将收入的大部分存入银行,形成储蓄.

(3) 居民消费价格指数的系数为 −104.283,标准化系数为 −0.14,回归系数 t 检验的 $P = 0.068 > 0.05$,这说明住户存款数量的多少与居民消费价格指数的变动呈负相关关系,物价越高,住户存款越少.但从模型检验结果看,物价的变动对住户存款的影响不是特别大,两个变量之间的关系不显著.

(4) 失业率的系数为 −909.053,标准化系数为 −0.024,回归系数的符号及大小说明了住户存款与居民的失业率是负相关关系,即居民的失业率越高,住户存款数量就越少.但根据回归系数 t 的 $P = 0.067 > 0.05$,在统计学上的意义是不拒绝原假设,即说明住户存款与失业率之间的相关关系并不显著.

(5) 人口总数的系数为 1.482,标准化系数为 0.011,这说明住户存款与人口总数呈现正相关关系,人口总数数值越大,住户存款数量就越多.但从回归系数 t 检验的 $P = 0.351 >$

0.05 看,人口总数对住户存款的影响程度甚微,二者关系不显著.

综上所述,由回归方程的自变量的回归系数可以判断,住户存款的主要影响因素是农村居民的可支配收入,而城镇居民人均可支配收入、居民消费价格指数、失业率、人口总数对住户存款的影响不显著.

案例 10.10　海军航空兵飞行训练油料消耗预测

随着全军军事训练改革的深入,海军航空兵任务多样化愈发突显,场站航空油料的保障方式必须围绕实战化、高效化的要求,结合具体飞行任务展开,逐步摸索出科学化、精细化、集约化的保障方式,摒弃传统的加油模式,积极协调统筹多方力量,保证飞行训练中油料保障的科学高效.

海军某场站油库保障飞机的常态飞行训练已为"不看天""大场次".随着飞行训练强度与难度的增加,导致航空油料消耗日益增大,油料消耗预测的准确与否是组织实施油料保障的重要依据,将影响到部队能否顺利执行作战、训练任务,所以合理的油料消耗预测具有十分重要的意义.

1. 问题的提出

该油库存在如下问题.

1）训练任务繁重,油料消耗量大

航空油料消耗量是指一定时间内飞机在进行战斗或者训练过程中消耗油料的多少.该油库的保障飞机时常承担长距离的转场任务,"大场次"任务具有本场飞行训练时间长、转场飞行任务多、飞行训练消耗大等特点,训练任务的强度、密度极高,要求具备充足的油料储备量.

2）储存条件有限,油料筹措困难

该油库场站油库建成年代久远,储备量小,"一装就满、一飞就空"的矛盾日益凸显,与地方缺乏有效的沟通协调机制,对地方石油公司、加油站及物流公司的保障能力掌握不够,缺少针对性的预案措施,无法满足应急时的需要.而飞行训练的油料要从数百公里之外的炼油厂调运补充,油库所处山区的运输水平不发达,薄弱的油料运输力量也成为制约油料保障的"瓶颈".

3）保障要求高,组织实施复杂

随着训练新大纲的开展,所有训练都向实战化聚焦,训练课目更加复杂多样,训练任务随时可能发生变化,航空兵场站要在短时间内完成加油任务.航空兵部队的高密度集结、高强度出动要求油料保障的高效性和时效性,使得油料保障组织更为复杂.

精准的航空油料消耗预测有助于场站油库进行提前筹划、储备.预测不精准会导致频繁地进行油料申请、调拨、运输、接收等业务,影响油料供应保障工作,增加了油库的管理负担.

2. 影响因素分析

飞行训练中所需航空油料消耗量是随机变量,受到多种因素的影响.为了建立有效的油料消耗模型,首先要对影响油料消耗的因素进行分析,找出主要影响因素.一般情况下,影响油料消耗的因素有飞行时间、课目难易、环境温度、飞行员技术差异、机务维护保障等.针对飞行训练的各个环节,分析得出影响油料消耗的主要因素有如下四个方面.

1) 飞行时间因素

优秀飞行员精湛的飞行技术需要充足的飞行时间做保障,飞行时间越长,越能训练出高超的飞行技艺.美国空军规定飞行员的每天要飞行 $4\sim5$ h,近几年,我军飞行员每天的飞行时间大幅增加,这就要依赖可靠的后勤保障,而油料消耗是非常重要的一个环节.同一机型的训练,飞行时间越长,油料消耗越大;反之,则油料消耗越小.

2) 课目难易因素

不同的飞行训练课目对油料的消耗是不同的,飞机不同的状态会导致油料消耗的不同.该单位飞行训练主要有起落、航行、编队飞行、空域飞行、仪表飞行等课目.飞行状态大致为起落和航行 2 种状态,在分析中可以用起落状态占整个飞机飞行状态的百分比进行计算.

3) 空域环境因素

外界环境对发动机的油料消耗率也会有影响,不同的大气温度、湿度、气压都会对油料消耗率产生影响,尤其是飞行空域的大气温度对油料消耗率的影响最为明显.当大气温度降低时,空气流量增加.同时,空气易于压缩,发动机增压比增加,总效率增加,油料消耗率降低;大气温度升高时,油料消耗率则升高.

4) 机务维护保障

机务维护既是飞机安全飞行的保障,也是影响油料消耗的重要因素.飞机在机务维护过程中要求每 $3\sim5$ 个飞行日要组织一个机械日.为了保持飞机的良好状态,不仅要定期在机械日对飞机进行地面试车检查,而且要对飞机故障进行排除检查、落实特定检查,校验部分仪表时也要进行试车,这些情况都导致了油料的大幅消耗.

建立油料消耗模型要对各因素进行量化:飞行时间因素量化为飞行小时;课目难易因素可量化为飞行起落课目占总课目的比例;空域环境因素可以粗略量化为飞行空域平均温度;机务维护中地面试车可量化为试车次数.

3. 回归分析预测模型构建

通过上述分析可知,该油库保障飞机的油料消耗量主要受飞行时间、飞行起落占比、飞行空域平均温度以及地面试车次数的影响.飞机油料消耗量在一定范围内上下波动,与上述 4 个因素之间是相关关系.可应用多元线性回归分析,建立飞机油料消耗量的预测模型.

1) 建立预测模型

设某团某月油料消耗量为 y,飞行时间为 x_1,飞行起落占比为 x_2,飞行区域月平均温度为 x_3,地面试车次数为 x_4.

以该单位 X 架飞机为例,2018 年和 2019 年上半年各月的飞行时间、飞行起落占比、飞行空域月平均温度、地面试车次数等数据分别如表 10 - 37 和表 10 - 38 所示.

表 10 - 37 2018 年油料消耗量与各变量的数据

月 份	飞行时间/h	起落课目占比/%	温度/℃	地面试车次数	油料消耗量/t
1	98	27.2	−1.5	25	120.680
2	264	17.3	0.7	14	191.407
3	423	26.8	5.0	39	296.096
4	314	30.0	12.9	37	283.749
5	345	30.5	19.7	43	300.136
6	273	9.6	21.1	37	323.923
7	25	36.1	24.2	6	45.028
8	38	45.8	22.4	5	9.086
9	320	26.3	18.3	32	294.647
10	100	24.2	10.6	24	101.382
11	263	30.7	4.6	28	247.813
12	129	34.2	−2.2	33	130.380

表 10 - 38 2019 年上半年油料消耗量与各变量的数据

月 份	飞行时间/h	起落课目占比/%	温度/℃	地面试车次数	油料消耗量/t
1	386	34.1	−5.1	28	266.181
2	252	34.1	−0.6	24	197.971
3	595	31.9	8.8	42	438.282
4	294	27.2	16.1	36	281.661
5	599	33.3	18.8	33	415.811
6	154	28.4	22.9	28	183.380

建立飞机油料消耗量多元线性回归方程,即飞机油料消耗量预测模型

$$y = \beta_0 + \beta_1 x_1 + \beta_2 x_2 + \beta_3 x_3 + \beta_4 x_4 + \varepsilon, \ \varepsilon \sim N(0, \sigma^2)$$

式中，β_0，β_1，β_2，β_3，β_4，σ^2 为未知参数，前 5 个参数称为回归系数.

2）参数估计

针对 2018 年各月的数据进行回归分析，取显著性水平 $\alpha = 0.05$，得到如表 10-39 至表 10-41 所示的结果.

表 10-39　模型的 R^2 及标准误差

R	R^2	调整 R^2	标准误差
0.981 497	0.963 337	0.942 387	26.494 25

表 10-40　方差分析表

模　型	df	SS	MS	F	P
回归分析	4	129 107.1	32 276.78	45.981 89	4.125×10^{-5}
残　差	7	4 913.619	701.945 5	—	—
总　计	11	134 020.7	—	—	—

表 10-41　回归系数表

模　型	系　数	标准误差	t	P	下限 95%	上限 95%
常量	64.100 89	41.154 59	1.557 564	0.163 295	−33.214 2	161.416
飞行时间 x_1/h	0.525 019	0.097 54	5.382 593	0.001 028	0.294 373	0.755 664
起落课目占比 x_2	−2.489 23	1.002 494	−2.483 04	0.042 022	−4.859 75	−0.118 71
月平均温 x_3/℃	1.531 706	0.837 845	1.828 15	0.110 244	−0.449 48	3.512 895
地面试车次数 x_4	2.629 615	0.990 61	2.654 541	0.032 725	0.287 194	4.972 036

得出

$$\hat{\beta}_0 = 64.100\ 89, \quad \hat{\beta}_1 = 0.525\ 019, \quad \hat{\beta}_2 = -2.489\ 23, \quad \hat{\beta}_3 = 1.531\ 706, \quad \hat{\beta}_4 = 2.629\ 615$$

由此得到油料消耗量的预测模型为

$$y = 64.100\ 89 + 0.525\ 019x_1 - 2.489\ 23x_2 + 1.531\ 706x_3 + 2.629\ 615x_4$$

3）假设检验

建立飞机油料消耗预测模型时，假设飞机油料消耗与各变量之间具有线性关系，但是否有线性关系需要进行假设检验.

由回归统计分析表可以看出，复相关系数 $R = 0.981\ 497$，决定系数 $R^2 = 0.963\ 337$，由相关系数来看，回归方程高度显著.

在表 10 - 40 中，$F = 45.981\,89$，$P = 0.000\,041\,25$，这表明，回归方程高度显著，说明 x_1，x_2，x_3，x_4 整体上对 y 呈高度线性关系.

然后是回归系数的显著性检验.自变量 x_1，x_2，x_3，x_4 对 y 均有显著影响.其中，x_1 的 P 值最小，线性关系最显著；x_3 的 P 值最大，为 0.11，大于 $\alpha = 0.05$，线性关系不是很显著，但温度对油料消耗量属于次要因素，由于我们的目的仅是为了预测，所以将 x_3 留在多元回归模型当中.

4. 实例应用

将 2019 年 1—6 月飞行时间测试样本输入预测模型中，可得到油料预测消耗量.实际消耗量、预测消耗量及残差如表 10 - 42 所示.

表 10 - 42　回归分析模型预测数据

月　份	实际消耗量/t	预测消耗量/t	残　差
1	266.181	247.693	18.488
2	197.971	173.715	24.256
3	438.282	421.004	17.278
4	281.661	270.076	11.585
5	415.811	411.269	4.542
6	183.380	182.965	0.415

上述建立的预测模型对部分影响因素的分析相对粗略，同时也忽略了飞机处置特情、飞机退油等情况下消耗的油料.但从图 10 - 10 及表 10 - 42 可以看出，此模型预测该场站保障飞机的航空油料消耗数据能够表现出较好的拟合效果和预测效果，用它做系统的油料消耗预测辅助决策模型是相对较好的选择.

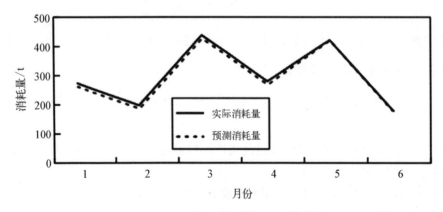

图 10 - 10　实际消耗量与预测消耗量

参考文献

［1］方开泰,许建伦.统计分布[M].北京：高等教育出版社,1987.

［2］曹晋华,程侃.可靠性数学引论[M].修订版.北京：高等教育出版社,2006.

［3］郑忠国,童行伟,赵慧.高等统计学[M].北京：北京大学出版社,2012.

［4］中国统计杂志社.生活中的统计学[M].北京：中国统计出版社,2010.

［5］C. R.劳.统计与真理：怎样运用偶然性[M].北京：科学出版社,2004.

［6］袁卫,刘超.统计学——思想、方法与应用[M].北京：中国人民大学出版社,2012.

［7］幺枕生.气候统计学基础[M].北京：科学出版社,1984.

［8］幺枕生,丁裕国.气候统计[M].北京：气象出版社,1990.

［9］王静龙,梁小筠.魅力统计[M].北京：中国统计出版社,2012.

［10］高惠璇.统计计算[M].北京：北京大学出版社,2012.

［11］茆诗松,王静龙,濮晓龙.高等数理统计[M].2版.北京：高等教育出版社,2006.

［12］茆诗松.统计手册[M].北京：科学出版社,2006.

［13］茆诗松,程依明,濮晓龙.概率论与数理统计教程[M].北京：高等教育出版社,2004.

［14］茆诗松,程依明,濮晓龙.概率论与数理统计教程习题与解答[M].北京：高等教育出版社,2005.

［15］卫淑芝,熊德文,皮玲.大学数学概率论与数理统计——基于案例分析[M].北京：高等教育出版社,2020.

［16］金明.概率论与数理统计实用案例分析[M].北京：中国统计出版社,2014.

［17］徐小平.概率论与数理统计应用案例分析[M].北京：科学出版社,2021.

［18］姜启源,谢金星,叶俊.数学模型[M].4版.北京：高等教育出版社,2011.

［19］甘茂治,康建设,高崎.军用装备维修工程学[M].2版.北京：国防工业出版社,2005.

［20］全国统计方法应用标准化技术委员会.统计分布数值表正态分布：GB/T 4086.1 - 1983[S].北京：中国标准出版社,1983.

［21］全国统计方法应用标准化技术委员会.统计分布数值表 χ^2 分布：GB/T 4086.2 - 1983[S].北京：中国标准出版社,1983.

［22］全国统计方法应用标准化技术委员会.统计分布数值表 t 分布：GB/T 4086.3 - 1983[S].北京：中国标准出版社,1983.

［23］全国统计方法应用标准化技术委员会.统计分布数值表 F 分布：GB/T 4086.4 - 1983[S].北京：中国标准出版社,1983.

［24］全国统计方法应用标准化技术委员会.统计分布数值表二项分布：GB/T 4086.5 - 1983[S].北京：中国标准出版社,1983.

［25］全国统计方法应用标准化技术委员会.统计分布数值表泊松分布：GB/T 4086.6 - 1983[S].北京：中国标准出版社,1983.

［26］同济大学概率统计教研组.概率统计[M].上海：同济大学出版社,2000.

［27］盛骤,谢式千,潘承毅.概率论与数理统计[M].北京：高等教育出版社,1989.

［28］浙江大学数学系高等数学教研组.概率论与数理统计[M].北京：高等教育出版社,1979.

［29］冯泰,王玉孝.概率统计辅导[M].北京：中国铁道出版社,1984.

［30］中国电子技术标准化研究院.可靠性试验用表(增订本)[M].北京：国防工业出版社,1987.

［31］国家质量技术监督局.数据的统计处理和解释 正态性检验：GB/T 4882－2001[S].北京：中国标准出版社,2001.

［32］复旦大学编.概率论(第一册)[M].北京：人民教育出版社,1979.

［33］吴喜之.统计学：从数据到结论[M].2 版.北京：中国统计出版社,2006.

［34］徐晓岭,王蓉华.概率论与数理统计[M].上海：上海交通大学出版社,2013.

［35］徐晓岭,王蓉华.概率论与数理统计学习指导与习题精解[M].上海：上海交通大学出版社,2014.

［36］徐晓岭,王蓉华.概率论与数理统计[M].北京：人民邮电出版社,2014.

［37］徐晓岭,王磊.统计学[M].北京：人民邮电出版社,2015.

［38］叶中行,王蓉华,徐晓岭,等.概率论与数理统计[M].北京：北京大学出版社,2009.

［39］王蓉华,徐晓岭,叶中行,等.概率论与数理统计(习题精选)[M].北京：北京大学出版社,2010.

［40］孙祝岭,徐晓岭.数理统计[M].北京：高等教育出版社,2009.

［41］叶中行,王蓉华,徐晓岭.概率统计[M].北京：人民邮电出版社,2007.

［42］徐晓岭,王蓉华,顾蓓青.应用统计硕士考研复习指导与真题解析[M].上海：立信会计出版社,2018.

［43］徐晓岭,王蓉华,顾蓓青.概率论与数理统计[M].2 版.上海：上海交通大学出版社,2021.

［44］徐晓岭,王蓉华,顾蓓青,等.应用统计专业硕士考研指导基础教材篇[M].北京：机械工业出版社,2022.

［45］徐晓岭,王蓉华,顾蓓青,等.应用统计专业硕士考研指导提高真题篇[M].北京：机械工业出版社,2022.

［46］戴树森,费鹤良,王玲玲,等.可靠性试验及其统计分析[M].北京：国防工业出版社,1984.

［47］茆诗松,汤银才,王玲玲.可靠性统计[M].北京：高等教育出版社,2008.

［48］赵宇,杨军,马小兵.可靠性数据分析教程[M].北京：北京航空航天大学出版社,2009.

［49］喻秋叶.生日悖论在密码学中的应用[D].武汉：华中师范大学,2013.

［50］FELLER W. Probability theory and its applications[M]. New York：Wiley, 1950.

［51］HILL T P. A statistical derivation of the significant-digit law[J]. Statistical Science, 1995, 10(4)：354－363.

［52］陈昌文,李腾飞,马桂州.小概率事件酿造的悲剧及其启示[J].文化经济,2020(12),159－162.

［53］徐付霞,常虹.概率统计实验实践教学案例——生日问题[J].高等数学研究,2017,20(1)：121－123,125.

［54］胡玲.一类几何概率问题的推广[J].工科数学,1999,15(1)：149－151.

［55］马俊林,王春艳,曾昭翔.对"浴盆"曲线表达方式的探讨[J].内燃机车,1997(12)：19－21.

［56］刘臣宇,汪振兴,李丽.一种根据故障率曲线划分航材类型的方法[J].商场现代化,2009(10)：9－11.

［57］赵晶.基于设备故障率曲线为京沪高铁的故障说句公道话[J].中国发明与专利,2011(8)：23－26.

［58］赵培坤.基于适用度的车辆段设备维修策略探析[J].中国科技信息 2011(16)：106,112.

［59］杨景辉,康建设.机械设备故障规律与维修策略研究[J].科学技术与工程,2007,7(16)：4143－4146.

［60］吴美莹,侯文.求解幂级数型分布矩的一个注记[J].大学数学,2019,35(5)：112-116.

［61］陈权宝,马玉华.离散型分布 k 阶中心矩的递推公式[J].统计与信息论坛,1999(2)：36-38,70.

［62］陈才刚.三种离散型随机变量 k 阶中心矩递推计算方法[J].汉江大学学报,2000,17(6)：66-68.

［63］赵小艳.基于数学期望的新冠肺炎核酸检测方法[J].大学数学,2020,36(6)：19-22.

［64］职桂珍,徐雅静,曲双红,等.假设检验中 p 值的灵活运用[J].大学数学,2011,27(5)：152-156.

［65］杨秀珍.计算月经初潮半数年龄[J].数学的实践与认识,1998,28(3)：201-205.

［66］茆诗松,随倩倩,李俊.漫谈中心极限定理[J].数学通报,2010,49(12)：16-20.

［67］付红艳,宋立新.关于样本方差函数矩的近似公式[J].佳木斯大学学报(自然科学版),2013, 31(4)：600-604.

［68］李思源.正态分布的近似表达式[J].数学的实践与认识,1987(1)：75-76.

［69］李思源.χ^2 分布的近似表达式[J].数理统计与应用概率,1995,10(1)：43-45.

［70］李思源.t-分布的近似表达式[J].数学的实践与认识,2002,32(2)：347-348.

［71］王福昌,曹慧荣.χ^2 分布、t 分布和 F 分布的近似计算[J].防灾科技学院学报,2008,10(1)： 89-94.

［72］梁昌洪,李龙,史小卫.标准正态分布的简洁闭式[J].西安电子科技大学学报(自然科学版), 2003,30(3)：289-292.

［73］孙祝岭.常用分布分位数的关系及应用[J].航天器环境工程,2010,27(4)：531-533.

［74］于进伟,赵舜仁.大数定律与中心极限定理之关系[J].高等数学研究,2001,4(1)：15-17.

［75］王雅玲.二项分布近似公式的限制条件及修正[J].大学数学,2007,23(6)：146-149.

［76］钟镇权.关于大数定律与中心极限定理的若干注记[J].玉林师范学院学报(自然科学版),2001, 22(3)：8-10.

［77］叶章钊.关于二项分布的 Poission 逼近[J].南京邮电学院学报,1982(1)：85-92.

［78］董云河,宋述龙.心理状态数矩法估计[J].数理统计与管理,1991,10(6)：35-38.

［79］陈希孺.也谈"心理状态数"的估计[J].数理统计与管理,1991,10(6)：39-42.

［80］宋述龙,董云河.心理状态数的函数及其应用[J].辽宁师范大学学报(自然科学版),1993,16(2)： 116-119.

［81］钱在中,马凤昌.中心极限定理用于近似计算时必须注意的问题[J].南京航空学院学报,1989, 21(3)：134-137.

［82］吴慧玲,王蓉华,徐晓岭.雾和雷暴等气候现象的统计拟合分析[J].上海师范大学学报,2009, 38(4)：367-371.

［83］裴伟光.从新角度谈烟支克重与吸阻的质量控制[J].广西烟草,2008(5)：45-46.

［84］石国.基于双因素方差分析的二手手机价格对比分析[J].统计与管理,2017(4)：89-91.

［85］刘蕾.一元线性回归法在边防情报分析中的应用[J].科技创新导报,2008(33)：225.

［86］张桂发.一元线性回归法在克孜尔水库总渗流量与库水位相关性分析中的应用,水利科技与经济,2014,20(9)：15-17.

［87］CHUNG K L. A First Course in Probability Theory[M]. 2nd ed. New York：Academic Press,1974.

［88］毛春梅.基于多元回归模型的四川省住户存款影响因素的实证分析[J].中国产经,2021(6)： 49-51.

［89］李大念.国内硫磺价格多元回归分析及验证[J].石油化工技术与经济,2020,36(2)：9-11,15.

［90］刘廷杰,侯银续,高培,等.涡阳县新型冠状病毒肺炎流行病学分析[J].安徽预防医学杂志,2020, 26(3)：216-241.

［91］黄贵义,李鹏,李红,等.江西省南丰县新型冠状病毒肺炎病例流行病学特征分析[J].江西医药,2020,55(4)：482-484.

［92］刘伟,周敏,杨世杰,等.新型冠状病毒肺炎聚集疫情流行病学特征分析[J].华中科技大学学报(医学版),2020,49(2)：161-168.

［93］刘小惠,何阳,麻先思,等.有关新冠肺炎潜伏期和疑似期的统计数据分析：基于湖北省外2172条确诊数据[J].应用数学学报,2020,43(2)：278-294.

［94］王维,向瀚淋,龚雯丽,等.常见分布中心极限定理适用样本量研究[J].高师理科学刊,2021,41(7)：20-25.

［95］魏立力,房彦兵.以功效函数为主线的假设检验教学[J].高等数学研究,2019,22(1)：110-114.

［96］徐晓岭,王蓉华,费鹤良.几何分布的统计特征[J].数学年刊,1998,19A(2)：155-164.

［97］徐晓岭,王蓉华,费鹤良.几何分布的几个性质[J].数学研究,2008,41(1)：103-112.

［98］程侃.寿命分布类与可靠性数学理论[M].北京：科学出版社,1999.

［99］《数学手册》编写组.数学手册[M].北京：高等教育出版社,2006.

［100］王秀丽.全期望公式在求解某些复杂概率问题方面的应用[J].山东师范大学学报,2011,26(1)：121-123.

［101］张银龙,刘国庆,王勇.妙用示性函数巧解概率问题[J].大学数学,2010,26(6)：199-202.

［102］尚琦,魏毅强.关于条件分布与条件数字特征的研究[J].应用数学进展,2018,7(8)：1047-1056.

［103］李胜平.Holder不等式的概率形式及应用[J].云南民族大学学报,2007,16(3)：213-215.

［104］潘萍,刘亚杰,苏淑飞.北票市手足口病病例乡镇负二项分布拟合[J].中国卫生统计,2015,32(6)：1103-1104.

［105］许兆龙.关于随机变量的特征函数与独立性关系的一个性质的证明[J].抚州师专学报,1995(1-2)：25-29.

［106］崔小兵,徐姗姗.随机变量的特征函数在一些问题中的应用[J].南阳理工学院学报,2010,2(2)：87-90.

［107］周需焕,曹霁,唐松泽.基于多元线性回归的我国盗窃犯罪的影响因素分析[J].法制与社会,2019(11)：45-46.

［108］周弘哲,陈智,宋海方.基于多元线性回归分析的海军航空兵飞行训练油料消耗预测[J].兵工自动化,2020,39(11)：58-60,81.

［109］白青,董文华.对《图书情报工作》洛特卡分布的统计分析[J].湖北大学学报,2011,33(4)：467-469.

［110］颜习煌,周瑛.我国数字图书馆相关文献的洛特卡分布研究[J].科技情报开发与经济,2011,21(24)：28-29,32.

［111］毛桦.Bootstrap方法及其应用[D].湘潭：湘潭大学,2013.

［112］杨桦.布拉德福定律在科技期刊订购工作中的应用[J].湖北汽车工业学院学报,1999,13(2)：90-94.

［113］史谨行.关于布拉德福定律经验公式和数学式推导及其常数含义的商榷[J].图书情报工作,1983(5)：31-33.

［114］黄慧薇,吴慧洁,赖益雯.布拉德福定律及其近似计算在情报服务中的若干应用[J].情报杂志,1999,18(2)：75-76.

［115］杨廷郊,马费城.布拉德福定律的基本原理及应用[J].情报学刊,1981(3)：68-72.

［116］吕义超,刘红光,王君.布拉德福定律在专利文献中应用的可行性研究[J].图书情报研究,2011,4(2)：49-52.

［117］王崇德,来玲.汉语文集的齐夫分布［J］.情报科学,1989,10(2)：1-8,42.

［118］孙清兰.齐夫定律若干理论问题探讨与发展［J］.情报学报,1992,11(2)：128-137.

［119］韩普,路高飞,王东波.基于最大似然估计方法的齐普夫定律验证［J］.情报理论与实践,2012,
35(11)：6-11.

［120］秦克霄.齐普夫定律对《十九大报告》文本的适用性研究［J］.晋中学院学报,2020,37(3)：
72-75,88.

［121］钱学森.科技情报工作的科学技术［J］.科技情报工作,1983(10)：1-9.

［122］徐晓岭,王蓉华,顾苑培.Pólya 分布在气候统计中的应用［J］.数理统计与管理,2008,27(2)：
215-226.

［123］姜爱军,王冰梅.江苏省持续性雨日分布模式的研究［J］.气象科学,1994,14(3)：247-258.

［124］徐晓岭,王蓉华,顾蓓青.离散型随机变量高阶矩的一种新的递推算法［J］.数学的实践与认识,
2022,52(2)：263-272.

［125］于海宁.Buffon 投针问题的一个新证法及其推广［J］.高等数学研究,2022,25(2)：92-93.

［126］GLASER R E. Bathtub and related failure rate characterizations［J］. Journal of the American
Statistical Association，1980，75(371)：667-672.

［127］徐亚茹,徐晓岭,顾蓓青.两参数指数分布的位置参数区间估计研究［J］.电子产品可靠性与环境
试验,2022,40(3)：7-13.

［128］何朝葵,朱永忠,杨凤莲.样本空间均匀划分的应用［J］.高等数学研究,2023,26(2)：90-92.